류은주

- 현) 류은주 미용교수연구소
- 전) 한서대학교 피부미용화장품과학과 정교수
- 동의대학 생물학과(미생물 전공) 이학박사
- 헤어월드챔피언쉽(1992 · 1996 · 2000년 일본 · 미국 · 유럽) 국가대표선수 역임
- 교육부 교육과정 심의위원/미용교사임용고시 출제위원
- 국가기술자격심의 세분야 전문위원(헤어, 네일, 메이크업)
- 한국산업인력공단 이 · 미용전문가위원
- NCS 능력단위 개발및 학습모듈 대표저자
- 검정 · 과정형평가 출제 및 심사위원
- 전국 및 지방기능경기대회 출제 및 심사위원
- 미용관련 보건복지부 · 한국소비자원 TF

윤미선

- 숭실대학교 화학공학과 공학박사
- 한국네일미용학회 이사
- USA NAIL & HAIR 대표
- ELITE NAIL & HAIR(미국 뉴저지주 근무)
- Cosmetology&Hairstyling IN New Jersey
- International CIDESCO in Beauty therapy
- 현) 국제예술대학교 뷰티아트과 학과장
- 현) 남서울대학교 뷰티향장학과 책임교수
- 전) 한성대학교 예술대학원 뷰티예술학과 주임교수

차소연

- 한서대학교 일반대학원 미용과학과 미용학 박사
- 지방기능올림픽대회 헤어디자인 직종 금메달
- 전국기능올림픽대회 헤어디자인 직종 은메달
- 국제기능올림픽대회 국가선수 평가전 2위
- 미용기능장, 이용기능장
- 이용직종 NCS 능력단위 개발 · 개선 및 학습모듈 공동저자
- 현) 국제예술대학교, 수원과학대학교 외래교수
- 전) 쎄아떼 이용 · 미용 전문학원 근무
- 지방 및 전국기능올림픽대회 입상자 배출

송경석

- 현) 줄기세포치유펌 기술강사
- 전) 칩꾸아프 프랜차이즈 본부장
- 전) 아리아 열펌기술강사
- 이용기능장/미용기능장
- 중국 · 일본 열펌 국제기술강사

강수진

- 현) 강수진헤어숍대표
- 현) ICU 임페리얼 유니버시티 대학원 교수
- 한서대학교 일반대학원 미용과학과 미용학 박사
- 미용 특허증(다단 컬로드, 다단 히팅 컬로드, 냉 · 열풍 동시 헤어드라이어 등 3종) 디자인 상표등록(미용업 등 12건)

배현영

- el studio 대표
- 류은주 미용교수 연구소 부소장
- 제대로 연구소 뷰티부분 본부장
- 국제전문강사협회 수석강사
- Registered Aromatherapist
- 미국 아로마테라피(NAHA) 1 · 2 지도사
- 헤어드레서/에스테티션/트라이콜로지스트
- 맞춤형 화장품 조제관리사/천역비누전문가
- Zero Waste Elass Intructor

머리말

　이 책은 3차에 걸쳐 편집, 보완되었다. 이는 저술과정에서 기본소양과 기초학력에 관한 전문미용인으로서의 역량기반 교육에 대해 심각하게 고민했다는 의미이기도 하다. 2022년에 개정된 미용사(일반) 검정형 필기시험의 출제기준은 개인직무수행능력을 객관적으로 평가하기 위한 2015 개정 교육과정에 따른 NCS 학습모듈을 연계시키고 있다. 국가직무능력표준(NCS)은 능력단위(국정교과서인 NCS 학습모듈)를 전공관련 기술교과로 하여 교수·학습내용을 총망라(필요지식과 수행내용) 한 과정 평가형으로 구성하고 있다. 이에 반해 검정형 국가기술자격증은 미용사(일반) 필기서와 실기서를 구분하여 과정형평가와 동등한 자격과 면허를 취하고 있다.

　본서(本書)의 내용체계는 한국산업인력공단 시험출제기준(필기)에 근거하여 저술하였다. 즉 NCS 학습모듈과 기존검정형 시험서를 일원화한 집필서이다. 집필목적은 미용사의 직업준비로써 미용사의 일(job, 직무)을 해결할 수 있는 수행능력(성취기준)에 평가를 두었다. 따라서 취업시장으로 나가기 전에 모든 수험자가 학습해야 하는 핵심개념과 일반적 지식, 기능 등을 연계·분류하여 저술하였다.

　한국산업인력공단에서 개편된 출제기준은 내용 체계상 2개의 장르 즉, 미용이론과 공중보건학으로 대별하였다. 공중보건학은 법정전염병에서 코로나-19를 제외하고는 내용의 변함이 없었다. 기존(2022년 이전) 검정형 출제기준에서의 파트화된 영역인 미용이론 내 화장품이 일원화됨으로써 미용이론의 주요항목은 15개로서 단원명(chapter)에 단원항목(section) 준비(3개 항목)와 마무리(8개 항목)를 제외한 25개 내용구성체계 항목으로 선정·조직되었다.

　특히 헤어컷은 4개의 chapter, 헤어펌은 2개의 chapter로 파트화 되었다. 이의 본질은 직무상 성별에 의해 구분된 학적체계와 개념과 기법의 문제에 국한되었던 내용체계를 기술교과 본질 그 자체가 갖는 특성이 아니라 사회에서 발생되는 다양한 현상과 상호의존 관계에 의해 진화되고 있음을 나타내었다.

　결론적으로 이 책은 미용사로서 반드시 알아야 하고 할 수 있어야 할 해당교과 및 영역에서 탐구기능 및 사고방식을 반영한 기술교과서이다. 본 크라운출판사에서 제작되는 미용사(일반) 필기시험서의 내용 체계는 '기능' 제시의 취지 및 의도에 비추어 미용사의 역량이 무엇인가를 드러낸다. 이는 1991년 제도권 진입에서 현재에 이르러 K-culture는 물론 K-뷰티 선도국가로 진입함을 주도해 왔음을 미용사(일반)의 2025년 전면 개정판을 통해 여실히 드러내고 있다.

대표저자 류 은 주 識

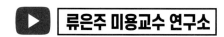

유튜브에서 "류은주 미용교수 연구소"를 검색하시면
류은주 저자분의 미용사 일반 실기 동영상을 보실 수 있습니다.

자격시험 안내

※ **수수료**
- 필기 : 14,500 원 / - 실기 : 24,900 원

※ **출제경향**
- 헤어샴푸, 헤어커트, 헤어펌, 헤어세팅, 헤어컬러링 등 미용작업의 숙련도, 정확성 평가

※ **시험과목 및 활용 국가직무능력표준(NCS)**
◎ 국가기술자격의 현장성과 활용성 제고를 위해 국가직무능력표준(NCS)를 기반으로 자격의 내용
(시험과목, 출제기준 등)을 직무 중심으로 개편하여 시행합니다. (적용시기 '22.1.1.부터)

필기 과목명	NCS능력단위	NCS세분류	실기 과목명	NCS능력단위	NCS세분류
헤어스타일 연출 및 두피 · 모발 관리	미용업 안전위생관리	헤어미용	미용실무	미용업 안전위생관리	헤어미용
	고객응대서비스			헤어샴푸	
	헤어샴푸			두피 · 모발관리	
	두피 · 모발관리			원랭스 헤어커트	
	원랭스 헤어커트			그래쥬에이션 헤어커트	
	그래쥬에이션 헤어커트			레이어 헤어커트	
	레이어 헤어커트			베이직 헤어펌	
	쇼트 헤어커트			매직스트레이트 헤어펌	
	베이직 헤어펌			기초 드라이	
	매직스트레이트 헤어펌			베이직 헤어컬러	
	기초 드라이				

※ 국가직무능력표준(NCS)란? 산업현장에서 직무를 수행하기 위해 요구되는 지식 · 기술 · 태도 등의 내용을 국가가 산업부
문별 · 수준별로 체계화한 것

※ **취득방법**
① 시행처 : 한국산업인력공단
② 시험과목
- 필기 : 미용이론(피부학 포함), 공중위생관리학(공중보건학, 소독, 공중위생법규), 화장품학 등에 관한 사항
- 실기 : 미용실무
③ 검정방법
- 필기 : 객관식 4지 택일형, 60문항(60분)
- 실기 : 작업형(2시간 40분 정도, 100점)
④ 합격기준
- 필기 : 100점을 만점으로 하여 60점 이상
- 실기 : 100점을 만점으로 하여 60점 이상

시험 출제기준(필기)

직무 분야	이용·숙박·여행· 오락·스포츠	중직무 분야	이용·미용	자격 종목	미용사(일반)	적용 기간	2022. 1. 1.~ 2026. 12. 31.

○ 직무내용 : 고객의 미적요구와 정서적 만족을 위해 미용기기와 제품을 활용하여 샴푸, 두피·모발관리, 헤어커트, 헤어펌, 헤어컬러, 헤어스타일 연출 등의 서비스를 제공하는 직무

필기검정방법	객관식	문제수	60	시험시간	1시간

필기과목명	문제수	주요항목	세부항목	세세항목
헤어 스타일 연출 및 두피· 모발 관리	60	1. 미용업 안전위생 관리	1. 미용의 이해	1. 미용의 개요 2. 미용의 역사
			2. 피부의 이해	1. 피부와 피부부속기관 2. 피부유형분석 3. 피부와 영양 4. 피부와 광선 5. 피부면역 6. 피부노화 7. 피부장애와 질환
			3. 화장품 분류	1. 화장품 기초 2. 화장품 제조 3. 화장품의 종류와 기능
			4. 미용사 위생관리	1. 개인 건강 및 위생관리
			5. 미용업소 위생관리	1. 미용도구와 기기의 위생관리 2. 미용업소 환경위생
			6. 미용업 안전사고 예방	1. 미용업소 시설·설비의 안전관리 2. 미용업소 안전사고 예방 및 응급조치
		2. 고객응대 서비스	1. 고객 안내 업무	1. 고객응대
		3. 헤어샴푸	1. 헤어샴푸	1. 샴푸제의 종류 2. 샴푸 방법
			2. 헤어트리트먼트	1. 헤어트리트먼트제의 종류 2. 헤어트리트먼트 방법
		4. 두피·모발관리	1. 두피·모발관리 준비	1. 두피·모발의 이해

필기과목명	문제수	주요항목	세부항목	세세항목
			2. 두피관리	1. 두피 분석 2. 두피관리 방법
			3. 모발관리	1. 모발 분석 2. 모발관리 방법
			4. 두피 · 모발관리 마무리	1. 두피 · 모발관리 후 홈케어
		5. 원랭스 헤어커트	1. 원랭스 커트	1. 헤어커트의 도구와 재료 2. 원랭스 커트의 분류 3. 원랭스 커트의 방법
			2. 원랭스 커트 마무리	1. 원랭스 커트의 수정 · 보완
		6. 그래쥬에이션 헤어커트	1. 그래쥬에이션 커트	1. 그래쥬에이션 커트 방법
			2. 그래쥬에이션커트 마무리	1. 그래쥬에이션 커트의 수정 · 보완
		7. 레이어드 헤어커트	1. 레이어드 헤어커트	1. 레이어드 커트 방법
			2. 레이어드 헤어커트 마무리	1. 레이어드 커트의 수정 · 보완
		8. 쇼트 헤어커트	1. 장가위 헤어커트	1. 쇼트 커트 방법
			2. 클리퍼 헤어커트	1. 클리퍼 커트 방법
			3. 쇼트 헤어커트 마무리	1. 쇼트 커트의 수정 · 보완
		9. 베이직 헤어펌	1. 베이직 헤어펌 준비	1. 헤어펌 도구와 재료
			2. 베이직 헤어펌	1. 헤어펌의 원리 2. 헤어펌 방법
			3. 베이직 헤어펌 마무리	1. 헤어펌 마무리 방법
		10. 매직스트레이트 헤어펌	1. 매직스트레이트 헤어펌	1. 매직스트레이트 헤어펌 방법

			2. 매직스트레이트 헤어펌
			  마무리
				1. 매직스트레이트 헤어펌
				  마무리와 홈케어

		11. 기초 드라이	1. 스트레이트 드라이	1. 스트레이트 드라이 원리와 방법
			2. C컬 드라이	1. C컬 드라이 원리와 방법
		12. 베이직 헤어컬러	1. 베이직 헤어컬러	1. 헤어컬러의 원리 2. 헤어컬러제의 종류 3. 헤어컬러 방법
			2. 베이직 헤어컬러 마무리	1. 헤어컬러 마무리 방법
		13. 헤어미용 전문제품 사용	1. 제품 사용	1. 헤어전문제품의 종류 2. 헤어전문제품의 사용방법

필기과목명	문제수	주요항목	세부항목	세세항목
		14. 베이직 업스타일	1. 베이직 업스타일 준비	1. 모발상태와 디자인에 따른 사전준비 2. 헤어세트롤러의 종류 3. 헤어세트롤러의 사용방법
			2. 베이직 업스타일 진행	1. 업스타일 도구의 종류와 사용법 2. 모발상태와 디자인에 따른 업스타일 방법
			3. 베이직 업스타일 마무리	1. 업스타일 디자인 확인과 보정
		15. 가발 헤어스타일 연출	1. 가발 헤어스타일	1. 가발의 종류와 특성 2. 가발의 손질과 사용법
			2. 헤어익스텐션	1. 헤어익스텐션 방법 및 관리
		16. 공중위생관리	1. 공중보건	1. 공중보건 기초 2. 질병관리 3. 가족 및 노인보건 4. 환경보건 5. 식품위생과 영양 6. 보건행정
			2. 소독	1. 소독의 정의 및 분류 2. 미생물 총론 3. 병원성 미생물 4. 소독방법 5. 분야별 위생 · 소독
			3. 공중위생관리법규 (법, 시행령, 시행규칙)	1. 목적 및 정의 2. 영업의 신고 및 폐업 3. 영업자 준수사항 4. 면허 5. 업무 6. 행정지도감독 7. 업소 위생등급 8. 위생교육 9. 벌칙 10. 시행령 및 시행규칙 관련 사항

차례

Part 1   미용업 안전위생관리

Part 2   고객응대 서비스

Part 3   헤어샴푸

Part 4   두개피 관리

Part 5   헤어커트

Part

1

미용업
안전위생
관리

CHAPTER 01 미용의 이해

Section **01** 미용의 개요

공중위생관리법에서 미용업의 정의(공중위생관리법 제2조)에서는 손님의 얼굴, 머리, 피부 등을 손질하여 외모를 아름답게 꾸미는 영업을 말한다. 미용사업무(공중위생관리법 시행령 제4조)에서는 퍼머넌트, 머리카락 자르기, 머리카락 모양내기, 머리피부 손질, 머리카락 염색, 머리감기, 의료기기나 의약품을 사용하지 아니하는 눈썹 손질 등을 하는 영업이다.

1 미용의 정의

미용이란 복식 이외 용모에 물리·화학적 처치 방법을 통해 웨트(wet) 헤어스타일과 케미컬(chemical) 헤어스타일을 연출하는 것을 말한다.

구분	웨트 헤어스타일	케미컬 헤어스타일
내용	• 샴푸 및 트리트먼트 / 두개피 관리 • 커트 / 블로드라이 및 세팅 • 업스타일 및 브레이드 • 익스텐션 및 가발	• 탈·염색 • 스트레이턴드·웨이브 펌

1) 미용의 특수성

미용은 그림, 조각, 건축, 조경(造景)과 같은 시·공을 총괄하는 개념으로서 즉, 조형예술이다. 이는 주로 시각(視覺)을 통해 얻어진다. 따라서 미용은 조형예술, 장식예술, 정적예술, 부용예술(제한된 조건에 부가하는) 등이라는 명칭과 함께 특수성을 갖는다.

구분	내용
의사표현의 제한	미용사 자신의 의사표현 보다는 고객의 의사가 우선적으로 다루어진다.
소재선정의 제한	신체의 일부인 모발을 소재로 하므로 고객 선택의 자유가 없다.
시간의 제한	미용사 자신의 여건과 관계 없이 작업에 시간적 제한이 따른다.
미적 효과의 변화	고객의 신체 일부인 두발을 대상으로 고객의 생태적인 머리모양을 이상적인 머리형태로 연출시키기 위해 TPO(시간, 장소, 상황) 등 미용술에 따른 작업방법이 달라진다.

- 여러 가지 재료를 이용하여 구체적인 형태나 형상을 만드는 조형(造型)의 과정을 통해 창작되는 예술로서 시각 예술, 공간예술, 조형예술 등의 용어와 혼용하기도 한다.
- TPO
  T(time) : 시간 / P(place) : 장소 / O(occasion) : 상황(경우)

2) 미용의 과정

두발을 소재로 하여 머리형태(hair do)를 완성시켜 나가는 절차(과정)이다.

구분	내용
소재	모발은 미용술의 소재로서 전신의 자태, 얼굴형, 목선, 모류, 모질 등과 함께 신속정확하게 관찰, 파악해야 한다.
구상	서비스 작업에 따라 얼굴형과 특징 등을 고려하여 구상하되, 고객의 의사를 우선한다.
제작	직업의 구체적인 표현 과정으로서 제작은 신속하고 정확해야 한다.
보정	제작 후 전체적 또는 종합적으로 제작된 헤어스타일을 관찰하고, 불충분한 곳을 보정한다.

3) 미용의 통칙

통칙은 미용술을 행할 때 지켜야 할 공통된 주의사항으로서 연령 · 계절 · 경우 · 직업 등에 따라 스타일이 결정된다. 이에 미용업은 인간사회의 문화가 발전함에 따라 생겨난 직업으로서 위생적, 문화적, 미적 측면에서 사회에 공헌해야 한다.

| Section | 02 | 미용의 역사 |

1 한국의 미용

우리나라 민족은 고대에서부터 현대에 이르기까지 청결한 흰 피부를 선호하고 단정하고 아름답게 가꾸기를 즐겨했다.

(1) 고대미용

고대미용에는 신분에 따라 머리형태와 장식품의 재질과 모양을 달리하였으며 화장법에도 차이가 있었다. 이는 유적지의 유물이나 고분출토물(古墳出土物), 고분벽화 등을 통하여 고찰할 수 있다.

1) 고조선

우리나라 역사에서 처음 등장한 나라인 고조선은 청동기 문화를 바탕으로 건국된 국가이다. 수식(首飾)은 두발을 땋아서 늘어뜨리(편발)거나 방망이와 같이 삐쭉하게(추결)하는 상투를 튼 머리형태를 살펴볼 수 있다.

2) 삼한(낙랑)시대

상고시대 한반도 남부에 자리 잡고 있던 부족사회의 남자들 중 수장급은 관모를 썼고 일반 남성은 상투를 틀었다. 여자는 두발을 두정부(정수리, 髻)에 틀어 얹거나 땋아서 후두부인 뇌후(鬠)에 말아 고정하였다.

구분	내용
마한	• 두발을 길고 아름답게 가꾸는 것을 선호하였으며, 과두(모다발을 틀어서 과결을 만듦) 노계를 하였다. 또한 남녀 구별(아이에서 어른까지) 없이 장신구를 목이나 귀에 달고 다녔다.
진한	• 남자들은 정수리에 상투를 틀었으며, 어린아이는 두상을 돌로 눌러서 머리모양을 각지게 변형시키는 편두의 풍습이 있었다. • 채협총의 채화칠협(거울)의 인물상에서는 이마를 넓게 보이도록 머리털을 뽑았으며 눈썹에 화장하는 단정한 몸차림의 생활상과 삼한시대의 보편적인 화장법을 나타낸다.
변한	• 진한에서와 같이 상투와 편두를 하였으며, 문신으로 신분과 계급을 표시하였다.

3) 삼국시대

고구려, 백제, 고 신라의 삼국시대로서 수식은 대부분 공통된 양식이다. 특히 머리형태로 신분과 지위, 결혼 유무를 나타내었다. 피발(풀어헤친)에서 발달된 계양(땋은 머리다발)을 통해 남자는 상투머리를 틀고, 여자는 쪽진머리(북계), 민머리, 얹은머리 등 다양하게 나타내었다.

구분		내용
고구려	미혼녀	• 쌍상투머리 : 쌍계(雙紒)로서 두발이 아직 덜 자라 두상 좌우의 정변 가까이에 두 개의 계두(상투)를 솟게한 계양을 나타낸다. • 채머리(민머리) : 자연적 피발(被髮) 상태로서 두발을 길게 늘어뜨린 머리형태이다. – 삼국시대 여인들의 머리형태 • 묶은 중발머리 : 짧게 자란 두발을 뒤통수에 낮게 묶었다.
	기혼녀	• 푼기명머리 : 뒤통수의 계양은 알 수 없으나 모다발을 3개의 다발가닥으로 하여 한 다발은 뒤로하고 두 다발은 좌우의 볼 쪽에 늘어뜨린 머리형태이다. • 쪽진머리 : 북계(北髻), 후계, 낭자머리라고도 하며 땋은 모다발을 후두 목선에서 낮게 틀어 쪽을 지은 머리형태이다. • 얹은머리(트레머리) : 체계(髢髻)로 목선에서 땋은 모다발을 앞이마 쪽으로 감아 돌린 후 나머지 끝을 이마 가운데에 감아 맺은 머리형태이다.
백제	미혼녀	• 편발로서 모다발을 땋아 늘어뜨린 땋은머리 또는 댕기머리를 말한다.
	기혼녀	• 편발을 반하는 것으로서, 이는 뒤통수에서 두 다발로 나눠 엮은 모다발의 머리채를 두상 위에 빙빙 둘러서 포개어 반하여 감은 쪽진머리 형태이다.

	머리형태	• 두발을 깨끗하게 감는 풍습과 두발기름을 제조하여 손질에 사용하였으며, 가체를 사용한 장발 기술은 물론 외국에 수출하기도 했다. • 쪽진머리 : 삼국 모두의 머리형태로 뒷 목덜미 부분에서 두발을 묶어 반하여 쪽을 지었다. • 얹은머리 : 두발을 후두부에 낮게 땋아서 두상 둘레를 둘렀다. • 가체식 : 결발 또는 변발의 기법, 본 발 이외 다른 모다발(가체)을 부가시켜 얹은 형태이다.
신라	장신구	• 대모(거북 껍질을 재료로 하여 만든 장식 빗), 옥잠, 봉잠, 용잠, 각잠, 산호잠, 국잠, 석유잠 등과 함께 서민들은 돌, 놋쇠 등으로 만든 비녀를 사용하였다. * 파란색 글자는 재질에 따른 비녀명, 나머지는 비녀의 문양을 나타냄
	화장법	• 남자 화장이 행해진 것과 향수와 향료 제조와 함께 백분, 연지, 눈썹먹 등을 사용하여 옅은 화장을 하였다.

4) 통일신라 · 발해시대

중국 당나라의 제도를 모방 또는 융합하여 민족문화를 이룩하였다.

구분		내용
통일 신라	머리 형태	• 북계머리 : 우리나라 고유의 북계로서 여자의 두발은 가르마를 정수리까지 나누어서 후두부 중간에 묶고 오른쪽으로 비틀어 결발하는 쪽진머리이다. • 고계 반발머리 : 당나라 풍인 정수리 위로 높게 올린 머리형태이다.
	머리 장신구	• 가위 : 두 개의 날(협신)이 X형으로 교차되어 있는 장신구이다. • 빗 : 슬슬전대빗이라는 터키식인 녹송석의 빗으로 정발용과 장식용으로 사용한다. • 채 : 금 · 은 등으로 만든 비녀를 이용한 장신구이다. • 화관 : 신라의 진골녀나 6두품 여인만이 머리장식에 사용하는 장신구이다.
발해	머리 형태	• 여자들의 고계, 쌍계, 변발수후 등의 머리형태를 말한다.
	머리 장신구	• 나무, 대모, 상아, 골각 등으로 만든 빗을 머리장식으로 꽂아서 사용하였다. • 비녀 및 머리꽂이는 금, 은, 동, 뼈, 청동제로 된 U자형, Y자형의 장신구이다.

5) 고려시대

중국 송 · 원 · 명나라 등 중국의 유습이 혼합되어 확고한 제도는 없었으나 모발염색이 널리 사용되었다. 미혼의 남자는 반묶은 머리형과 기혼의 남자는 상투를 틀었다. 여자 역시 미혼일 때 반묶은머리를, 결혼을 한 기혼녀일 경우 쪽진머리 또는 얹은머리를 하였다. 장신구로는 비녀를 이용하여 땋은 모다발에 쪽을 지어 고정하였으며, 화관과 족두리 등도 사용하였다.

① 머리형태

여인들의 계양은 신라시대의 것과 대체로 유사하였으나 중국 송나라 사신 서긍이 쓴 「고려도경」에서 살펴볼 수 있다.

구분	내용
미혼녀	• 미혼 남자의 수식과 동일하게 남자는 땋아서 노끈으로, 여자는 붉은 비단으로 묶었다.
기혼녀	• 쪽진머리 : 쪽을 뒷목덜미에 붙이지 않고 땋은머리 중간에 틀어 심홍색 갑사 댕기로 묶어 오른쪽 어깨 위로 드리우고, 그 나머지는 아래로 내려뜨리되 붉은 깁으로 묶고 작은 비녀를 꽂았다. • 얹은머리 : 가체를 사용하여 구름같이 풍성하게 꾸미고 옥잠을 사용하여 꽂았다.

② 화장

고려시대의 특기할 사항은 두발 염색이 행하여 졌으며, 면약(面藥 : 일종의 안면용 화장품)과 관아에서는 거울 제조기술자와 빗 제조기술자를 따로 두었다.

구분	내용
분대화장	• 기생 중심의 짙은화장으로서 분을 하얗게 많이 바르고, 눈썹은 가늘고 또렷하게 만들어 그리며, 머릿기름을 번질거릴 정도로 많이 발랐다. • 고려 초기에는 교방(敎坊)에서 기생을 훈련하고, 분대화장법도 가르쳤다.
비분대화장	• 여염집 부인들은 옅은화장을 하였다.

③ 장신구

• 상류층에서는 두상에 꽃과 보석으로 장식된 비녀를 사용했다. 불두잠이라 하여 비녀의 머리 부분이 없거나 부처의 머리를 닮은 모양으로서 감아올린 모다발이 흩어지지 않도록 꽂았다.
• 족두리는 신라 화관이 고려에 전승된 것이다. 이는 귀족 · 양반계급 부녀자가 예복에 쓰는 관모로서 중국 원나라 복속기에 고려의 궁양이 되었다.

6) 조선시대

남성은 시종일관 상투머리였으며, 미혼 남녀는 대개 땋은머리 형태였다. 1820년 순조 중엽까지 얹은머리가 유행함으로써 가체(加髢)에 치중하였으나 그 후 쪽머리가 대종을 이루면서 사치스러운 비녀가 유행하였다.

① 머리형태

결혼한 기혼남은 고대로부터 이어져 온 상투머리 형태이나 기혼녀의 머리형태는 다음과 같다.

구분	내용
얹은머리 (트레머리)	• 모다발을 후두부에서 두 다발로 묶어 갈라나눈 뒤 왼쪽 가닥은 오른쪽으로, 오른쪽은 왼쪽으로 교차시켜 그 끝을 앞이마로 돌려 꽈리모양으로 얽어 얹은 뒤, 남은 끝은 한쪽으로 몰아 붉은 장식댕기로 고정시킨 후 그 위에 흑색 가르마를 얹기도 하였다. • 조선조 중기에 와서는 가체를 사용하여 틀어 올렸는데 얹은머리를 크게 높게(高髪) 할수록 아름답거나 부(富)를 지닌 것으로 여기게 되었다.

쪽진머리 (낭자머리)	• 1800년 이후 순조 중엽에 가서야 본 발(本髮)로 목덜미(뇌후)에 쪽을 찐 다음 작은 비녀를 꽂았다. • 국조 중엽 정조신해(15년) 이전까지는 가체를 본 발과 합쳐 땋지 않고 긴 가체를 땋은 머리채에 한 번 두를 만큼 만들어 얹고 비녀를 꽂았다. • 정조신해 이후 가체를 금하고 북계(北髻)로서 속명, 낭자(娘子)라고 하였다. 이는 두발을 땋아 뇌후에 둥글게 서린 다음 비녀를 꽂고 족두리를 쓰게 하였다. • 큰 머리의 체계(髢髻)를 대신하고자 한 쪽진머리는 정조 재위 중 가체금지령으로 인해 완전히 실시되지 못하였다.
어유미 (어여머리)	• 왕실이나 양반집에서 의식 때 대례복에 병용하거나 예장 시 머리에 얹는(가채) 커다란 머리형태이다. • 궁중의식 때 가르마 위에 첩지를 매고 그 위에 어염족두리를 쓰고 그 위에 가체 일곱꼭지를 두 갈래로 땋아서 만든 어여머리를 얹어 옥판과 화잠으로 장식하였다. • 어염족두리는 어여머리의 밑받침으로 사용하였다. 검은색 공단에 목화솜을 넣고 가운데 부분에 잔주름을 잡아 양쪽이 불룩하게 둥글며, 아랫부분은 백색 면직물을 밑받침으로 덧붙여 부드러운 촉감을 갖게 하였으며 표면의 중앙정부에는 자색견사로 된 굵은 끈이 달려있다.
조짐머리	• 양반가 부녀자들이 문안 차 입궐 시 첩지와 더불어 쪽을 돋보이게 하기 위해 정조발제개혁 이후 얹은머리 대신 가체의 일종인 낭자를 소라딱지 비슷하게 크게 틀어 붙인 머리형태이다.
첩지머리 (또야머리)	• 조선시대 사대부 부녀자들이 머리장식에 쓰이는 첩지를 얹은머리 형태로서 첩지는 화관이나 족두리가 흘러내리지 않도록 고정시키는 역할을 하기도 한다. • 첩지를 가르마 중심(가운데)에 두고, 느슨하게 양쪽 다레를 곱게 빗어 본 발과 같은 결이 되도록 붙여서 귀 뒤를 지나 서로 반대편에서 쪽 옆으로 돌린 후, 나머지 길이도 모두 쪽에 감아서 고정시켰다.
거두미 (큰머리, 떠구지 머리)	• 궁중에서 의식 때 대례복과 같이 착용하던 머리형태로서 머리채 대신 나무(木)로 만든 떠구지를 얹음으로써 큰머리 또는 거두미라고도 하였다.
대수 (大首)	• 궁중에서 대례(大禮)를 행할 때 갖추는 가체의 하나로서 익관(冠) 대신 착용하였다. • 어깨 높이까지 곱게 빗어 내린 두발의 양 끝에 봉(鳳)이 조각된 비녀가 꽂혔으며, 뇌후 가운데에는 두발을 두 갈래로 땋아 자주색 댕기를 늘이고, 머리 위의 앞 부분에 떨잠과 봉황 비녀로 장식하였다.

• 미혼남녀의 머리형태는 다음과 같다.
  - 「거가잡복고」에는 쌍상투와 사양머리(새앙머리)가 공존하였으며, 8등분하여 땋아주는 바둑판머리(종종머리), 두발을 땋은 후 땋은 다발 끝에 댕기를 매는 댕기머리 등의 계양을 기록함
  - 특히 조선시대는 땋은다발 끝에 댕기를 매었는데 댕기의 색깔로서 미혼 남녀를 구분(미혼녀 – 홍색, 미혼남 – 검정색)하기도 함

구분	내용
바둑판머리 (종종머리)	• 모량이 적은 어린 여자아이의 머리형태로서 앞가르마를 하고 좌우 귀밑머리에서 각각 3가닥으로 땋아 내려가 목덜미 부분에서 합쳐 땋고 댕기(도투락댕기 또는 말뚝댕기)를 드린 후 가르마의 중앙에 칠보장식을 붙였다.
귀밑머리	• 가르마 양편 귀 뒤에서 가늘게 땋은 다음, 뇌후에서 모아 한꺼번에 굵게 땋아 내려간 끝은 빨간댕기로 감싸 매었다.

새앙머리 (무수리머리)	• 상궁이나 양반가 규수의 머리형태로 고려시대부터 조금씩 변형되어 이조시대 말기까지 유행하였다. 수식방법은 궁중 또는 서민에 따라 조금씩 차이를 나타내었다. 　– 두 줄의 긴 다리(加髢)를 곱게 땋아 위아래로 4번 접어서 뇌후에 붙이고, 4겹을 겹쳐서 만든 장방형의 다홍색 댕기 위 양쪽에 달린 끝으로 중간을 매었음

② 장신구

머리장식에는 상류계급에서 사용되던 첩지, 떨잠, 뒤꽂이 등이 있으며, 예장 시 장식품으로 이용하였다. 비녀나 댕기 등은 두발을 고정시키거나 장식의 역할을 하였다.

장신구	특징
비녀	• 귀천에 따라 재료나 문양 사용이 제한된다. 　– 쪽진머리 또는 가체를 이용한 머리형태를 고정시키거나 장식용으로 사용 　– 재료는 금, 은, 백동, 진주, 옥, 상아, 비취, 산호, 나무, 대나무, 뿔, 뼈 등이 있음 　– 문양은 봉잠, 용잠, 국잠, 호도잠, 석류잠, 각잠 등 신분과 지위에 따라 사용
빗	• 얼레빗과 참빗으로 구분된다.
떨잠	• 의식 때 예복차림의 왕비 및 상류계급에 한하여 큰머리나 어여머리의 중심과 양편에 하나씩 꽂는 장식품이다. 원형, 각형 등 옥판에 칠보, 진주, 보석이 장식됨으로써 걸음을 옮길 때마다 파르르 떨린다고 하여 떨철반자라고도 한다.
빗치개	• 쪽진머리에 덧 꽂는 비녀 이외의 장식품으로 상류 또는 일반 부녀에 따라 종류와 재료가 제한되기도 하였다. • 가르마를 나누거나 빗살의 대를 제거한 후 뒤꽂이로 사용하거나 기름을 바르는 도구 또는 귀이개 등으로도 사용하였다.
댕기	• 댕기는 실용성을 넘어 머리장식을 화려하고 아름답게 장식해 왔다. • 용도는 쪽댕기, 제비부리댕기, 큰댕기, 앞댕기, 도투락댕기, 말뚝댕기 등이 있다. • 삼국시대부터 전래되어 왔으며, 미혼 남녀 모두 변발수후하여 이를 묶어 사용하였다.
첩지	• 가르마에 꽂는 장신구로써 신분에 따라 재질과 문양이 다르다. • 영조시대 발제개혁 이후에는 얹은머리 대신 쪽진머리와 족두리를 권장하였다.
화관· 족두리	• 영·정조 때 가체의 폐단이 많아져 시정하기 위해 화관과 족두리를 쓰게 하였다. • 주로 의식(예장) 시 사용되고 금, 은, 석웅황, 비취, 진주꾸러미 등으로 예복에 갖추어 쓰던 관의 하나로서 칠보·어염·민족두리 등이 사용된다.

(2) 근대미용(개화기)

- 전통적 신분제를 폐지하면서 복제 간소화[갑신년(1884년) – 의제개혁]에 따른 양복화가 단발령[고종 32(1895년)]의 기초가 되는 정책으로 시행하였다.
- 개화기[병자수호조약(1876년)]를 맞았지만 궁중양식이 그대로 존속하였다. 조선조 후기 예장에 어여머리, 큰머리는 그대로 존속했다. 서민의 기혼녀는 기호를 중심으로 이남은 쪽진머리, 서북은 얹은머리 형태가 그대로 유지되었으며 미혼녀는 댕기머리가 주를 이루었다.
- 개화기 이후[한일합방(1910년)] 외국 각지에서 공부한 신여성들에 의해 급진적으로 미용이 발달하였다.

- 근대 중반인 광복(1945.8.15.)과 6·25전쟁(1950년) 이후 문옥현, 권정희는 미용기술을 기반으로 미용실 개원과 미용교육을 통해 후학양성은 물론 국위선양에 이바지하였다. 특히 근대미용은 동·서양이 동시대적 미의식을 형성함으로써 시대사적 구분이 모호해졌다.
- 일본에서 미용기술을 배워 귀국한 오엽주(화신백화점 내에 우리나라 최초)는 미용실을 개원(1933년)하였다.
- 광복이후 김상진에 의해 현대미용학원을, 임형선은 예림고등기술학교를 개설하였다. 6·25전쟁 이후인 1951년 권정희는 서울에서 서울미용전문학원을, 1952년 1년제 정화고등기술학교에 이어 1960년 2년제 미용전공과를 인가받았다. 또한 문옥현은 1957년 광주에서 1년제 금호고등기술학교를 설립하여 미용사면허증을 취득하게 하였다.
- 근대후반 1991년 부산 동주대학과 강원 영동대학에서 2년제 미용과, 1999년 전남 광주여대에서 4년제 미용학과와 부산 미용고등학교에서 특수목적고등학교가 설립됨으로서 학년급별 미용이 기술교육으로 체계화되기 시작하였다.

(3) 현대미용

- 한국미용은 과거 중국 당나라의 영향을 받았으나 근대에는 구미(프랑스)와 일본의 영향을 받았다. 현대는 동서양을 막론하고 IT, AI 등의 발달로 글로벌화 된 미용예술의 길을 걷고 있다.
- 다원화된 현대사회의 머리형태는 콘텐츠를 가진 실용적이고 기능적이며 생활적으로 다양화된 개성미를 토대로 한다. 케미컬 헤어스타일에서 '복구' 개념인 환경 맞춤화(bespoke beauty)는 물질에 대한 화학을 인체에 반영시키고 있다.
- 특히 COVID-19의 팬데믹(감염병) 과정에서 선진국 대열에 들어선 우리나라는 K-방역, K-팝 등과 함께 K-뷰티에 따른 화장품 수출은 세계 4위 국가(2021년)로 국가의 신용도 상승은 물론 선두국가로서의 매력을 더하고, 과거 식민사관에서 벗어난 주체적인 미용 문화사적 관점이 재조명되고 있다.

2 외국의 미용

(1) 중국의 고대미용

- 고서(古書)에 의하면 B.C. 2200년경 중국 하(夏)나라 때 이미 분(粉)이 사용되었으며 B.C. 1150년경 은(殷)나라 주왕 때 연지화장을 하였다. BC 246~210년 진시황제 시대 아방궁 삼천 궁녀들 사이에서는 백분, 연지, 눈썹화장이 성행하였다. 당나라 시대는 두발을 정수리 위로 높이 치켜 올리거나(up style) 내리는(down style) 머리형태를 하였다.
- 액황(額黃)이라 하여 이마에 발라(곤지 : 신부 난장 시 이마 가운데 연지로 찍은 붉은 점) 약간의 입체감을 나타내었으며, 홍장(紅粧)이라 하여 백분을 바른 후에 연지(臙脂 : 입술이나 뺨에 찍는 붉은 빛깔의 염료)를 덧바른 화장을 하였다.
- 당 현종(713~755년경) 때에는 수하미인도라 하여 10가지 눈썹 모양인 십미도가 유행하였다.

(2) 구미의 고대미용

1) 이집트(AD 200년 경)

지리적으로 더운 기후를 가지고 있는 나일강 유역(적도 바로 밑)에 위치한 이집트는 약 5천 년 전부터 고대문명이 융성하였다. 당시 문화에 대한 자료는 피라미드에 기록되어 있으며 유물로서는 거울, 면도날, 매니큐어용 도구, 눈썹먹으로 사용한 연필, 크림용기 등이 기원전 500년에 있었음이 밝혀졌다.

구분	내용

머리형태	• 기후로부터 머리를 보호하기 위해 가발을 사용함으로써 일광을 막았다.
	  – 한 사람이 여러 유형의 가발을 갖고 있어서 마치 지금의 모자와 같은 역할을 하게 함
	  – 본 발은 짧게 깍거나 밀어내어 가발을 얹거나 커치프(kerchief)라 하여 빳빳한 헝겊으로 만든 피라미드 모양의 머리수건을 착용함

펌의 기원	• 알칼리 토양(진흙)을 모발에 발라 둥근막대기로 말고 태양열로 건조시켜서 두발에 컬을 형성시켰다.
염모의 기원	• 자연적인 흑발에 헤나(henna)를 진흙에 개어서 바르고 태양광선에서 건조시켰다. • 가발을 검게 염색하기 위해 종려나무의 잎 섬유를 가늘게 나눠 짜서 사용하였다.
화장의 기원	• 눈주변을 확대하여 그렸으며 눈썹을 강조하기 위해 원래 눈썹은 밀어낸 후 먹으로 길게 그렸다. – 눈을 신으로 상징함으로써 눈을 정성스럽게 가꾸어야 신이 자신의 몸에 머무는 것으로 인식함

2) 그리스(BC 5C)

• 전문적인 결발사(結髮師)들이 출현함으로써 로마에까지 영향이 미쳤다. 특히 남자 이용원이 처음으로 생겨 일종의 사교 클럽식으로 존재했다.
• 멀로의 비너스상에서 두발을 자연스럽게 묶거나 중앙에서 나눠 뒤로 틀어 올린 고전적 스타일이 많았다. 키프로스풍의 두발형에서 링레트와 나선형 컬을 몇 겹으로 쌓아 겹친 스타일을 만들었다.
• 거울이 최초로 고안되었으며, 손가락으로 모발의 층(단차)을 내는 커트기술이 있었다. 수염, 손톱, 발톱 등을 깎아주고 가발, 헤어피스 등을 제작하였다.

3) 로마(BC 30년)

비잔틴 시대 초기 로마에서 이발소는 물론 두발형도 그리스 시대의 것을 답습하였다. 가체나 가발 등을 사용한 머리형태로서 웨이브나 컬을 창출하였으며 또한 전쟁포로인 북방 이민족의 모발색을 모방하여 염·탈색을 시도하였다.

4) 중세(400~1500년)

• 중세 의학으로 취급되었던 이용술(barber)이 의학과 분리(외과의사와 이발사로 구성된 두 개의 길드조합이 생김)됨으로써 14세기 초에 하나의 독립된 전문직업으로 개발되기 시작하였다.
• 종교가 인간 삶의 생활과 관습에 영향을 미쳤다.
  – 교회 통치에 복종하는 의미로 삭발을 시행하였으며, 머리에 관이나 장식을 하는 것을 중시함으로써 네트를 이용하여 두발을 감쌌음

- 에넹(hennin)은 원뿔 형태의 모자로서 얼굴만 보이게 하고 두발이 보이지 않도록 감쌌으며, 에넹의 높이는 신분이나 부에 따라 높아지기도 함

5) 르네상스(14~16C)

목을 감싸는 러프 칼라(ruff collar)가 점점 대형화되면서 헤어스타일은 짧고 단정하게 빗어 넘겼다. 챙이 없는 모자인 토크(toque)와 이마 중간에 드리워지도록 머리 장식용 쇠사슬인 벨 페로니에(bell ferronniere)를 사용하였다.

6) 바로크(17C)

- 17세기 초 미용사(hair dresser)는 16세기에 이어 계속되었던 앞이마에 와이어나 쿠션을 집어넣어 높게 부풀린 다양한 스타일을 하였다. 최초 남자 결발사인 샴페인으로부터 땋은 머리형태(braid style)가 17세기 초반 파리에서 성행했다. 남성들은 두발을 뇌후에 낮게 묶어 리본을 장식하거나 사이드의 두발을 짧게 잘라 컬을 말기도하며 후두부는 묶는 머리형태를 하였다.
- 남성 또한 풍성하고 여성스러운 헤어스타일을 선호하였다. 여성은 가발을 씌워 포마드로 굳혀서 높이 빗어 올린 쪽에 보석과 진주로 장식한 핀을 꽂는 머리형태를 연출하였다. 이러한 루이14세 시대의 퐁땅쥬(fontange) 스타일로서 30년간 유행은 지속되었다.

▶ 퐁땅쥬스타일

정면을 높게 핀컬로 장식하고 이를 지탱하기 위해 파제드라고 하는 금속바늘을 머릿속에 넣고 컬이 부족한 부분에는 머리카락 뭉치(싱)를 집어 넣었다. 특히 부족한 부분은 퐁땅쥬라 불리는 쓰게로 보충하였다.

7) 로코코(18C)

- 루이 14세 정치 말기에서 루이 15세 전성기의 머리형태와 루이 16세 왕비의 머리형태가 공존하였으며, 백발스타일 또한 유행하여 곡물가루로 만든 백분(파우더)이 두발을 장식하는 화장품으로 90년간 유행하였다.
- 부풀림이 없는 납작하고 작은 머리형태인 퐁파두르(pompadour, 팜프도르) 스타일과 남성들이 두발을 뒤통수에 낮게 묶어 리본으로 장식하거나 사이드의 두발을 짧게 잘라 컬을 말고 묶는 바로크 스타일이 연계되었다.
- 18C 후반의 머리형태는 마리 앙투아네트에 의해 점점 높고 볼륨이 커지는 헤어스타일이 출현하였고 루이 16세 시대는 이발이 전성기를 누리기도 하였다. 이 시대 만큼 유행이 자주 바뀌거나 부조화를 이루는 시기를 다른 시대에서는 볼 수 없었다.

8) 나폴레옹 제정시대(19C)

- 모발에 염색을 하고 층을 내는 커트스타일을 하기 시작함으로 여성 패션계에서는 복고스타일인 단발머리가 부활했다.

- 1804년 장바버(Jeang Barber)에 의해 외과와 이용을 완전 분리하였다. 이용을 상징하는 싸인볼(청, 홍, 백색)을 제작함으로써 이용문화를 전 세계에 보급했다.
- 19C는 로맨틱 시대로 여성스러움이 강조되어 화려해졌다. 1830년대 프랑스 미용사 무슈끄로샤뜨에 의해 아폴로 노트 머리형태가 고안되어 유행했다. 1875년 프랑스인 마셀 그라또우에 의해 일시적 웨이브인 마셀웨이브 스타일이 창안되었다.
- 1871년 가구 제작소인 바르캉 마르 회사가 수동식 바리깡을 발명하여 헤어커트에 도구를 도입하였다. 1872년 일본 귀족 목촌중량이 서구문명을 받아들여 정부의 삭발령 선포를 계기로 쫑마게(상투일종)를 자르고 짧은 헤어커트 스타일을 창시했다.
- 1867년 과산화수소(H_2O_2)의 생산에 따른 탈색제의 사용과 1883년 합성유기염료가 염모제로 대중화되었다.
- 1900년 짧은 스커트의 유행과 함께 헤어스타일도 짧아졌다.

(3) 근대미용(20C)

- 미용에서 'art'란 단어의 시작과 마셀웨이브가 미용사(beauty hair dresser)와 이용사(barber hair dresser)를 구별하기 위한 기술 중 하나로서 분류시키기 시작하였다. 또한 화이트 콜렉션의 분위기로 신세대에 의해 모발관리가 유행했다.
- 1905년 영국의 찰스 네슬러(Charles Nessler)에 의해 전열 웨이브 펌이 고안되었다.
  - 1906년 런던에서 처음으로 대중들에게 웨이브 펌[머신히트 웨이브(스파이럴식)]을 선보임
- 1925년 독일의 조셉 메이어에 의해 크로키뇰(croquignole)식 열펌이 고안되어 스파이럴식의 단점을 보충함과 동시에 기술적으로의 능률 향상에도 공헌하였다. 1936년 영국의 스피크먼(J.B. Speakman)에 의해 콜드 펌으로 화학제품 작용에 의한 웨이브 펌이 성공하였다. 1980년대 다양한 펌 스타일(스트레이트 펌, 웨이브 펌)이 유행하였다.
- 1914~1918년 전쟁 전·후 시기에 프랑스에서 짧은 보브스타일이 유행하였다. 1917년 미국 간호사들은 잔다르크 커트라 하여 짧게 자른 머리형에 웨이브 펌이 유행하였다. 1940년 산성중화샴푸제가 출시되었다.
- 1960년대 비달사순(Vidal Sassoon)의 기하학적인 커트가 국경을 없앴으며, 1970년대의 히피스타일이 다시 유행하였다.
- 1990년대 다양한 컬러가 유행하였다.

(4) 현대미용(21C, 현재)

다원화된 현대사회는 디지털 노마드시대(digital nomade)로서 사회변동이 전 세계에 걸쳐 동시다발적으로 일어나고 있다. 머리형태 또한 컨셉을 가진 실용적, 기능적, 생활적 환경을 우선시하는 다양화된 개성화가 주를 이루고 있다.

01 미용의 특수성에 대한 설명으로 틀린 것은?

① 미용은 부용예술이다.

② 미용은 조형예술과 같은 장식예술이다.

③ 손님의 머리모양을 낼 때 미용사 자신의 독특한 구상을 표현해야 한다.

④ 손님의 머리모양을 낼 때 시간적 제한을 받는다.

해설 | ③ 의사표현의 제한으로 미용사 자신의 의사표현 보다는 고객의 의사가 우선으로 반영되어야 한다.

02 미용의 특수성에 대한 설명 중 바르지 않는 것은?

① 손님의 의사를 존중한다.

② 소재선정에 제한을 받는다.

③ 여러 가지 조건에 제한을 받는다.

④ 미용사 자신의 의사표현을 분명히 한다.

해설 | ④ 미용사 자신의 의사표현에 제한이 있다.
미용의 특수성
• 소재선정의 제한   • 시간적 제한
• 의사표현의 제한   • 미적효과의 변화

03 미용의 특수성과 거리가 먼 것은?

① 그림, 조각 등과 같은 자유예술이다.

② 일반 조형예술과 같이 정적예술이다.

③ 손님의 요구에 따라야 한다.

④ 아름다움을 연출하기 위해서는 시간적 제한을 받지 않아도 된다.

해설 | ④ 미용의 특수성은 시간적 제한을 받는다.

04 미용사의 사명으로 옳지 않은 것은?

① 공중위생에 만전을 기한다.

② 손님이 만족하는 개성미를 만들어 낸다.

③ 미용과 복식을 건전하게 지도한다.

④ 새로운 유행을 창출한다.

해설 | ④ 미용사는 고객의 요구에 따라 자신이 쌓은 풍부한 감각과 기술을 사용하여 신체의 미를 부각하고 미용사는 미용업을 통해서 사회에 공헌한다는 사명감으로 직업적, 인간적 자질을 갖추도록 한다.

05 미용사가 미용을 시술하기 전 구상을 할 때 가장 우선으로 고려해야 할 것은?

① 유행의 흐름 파악

② 손님의 개성 파악

③ 손님의 희망 사항 파악

④ 손님의 얼굴형 파악

해설 | ③ 손님의 희망 사항을 파악하여 제작에 들어가도록 한다. 제작 과정은 미용의 절차 중 가장 중요하다.

06 미용업 공중위생관리법의 정의로 가장 올바르게 설명한 것은?

① 손님의 머리를 손질하여 손님의 용모를 아름답고 단정하게 하는 영업

② 손님의 머리카락을 다듬거나 하는 등의 방법으로 손님의 용모를 단정하게 하는 영업

③ 손님의 얼굴 등에 손질을 하여 손님의 외모를 아름답게 꾸미는 영업

④ 손님의 얼굴, 머리, 피부 등을 손질하여 손님의 외모를 아름답게 꾸미는 영업

해설 | ④ 미용업(공중위생관리법 제2조)
손님의 얼굴, 머리, 피부 등을 손질하여 손님의 외모를 아름답게 꾸미는 영업을 말한다.

07 법률상에서 정의되는 용어로서 가장 바르게 설명된 것은?

① 위생관리 용역업이란 공중이 이용하는 시설물의 청결유지와 실내공기정화를 위한 청소 등을 대행하는 영업을 말한다.

② 이용업이란 손님의 머리, 수염, 피부 등을 손질하여 외모를 아름답게 꾸미는 영업을 말한다.

③ 공중위생영업이란 미용업, 숙박업, 목욕장업, 수영장업, 유기영업 등을 말한다.

④ 미용업이란 손님의 얼굴과 머리, 피부 등을 손질하여 외모를 아름답게 꾸미는 영업을 말한다.

해설 |
② 이용업이란 손님의 머리카락, 수염을 깎거나 다듬는 등의 방법으로 손님의 용모를 단정하게 하는 영업을 말한다.
③ 공중위생영업이란 다수인을 대상으로 위생관리서비스를 제공하는 미용업, 이용업, 숙박업, 세탁업, 목욕장업, 위생관리용역업을 말한다.

08 아이론을 발명하여 부인 결발법의 대혁명을 일으킨 사람은?

① 프랑스의 마셀그라또우
② 독일의 조셉메이어
③ 독일의 찰스 네슬러
④ 영국의 J.B 스피크먼

해설 | 1875년 프랑스인 마셀 그라또우에 의해 일시적인 마셀웨이브 스타일이 만들어졌다.

09 조선 중엽 일반 부녀자의 화장에 대한 설명 중 틀린 것은?

① 연지, 곤지를 찍었다
② 참기름을 사용했다
③ 열 종류의 눈썹 모양을 그렸다
④ 분을 바른 시초였다

해설 | 중국의 당나라 현종 때에는 십미도라 하여 10가지 눈썹 모양을 소개하였다.

10 우리나라 신부화장의 하나로서 양쪽 뺨에는 연지류, 이마에는 곤지를 찍어서 혼례식을 하던 시대에 해당되는 것은?

① 고려 말기부터
② 조선 말기부터
③ 고려 중기부터
④ 조선 중기부터

해설 | 조선 중기에는 분화장이 신부화장에 사용되기 시작 양쪽 뺨에 연지, 이마에 곤지를 찍고, 눈썹을 밀고 따로 그렸다.

11 미용의 과정 순으로 올바른 것은?

① 소재 → 구상 → 제작 → 보정
② 소재 → 구상 → 보정 → 제작
③ 구상 → 소재 → 제작 → 보정
④ 구상 → 소재 → 보정 → 제작

해설 | 미용의 과정은 4가지 절차로 소재 → 구상 → 제작 → 보정 등의 절차(순서)를 갖는다.

12 전체적인 머리모양을 관찰하여 불충분한 곳이 없는지 파악하는 과정인 것은?

① 소재   ② 구상
③ 제작   ④ 보정

해설 | 미용의 과정은 소재, 구상, 제작, 보정의 단계로 이루어진다.
• 소재 : 모발은 미용술의 소재로서 전신의 자태, 얼굴형, 목선, 모류, 모질 등과 함께 신속·정확하게 관찰, 파악해야 함
• 구상 : 서비스작업에 따라 얼굴형과 특징 등을 고려하며, 고객의 의사를 우선함
• 제작 : 구체적인 표현 과정으로서 제작은 신속하고 정확해야 함
• 보정 : 제작 후 전체적, 종합적으로 관찰하고, 불충분한 곳을 보정함

13 미용사의 사명과 관련된 내용이 아닌 것은?

① 공중위생에 만전을 기한다.
② 고객이 만족하는 개성미를 살린다.
③ 시대에 맞는 풍속을 건전하게 지도한다.
④ 고객의 연령과 트렌드를 조화시켜 연출한다.

해설 | ④ 미용의 통칙에 해당한다.

14 우리나라 고대 여성의 머리 형태에 속하지 않는 것은?

① 큰머리　　　　② 얹은머리

③ 높은머리　　　　④ 쪽진머리

해설 | ③ 높은머리(일명 다까머리)는 근대(개화기) 이숙종에 의해 유행된 머리형태이다.

15 땋은 두발을 뒤통수에 낮게 트는 여성의 머리형태는?

① 쪽진(낭자)머리　　　② 얹은머리

③ 푼기명머리　　　　④ 쌍상투머리

16 뒤통수에 머리다발을 낮게 땋아 틀어 올린 후 비녀를 꽂은 머리형태는?

① 민머리　　　　② 얹은머리

③ 쌍상투머리　　　④ 쪽진머리

해설 | ④ 쪽진머리는 고대 삼국시대 기혼녀의 머리형태로 뒤통수에서 땋은 두발을 낮게 틀어 비녀로 쪽을 지은 형태이다.

17 삼한시대 머리형태로 거리가 먼 것은?

① 포로나 노예는 두발을 깎았다.

② 일반인은 상투를 틀게 했다.

③ 수장급은 관모를 착용하였다.

④ 머리형태는 신분이나 계급에 관계가 없었다.

해설 | ④ 머리형태로 신분과 계급을 알 수 있었다.

18 아이론을 발명하여 부인 결발법을 고안한 인물은?

① 마셀 그라또우

② J.B.스피크먼

③ 조셉 메이어

④ 찰스 네슬러

해설 | ① 1875년 마셀 그라또우는 일시적 웨이브를 창안하였다.

19 서구 미용의 역사로 머리에 화려하게 장식하여 거대하고 사치스러운 머리형태가 유행했던 시대는?

① 바로크시대

② 로코코시대

③ 그리스 시대

④ 르네상스시대

해설 | ② 로코코시대에는 머리카락을 철사 뼈대 위로 둘러 포마드로 고정시키고 파우더를 뿌리는 등의 사치스러운인 머리형태를 하였다.

20 중국 당나라 현종 때의 십미도에 관한 내용으로 바른 것은?

① 열 명의 미인도

② 열 종류의 머리모양

③ 열 가지의 화장술

④ 열 종류의 눈썹모양

해설 | ④ 당 현종 때의 십미도는 열 종류의 눈썹 모양을 그림으로 그린 것이다.

21 중국의 고대미용에 대한 설명으로 틀린 것은?

① 머리형태는 첩지머리, 쪽진머리, 큰머리가 있었다.

② 홍장은 백분을 바른 후 연지를 덧발랐다.

③ 십미도는 열 종류의 눈썹 모양을 그린 것이다.

④ 당나라 때 액황을 이마에 발라 입체감을 나타냈다.

해설 | ① 첩지머리, 쪽진머리, 큰머리, 조짐머리, 어유미, 얹은머리 등은 조선시대의 머리형태이다.

22 서울 종로 화신백화점 내 화신미용원을 개설한 해는?

① 1933년　　　　② 1933년

③ 1945년　　　　④ 1950년

해설 | ① 오엽주가 일본에서 미용 기술을 배워 화신백화점 내에서 1933년에 우리나라 최초로 화신미용원을 개원하였다.

23 1920년 우리나라 근대 높은머리를 유행시킨 여성은?

① 김상진   ② 권정희

③ 문옥현   ④ 이숙종

해설 | ③ 1920년대 김활란의 단발머리, 이숙종의 높은머리(일명 다까머리)가 유행하였다.

24 분대화장과 비분대화장이 유행했던 시대는?

① 삼한시대   ② 백제시대

③ 조선시대   ④ 고려시대

해설 | ④ 고려시대는 짙은 화장(분대화장)과 옅은 화장(비분대화장)으로 분류되었다.

25 우리나라의 근대미용의 시초라고 볼 수 있는 시기는?

① 조선 초기   ② 조선 중엽

③ 한일합방 이후   ④ 해방 이후

해설 | ③ 우리나라 근대미용의 시초는 1910년 한일합방 이후이다.

26 조선시대에 가체 대신 떠구지를 얹은 머리형태는?

① 큰머리   ② 쪽진머리

③ 귀밑머리   ④ 조짐머리

해설 | ① 거두미(큰머리, 떠구지머리)는 궁중에서 의식 때 모발 대신 나무로 만든 장식이다. 떠구지를 얹은 형태의 머리를 큰머리 또는 거두미라고 하였다.

27 외국의 고대미용에 대한 설명으로 잘못된 것은?

① 중국의 미용 – 원뿔 모양의 모자

② 이집트 미용 – 형형색색의 환상적 가발

③ 로마 미용 – 향장품 제조와 사용 성행

④ 프랑스 미용 – 현대 미용의 발상지

해설 | ① 중세시대 에넹은 원뿔 모양의 모자로 두발을 감쌌던 모자이다.

28 고대 한국의 머리형태에 대한 명칭과 설명이 바르게 설명된 것은?

① 쪽머리 – 뒤통수에서 땋아 늘어뜨린 머리 형태

② 푼기명머리 – 삼한시대에 양쪽 귀 옆에 머리카락의 일부를 늘어뜨린 머리 형태

③ 중발머리 – 중간 정도의 짧은 두발을 목덜미에서 묶은머리 형태

④ 귀밑머리 – 상궁이나 양반가 규수들의 머리 형태

해설 | ③ 중발머리는 짧은 두발을 뒤통수에 낮게 묶은 형태이다.

29 머리모양에서 개성을 발휘하기 위한 첫 단계는?

① 소재   ② 구상

③ 보정   ④ 제작

해설 | ① 미용의 소재는 신체의 일부분인 모발로 고객의 개성미를 파악하는 것이 중요하다. 전신의 자태, 얼굴형, 표정, 동작의 특징 등을 신속 정확하게 관찰 및 파악해야 한다.

30 미용의 과정 중 고객의 만족 여부를 파악하는 단계는 어디에 해당하는가?

① 소재   ② 구상

③ 제작   ④ 보정

해설 | ④ 보정 후 고객의 만족 여부를 파악해야 미용의 과정은 끝나게 된다.

31 헤나와 진흙을 혼합하여 두발에 바르고 태양광선에 건조시켜 염색을 했던 최초의 나라는?

① 이집트   ② 그리스

③ 로마   ④ 바로크

해설 | ① 알칼리 토양의 진흙을 모발에 발라 둥근 막대기로 말아 태양열로 건조시켜 두발에 컬을 만들었다.

32 첩지와 관련된 내용으로 틀린 것은?

① 첩지는 봉첩지만을 사용하였다.

② 왕비는 도금으로 된 봉첩지를 사용하였다.

③ 조선시대 사대부의 예장 때 머리 위 가르마를 꾸미는 장식품이다.

④ 첩지는 내·외명부 등의 신분을 밝혀주는 표시이기도 했다.

해설 | ① 왕비는 도금으로 봉첩지를 하였다. 내·외명부는 도금으로 은 또는 흑각 개구리 첩지를 하였다.

33 조선시대의 신부 화장술에 대한 설명으로 틀린 것은?

① 분화장을 했다.

② 밑화장으로 동백기름을 발랐다.

③ 눈썹은 실로 밀어낸 후 따로 그렸다.

④ 연지는 뺨에, 곤지는 이마에 찍었다.

해설 | ② 얼굴의 밑화장으로 참기름을 발랐으며 동백기름은 모발에 발랐다.

34 아름다운 가체를 사용하여 머리형태를 만들었던 나라는?

① 마한　　　　② 진한

③ 신라　　　　④ 백제

해설 | ③ 「삼국사기」 기록에 의하면 신라는 가체를 중국 당나라에 수출하였으며 여인들은 가체를 사용한 장발기술이 뛰어났다고 한다.

35 삼한시대 머리형태에 대한 설명으로 틀린 것은?

① 수장급은 관모를 착용했다.

② 일반인은 상투를 틀게 했다.

③ 포로나 노예는 두발을 밀어 깎았다.

④ 머리형태는 신분이나 계급에 관계가 없었다.

해설 | ④ 머리형태로 신분과 계급을 알 수 있었다.

36 17C 초 바로크시대 프랑스에서 여성들의 두발결발사로 종사한 최초의 남자는?

① 샴페인

② 마셀그라또우

③ 아폴로노트

④ 무슈 끄로샤뜨

해설 | ① 샴페인은 프랑스 최초의 남자 미용사로, 전두부에 와이어나 쿠션을 집어넣어 높게 부풀린 퐁땅쥬 스타일을 유행시켰다. 프랑스 혁명 이후 근대 미용의 기반을 마련하였다.

37 근대(개화기)에 대한 설명으로 옳은 것은?

① 일본의 단발령에 의해 미용이 발달했다.

② 1933년 우리나라에 처음으로 일본인이 미용실을 개원했다.

③ 해방 전 우리나라 최초의 미용교육기관은 정화 고등기술학교이다.

④ 오엽주 여사는 화신백화점 내에 미용실을 개원했다.

해설 |

① 일본은 서구문명을 빨리 받아들여 메이지 유신때부터 미용이 발달했다.

② 1933년 화신백화점 내에 오엽주가 미용실을 최초로 개원했다.

③ 해방 후 김상진에 의해 미용학원이 설립되었고 6.25 사변 이후 고등기술학교에 미용 교육이 도입되었다.

38 다음은 신라시대 머리장식품 중 비녀이다. 재료에서 이름을 따온 비녀만으로 묶어진 것은?

① 산호잠, 옥잠

② 국잠, 각잠

③ 석류잠, 호노잠

④ 봉잠, 용잠

해설 | ① 산호잠은 산호로, 옥잠은 옥으로 만든 비녀로, 재질에서 이름을 따왔다. 석류잠, 호도잠, 국잠(국화), 봉잠(봉황), 용잠 등은 비녀의 모양에서 이름을 따왔다.

39 미용의 특수성과 가장 거리가 먼 것은?

① 시간적 제한을 받는다.

② 유행을 강조하는 자유예술이다.

③ 손님의 요구가 반영된다.

④ 정적 예술로써 미적효과를 나타낸다.

해설 | ② 미용은 부용예술이면서 정적예술이다.

40 머리모양 또는 화장에서 개성을 발휘하는 단계는?

① 제작   ② 보정

③ 소재의 확인   ④ 구상

해설 | ② 소재(고객) → 구상(계획) → 제작(실행) → 보정(마무리)

41 고대 미용의 발상지로 가발을 이용하고 진흙으로 두발에 컬을 만들었던 국가는?

① 로마   ② 그리스

③ 이집트   ④ 프랑스

해설 | ③ 이집트인들은 알칼리 토양의 진흙을 모발에 발라 둥근 막대기로 말고 태양열로 건조시켜서 두발에 컬을 형성시켰다.

42 우리나라에서 근대미용의 시초라고 볼 수 있는 시기는?

① 조선 중엽   ② 해방 이후

③ 6.25 이후   ④ 한일합방 이후

해설 | ④ 1923년 이용사 자격시험 실시

43 조선시대에 사람 머리카락으로 만든 가체를 얹은 머리형은?

① 쪽진머리   ② 큰머리

③ 조짐머리   ④ 새앙머리

해설 | ② 가체는 주로 큰머리에 사용되었다.
조선시대 머리모양은 얹은머리, 쪽진머리, 어유미, 조짐머리, 첩지머리, 거두미(큰머리), 대수, 귀밑머리, 새앙머리 등이다.

44 우리나라 고대 미용에 대한 설명 중 바르지 않은 것은?

① 고구려시대 여인의 머리 형태는 여러 가지였다.

② 계급에 상관없이 부인들은 모두 머리모양이 같았다.

③ 백제에서는 기혼녀는 틀어 올리고 미혼녀는 땋아 내렸다.

④ 신라시대 부인들은 금은주옥으로 꾸민 가체를 사용하였다.

해설 | ②
• 고구려 : 푼기명머리, 쪽진머리, 쌍상투머리, 민머리, 트레머리
• 백제 : 남성은 상투, 기혼여성은 쪽머리, 미혼여성은 양갈래로 땋아 댕기머리를 함
• 신라 : 가체처리 기술이 뛰어나고 머리형태가 신분의 지위를 나타냄

45 우리나라 옛 여인의 머리모양 중 앞머리 양쪽에 틀어 얹은 모양의 머리는?

① 쌍상투머리   ② 낭자머리

③ 푼기명식머리   ④ 쪽진머리

해설 | ① 전두부쪽 좌우로 상투를 틀어 올리듯 머리를 나누어 묶은 형태

46 조선시대 후반기에 유행하였던 일반 부녀자들의 머리형태는?

① 쪽진머리   ② 쌍상투머리

③ 귀밑머리   ④ 푼기명머리

해설 | ① 큰머리, 조짐머리 등은 조선시대의 머리형태이다.

47 중국 당나라시대 메이크업에 대한 설명으로 가장 거리가 먼 것은?

① 백분, 연지로 얼굴형을 부각시켰다.

② 액황을 이마에 발라 입체감을 살렸다.

③ 10가지 종류의 눈썹모양인 십미도가 개성을 표현하는데 사용되었다.

④ 일본에서 유입된 가부끼 화장이 서민에게까지 성행하였다.

해설 | ④ 일본의 가부끼 화장은 서민에게 성행한 적이 없었다.

48 삼한시대의 머리형태에 관한 설명으로 틀린 것은?

① 수장급은 관모를 썼다.

② 일반 남성은 상투를 틀게 했다.

③ 귀천의 차이가 없이 자유롭게 했다

④ 포로나 노비는 머리카락을 밀어서 표시했다.

해설 | ③ 머리형으로 신분과 계급을 알 수 있었다.

49 조선중엽 상류사회 여성들이 얼굴의 밑화장으로 사용한 기름은?

① 들기름　　　② 피마자기름

③ 참기름　　　④ 동백기름

해설 | ③ 조선중엽부터 신부화장에 분을 사용하고 밑화장으로 참 기름을 사용하였다.

50 고대 중국 미용의 설명으로 틀린 것은?

① 두발을 짧게 깎거나 밀어내고 그 위에 일광을 막을 수 있는 대용물로써 가발을 즐겨 썼다.

② 액황이라고 하여 이마에 발라 약간의 입체감을 주었으며 홍장이라고 하여 백분을 바른 후 다시 연지를 덧발랐다.

③ 아방궁 3천 명의 미희들에게 백분과 연지를 바르게 하고 눈썹을 그리게 했다.

④ 하(夏)나라 시대에 분을, 은(殷)나라의 주 왕 때에는 연지 화장이 사용되었다.

해설 | ① 이집트 시대에 대한 설명이다.

51 화장법으로는 흑색과 녹색의 두 가지 색으로 윗 눈꺼풀에 악센트를 넣었으며, 붉은 찰흙에 샤프란꽃을 조금씩 섞어서 이것을 볼에 붉게 칠하고 입술연지로도 사용한 시대는?

① 고대 그리스　　　② 고대 이집트

③ 고대 로마　　　④ 중국 당나라

해설 | ② 헤나를 사용하고 찰흙에 샤프란을 섞어 입술연지에 사용 하였다.

52 1933년 백화점 내 개설된 미용실과 개설자명이 바르게 된 것은?

① 이숙종 – 화신백화점

② 오엽주 – 화신백화점

③ 김상진 – 현대백화점

④ 임형선 – 현대백화점

53 첩지에 대한 내용으로 틀린 것은?

① 왕비는 은개구리첩지를 사용하였다.

② 첩지의 모양은 봉과 개구리 등이 있다.

③ 첩지는 조선시대 사대부의 예장 때 머리 위 가리마를 꾸미는 장식품이다.

④ 첩지는 내명부나 외명부의 신분을 밝혀주는 중요한 표시이기도 했다.

해설 | ① 왕비는 도금한 용첩지, 빈은 도금한 봉첩지, 내외명부는 흑각으로 만든 개구리 첩지를 머리에 썼다.

54 한국 근대 미용사에 대한 설명 중 옳은 것은?

① 경술국치 이후 일본인들에 의해 미용이 발달했다.

② 오엽주씨가 화신 백화점 내에 미용원을 열었다.

③ 1933년 일본인이 우리나라에 처음으로 미용원을 열었다.

④ 1920년 이숙종 여사에 의해 단발머리에 혁신적인 변화를 주었다.

해설 | ②

• 이숙종 : 높은머리(일명다까머리)

• 오엽주 : 화신미용원 개원

• 김상진 : 현대미용학원 설립

★
55 한국의 고대 미용의 발달사를 설명한 것 중 틀린 것은?

① 머리형태는은 신분의 귀천을 나타냈다.

② 머리형태에 관해서 삼한시대에 기록된 내용이 있다.

③ 머리형태에 관해서 문헌에 기록된 고구려 벽화는 없었다.

④ 머리형태는 조선시대 때 쪽진머리, 큰머리, 조짐머리가 성행하였다.

해설 | ③ 고구려 벽화를 통하여 당시 여인들의 머리형태가 후두부에서 전발로 향해 감아올려 전발 가운데에 감아서 꽂은 얹은머리 형태를 알 수 있다.

PART 1	미용업 안전위생관리								
Chapter **1**		미용의 이해					선다형 정답		
01	02	03	04	05	06	07	08	09	10
③	④	④	④	③	④	④	①	③	④
11	12	13	14	15	16	17	18	19	20
①	①	④	③	①	④	④	①	②	④
21	22	23	24	25	26	27	28	29	30
①	①	④	④	③	①	①	③	①	④
31	32	33	34	35	36	37	38	39	40
①	①	②	③	④	①	④	①	②	②
41	42	43	44	45	46	47	48	49	50
③	④	②	②	①	①	④	③	③	①
51	52	53	54	55					
②	②	①	②	③					

CHAPTER 02 피부의 이해

피부와 피부부속기관

1 피부구조 및 기능

(1) 피부의 정의 및 구조

구분	피부의 정의와 기능	피부의 구조
특징	• 피부는 외부환경이 접촉하는 경계면으로서 중층편평상피로 구성, 일생동안 끊임없이 세포분열과 분화를 통해 새로운 표피를 만들어내는 역동적인 기관이다. • 신체 내부로부터 체액이 빠져나가는 것을 막으며 병균 및 유해물질이 침투하는 것을 막는 장벽이다.	• 손·발바닥을 제외한 모든 피부는 얇은피부로서 표피, 진피, 피하조직으로 구성된다. • 피부부속기관은 손·발톱, 모발 등 각질부속기관과 한선과 피지선인 분비부속기관으로 대별된다.

▶ 세포의 모양 및 층구조

구분	세포모양 및 층구조	
중층편평상피세포의 형태	• 각질세포층 : 편평형 • 유극세포 : 방추형	• 과립세포층 : 다면체(입방)형 • 기저세포층 : 원주형
얇은피부(4개의 층)	• 각질층 → 과립층 → 유극층 → 기저층	
두꺼운피부(5개의 층)	• 각질층 → 투명층 → 과립층 → 유극층 → 기저층	

▶ 피지막

• 한선에서의 땀과 피지선에서 피지가 혼합된 상태를 나타내는 피지막은 피부의 pH(약 4.5~5.5) 즉, 피부의 산성도를 나타내며 1~2g/1day 분비된다. 살균·소독, 보습, 중화, 윤기, VtD 등에 관여한다.
• 피지 비중은 0.91~0.93으로서 피지막 두께는 0.05~4mm 정도이다.

(2) 피부조직의 기능

피부 비중은 성인의 경우 체중의 15~17%(5kg 이상), 평균 표면적 1.6~2m²로서 가장 큰 신체 기관의 상피조직이다.

1) 표피(epidermis)

1mm 이하의 두께를 가진 피부의 최상층에 존재하는 표피는 재상피화가 일어나는 곳이다. 영양과 산소

는 기저막 경계의 진피유두에서 확산 과정을 통해 이루어진다. 천연피지막으로 덮혀 있는 표피의 역할은 생명유지와 증식, 피부외모개선(피부결, 보습력, 피부재생)을 통한 피부표면의 상태를 결정한다.

① 표피의 특징

- 무핵층(과립 · 각질)과 유핵층(기저 · 유극)으로 구분되며 기저(stem cell)층이 존재한다.
- 혈관, 신경이 분포되어 있지 않으며 천연보습인자(NMF)와 세포간지질의 라멜라 층 구조는 피부장벽을 구성하며 각화현상에 의해 표피탈락이 형성된다.

② 표피의 세포층

종류	특징
각질층 (horny · cornified layer)	• 수분 10~20%, 미생물 침입으로부터 보호, 수분과 전해질의 외부유출방지 등을 한다. • 자연보습막(각질지질층)인 10~20층의 무핵편평세포는 각질층 내 층상구조(lamellar granule)를 유지시키는 세라마이드 구조로서 피부수분 보유 및 피부장벽 역할을 한다. • 유중수형(w/o)으로서 신체로부터 체액이 빠져나가는 것을 막고 병균 및 유해물질이 침투하는 것을 막는 역할을 한다. • 각질세포로 피탈과 탈락의 과정을 거침과 함께 병원균으로부터 방어 역할을 한다.
투명층 (clear layer)	• 손 · 발바닥에 분포되어 있으며 과립층과 각질층 사이의 경계를 이루는 무핵층 구조이다. • 반유동적 단백질인 엘라이딘(elaidin)을 함유함으로써 자외선을 차단하고 수분 침투를 방지하며 윤기를 부여한다. • 물리적 압력 또는 화학물질의 흡수를 저지하며 자외선 B 80%를 차단한다. • 투명층이 손상되면 피부가 거칠어지고 피부염이 유발된다. 즉, 문제성 피부가 된다.
과립층 (granular layer)	• 3~5개의 무핵편평 또는 방추형의 다이아몬드형 세포층 구조를 경계로 50~75%의 수분을 함유하고 내부로부터 수분증발을 방지하며 약알칼리성(pH 7.5~8.5)을 유지한다. • 각질화가 시작되는 층으로서 초자유리과립질(케라토하이알린)이 축적되어 있다. • 각질층에 꼭 필요한 세포간지질(층판과립)과 천연보습인자의 구조로 이루어진 라멜라 바디를 방출시킨다.

유극층
(spinoa ·
prickle layer)
	• 5~10층으로 구성된 가시세포인 돌기(교소체) 세포와 세포사이 접착물질로 연결되는 유핵세포이다.
	• 가시층 또는 극세포층으로서 세포의 형태는 다각형을 이룬다.
	   − 세포간교를 통하여 림프액이 흐르기 때문에(림프액 순환) 외부로부터 이물질과 독소를 제거하여 피부 피로 회복을 담당함
	• 피부의 면역학적 반응과 알레르기 반응에 관여(랑게르한스세포)한다.
	   − 이물질(항원)이 피부 침투 시, 즉시 림프구(면역담당세포)로 전달하는 역할을 함
	• 자외선으로부터 형성되는 멜라닌색소를 표백시키는 메캅탄기(−SH)가 존재한다.

기저층
(basal layer)
	• 각질세포를 생산하는 줄기세포(stem cell)로서 세포분열에 의해 딸세포를 생성한다.
	• 배아층으로서 세포각화과정의 시발세포이며, 유사분열을 통한 생리현상(피부결 · 보습 · 안색)이 이루어진다.
	• 단층의 원주형 또는 입방형의 기저막을 형성하며 각질형성세포로서 줄기세포이다.
	• 표피부속기관으로 기저층내 각질형성 · 항원제시 · 색소형성 · 인지세포가 존재된다.
	   – 기저막은 유동성 반투과성의 여과기로서 표피와 진피간의 액상물질을 투과시키며 염증세포, 암세포를 제어하는 방어막 역할을 함
	   – 기저막은 표피세포에 의해 구성되며 진피(콜라겐, 섬유아세포와 다른) 등 완전히 다른 구조의 조직을 결합시키는 중요한 역할을 함

③ 표피의 각화현상(keratinization)

- 기저층에서 만들어진 세포는 각각의 층을 거쳐 각질층으로 이동하는 동안 수분 손실량에 의해 세포 모양이 달라진다.
- 생리학적으로 기저층 → 유극층 → 과립층 → 각질층에로의 순차적인 세포분화과정을 거친다. 각질상태에서 14일간 머물다가 노화된 각화세포로서의 14일 간에 걸쳐 피탈(epilated)됨으로써 약 28일 주기로 탈락과정을 거침으로써 새로운 상피세포가 생성(turn over process)된다.

④ 피부색(skin color)

카로틴 + 헤모글로빈(Hb) + 멜라닌색소 등의 요소간 혼합에 의해 피부색은 결정된다. 특히 피부 밑 지방층은 카로틴 양에 의해 노란끼를, 모세혈관의 혈류량과 혈색소의 산화 정도가 붉은끼를, 멜라닌 색소는 갈색끼를 나타낸다.

2) 진피(dermis)

표피와 피부부속기관의 성장과 분열을 조절하고 안내하는 탄력 · 교원 · 세망섬유와 세포간물질을 연결하는 조직으로 구성된다. 그 외 섬유아(모)세포, 비만세포, 대식세포와 랑게르한스세포 등을 갖고 있다.

① 진피조직의 세포층

세포층	진피조직
유두층 (papillary layer)	• 표피내 기저층과 인접한 혈관유두는 표피에 영양을 공급, 신경유두는 체온을 조절하며 촉각, 통각, 수분을 다량 함유(혈관이 집중되어 상처를 회복시키고 피부결을 만듦)한다. • 유두층 가장 위쪽은 이랑과 유두 모양의 돌기 형태를 이룬다
망상층 (reticular layer)	• 랑거당김선이 있는 진피층의 주요 몸체로서 망상그물층이 교원(아교)섬유 다발을 이루며, 치밀하게 짜여 있는 탄력섬유에 의해 피부탄력성과 피부 반사작용이 관여한다. • 충격에 대한 완충역할 및 고정시키는 역할을 한다.
세포간물질 (ground substance)	• 진피 내 세포와 섬유 사이에 존재하는 반유동 액체로서 기질세포로 구성된다. • 피부 압박에 대해 저항력과 피부 손상을 입은 후라도 섬유조직 내에서 회복한다.

② 진피조직의 세포

피부의 90% 이상, 표피두께 10~40배로서 점탄성적 성질을 갖는 탄력적인 섬유세포(결체조직)인 단백질로 구성된다. 즉 교원질(콜라겐) 약 60%, 탄력섬유(엘라스틴) 약 2%와 하이아루론산과 같은 무코다당류인 기질(세포외 바탕질)로 구성된다.

종류		특징
섬유아세포 (fibroblast)	교원섬유 (collagen fibers)	• 아교 · 백색섬유라 하며 이들 각각의 섬유는 섬유아세포로부터 분비되는 접착물질에 의해 다발을 형성시킨다. • 교원섬유(콜라겐)는 강력한 견인력과 함께 피부주름을 예방하는 수분 보유원의 역할을 한다.
	탄력섬유 (elastic fiber)	• 섬세한 조직망을 가진 황색섬유로서 교원섬유의 빽빽한 다발들 사이에 무질서하게 분포된 섬유(엘라스틴)로 구성된다. • 탄력성이 필요한 피부, 큰 혈관 또는 호흡기계, 탄력물렁뼈 및 탄력인대 등에서 그물막 또는 다발 형태로 배열되어 있다.
비만세포 (mast cell)		• 염증과 알레르기 반응 시 분비되는 히스타민과 세로토닌 같은 화학물질로서 과립 형태를 가진다. (감각작용 분비)　　　　(분비) • 알레르기 침입 시 ⟶ 히스타민 ⟶ 염증 형성
대식세포 (macrophage)		• 식세포는 노폐물 제거를 위한 백혈구 내 단핵구인 대식세포로서 단독 또는 그룹을 형성하여 외부침입물질(세균 또는 바이러스)들을 공격, 이물질의 침입을 막는 청소세포이다. • 섬유아세포처럼 이동함으로써 아메바성 병원균을 퍼트린다.
지방아세포 (lipoblast)		• 글리세롤과 지방산으로 구성된 트라이글리세라이드 구조를 갖고 있다. • 지방세포가 진피에 과다하게 비대 시 세포를 누르거나 림프를 압박하여 정맥류가 된다.

3) 피하지방(hypodermis)

• 피부 밑 조직으로서 피부 밑 지방층 또는 지방조직이라고도 하며 외부온도 변화에 신체를 보호하고 영양분의 저장소 역할을 한다. 성별, 나이, 신체 부위 등에 따라 다르나 일반적으로 남성보다 여성의 지방조직이 두껍다.

• 피부의 움직임을 방지하기 위해 뼈의 골막이나 근육의 건막에 붙어 기계적 · 물리적 충격을 방지한다.
　– 한선과 통증수용체의 일부를 지지함

• 혈관, 신경(피하조직 속에서 가장 굵은)들은 피부에 공급하는 표피가지들을 형성하기 위해 지방조직을 통과한다.

(3) 피부의 기능

대부분 피부두께는 6mm 이하에 불과하지만 수분의 과도한 손실을 막아주고, 외부 미생물과 유해물질을 막는 효율적인 장벽 보호막 역할을 한다.

기능의 종류	특징
보호 기능	• 수분유지, 마찰에서의 보호, 세균 등의 미생물로부터 방어, 광선차단 기능을 한다. • 멜라닌색소와 표피층의 투명층은 자외선으로부터 피부를 보호한다.

흡수기능 (경피흡수)	• 한선, 피지선, 모낭을 통해 흡수작용을 한다.
	  – 피지막과 각질세포(표피)가 흡수기전을 방해하며, 지성피부일수록 흡수기전은 나쁨
	  – 제품흡수정도 : 모공 〉 한선 〉 표피세포(경피흡수경로)
	  – 유기물질(VtA, D · K, 황, 페놀, 살리실산)은 흡수되기 쉬우나 수용성(VtB$_1$ · B$_2$ · B$_3$, 염화물)은 흡수가 잘 안됨

호흡기능	• 피부로 약 1% 호흡, 폐로 99% 호흡을 한다.

분비기능 (또는 배설)	• 한선, 피지선을 통해 수분이나 피지 외에도 대사산물의 일부를 몸 밖으로 배출시킨다.
	  – 한선은 체온조절과 적은 양의 질소노폐물, 염소, 칼륨, 젖산 및 염분 등도 땀과 함께 체외로 배설
	  – 피지선은 피지와 체내의 이물질과 노폐물 즉, 인체 지방대사에서 나오는 독소물질을 체외로 배출
	• 인체 무게의 약 60%는 액와림프절, 서혜림프절, 경(목)림프절 등 이하 림프계로 구성되어 있다.

체온조절 기능	• 한선, 혈관, 입모근, 저장지방(피하조직) 등을 통해 조절한다.
	  – 우리 몸은 36.5℃를 유지하려는 항상성이 있음
	  – 체온이 증가되면 혈관을 확장시켜 피부를 통해 열을 발산
	  – 바깥기온이 낮으면 혈관 수축을 통해 열 손실을 막음 즉, 입모근을 수축시켜 체표면적을 줄임

감각전달 기능	• 외부 자극을 뇌로 즉각 전달하여 촉각, 압각, 통각, 온각, 한냉, 소양감 등을 받아들이는 장치가 있어 감각수용기로서의 역할을 수행한다.
비타민D 생성기능	• 칼슘의 흡수를 촉진시켜 뼈와 치아의 형성에 도움이 된다. • 피부 내 에고스테롤은 자외선을 받으면 항구루병 인자인 VtD로 바뀌어 체내에 흡수된다.
저장작용기능	• 고유(치밀)결합조직 중 특수결합조직인 지방조직, 그물조직, 액체결합조직인 혈액과 림프조직에 저장한다. • 피하조직 내 지방은 우리 몸의 저장기관으로 각종 영양분과 수분을 보유하고 있다.
도구의 기능	• 피부 변성물인 손 · 발톱은 손가락끝 또는 발가락 끝을 보호한다. • 인체의 유용한 도구로서 손가락 끝에 힘을 주거나 발끝을 세울 때 충격과 반응의 역할을 한다.

2 피부부속기관의 구조 및 기능

• 표피부속기①: keratinocyte, melanocyte, langerhans cell, merkel cell
• 진피부속기②: 모유두, 기모근, 혈관, 신경   • 표피연결 진피부속기③: 한선, 피지선, 모낭, 모발섬유

(1) 각질부속기관

각질부속기관은 모발과 손 · 발톱(조체)으로 구분되며, 모발은 모낭 내에서만 생존한다. 모발섬유를 생성시키고 보호하며 이동시키는 모낭은 모근에 존재한다.

1) 모근부

부속명칭	기관 및 기능	특징
모모세포 (모기질 세포) ketatinocyte	• 유사분열 　– 모세포생성 • 각질부속기관 내에 존재 　– 색소형성세포 　– 랑게르한스세포 　– 인지(촉각)세포	• 모아의 모체층인 모유두로부터 영양을 공급받은 모모세포는 모세포를 생성하여 모낭을 따라 위로 밀려 올라간다. • 가늘고 긴 수직의 상태에서 출발하여 모낭 위쪽 부위에서 세포들은 더 커지고 색소를 획득하여 단백질을 합성하고 위로 향하여 밀려나간다. • 각질형성세포와 색소형성세포가 존재하여 모발색을 결정하며 손상피부의 복구에 관여한다. • 원형의 세포로서 모발생성 최종단계의 왕성한 세포분열을 한다.
모유두 (hair papilla)	• 혈관·신경 연결 • 모낭 내 모모세포에 산소 및 영양공급 • 내재된 시간 보유	• 모구부 기저중심에 위치해 있어 모낭의 성장에 중요한 역할을 하며, 모발성장주기뿐 아니라 모낭 자체의 발생을 통제하는 역할을 겸비한다. • 모유두는 모발이 성장할 수 있는 신호(파라크린 호르몬)를 모기질에 보낸다. • 모세혈관이 거미줄처럼 망을 형성하여 아미노산, 비타민, 미네랄 등의 영양소와 단백질 합성효소, 산소를 공급한다. • 모세혈관과 자율신경이 존재, 모주기에 따른 위치변화를 갖고 있으며 영양분을 흡수, 모질 및 굵기를 결정한다. • 모발섬유 생성의 신호를 전달한다.
기모근 (입모근) arrector pilorum muscle	• 모유두를 자극 • 불수의 평활근	• 모낭은 진피의 표면(유두층)으로부터 예각(24~50°)으로 뻗어 있는 기모근 섬유(근육)에 붙어 교감신경에 의해 조절된다. 　– 스트레스 상황에서 수축하여 털을 수직으로 잡아당기고 피지선을 압박시켜 피지(sebum)를 방출하거나 모낭 주위의 피부를 끌어내려 소름 또는 면포를 형성시킴 • 모낭 팽윤부(bulge) 내 기모근 영역에서의 상피줄기세포의 저장고로서 줄기세포(stem cell)를 갖는다.
혈관 (capillary)	• 표재성 혈관 　(유두진피와 망상진피의 경계부에 위치) • 심부혈관층 　(망상진피의 하부에 존재 세동맥과 세정맥으로 구성)	• 모낭 주위를 감싸고 있는 혈관은 모유두를 통해 연결된다. 　– 혈액 공급을 통해 영양분과 산소를 제공하고 이산화탄소(CO_2)와 노폐물을 제거시킴 　– 그 외 혈액량을 조절시켜 체온조절 역할을 함 • 피하조직이 있는 동맥으로부터 혈액을 공급받고 피하조직 동맥(혈)으로부터 점차 가늘어지는 모세혈관은 피부표면에 대해 수직으로 뻗어 있다.
신경 (nerve)	• 지각신경 　[특수신경말단기와 특수한 수용체 그룹(아드레날린성·콜린성 신경의 지배를 받음)] • 자율신경에 관여 　(피부의 혈관운동, 모발섬유의 배향성, 운동·땀분비 조절기능)	• 인체 내의 모든 모낭은 신경과 연계(중앙신경계) 된다. • 말초신경계인 한 부분으로 모발아미노산이 모유두에 접하면 단백질 합성효소에 명령을 전달하는 역할을 한다.

2) 모간부

① 모표피성 세포

모간의 10~15%를 차지하는 모표피는 일반적으로 5~15장 정도의 두께(약 0.005mm)를 갖고 1장은 3겹의 모표피성 세포로서 비늘 구조를 갖는다.

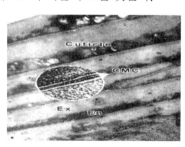 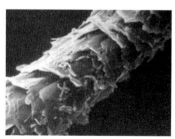

에피큐티클	엑소큐티클	엔도큐티클
• 얇은 외부막의 최외표피층 막 아래 모표피 세포막의 30%를 차지하는 A층은 높은 시스틴 내용물을 가진 저항층이다.	• 모표피성 세포층의 15%를 차지하며 때때로 B층이라 불리운다. • 모표피 구조의 2/3에 해당하는 시스틴 성분이 풍부(30%)한 부드러운 케라틴 층이다.	• 모표피성 세포 중 3%를 차지한다. • 기계적으로 가장 취약한 부분이다. • 시스틴 함유량 또한 가장 낮게 구성된다.

② 모피질성 세포

- 모간의 85~90%를 차지하며 섬유축을 따라 일직선으로 정렬된 방추형태의 세포로 구성되어 있는 모피질성 세포는 모발섬유로서 주쇄결합(polypeptide bond)과 측쇄결합(side chain), 색소과립, 핵 잔존물을 포함한다.
- 모피질의 특성은 탄력성, 강도, 질감, 색상을 결정하며, 화학적 시술 작용 부위로서 물에 용해되는 친수성의 성질을 갖는다.

③ 모수질성 세포

- 두꺼운 모발(경모)은 하나 또는 그 이상의 느슨하게 묶여있는 다공성 영역인 모수를 포함한다.
  - 모수는 섬유축에 완전히 없거나 계속적으로 존재하거나 또는 계속적이지 않거나 함으로써 어떤 경우에는 이중 모수가 발견됨
- 0.07mm 이상의 굵은 모발에 존재하는 벌집모양의 다각형 세포로 공기를 포함한다. 모수질은 털이 존재해야 할 이유와 동물(외부온도와 연관성)의 종류를 분별할 수 있다.

▶ 모간부의 조직 및 구조

세포층	조직	구조
모표피 (cuticle)	상표피	에피큐티클, 엑소큐티클, 엔도큐티클로 구성되어 있다.
	세포간물질	상표피와 상표피간을 접착시키는 시멘트 역할을 하고 있다.
모피질 (cortex)	결정영역 (주쇄결합)	폴리펩타이드 → α-헬릭스 → 프로토필라멘트(원섬유) → 마이크로필라멘트(미세섬유) → 매크로필라멘트(거대섬유)로 구성되어 있다.
	비결정영역 (측쇄결합)	수소결합, 펩타이드결합, 시스틴결합, 염결합, 소수성결합으로 구성되어 있다.
모수질 (medulla)	공공 (void)	모발의 중심부분으로 속이 빈 공동으로서 공기를 함유하는 역할을 한다.

④ 모발색
- 모피질내에 함유(only in the cortex)되어 있는 멜라닌은 자연색소 물질로서 색소과립을 포함하고 있다. 색소과립은 색소형성세포 내의 소기관인 멜라노좀에서 합성된다. 멜라노좀의 합성에 의해서 생성된 유 또는 페오멜라닌은 멜라노사이트의 수지상돌기를 통하여 분출한다. 이때 주위의 모세포(hair cell)가 식작용하여 색소단백질(melanoprotein)을 형성함으로써 모발색(natural color of hair, natural hair's colors, color of hair)이 만들어진다.
- 멜라닌의 유형과 과립의 크기에 따른 흑색, 적색, 금발 등의 다양한 모발색상을 결정하는 요인은 크게 3가지로 모발의 두께[1], 색소과립의 총 개수와 크기를 나타내는 농도[2], 유멜라닌과 페오멜라닌의 비율[3] 등이 작용된다.

a. 유멜라닌(eumelanin or granular pigments)
  - 천연 모발색소인 유멜라닌은 갈색~검정색소를 띠며, 입자형 색소로서 흑색에서 적자색까지 다양한 어두운 색의 총칭이다.
  - 유멜라닌은 단백질성 물질인 케라틴에 결합된 성숙모(mature hair)로서 멜라닌 색소 자체로만 분리하는데 어려움이 따르나 비교적 크기가 크고 화학적으로 쉽게 파괴될 수 있다.

b. 페오멜라닌(pheomelanin or diffuse pigments)
  - 주로 모발과 새의 깃털을 관장하는 페오멜라닌은 황(1)과 질소(2)의 비율을 갖고 있는 색소과립이다.
  - 페오멜라닌은 적색에서 노란색까지의 밝은 색을 띠며, 화학적 그리고 광화학에 의한 탈색작용에서도 유멜라닌보다 더 안정적이다.

⑤ 모발의 성질

모발의 성질은 물리 · 화학적, 점탄성적(역학적), 광 · 전기적 등의 성질로 나눌 수 있다.

a. 모발 밀도

두개피 면적은 보통 700㎠로서 모단위 발생밀도는 저밀도(120~130본/1㎠, 84,000~92,000), 중밀도(140~160본/1㎠, 98,000~112,000, 약 10만 개), 고밀도(200~220본/1㎠, 140,000~154,000)로 구분되며, 일정 넓이(단위 넓이당)에 차지하고 있는 모발의 성김정도로서 모단위수 (hair unit)를 나타낸다.

동양인	서양인
모공당 모발 수 1본/1모공당, 약 46%정도로서, 동양인의 두상 전체 모발 수는 8~10만본 정도이며 1~2모단위수를 나타낸다.	모공당 모발 수 1본/1모공당, 약 2% 정도로서, 특히 서양인의 두상 전체 모발 수는 10~12만본 정도이며 2~3모단위수를 나타낸다.

b. 모발의 고착력

1가닥의 머리카락을 두개피부로부터 뽑아내는데 필요한 힘을 일컫는다.

모주기에 따른 고착력	
정상모발 : 성장기모(80g), 휴지기모(20g)	지루성탈모증 모발 : 성장기모(20g)

c. 모발의 인장강도

모발을 당겼을 경우 끊어지는 정도로서 모발의 직경, 손상정도, 영양상태, 수분함량정도 등이 강도에 영향을 주는 요소이다. 모발강도는 정상모는 약 150g 이상, 손상모는 약 100g 이하 정도의 당기는 힘이 있다.

㉠ 모발의 물리적 성질

성질의 종류	특성
탄성 (elasticity)	• 건강한 모발을 잡아 당겼다가 놓으면 늘어났다가 본래의 길이로 되돌아가는 성질 즉, 탄성을 나타낸다. • 탄성은 모발이 젖었을 때 증가하며 굵기나 유전적 특성, 영양상태에 따라 달라진다. – 신장률은 40~50%이며, 강도는 140~150g 임 • O~P(강견점, 항복점, 융기점)는 탄성률이 크며, 신장률 2.5%이다. 이는 수소결합에서 2.5% 늘어남을 나타낸다. • P~A(포스트강견 · 항복 · 융기점)으로서 탄성률이 적어 신장률 2.5%~3%, 늘어나는 α-β 전이 시작점이 된다. • A~C(파단점)는 탄성률이 크며, 신장률 30% 이상으로서 끊어지는 지점이다.

흡습성 (hygroscopic property)	• 모발은 습한 공기 중에서 수분을 흡수하고 건조한 공기 중에서는 수분을 발산하는 탈습성질인 　흡습성을 통해 모발 수분율의 균형을 나타낸다. 　– 모발 단백질은 친수성으로 수분을 흡수하는 성질로서 건강모 약 10~15%, 샴푸 직후 30%, 건 　　조 시에도 10% 내외가 됨 • α물(직접수, 결합수, 고정수)은 모발 섬유 고분자의 친수기와 직접 결합된다. 　– 모발의 물리적 성질인 강도, 신도, 대전성, 보온성, 염색성, 탄성, 가소성과 관련됨 • β물(자유수, 용해수, 간접수)은 결합수에 연결된 간접적인 접착수이다. 　– 화학작용과 유기물 성장 또는 증기압을 유지하는데 필요함
팽윤성 (swelling property)	• 어떤 물체가 그 본질을 변화시키지 않고 액체를 흡수하여 체적을 증가시키는 성질 즉, 팽윤을 나 　타낸다. • 모발내 결합조직의 방향성에 따라 팽윤성이 달라지는 팽윤부등방성 현상을 나타낸다. • 모발이 물을 흡착하면 1~2% 정도 길어지고, 체적 12~15% 정도 굵어지며, 중량은 30~40% 증가한 　다. 즉, 수분율(체적증가률과 일치하지 않음)에서 중량증가가 팽윤(체적증가)의 표준이 된다. • 팽윤의 형태는 유한 · 무한 팽윤과 유지의 흡착 등을 나타낸다. 　– 유한팽윤은 어느정도 팽윤이 진행되면 그 이상 진행하지 않는 경우임 　– 무한팽윤은 젤라틴의 예로서 제한없이 팽윤되어 마지막에는 용액이 되어버리는 경우임 　– 유지의 흡착은 모발형태에서 모표피 표면에서는 W/O형으로, 모피질에서는 O/W형임
광변성 (sunbeams degeneration)	• 적외선(열선)이 물체에 닿으면 열을 발생시켜 모발케라틴을 파괴한다. • 자외선(화학선)에 과도하게 노출 시 모발케라틴(측쇄결합 절단)인 시스틴 결합을 변성시키거나 　감소시키며, 모표피의 비늘층 가장자리를 바스러지게(박리)함으로써 팁간의 간격을 넓힌다.
대전성 (electrification property)	• 모발 빗질 시 마찰에 의해 모발은 양전하(+)로, 빗은 음전하(−)로 대전하므로 양전하를 가진 모 　발끼리는 반발하고, 음전하를 가진 빗은 서로 붙으려 하는 정전기 현상을 나타낸다. 　– 저온 또는 건조 시기에 많이 볼 수 있으며, 보습 또는 유연제를 사용 시 방지할 수 있음 • 알칼리성 상태에서는 −COOH의 해리가 촉진 H^+ 방출, COO^-극성기가 강하게 작용된다. • 산성상태에서 −NH₂는 NH⁺₃로 되고, COOH의 해리는 억제됨으로써 OH⁻ 방출한다. 결국 알칼 　리측에서는 다른 +이온과 전기적으로 결합이 강해지며, 산성측에서는 다른 −이온과 전기적으로 　결합이 강해진다.
열변성 (heat degeneration)	• 함수량이 많은 모발은 60℃ 전후에서의 열변성과 함께 80~100℃에서 약화되기 시작하는 기계 　적인 강도를 나타낸다. 　– 전열기기의 처리온도 60℃ 이하 시 모발손상을 방지할 수 있음 • 건열과 습열이 모발에 미치는 영향은 다음과 같다. 　– 건열 : 120℃ 전후에서 팽화되고, 130~150℃에서 변색되기 시작(시스틴결합 감소), 180℃ 이 　　상에서 케라틴 변성이 일어나며, 270~300℃가 되면 탄화 후 분해가 시작됨 　– 습열 : 화학물질이 모발 내 잔류 또는 용제에 팽윤된 모발은 낮은 온도에서도 손상을 받게됨, 　　케라틴은 습도 70%에서 온도 70℃부터 변성, 케라틴의 β−케라틴화는 130℃에서 10분간 유지 　　될 때 변화됨

ⓒ 모발의 화학적 성질

모발 케라틴은 18종류의 아미노산이 축·중합에 의해 펩타이드 결합을 반복하여 폴리펩타이드 체인을 구성하고 있다.

- 아미노산

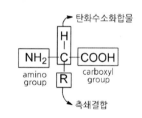

아미노산 기본구조식에서 아미노기(−NH₂), 카복실기(−COOH)를 축으로 탄소화합물에 결합각을 갖고 있는 주쇄결합과 측쇄의 R기가 곁가지를 구성하고 있다.

- 폴리펩타이드 기반 주쇄결합

성질의 종류	특성
헬릭스 구조	폴리펩타이드를 기단위로 3개가 한 조로 묶어지면서 α−나선(α−헬릭스) 단위가 구성된다.
원섬유 (protofilament)	α−나선을 기단위로 9+2배열(다량체 다발)로 묶어지면 원섬유 단위가 구성된다.
미세섬유(MIF) (microfilament)	원섬유를 기단위로 하여 다량체 육각형 다발로 묶어진 미세섬유를 구성한다.
거대섬유(MF) (macrofilament)	미세섬유를 보조섬유 구조를 기단위로 하는 공간 반복성을 나타내는 거대섬유를 구성된다.

⑥ 모발의 발생 및 주기

㉠ 모낭 발생

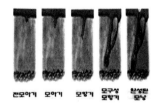

포유류 특유의 부속기관으로 단단하게 밀착된 각화세포로 이루어진 고형의 원추섬유인 털(毛)은 생성부위에 따라 두발, 수염, 액와모, 음모, 체모(솜털) 등으로 나타낸다. 또한 머리털(頭髮)을 포함한 신체 모든 털로서 모발(毛髮)을 발생시킨다.

전모아기　모아기　모항기　모구성모항기　완성된 모낭

전모아기	모아기	모항기	모구성모항기	모낭
배아세포의 세포분열(진피 내 침투)이 이루어진다.	중간층 세포의 배아층 내로 침투한다.	모구형성단계, 입모근 형성 초기단계이다.	모유두(간엽성세포), 피지선 자리가 형성된다.	모낭하부, 협부, 모누두부가 형성된다.

b. 모낭의 구조

㉠ 제1의 영역(모구하부, interior segment)은 모유두와 모기질상피세포(毛母細胞)를 포함하는 기관으로 혈관이 풍부하며 모세포 분열을 조절한다. 또한 모주기 시 세포분열이 멈추는 휴지기 상태에서 곤봉모가 되는 부분이다.

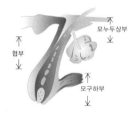

－ 기모근 아래에서 모구부 아래까지의 영역으로서 세포분열(모세포 및 모발색소생성)과 분화 구역뿐 아니라 유전자 발현이 왕성하여 끊임없이 분열, 증식이 되풀이 됨

ⓛ 제2의 영역(협부, isthmus)은 피지선 아래에서 기모근 위까지의 영역이다.

－ 모세포가 축·중합작용을 함으로써 펩타이드를 기단위로 하는 폴리펩타이드 주쇄사슬과 시스틴결합의 측쇄결합의 배열을 통해 모발구조가 안정적으로 형성됨과 함께 섬유화된 성숙모 (mature hair)를 형성한다.

ⓒ 제3의 영역(모누두상부, follicular infundibulum)은 각질층에서 피지선 위까지 습기있는 환경영역이다.

－ 성숙모가 모근 밖으로 밀려나가면서 영구모(permanent · virgin · undamaged hair)가 됨

c. 모발의 성장

남녀 성별간 구분 없이 두부(head) 전체 두발은 10~15만 개로서 성장기, 퇴행기, 휴지기라는 모낭변이에 따른 모주기를 갖는다. 모주기(hair cycle)는 형태가 다른 모발에서의 성장 및 휴지기 간에 따라 비율 역시 각기 달리한다.

▶ 모발주기 ┌ 모자이크 타입(mosaic type) – 독립적 모주기(인모)
         └ 싱크로니스틱 타입(synchronistic type) – 모주기의 일치성(토끼, 양들의 털)

㉠ 성장기(anagen stage)
－ 전체 두발의 80~90%를 차지하는 성장기는 평균 3~8년간 성장하며, 성장의 조절은 모발 자체의 성장주기를 갖고 있음

㉡ 퇴행기(catagen stage)
－ 성장이 정지된 퇴행기는 전체 두발의 약 1%로서 진행 기간은 15~30일(평균 1주일) 정도의 기간을 가짐. 모낭을 감싸고 있는 혈관은 모유두에서 멀어지며 신경 또한 위축됨
－ 성장기가 끝나고 모발의 형태를 유지하면서 휴지기로 넘어가는 전환단계로서 모낭에 둘러싸인 모발은 기모근 경계(top of the bulb, keratinization)인 각화대에 머물러 있음을 나타냄

㉢ 휴지기(telogen stage)
－ 전체 두발의 14%를 차지하며, 3~4개월 정도의 휴면상태를 나타냄. 성장모보다 가는 성숙모(각화를 생성하는 영역)는 각질성을 나타냄
－ 모유두의 활동이 일시 정지됨으로써 모기질상피세포 분열의 정지와 함께 성장이 멈춤

② 탈모기(exogen stage)
- 휴지기 상태에서 피탈이 유도되는 발포화(epilated) 과정을 나타내며, 탈모기(발생기) 후에는 새로운 성장기가 시작됨
- 모유두는 하방으로 내려와 평균 4~5년간 성장을 계속하며 10~15차례 반복함

⑦ 모발의 형태 종류 및 구성성분
㉠ 모발의 형태 종류
자궁 내(4~5개월)에 전신 발모된 체모는 두발, 눈썹, 속눈썹 등에 있는 털을 제외하고는 모든 모낭들에서 연모(솜털 0.05mm 이하)로 대체된다. 모발섬유 직경은 15~110㎛ 또는 40~120㎛로서 다양하게 측정된다.

	모발 굵기	모발 형태
취모 (lanugo hair)	• 태아 피부에 덮인 섬세하고 부드러운 엷은 색의 모발 상태를 나타낸다.	• 직모(straight hair) • 파상모(wavy · curly hair) • 축모(kinky · excessively hair) → 모낭구조와 모피질의 바이라테랄 구조, 모표피 비늘 구조 배열 수의 차이 등에 의해 결정됨
연모 (lanugo hair)	• 신체 대부분을 덮고 있는 섬세한 모발 상태이다.	
중간모 (intermediate hair)	• 연모와 경모의 중간 굵기의 모발로서 0.05~0.07mm정도이다.	
경모 (terminal hair)	• 굵은 모발(두발, 수염, 눈썹, 겨드랑이 털, 회음부 털 등) 수질이 있는 0.07mm 이상의 굵기를 가진 모발(평균 0.08~0.1mm)로서 지름이 0.15~0.2mm정도이다.	
세모 (vellus hair)	• 경모가 연모화된 모발로서 미용적으로 의미가 없는 길이와 굵기를 가진 모발이다. • 직경 40㎛ 이하, 길이 0.3cm 이하임	

㉡ 모발의 기능
• 모발은 신체보호와 미용(beauty)의 기능을 갖는다.
- 열전열체로서 머리(head)를 보호하고 화상(sunburn), 태양광선, 물리적인 찰과상으로부터 두개피부를 보호함
• 두발보다 신체 부위의 모발은 보호와 성적 매력(장식품)의 기능과 관련된다.
- 눈썹, 속눈썹은 햇빛이나 땀방울로부터 눈을 보호
- 코털은 외부자극 물질로부터 걸러내는 작용을 함
- 피부가 접히는 부위의 음모와 액와부 모는 마찰을 감소시켜주는 기능을 함
• 모발은 배출기능과 건강상태 표시기능을 갖는다.
- 모모세포는 혈액으로 공급되는 중금속 성분을 합성하여 모발섬유 구성물질로 축적, 배출함으로써 모발분석 시 건강상태(호르몬 이상, 중금속 오염도, 마약복용상태, 영양상태 등)를 알 수 있는 지표가 됨

ⓒ 모발의 구성성분

모발구성성분 비율(%)					모발 구조의 아미노산 특유의 비율
단백질	수분	멜라닌색소	지질	미량원소	• 시스틴결합 14~18%
80~85	10~15	3	1~9	0.6	• 히스티틴(1) : 라이신(3) : 아르기닌(10)

- 단백질 : 모발은 18종의 아미노산으로서 C(50%), O(22%), N(17%), H(6%), S(5%) 등으로 구성된다.
- 지질 : 모발의 피지는 피지샘에서 분비된 피지와 모발섬유세포 자신이 가지고 있는 지질이 1~9% 함유되어 있다. 피지의 분지량은 내부요인인 연령, 성별, 인종, 호르몬과 외부요인인 온도, 마찰 등에 의해 영향을 받는다.

⑧ 모발의 진단 및 관리

ⓐ 모발 진단의 방법

진단 종류	손상도 평가 방법
감성적 진단	• 시진, 촉진에 의해 "광택이 없다, 건조하다, 빗질이 잘 되지 않는다." 등의 느낌에 따라 평가된다
인장강도 진단	• 모발에 서서히 힘을 가하여 늘어남과의 관계를 단위면적으로 산출된다. • 건강모는 신장률이 일정하고 파단 중량도 크지만 손상된 모발은 가벼운 하중에도 잘 늘어나고 쉽게 끊어진다.
알칼리 용해도 진단	• 알칼리 처리모는 모표피의 들뜸에 따른 손상과 모피질 내 간충물질이 용해되어 중량이 감소된다.
아미노산의 조성변화측정	• 모발아미노산 가수분해 시 중량변화는 시스틴이 가장 많이 감소된다.

ⓑ 모발 손상 원인

진단 종류	손상도 평가 방법
물리적 자극에 의한 손상	• 타월드라이(마찰에 의한) · 샴푸(불충분한 거품) · 빗질(무리한 브러싱, 정전기발생, 백콤처리) · 열(블로드라이어 또는 아이론의 미숙한 사용) 등과 기계적 손상(가위나 레이저의 마모된 날 또는 미숙한 사용) 등이 있다. • 적외선(열선), 자외선(화학선)에 의한 모발 단백질이 변성된다.
화학처리에 의한 손상	• 알칼리 첨가제인 펌제, 탈 · 염색제 등은 모표피 팽윤과 도포방법, 방치시간, 시술 전 · 후처리 미숙 등에 의해 모표피 들뜸현상과 연모, 지모, 다공성모, 멜라닌색소 퇴색 등이 나타낸다.
환경에 의한 손상	• 공장의 연소가스와 자동차 배기가스 중 황산화물($SO_2 \cdot SO_3$), 질소산화물($NO \cdot NO_2$)에 의한 화학적 손상, 대기 중 먼지 등에 의한 물리적 손상 등을 나타낸다.
생리적 요인에 의한 손상	• 편식, 다이어트, 스트레스 및 호르몬 불균형과 비타민, 미네랄 부족 등은 모발의 형태 및 탈모를 유도한다.

ⓒ 모발관리

우리 눈으로 볼 수 있는 모발은 한 번 손상되면 스스로 회복시킬 수 없는 각질화된 죽어있는 부분으로서 1회성이다. 따라서 손상되지 않도록 일상적인 처치에 주의를 기울여야 한다.

(2) 조갑(onyx)

- 조갑은 손(발)톱에 대한 전문적인 용어로서 피부의 부속물이며 투명한 각질판으로서 하루에 0.1~0.15mm 자라며 생장주기 없이 항상 생장하고 있다.
- 조갑판은 신경이나 혈관이 들어있지 않으나 건강한 조갑은 매끄럽고 광택이 나며 연한 핑크빛을 띤다.

(3) 땀샘 부속기관

1) 한선(sweat gland)

- 발한은 콜린성 교감신경에 의해 조절되며 시상하부에 있는 열조절 센터의 영향이 가장 중요하다.
- 피부 밑 조직 또는 진피 깊은 곳에 있는 곡관상 선으로서 분비관의 배출구인 한선공(땀구멍)은 피부표면의 표피이랑에 위치한다. 단위면적 당 땀샘 수는 손바닥(400개/1cm²), 발바닥(270개/1cm²), 팔·몸통(175개/1cm²), 다리(130개/1cm²) 등 부위마다 차이가 많이 난다.

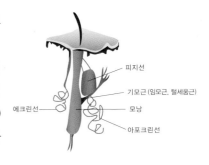

〈땀샘 부속기관의 구조〉

세포층	구조
소한선 (eccrine glands)	• 모공과 분리된 독립분비선으로서 땀을 분비한다. 　– 표피 쪽으로 직접 열려(표피개구) 땀을 배출 • 신체 전신에 분포되어 있으며 99% 수분, Na, Cl, K, I, Ca, P, Fe 등으로 구성되어 있다. 특히 손·발바닥, 이마 부위에 많다. • 혈액과 더불어 신체체온조절 작용(매운 음식 섭취 또는 운동, 긴장, 온도 등에 민감)을 한다.
대한선 (apoccrins glands)	• 사춘기 이후에 분비선이 발달되며 성호르몬의 영향을 받는다. • 겨드랑이, 생식기 주위, 유두 주위 등 모낭에 부착된 땀 분비선으로서 모공 쪽으로 열려 있다. 　– 감정의 변화 또는 스트레스에 작용함 • 분비 전 : 무색, 무취, 무균상태이다. • 분비 후 : 암모니아, 유색으로 변함 즉, 체외로 분비되면 공기에 산화되어 유색을 띠며 냄새를 낸다.

2) 피지선(sebaceous gland)

피부 표면의 피지막(pH4.5~5.5)은 땀과 피지가 섞인 상태이다. 이는 외부로부터 수분 증발과 세균성, 진균성, 바이러스성의 감염으로부터 피부를 보호한다.

- 모누두상부와 연결된 피지선은 지질을 생산하며 몸 밖으로 피지(sebum)를 분비한다.
- 코 주위, 이마, 가슴, 두개피부와 얼굴에 400~900개/1cm²정도 분포해 있으며 발바닥, 손바닥에는 존재하지 않는다.
  - 피지는 유화작용, 보호작용, 살균작용, 유독물질 등의 배출작용을 함

- 신경계통의 통제는 받지 않으나 자율신경계와 성호르몬의 영향을 받는다.
  - 남성호르몬, 황체호르몬, 식생활, 계절, 연령, 환경, 온도 등에 따라 분비량이 달라짐
- 피지 분비량은 1~2g/1day로서 세정 1시간 후에 20%, 2시간 후는 40%, 3시간 후 50% 정도 분비된다.

Section 02 피부유형분석

1 피부유형의 성상 및 특징

(1) 정상피부

구분	내용
성상	• 보통(중성)피부라고도 하며 피부조직 상태 또는 피부생리 기능이 정상적이다. – 피부결이 섬세(전반적으로 주름이 없으며 탄력이 있음)함
특징	• 유 · 수분 균형에 의해 피부가 윤기있고 촉촉하며, 표피는 얇고 두껍지 않고 정상적인 각화현상을 가진다. • 계절, 건강상태, 생활환경 등에 의해 피부상태가 변화된다. • 모공이 고르며 피지분비가 적절하여 피부이상색소, 여드름, 잡티 등이 없다. • 피부색은 선홍색으로서 모세혈관 내 혈색이 표피를 통해 보인다.

(2) 건성피부

구분	내용	비고
성상	• 유 · 수분의 분비 기능이 저하되어 피부에 윤기가 없다. • 적절한 피지분비가 되지 않아 피부 표피의 수분 부족 상태이다.	• 모공이 작아 땀과 피지가 원활하지 못하여 자극을 받기 쉽다. • 뜨거운 물이나 알칼리가 강한 제품의 사용을 금한다. • 각질층의 수분이 10% 이하로 부족하며 피부 손상과 주름 발생이 쉽다.
특징	• 유 · 수분이 부족하여 작은 각질과 가려움을 동반하고 건조해 보이며, 모공이 좁아진다. • 기온, 일광, 자극성 화장품에 의해 피부가 얼룩져 붉게 보인다 • 피부결이 얇아지며, 피부 탄력저하와 주름 발생이 쉬워 노화현상이 빨리 나타난다.	

(3) 지성피부

구분	내용		비고
성상	• 각질층이 두꺼워진다. • 분비된 피지가 피부 번질거림과 모공 입구를 막아 여드름을 유발시킨다.	• 피부가 불투명하고 칙칙해 보인다.	• 클렌징 로션이나 산뜻한 느낌의 클렌징 젤을 이용하여 화장을 지운다. • 피지 조절제가 함유된 화장품을 사용한다.
특징	• 온도 등 외부환경에 강하다 • 모공이 크고 피부가 쉽게 오염된다.	• 피부 혈액순환이 잘되지 않는다. • 색소침착이 잘된다.	

▶ 피지(sebum)

피지는 피부표면을 유연하게 하며 pH를 유지시켜 미생물로부터 피부보호와 수분증발을 억제해 피부 보습상태를 유지한다.

(4) 민감성피부

구분	내용	비고
성상	• 피부조직이 섬세하고 얇다. • 표피각화과정이 정상보다 빠르다. • 모공이 작고 모세혈관이 피부 표면에 드러난다.	• 향, 색소, 방부제를 함유하지 않거나 적게 함유된 진정 위주의 팩, 마스크, 필링(크림타입) 제품을 사용한다.
특징	• 표정주름과 색소침착이 잘 나타난다. • 피부가 민감하여 잘 달아오르고, 피지분비가 약해져 피부가 예민해진다. • 외부환경(온도)에 대해 홍반현상을 가진다. • 피부 건조화에 의해 당김 현상이 일어난다.	• 민감성을 진정시켜주는 부드럽고 청결한 클렌징, 피부 긴장완화 · 보호 · 진정 · 안정 및 냉효과를 목적으로 하는 수렴화장품을 사용한다.

(5) 복합성피부

거의 모든 사람의 피부유형으로서 얼굴 부위(뺨, 광대뼈, T-zone, 눈 가장자리 등)에 따라 피부유형이 복합적으로 나타난다.

성상	특징
• 지성과 건성이 부위에 따라 다르게 나타낸다. • T존 부위가 번질거리거나 그 외 주변피부는 건성화가 생긴다. • 눈가에 잔주름이 많고, 광대뼈 부위에 기미가 있다.	• 색조화장품 사용 시 피부 발림이 좋지 않다. • 중년 이후에 나타나는 유형으로서 후천적 요인이 크다. • 기초화장품 선택이 중요하며, 얼굴 피부에 맞지 않은 화장품 사용 시 면포가 잘 형성된다.

(6) 노화피부

피부의 수분 부족으로 탄력성이 저하되고 윤기가 없으며, 눈 가장자리 주위에 잔주름이 형성되어 있다.

성상	특징
• 생리적 노화와 광노화에 의해 피부 결합조직이 느슨해져 탄력성을 잃어 늘어지거나 주름이 나타난다.	• 피지선과 한선의 기능이 저하된다. • 색소침착과 함께 감각기능도 상실된다. • 피부 표피의 각질층이 증가되고, 면역기능이 떨어진다. • 혈액순환 불균형과 피부세포의 영양섭취저하 등으로 결체조직이 위축된다.

1 기초 식품군(5가지)

한국인의 몸에 필요한 영양소를 골고루 섭취할 수 있도록 강조할 식품군을 우선 순위로 제정하였다.

(1) 3대 영양소

1) 단백질 식품

구분	내용
수조육류	쇠고기, 돼지고기, 닭고기 등은 16~21%의 양질 단백질이 함유되어 있으며, 비타민 A·B군도 다량 함유되어 있다.
어패류	13~20%의 단백질을 함유하며, 지방·비타민 A·B_1·B_2 등도 다량 함유된다.
알류	달걀, 오리알, 메추리알 등 완전식품에 속한다.
콩류	식물성 단백질의 주요 급원식품으로 대두는 40%의 단백질을 함유하고 있다.

2) 탄수화물 식품

영양 칼로리의 주체로서 한국인의 주식이다. 곡류와 감자류 등으로서 녹말이 풍부하며 단백질, 비타민 B_1, 무기질 등이 함유되어 있다.

3) 지질식품

구분	내용
식물성 오일	지질과 함께 필수지방산, 비타민 E가 풍부하다.
동물성 지방	식품에 따라 지방의 함량은 다양하나 버터에는 약 80%, 돼지고기에 20~30%, 쇠고기의 각 부위에는 15~30%, 닭고기와 생선류에는 비교적 적게 함유되어 있다.
가공유지	비타민 A·D를 넣어 제조한 인조버터인 마가린은 불포화도가 높다.

(2) 비타민

비타민은 표피개선, 콜라겐합성, 색소침착억제, 항산화·항염 등의 효과와 함께 수용성과 지용성으로 분류된다.

1) 수용성 비타민

항산화 효과를 가진 VtC는 자외선에 의해 생성되는 유리기(free radical)를 감소시키며, VtE를 재생시킴으로서 또 다른 강한 산화제의 효력과 함께 노화방지 요소가 된다.

① VtB

- VtB 복합체 또는 VtB군은 물에 녹으며 분자 중에 질소를 포함한 것으로 세포대사에서 중요한 역할을 한다. VtB군은 화학적으로 구별되는 비타민들로서 수용성으로서 체내에서 합성되지 않아 음식을 통해 섭취해야 하며, 체내에 축적되지 않고 배출되므로 지속적인 섭취가 요구된다.
- VtB 복합체의 8가지 유형은 숫자 또는 일반적인 이름으로 불리운다.

종류 및 년도	결핍 시 증상
VtB$_1$(thiamin) – 1921	• VtB 복합체 중에서 유황(thio)을 함유하며, 순수한 형태로 얻어지는 최초의 비타민이라는 의미에서 화학명이 붙었다. • 결핍 시 각기병, 신경염, 체중감소, 말초신경 무감각, 근육약화 등을 야기한다.
VtB$_2$(riboflavin) – 1932	• 노란색을 뜻하는 ribose라는 곁사슬을 가진 리보플라빈은 중간고리에 당알코올이 3개 결합되어 산화 · 환원반응 기능이 있다. • 결핍 시 발육장애, 식욕부진, 설염, 구강염, 피부염 등을 야기한다.
VtB$_3$(niacin) – 1936	• 나이아신 또는 니코틴산이라하며, 생체 내에서 조효소의 전구체로 활용된다. • 결핍 시 펠라그라, 소화기관, 중추신경계 장애, 피부염, 설사 등을 야기시킨다.
VtB$_5$(pantothenic acid) – 1933	• 판토텐산이라 하며, 지방산 합성에 중요한 역할을 한다. 장에서 미생물에 의해 합성되며 정상적인 식사를 하는 사람에게는 거의 결핍이 없다.
VtB$_6$(pyridoxine, PN)	• 피리독신, 피리독살, 피리독사민이라고도 하며 아미노산 대사와 다양한 효소작용에 관여하며 결핍 시 피부염, 빈혈증 등 VtB$_2$와 유사한 증상을 갖는다. • 음식을 통해 섭취해야 하며 부작용은 신장결석이나 손발저림과 통증같은 감각부분에서 신경장애가 나타난다.
VtB$_7$(biotin)	• 바이오틴 또는 VtH로서 효모성장에 필요한 비타민으로서 혈당조절 기능을 하며 피부염, 설염, 식욕감퇴, 구토, 우울증 등의 증상과 함께 탈모 및 인슐린 합성 장애를 나타낸다.
VtB$_9$ (folic acid) – 1945	• 엽산이라하며, VtB$_9$ 중에서 활성형태는 인산피리독살로서 아미노산 대사와 다양한 효소작용에 필요하다.
VtB$_{12}$ (cyanocobalamin) – 1948	• 코발라민(cobalamin)이라하며 코발트를 함유, 생리적 활성을 가진 화합물로서 DNA합성, 지질 및 아미노산 대사에 관련 조효소로써 사용된다. • 악성빈혈은 코발트를 중심으로 복잡한 화학구조를 나타낸다.

② VtC

- 사람에게는 L-글루코노락톤옥시다아제가 결핍되어 있어 체내합성이 되지않아 VtC는 외부에서 섭취해야 한다. 섭취 후에도 흡수보다 배설이 빨라 침착된 색소부분에 도착하기 힘들어 국소적 피부에는 효과적이지 못하다. 또한 아스코빈산(VtC)은 수용성이며 화학적으로 불안정하기 때문에 제제상 활성이 불안전하여 VtC 유도체로 합성하여 사용된다.
- VtC 및 그 염류는 공기노출에 의한 품질저하를 일으키고, 화장품 pH를 조절하기 위한 산화방지제로 사용되며, 피부 탄력을 결정짓는 콜라겐 생성과 신경전달물질 합성에 필요한 필수영양소이다.

③ D-판테놀(provitamin B$_5$, D-panthenol)

덱스판테놀은 피부상층에 물을 끌어들여 보습과 부드러움을 부여하고 피부재생을 높이기 때문에 상
피화를 촉진시킨다. D-판테놀은 활성 자체는 없으나 피부에서 판토텐산으로 쉽게 전환시키는 세포
의 에너지 주기에 중요한 구성원이다.

④ 그 외 비타민

나이아신아마이드(또는 니코틴아마이드), VtB$_3$(나이아신)형태로서 항염증의 여드름 개선에 특성이 있다.
1% VtK는 전형적으로 멍치료에 효과가 있으나 레티놀과 결합된 처방은 눈주위 아래에 효과가 있다.

2) 지용성 비타민

지방 또는 지방을 용해시키는 유기용매에 잘 녹으며 열에 강하여 장에서 지방과 함께 흡수되나 과할 시
체내에 축적되는 비타민으로서 A · D · E · K 등이 있다.

① VtA

- 비타민A와 그 유도체들의 기본적 주요 역할은 피부세포 성장과 구별을 조절하여 각질층 내 케라틴
  을 정상화시킴으로서 주름개선에 도움을 주는 성분이다. 결핍 시 야맹증, 안구건조증, 각막연화증
  을 일으킨다.
- VtA에는 생체활성을 갖는 레티놀(retinol), 레티날(retinal), 레티노인산(retinoicacid) 등 3종류의
  물질이 있다. 동일한 화학구조를 갖고 있으나 작용기는 서로 다르다.
- 카로티노이드는 과일 · 채소의 붉은색, 녹황색, 노란색, 오렌지색 등을 나타내는 색소로서 카로
  티노이드의 생성물질에는 α · β카로틴(carotin), 루테인(lutein), 라이코펜(lycopene), 크립토잔틴
  (cryptoxanthin), 칸타잔틴(cantaxanthin), 지아잔틴(zeaxanthin) 등 자연계에 약 500종이 존재한다.

② VtD

- 칼시페롤(calciferol)인 VtD는 호르몬이다. 체내의 스테롤이 피부에서 자외선과 빛의 반응으로 생성
  된 스테로이드로서 결핍 시 항구루병을 나타낸다.
- 달걀노른자, 생선, 간 등에 들어있는 VtD는 대부분은 햇빛을 통해 얻는다. 자외선이 피부에 자극을
  주면 VtD 합성이 일어나나 오래 쪼이면 피부노화가 촉진되고 피부암이 발생된다. 겨울철 야외 활
  동량이 적어 일조량이 부족하거나 자외선차단제로 햇볕을 강하게 차단 시 VtD 부족 현상이 나타난
  다. VtD 결핍자는 VtD와 칼슘보충제를 함께 보충한다.

③ VtE

- 일종의 토코페롤과 토코트라이에놀 계열의 화합물을 포함하며 일명 '회춘 비타민'이라고도 한다.
- VtE는 생체 내에서 생성되지 않고 음식물로부터 흡수, 주로 지방을 보합하는 음식에 존재(채소유
  래 식용유에 많이 포함)하며, 활성산소의 작용을 억제하는 항산화작용에 따라 피부와 혈관 각종세
  포 등의 산화를 억제함으로써 건강유지에 중요한 역할을 한다.

- VtE 부족 시 혈액 순환에 문제가 생겨 체온유지에 따른 추위를 많이 타거나 살갗이 트기도 하며 불임증을 야기한다.

④ VtK
- 녹황색 채소나 곡류, 과일 등에 많이 존재하며, 인체 내의 장내 대장균이 합성하는 물질로서 정상적인 사람은 따로 섭취할 필요 없는 VtK는 지혈작용을 함으로써 혈액의 응고에 반드시 필요하다.

⑤ 그 외
- 인산피리독살인산(pyridoxal phosphate, PLP), P5P(pyridoxal 5′-phosphate)는 다양한 효소 반응에 대한 조효소이다. PLP는 행복호르몬 세로토닌과 숙면 관련된 멜라토닌, 운동과 관련된 도파민과 세포와 세포 간의 소통을 잘하게 하는 에피네프린, 노르에프린 및 감마·아미노부티르산(GABA)과 같은 신경전달물질 생합성에서의 보조인자로서 정신건강 및 두뇌건강 증진에 작용한다.
- 헤모글로빈은 산소를 운반하는 물질로 적혈구에 존재한다. VtB_6의 활성형태를 갖는 PLP는 헤모글로빈의 합성에 관여하여 α-리놀렌산(α-linolenic acid, ALA) 합성효소의 조효소로 작용하여 VtB_6의 합성을 돕는다.
- PLP는 세포막 성분인 스핑고지질과 세라마이드의 생합성에 관여한다. 이는 생리현상과 관계된 여러 가지 유전자의 발현을 증가 또는 감소시킨다.

2 영양소

영양소는 우리가 먹는 식품의 구성물질이다. 체내에서 다양한 경로를 거쳐 생명을 유지시키며, 건강은 물론 성장을 촉진시켜주는 역할을 한다.

(1) 영양소의 기능 및 영양 섭취

음식물에서 섭취해야 하는 영양소의 비율은 당질 60%, 지질 20%, 단백질 14%이다. 이보다 저하되면 영양불균형으로 인해 콰시오코르증, 빈혈, 복수 등의 증상이 나타난다.

기능	영양 섭취
• 몸을 구성하는 물질을 공급한다.	• 자연식품 섭취 시 섬유소가 많은 식품을 선택한다.
• 몸에 에너지를 공급한다.	• 신선한 식품을 확인(식품 구입 시 제조일, 식품내용, 성분 등)한다.
• 유기물질이 연소하여 에너지를 발생시킨다.	• 아침식사는 반드시 해야하며, 국물 섭취를 줄인다.
• 몸의 생리적 기능을 조절한다.	• 식사량은 일정하게 해야 하나 식품은 다양하게 섭취한다.
• 활동에너지와 체온 유지를 위한 열에너지로 사용한다.	• 설탕 대신 향신류를 사용, 음식의 풍미를 높여 섭취한다.
• 당질, 단백질, 지질은 몸 안에서 서서히 연소함으로써 열량소를 발생시킨다.	• 고기류는 지방을 제거하고 닭고기류는 껍질을 벗긴 후 조리하여 섭취한다.

멜라닌색소와 표피의 투명층은 피부에 유해한 광선(UVA)으로부터 피부를 보호한다.

1 자외선이 미치는 영향

(1) 자외선

자외선(UV, ultraviolet rays)은 피부의 염증과 흑색화를 일으키며 태양광선의 파장에 따라 자외선을 A · B · C로 구분한다.

1) 피부와 자외선

자외선 A · B는 피부노화(광노화), 일광화상 등 피부에 직접적인 영향을 미친다. 자외선 C는 파장이 짧으며(200~280nm) 오존층에서 차단된다.

장점	단점
• 살균작용을 하며 비타민 D를 생성시킨다. • 자율신경 활동에 영향을 준다. • 호르몬 생성을 증가시켜 피부를 건강하게 한다.	• 피부 탄력성 저하 : 과다 노출 시 콜라겐과 엘라스틴의 변성을 준다. • 멜라닌색소 증가 : 기미, 주근깨를 생성시킨다. • 피부를 칙칙하고 까칠하게 하며 수분함량 저하를 야기한다. • 피부 염증 및 피부암을 유발시키며 피부노화를 촉진시킨다.

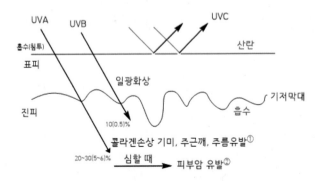

2) 자외선의 종류

자외선은 200~400nm의 파장으로서 살균력이 강하며 화학반응을 일으키므로 화학선이라고도 한다. 이는 3개의 파장으로 분류하며 파장이 짧을수록 에너지는 강하다.

구분	내용
장파장(UVA) 320~400nm	• 진피층의 콜라겐과 엘라스틴을 변성시켜 피부탄력을 저하시킨다. • 생활자외선으로서 실내유리를 통과하므로 날씨와 관계없이 지속적으로 자외선에 노출된다. • 자외선 총량의 90% 이상을 차지하며 멜라닌색소의 침착을 일으킨다. • 자외선 가운데 에너지는 약한 편이지만 세포배열을 파괴시켜 피부노화를 촉진시킨다.

중파장(UVB) 280~320nm	• 자외선 총량의 10%를 차지하며, 비타민 D의 합성을 촉진한다. • 피부에 가장 유해한 광선이나 실내유리에 의해 차단될 수 있다. • 색소침착, 홍반, 심한 통증, 부종, 물집 등 일광화상을 일으킨다.
단파장(UVC) 200~280nm	• 피부암의 원인이 되며 대기의 오존층에서 차단될 수 있으나 오존층이 파괴됨으로써 지표에 도달하는 가 장 에너지가 강한 자외선이다.

> **tip** UVB와 UVC는 인체유전자 DNA에 손상을 준다.

3) 자외선 노출 및 지수

자외선 노출	자외선 지수
• 자외선은 3월~10월까지 노출된다. • 해발 1km 상승 시, 자외선은 20%씩 증가된다. • 연중 5~6월에 자외선의 양이 최고이나 6월이 가 장 강하다. • 하루 중에서는 9시부터 강해져서 오후 2시에 최 고에 이른다.	• 태양고도가 최대인 남중시각 때 지표에 도달하는 UVB영역의 복사량을 지수식으로 환산한 것이다. • 0~9까지 10등급으로 구분하며 태양에 대한 과다노출로 예상되는 위험에 대한 예보이다. • 노출 시 위험의 높·낮음을 5단계로 분류하여 나타낸다. • 0~2.9(매우 낮음) / 3~4.9(낮음) / 5~6.9(보통) / 7~8.9(강함) / 9 이상 (매우 강함)

4) 자외선 차단지수

자외선 B(UV-B) 방어효과를 나타내는 지수이다

① SPF(sun protection factor) – UVB 차단지수

• UVB(ultraviolet B, 280~320nm)는 지상에 도달하기는 하나, O_3에 의해 걸러진다.
  – 걸러지지 않은 소량이 즉각적인 피부손상과 심하면 화상, 피부암을 유발
• SPF는 실험실 내에서 측정되는 자외선 차단효과를 지수로 표시하는 단위로 선블록, 선크림이라고
도 한다.
• SPF 1은 10분 내에 홍반이 나타남을 수치화한 것이다. SPF 18×10 = 180분(3시간)로서 SPF 30 정
도면 적당하다.
  – 화학지수가 높을수록 피부에 자극적임
• 자외선 양이 1일 때 SPF 15로서 자외선 양이 1/15로 줄어든다는 의미로서 숫자가 높을수록 차단 기
능이 강하다.
  – 외출 30분 전 정도에 도포해야만 흡수가 되어 차단효과가 있음

$$SPF = \frac{자외선차단\ 제품\ 도포\ 후\ 최소\ 홍반량(MED)}{자외선차단\ 제품\ 미도포\ 상태의\ 최소\ 홍반량(MED)}$$

* MED(minimal erythma dosage) : 홍반을 일으키는 최소 자외선량(시간)

② 자외선 A(UVA, PA) 차단지수
- UVA(ultraviolet A, 320~400nm)는 상당량이 지상에 도달함으로써 피부에 위해하다.
  - UVB보다 약 100배 이상 피부에 깊이(진피층까지) 도달하며, 창문을 통과하므로 차단에 신경을 써야 함
- 피부노화(광노화), 일광화상 등 피부에 직접적인 영양을 준다. 즉 파장이 긴 UVA에 의해 피부탄력을 잃게 되고 주름발생 원인이 된다.
- UVA 차단지수로 PFA(protection factor of UVA)로 표시한다. 이는 UVA를 조사했을 때 색소침착이 언제 나타나느냐로 구분한다.
- UVA는 장파장으로서 피부에 가장 깊게 침투하는 자외선이다.

> tip
> - UVA⁺, UVA⁺⁺, UVA⁺⁺⁺ 또는 PA⁺, PA⁺⁺, PA⁺⁺⁺로 표시하며, + 숫자가 많을수록 차단효과는 우수하나 제품으로서 지속시간이 길다는 의미는 아니다.
>   - PA⁺ 2 이상~ 4 미만 / PA⁺⁺ 4 이상 ~ 8 미만 / PA⁺⁺⁺ 8 이상 ~ 16 미만 / PA⁺⁺⁺⁺ 16 이상

2 적외선이 미치는 영향

(1) 적외선

770~1mm 범위의 파장으로 열선 또는 건강선(도르노선)이라고도 하며 온열작용을 한다. 적외선(Infra red lamp)의 적색 빛은 세포활성화를 도우며 또한 화장품의 흡수를 돕는다.

효과	사용 시 주의사항
• 피부 내 영양 침투 및 흡수에 도움을 준다. • 혈액순환 개선과 근육 이완 작용을 통해 피부 내 독소 및 노폐물 체외 배출을 도운다.	• 조사 시간은 10분을 넘기지 않아야 하며 피부로부터 30cm 거리를 유지하여 조사한다. • 조사 시 물기를 제거하고 영양제품일 경우 도포 전에 조사한다.

면역계의 주요 구성기관들인 피부, 점막, 골수, 림프계, 흉선 등은 외부 침입자로부터 인체를 보호하기 위해 가동되는 그물과 같은 방어체계를 형성한다.

1 면역의 종류와 작용

(1) 인체의 첫 번째 방어기관(선천성)

1차(비특이적 면역반응) 방어장치로서 외부침입자인 질병과 병원균 등을 구분치 않고 맞서 싸우는 기관이다.

1) 피부

- 인체의 첫 번째 방어장벽인 피부는 인체 중 가장 큰 무게와 넓이를 차지하며 건강할 때는 거의 모든 병원균의 침입을 차단한다.
- 긁힌 상처, 작은 구멍, 손가락 거스러미, 곤충에게 물린 부위 등은 병원균이 인체로 들어올 수 있는 통로가 되기도 한다.

구분	특징
피부	세균, 바이러스, 이물질 등이 침입하지 못하게 하는 강력한 방어층 역할을 한다.
땀, 피지	피지막(pH4.5~5.5)이라 하며 산성성분으로 세균의 성장을 억제시킨다.
침, 눈물	라이소자임(lysozyme)이 세균의 세포벽을 파괴함으로써 방어 작용을 한다.
입	그 외 음식물이 위산에 의한 세균 살균작용을 한다.
코털, 호흡기	섬모들이 1차 방어벽이 된다.

① 미세한 털이나 점막

호흡기관에 있는 미세한 털은 공기 중의 무수한 병원균의 침입을 막으며, 소수 병원균이 통과할 때 호흡기관의 점액조직이 병원균의 이동을 막는다.

(2) 인체의 두 번째 방어기관(적응성)

낯선 침입자(항원)가 인체에 들어오면 표피 내 랑게르한스세포는 항원의 특성을 인식(항원코드를 기록)하여 면역계에 중요한 정보를 전달한다. 또한 골수에서 혈구세포를 생산하며, 혈구세포는 두 종류의 백혈구인 탐식세포와 림프세포를 만든다.

1) 탐식세포와 탐식작용

① 탐식세포

대식 · 과립 · 단핵세포로 유형이 분류되나 조직으로 나아가 존재하는 단핵세포를 '대식세포'라 하며 세포조직과 피를 깨끗이 청소하며 침입세포를 공격하여 파괴한다.

구분	내용
대식세포	• 침입한 병원균(항원)이 죽어있든 살아있든 간에 접근하여 먹고 소화시킨다.
과립세포	• 혈류에서 발견되며 낯선 침입자를 감시하고 신분 조회를 하며 먼저 공격하여 먹어 치운다. • 세포질 내에 특수한 물질(염색되는 시약)을 포함하는 과립형의 소기관을 다량 포함하고 있다. • 우리 몸에 존재하는 과립세포는 호중구(70~80%), 호산구(20~30%), 알레르기 반응에 관여하는 호염구(1~2%) 등으로 구분된다.
단핵세포	• 골수에서 분화한 단핵세포는 혈류를 따라 돌면서 종종 혈관벽을 뚫고 조직으로 나아간다.

② 탐식작용

- 삼킨 후 소화효소를 분비하여 낯선 침입자를 흡수한다.
- 소화가 되지 않은 잔유물은 이동되어 인체 안의 다른 이물질과 함께 배출한다.
- 촉수와 같은 세포질로 낯선 침입자를 잡아서 세포 주름 안으로 끌어 당겨 삼켜버린다.

2) 림프구

- 골수에서 생산되는 백혈구는 면역세포로서 B세포와 T세포로 구분된다.
- 인체는 약 1조개의 림프구를 가지고 있으며, 보통 피 한방울에 3,000개의 림프구가 들어있다.

구분	내용
B림프구 (B세포)	• 체액성 면역으로 면역글로불린이라는 항체를 생산하며 전체 림프구의 20~30%를 차지한다. • 표면에 특정 항원 코드를 인식할 수 있는 수용체가 있다. • 특정 항원과 접촉할 때 탐식을 하면서 즉각적인 공격을 한다.
T림프구 (T세포)	• 세포성 면역을 일컬으며, 탐식세포처럼 인체 세포 면역의 일부를 담당한다. • 가슴샘(흉선)은 림프구의 70~80%를 훈련시켜 T세포를 만든다. • 골수에서 만들어지나 흉선으로 들어가 기능이 부여된 상태로 혈류로 나와 독특한 기능을 한다. • 성숙하여 활성을 가지는 T세포는 도움세포, 억제세포, 살해세포, 세포독성세포, 기억세포 등으로 발전된다.

3) 림프액

① 림프액의 기능

면역 반응, 항원 · 항체 반응에 관여하며 과도한 체액을 흡수하여 운반하는 체액 이동 기능을 한다.

> ▶ 랑게르한스세포
> - 랑게르한스는 발견자의 이름을 붙였으며, 피부조직에 존재하는 탐식세포 계열의 세포로서 면역조절 물질을 분비한다.
>   – 외부로부터 항원자극을 인지하고 항원을 조작하여 면역세포에 전달해 면역반응을 유발시킴
> - 랑게르한스세포는 항원을 만나면 표피 아래를 지나는 혈관으로 옮겨와 면역반응을 유도한다.

(3) 인체의 세 번째 방어기관

림프계는 림프, 림프절, 림프구, 림프관 등으로서 비특이적 방어기관이다. 이는 피부, 코털, 점막, 세척기관, 방어력을 가지는 화학물질, 자연저항력, 정상 세균총 등으로 병원균이 인체에 들어오지 못하게 또는 남아있지 못하게 하는 역할을 한다.

- 림프기관은 혈액과 림프를 정화한다.
- 림프는 림프관을 통해 순환하면서 혈류에 떠돌아 다니는 해로운 생물체를 잡아들이는 액체이다.
- 림프계는 림프, B−세포, T−세포 그리고 모든 면역계의 구성원들을 감염이 일어난 장소로 이동시킨다.

Section 06 피부노화

1 피부노화의 원인

- 세포는 스스로 성장, 분화함으로써 시간의 흐름에 의해 노화하듯이 DNA에 의해 내재된 수명이 결정된다. 피부노화의 원인은 생물학적 노화와 광노화로 나눌 수 있다.
- 생물학적으로 노화는 내인성으로 유분(피지선)과 수분(한선)의 분비 대사작용이 원활하지 못한 건성피부와 같은 성상으로서 피부 탄력성 저하는 물론 주름 형성 등의 외관을 나타낸다. 자외선에 지나치게 또는 오랜 기간 노출되면 진피층에 교원섬유(콜라겐)와 탄력섬유(엘라스틴)의 생성을 억제한다. 광노화는 내인성 노화에 비해 굵고 깊은 주름 또는 잔주름이 발생한다.

2 노화피부의 특징

(1) 임상적 특징

표피 내 수분 부족 시	진피 내 수분 부족 시
• 표피에서의 과다한 수분 증발 즉, 유분이 부족하여 수분을 보유할 능력이 부족한 상태로써 다음과 같은 특징을 갖는다. – 소양감 – 유연성이 없고 잔주름이 많이 나타남 – 과각화 현상이 일어나고 피부 당김, 늘어짐이 진행 – 외관상 탄력이 없고 건조함	• 주름살이 깊고 피부조직에 탄력이 없다. • 피부색이 탁하며 멜라닌색소 생성을 증가시킨다. • 얼굴에서 얇은피부 또는 움직임이 많은 피부가 되어 당김과 늘어짐이 확연하다.

(2) 조직학적 특징

1) 표피

구분	내용
생물학적 노화	• 표피 두께가 얇아지며 멜라닌형성세포의 수가 감소되어 피부 면역기능이 감소된다. • 랑게르한스세포의 수가 감소해 색소침착이 활발해진다. • 기저대(표피와 진피의 경계)의 피부가 느슨해져 경미한 상처에도 쉽게 벗겨지거나 물집이 생긴다.
광노화	• 자외선에 노출되면 각질형성세포가 손상되므로 각화현상이 비정상적으로 이루어진다.

2) 진피

진피내 기질 단백질인 교원·탄력섬유의 생리활성이 활발하지 못하다.

구분	내용
생물학적 노화	• 진피층 두께가 얇아지며 세포 또는 혈관이 축소된다. • 교원섬유 감소에 의해 주름이 형성되며 탄력섬유 감소에 의해 탄력이 저하된다.
광노화	• 심한 자외선은 세포의 단백질을 파괴시킴으로써 교원섬유의 전구체인 섬유아세포의 합성을 방해한다.

(3) 진피의 변화

생물학적 노화	광노화
• 세포 증식력 저하에 따른 노화 세포층이 자리매김하고 있다. • 진피층 세포 손실에 의한 근육조직 약화는 피부 탄력성을 상실한다. • 진피의 기질세포(교원섬유와 탄력섬유) 내 저수량이 적어 강력한 탄력과 신축성이 없어진다.	• 자외선으로부터 피부방어기능이 약화되어 기질세포 변형을 통해 피부 탄력과 팽창력이 감소된다. • 멜라닌형성세포 수의 감소로 색소침착에 따른 노인성 반점을 형성시킨다.

▶ 주름살이 생기는 원인

• 진피층의 교원섬유, 탄력섬유, 기질 등의 감소로 인하여 피부가 함몰된다. 수분 부족, 태양광, 과도한 안면운동 등이 주름살을 심화시키는 요인이 된다.

▶ 피부노화현상

• 내인성 노화의 경우 표피와 진피가 모두 얇아지며, 광노화의 경우 노폐물이 축적됨으로써 표피가 두꺼워진다. 또한 랑게르한스세포 수는 감소되며 면역기능이 퇴화된다.
• 피부 수분 부족이 원인으로서 표피는 가는 주름을 형성하고 진피는 굵은 주름이 형성된다.

피부에 상주하는 상주균은 $10^3 \sim 10^6$개/cm² 정도로서 신진대사 결과 한 사람이 평균 5억 개의 인설을 매일 탈락시킨다. 이 중 1천만 개에는 세균이 부착된 인설로서 피부 탈락과 함께 세균도 같이 탈락된다.

1 원발진과 속발진

(1) 원발진

원발진(primary lesions)은 직접적인 1차적 피부장애로서 직접적인 초기 손상을 일컫는다.

구분	내용	특징
반점	• 경계선이 뚜렷한 원형 또는 타원형으로서 표면피부의 색이 변한다.	• 주근깨, 기미, 자반, 노화반점 등
소수포	• 표피 밑 직경 1cm 미만의 체액 또는 혈청을 가진 물집이다.	• 화상물집, 포진, 접촉성 피부염 • 물집을 인위적으로 터뜨리지 않으면 흉터가 남지 않음
대수포	• 외부의 충격이나 온도 변화에 의해 생기는 직경 1cm 이상의 혈액성 내용물을 담은 물집이다.	–
홍반	• 모세혈관의 울혈에 의한 피부 발적으로서 시간이 경과할수록 크기가 변한다.	–
구진	• 직경 1cm 미만의 피부융기물로서 만지면 통증이 느껴진다. • 염증으로 인해 붉은색을 띠며, 여드름의 초기 증상으로서 경계가 뚜렷하고 끝이 단단한 돌출 부위가 생긴다.	• 사마귀, 뾰루지 • 표피에 형성되어 흔적 없이 치유
결절	• 통증이 수반되고 치유 후 흉터가 생긴다. • 기저층 아래에 형성되는 구진보다 크고 종양보다 작은 형태의 경계가 명확한 단단한 유기물이다.	–
낭종	• 진피층으로부터 생성된 반고체성 종양으로서 생성 초기부터 심한 통증을 수반한다.	• 제4기 여드름으로 진피에 자리잡고 통증을 유발하며 흉터가 남음
팽진	• 표재성의 일시적인 부종으로 붉거나 창백하다 • 다양한 크기로 부어올랐다가 사라지며 가려움증을 동반한다.	• 두드러기 또는 담마진이라 함
종양	• 모양과 색깔이 다양한 비정상적인 세포집단이다. • 양성과 악성종양으로 구분되며, 직경 2cm 이상의 피부증식물로서 연하거나 단단한 내용물을 가진 종양이다.	–
면포	• 모공에서 공기 노출에 따른 면포는 블랙헤드를 생성시킨다. • 공기와 접촉되지 않아 모공에 닫힌 면포는 화이트헤드를 생성시킨다.	• 피지, 각질세포 등에 세균이 작용하여 발현 • 여드름, 코 주위 검은 여드름 등
비립종	• 면포와 달리 피부 내에 표재성으로 존재하는 작은 구형의 백색 상피 낭종으로서 좁쌀만한 흰 알갱이 형태이다.	–
포진 (헤르페스)	• 입술 주위의 군집습포가 발진된다.	• 습진성 수포

(2) 속발진

원발진으로 인해 부차적 손상 즉, 2차적 피부장애를 갖는 것을 속발진(secondary lesions)이라 한다.

구분	내용	특징
비듬 (인설)	• 피부 표피의 생리적 각화 또는 병적 각화에 의한 각질 파편이 생긴다.	• 건성비듬, 지성비듬 생성
가피	• 혈청이나 농이 섞인 삼출액이 말라있는 상태이다.	• 상처 위에 생기는 딱지
미란	• 표피 표면은 습윤한 선홍색을 띤다. • 수포가 터진 후 표피가 떨어져나간 피부 손실 상태를 말한다.	−
찰상	• 표피 결손으로서 기계적 자극(손톱으로 긁거나 마찰)에 의해 벗겨진 상태이다.	• 흉터 없이 치유됨
균열	• 질병이나 외상에 의해 표피가 선상으로 갈라진 상태이다.	• 손·발가락 사이, 발뒤꿈치, 입술, 항문 등에 균열이 생김
반흔 (상흔)	• 진피의 손상으로 새로운 결체 조직이 생긴 상태이다.	• 흉터라고도 함
위축	• 피부의 생리기능 저하에 의해 피부가 얇아진 상태로서 피부는 탄력을 잃고 주름이 생기며 혈관이 투시되어 보인다.	−
색소 침착	• 피부의 색소 증가, 출혈, 이물질, 염증 후에 이차적으로 멜라닌색소가 과다하게 병적으로 발현된다.	−
궤양	• 진피, 피하지방조직의 괴사로 치료 후 생긴 불규칙한 흉터를 만든다.	−
태선화	• 피부가 가죽처럼 두꺼워지며 딱딱해지는 현상이다.	−

2 피부질환

(1) 질환의 징후와 증상

구분	진피조직
징후(sign)	• 질환을 의심할 수 있는 객관적인 지표로서 열이나 점의 크기, 피부 색깔의 변화 등으로 나타낸다.
증상(symptom)	• 증상은 주관적인 관심이 강하여 정확히 측정하기가 쉽지 않다. • 개인의 내성과 인지력에 따라 달라지는 증상은 질환을 측정할 수 있는 요소 중 하나가 된다. − 외상이나 질병 등으로 인해 피부조직에 구조적 변화를 야기

(2) 피부색소침착

신체 일부에 비정상적인 착색이나 변색, 침착이 생긴 것을 말한다.

구분	진피조직
기미	• 예민을 동반하며, 어혈이 정체(Hb)됨으로써 색소침착이 나타낸다. • 갈색반 또는 간반이라고도 하며, 흑피증으로서 1cm에서 수 cm에 이르는 갈색반이 뺨, 측두부, 전두부에 나타나는 상태이다.

구분	내용
주근깨	• 작락반이라고도 하며, 멜라닌 과립이 산재성으로 축적함으로써 생기는 갈색점 모양의 색소반이다.
흑자점(흑점)	• 검정사마귀라 하며 피부에서 볼 수 있는 원형이나 난원형의 평탄한 갈색 색소반으로 멜라닌의 침착 증가에 의해 생긴다.
노인성 반점	• 만성적으로 오랫동안 햇볕에 노출된 노인의 손등이나 팔에 주로 생기는 양성 국한성의 과다 색소침착 반점을 나타낸다.

(3) 피부장애

구분	내용
알레르기	• 알러지 혹은 과민증이라고도 하며 특이적인 알러젠에 접촉함으로써 일어나는 과민증 상태이다.
습진	• 표재성 염증인 습진은 주로 표피를 침범한다. – 발적, 가려움, 소구진, 삼출, 가피 등의 증상 후 낙설하여 태선화되고 색소침착이 생김
비립종	• 비립종은 속칭 화이트헤드라고도 하며, 보통 얼굴의 피부 내에 표재성으로 존재하는 작은 구형의 백색 상피낭종으로 눈꺼풀, 뺨, 이마에 나타난다.
대상포진	• 대상허피스(포진), 수두바이러스 감염에 의한 뇌신경절, 척수후근의 신경절 및 말초신경의 급성 염증성 질환으로 나타난다.

단순포진	• 1형 단순포진 : 급성 바이러스 감염증, 직경 3~6mm의 소수포가 집단으로 나타난다.
	  – 피부에 물집이 생기는 것이 특징으로 초기 감염 시에는 구내염과 인후염이 가장 흔한 증상임
	  – 재발하면 주로 입과 입 주위, 입술, 구강 내 점막, 경구개, 연구개 등에 발생
	• 2형 단순포진 : 일종의 성병으로 외부 성기 부위에 물집이 생기고 발열, 근육통, 피로감, 무력감 등의 증상이 동반된다.

사마귀(우종)	• 각종 비바이러스성의 양성 표피 증식을 포함하기도 하며, 유두종 바이러스에 의해 일어나는 표피성 종양이다.
티눈	• 마찰이나 압박에 의하여 생기는 피부 각질층의 비후와 각화성 경화로서 진피까지 도달하는 원추상의 뭉치를 형성하여 통증을 유발시킨다.
조갑백선	• 조체(손톱 · 발톱)의 무좀으로서 곰팡이균(진균 – 사상균)에 의해 발생된다.
족부백선	• 발, 특히 발가락 사이와 발바닥은 만성 표재성 진균(곰팡이)증에 의해 야기된다. – 피부의 침연, 균열 및 낙설과 심한 소양을 유발시킴

Section 01
피부와 피부 부속기관

01 다음 내용 중 피부의 정의로서 틀린 것은?

① 피부는 외부환경과 접촉되는 경계면에 있다.

② 피부 세포는 단층각질세포로 구성되어 있다.

③ 피부의 세포는 중층편평상피로 구성되어 있다.

④ 피부는 평생 끊임없이 세포분열과 분화를 한다.

해설 | ② 피부 세포는 중층편평상피로 구성되어 있다.

02 피부 표피 세포의 형태로 틀린 것은?

① 유극세포 – 방추형

② 각질세포층 – 편평형

③ 기저세포층 – 원주형

④ 과립세포층 – 다면체(편평)형

해설 | ④ 과립세포층 – 다면체(입방)형

03 피부의 구조와 관련된 내용이다. 틀린 것은?

① 손바닥과 발바닥은 두꺼운 피부이다.

② 손톱과 발톱의 주변을 구성하는 피부는 두꺼운 피부이다.

③ 피부는 3개 층인 표피, 진피, 피하지방조직으로 구성되어 있다.

④ 피부 부속기관은 각질 부속기관과 분비 부속기관으로 대별된다.

해설 | ② 손(발)톱 주변의 피부는 얇은 피부이다.

04 표피의 특징이다. 틀린 것은?

① 얇은 피부는 0.1~0.2㎜ 두께이다.

② 두꺼운 피부는 0.8~1.4㎜ 두께이다.

③ 상피조직으로서 혈관, 신경이 분포한다.

④ 영양과 산소는 확산 과정을 통해 이루어진다.

해설 | ③ 표피는 상피조직으로서 신경과 혈관이 분포하지 않는다.

05 표피 탈락이 이루어지는 각화현상이 아닌 것은?

① 약 28일(4주) 주기로 새로운 상피세포가 생성된다.

② 기저층 → 유극층 → 과립층까지 거치는 동안 14일이 소모된다.

③ 각질층에서 각질세포로 탈락되는데 14일이 소모된다.

④ 각각의 층을 거치는 동안 수분과 관계없이 세포 모양이 달라진다.

해설 | ④ 각각의 층을 거치는 동안 수분 손실량에 의해 세포 모양이 달라진다.

06 표피각질층과 관련된 내용은?

① 피부트러블 원인층인 레인 방어막이 존재한다.

② 10~20개 층으로서 치밀한 라멜라층을 구성한다.

③ 과립층 하부로부터 수분 유실을 제거하여 주는 미용층이다.

④ 각질층과 각질세포로 구성되며 표피안쪽에 주로 존재한다.

해설 | ①, ③ 과립층에 대한 설명이다.
④ 가장 바깥쪽에 있다.

07 멜라노사이트(Melanocyte)가 주로 분포되어 있는 곳은?

① 투명층 ② 과립층
③ 각질층 ④ 기저층

해설 | ① 엘라이딘이라는 반유동성 물질이 존재한다.
② 유핵세포와 무핵세포가 같이 공존한다.
③ 케라틴, 천연보습인자 NMF(Natural Moisturizing Factor), 각질세포 사이의 지질(세라마이드)이 존재한다.
④ 케라티노사이트, 멜라노사이트, 머켈세포가 존재한다.

08 표피세포층인 기저층의 내용이 아닌 것은?

① 표피의 가장 기저에 존재한다.
② 세포핵이 한 줄로 이어져 있다.
③ 세포분열이 왕성하다.
④ 장원섬유로 구성된 세포이다.

해설 | ④ 유극층과 관련된 내용이다.
기저층은 원주형의 세포가 단층으로 이어져 있으며, 각질형성세포와 색소형성세포가 존재한다.

09 진피조직의 특징이 아닌 것은?

① 표피보다 두꺼우며 치밀한 결합조직으로 구성된다.
② 표피를 지지하는 역할을 한다.
③ 표피와 피하지방층 사이에 위치한다.
④ 표피를 생산하는 줄기세포이다.

해설 | ④ 표피 내 조직의 기저층에 줄기세포가 존재한다.

10 진피조직의 세포층에 포함되지 않는 것은?

① 상피층 ② 유두층
③ 망상층 ④ 세포간물질

해설 | ① 상피층은 표피에 해당된다.

11 진피조직의 유두층과 관련된 내용과 거리가 먼 것은?

① 혈관이 집중되어 있다.
② 상처를 회복시킨다.
③ 피부 결을 만드는 기능을 한다.
④ 랑거 당김선을 갖는다.

해설 | ④ 진피조직 내 망상층이다.

12 진피조직 내 섬유아세포에 대한 설명으로 맞는 것은?

① 교원섬유이다.
② 노폐물 제거를 위한 식세포이다.
③ 백혈구 내 단핵구인 대식세포이다.
④ 우리 몸의 청소세포이다.

해설 | ② ③ ④ 대식세포이다.

13 진피의 부속기관이 아닌 것은?

① 모낭 ② 한선
③ 피지선 ④ 피하지방

해설 | ④ 피부 3층 구조는 표피, 진피, 피하지방이다.

14 피하지방 조직의 역할이 아닌 것은?

① 모누두상부와 연결되어 피지를 체외로 분비한다.
② 영양분의 저장소이다.
③ 기계적, 물리적 충격을 방지한다.
④ 외부 온도 변화로부터 신체를 보호한다.

해설 | ① 피지선이다.

15 피부의 기능과 그 설명이 틀린 것은?

① 보호기능 – 피부표면의 산성막은 박테리아의 감염과 미생물의 침입으로부터 피부를 보호한다.

② 흡수기능 – 피부는 외부의 온도를 흡수, 감지한다.

③ 영양분 교환기능 – 프로비타민 D가 자외선을 받으면 비타민 D로 전환된다.

④ 저장기능 – 진피조직은 신체 중 가장 큰 저장기관으로 각종 영양분과 수분을 보유하고 있다.

해설 | ④ 피하지방조직 내 지방은 우리 몸의 저장기관으로 각종 영양분과 수분을 보유하고 있다.

16 다음 피부의 기능 중 가장 약한 기능은?

① 보호의 기능　　② 호흡기능

③ 분비의 기능　　④ 체온조절기능

해설 | ② 경피흡수로서 폐호흡이 99%, 피부호흡은 1% 정도이다.

17 모발을 감싸고 있는 모낭에 대한 설명으로서 거리가 가장 먼 것은?

① 모낭은 모근에 존재한다.

② 모낭은 2개의 모낭집으로 구성된다.

③ 상피근초는 내모근초와 진피근초인 외모근초로 구성된다.

④ 모낭은 3개의 층으로 구성된다.

해설 | ④ 3개의 층으로 구성된 것은 모발이다.

18 모낭집인 내모근초와 연계 구조인 것은?

① 유리막　　② 내돌림층

③ 외세로층　　④ 헉슬리층

해설 | ①, ②, ③ 진피근초의 구조이다.

19 모낭집인 상피근초와 연계 구조로서 거리가 가장 먼 것은?

① 모간　　② 내모근초

③ 헨레층　　④ 외모근초

해설 | 상피근초는 내모근초(초표피, 헉슬리층, 헨레층)와 진피근초인 외모근초로 구성되어 있다.

20 모표피에 대한 설명으로 바른 것은?

① 에피 · 엑소 · 엔도큐티클로 구성되어 있다.

② 결정영역인 폴리펩타이드 구조를 하고 있다.

③ 수소 · 펩타이드 · 시스틴 · 염 · 소수성결합을 갖는다.

④ 공기를 함유하고 벌집모양의 다각형 모양을 하고 있다.

해설 | ②, ③ 모피질, ④ 모수질의 특징이다.

21 조갑(조체)에 관련된 설명으로 맞는 것은?

① 피부의 부속물이다.

② 신경과 혈관이 있다.

③ 생장주기가 있어 생장에 영향을 받는다.

④ 조갑은 오닉스라는 질환을 나타낸다.

해설 | 조갑 : 손톱에 대한 전문적인 용어로서 신경이나 혈관이 없으며 생장주기가 없어 항상 생장하고 있다.

22 다음 중 대한선에 대한 내용인 것은?

① 신체 전신에 분포되어 있다.

② 사춘기 이후에 분비선이 발달된다.

③ 99% 수분으로 구성되어 있다.

④ 체온 조절작용을 한다.

해설 | ①, ③, ④ 소한선의 특징이다.
아포크린선(대한선)은 모공을 통하여 분비되는 선으로 액와, 유륜, 배꼽 주위에 분포하며, 인종 특유의 냄새(체취)를 발생하고 사춘기 이후에 주로 발달한다.

★

23 소한선과 관련된 내용인 것은?

① 에크린선이라고도 한다.

② 체외로 분비되면 유색을 띠며 냄새를 낸다.

③ 감정의 변화 또는 스트레스에 작용한다.

④ 겨드랑이, 생식기 주위, 유두 주위 등에 분포한다.

해설 | ②, ③, ④ 대한선의 내용이다.
소한선(에크린선)은 특수한 부위(입술과 음부)를 제외한 거의 전신에 분포하며, 손·발바닥, 이마에 가장 많이 분포한다.

★★★

24 피지선의 역할과 관련 없는 것은?

① 분비된 피지는 외부를 윤택하게 한다.

② 분비된 피지는 외부로부터 수분 증발을 막는다.

③ 신경계통의 통제를 받으며 면역계의 영향을 받는다.

④ 세균성, 진균성, 바이러스성의 감염으로부터 피부를 보호한다.

해설 | ③ 신경계통의 통제는 받지 않으나 성호르몬의 영향을 받는다.
피지선은 진피의 망상층에 위치하여 모낭에 연결되어 있으며 하루 분비량은 1~2g 정도이다.

★★★

25 피지선의 분비량이 달라지는 요인이 아닌 것은?

① 계절, 연령

② 환경, 온도

③ 남성호르몬

④ 여성호르몬

해설 | ④ 황체호르몬에 의해 분비량이 달라진다.

★★★

26 피지의 작용으로 맞지 않는 것은?

① 유화작용

② 체온 조절작용

③ 보호작용

④ 살균작용

해설 | ② 한선에서 분비되는 땀의 작용에 관한 설명이다. 한선은 땀의 배출을 통해 체온을 조절하고 노폐물을 배설한다.

★★

27 표피 내 기저층의 가장 중요한 역할은?

① 팽윤　　　　　② 면역

③ 수분 방어　　　④ 딸세포 생성

해설 | 기저층의 각질형성세포(keratinocyte)는 유사분열에 의해 딸세포를 형성한다.

★

28 표피의 가장 바깥층으로 라멜라구조로 이루어진 세포층은?

① 유두층　　　　② 각질층

③ 과립층　　　　④ 기저층

해설 | ② 각질층 : 표피의 가장 바깥층으로서 각질층과 각질세포로 구성된다.

• 수분량은 15~20%로서 천연보습인자(NMF)를 갖고 있다.

• 10~20개의 치밀한 세포(라멜라)층으로서 비늘같이 얇고 핵이 없는 편평세포 구조를 갖는다.

★

29 표피를 구성하고 있는 세포가 아닌 것은?

① 각질형성세포(keratinocyte)

② 멜라닌형성세포(melanocyte)

③ 머켈세포(merkel cell)

④ 섬유아세포(fibroblast)

해설 | ④ 섬유아세포는 진피의 구성세포이며, 표피의 구성세포는 랑게르한스세포(Langerhans cell)를 포함한다.

★★★

30 표피의 가장 아래층에서부터 바깥층의 순서가 바른 것은?

① 각질층 – 투명층 – 유극층 – 과립층 – 기저층

② 유극층 – 투명층 – 각질층 – 과립층 – 기저층

③ 기저층 – 유극층 – 과립층 – 투명층 – 각질층

④ 기저층 – 과립층 – 투명층 – 유극층 – 각질층

해설 | ③ 표피는 구조적으로 편평상피세포로 구성되어 있다. 조직학적으로 진피와 연결된 기저층, 유극층, 과립층, 투명층, 각질층으로 이루어져 있다.

31 다음 중 기저층에 대한 설명 중 틀린 것은?

① 타원형의 세포모양으로서 표피를 진피에 고정하는 역할을 한다.

② 피부가 노화되면 유두의 물결모양이 느슨해져 피부탄력성이 떨어진다.

③ 진피의 혈관과 림프관을 통해 영양분을 공급받는다.

④ 각질형성세포(keratinocyte), 멜라닌형성세포(melanocyte), 머켈세포(merkel cell)가 존재한다.

해설 | ② 진피층의 구조 중 유두층에 관한 설명이다.

32 진피의 구성 물질 중 교원섬유에 대한 설명으로 알맞은 것은?

① 진피의 90%를 차지하며, 섬유아세포에서 만들어져 피부탄력 및 신축성에 관여한다.

② 섬유아세포에서 만들어지고 피부의 이완과 주름형성에 관여한다.

③ 사이토카인(cytokine)을 분비하고 면역세포의 작용을 조절한다.

④ 주성분은 케라틴 58%, 천연보습인자 31%, 세포간지질 11%로 구성되어있다.

해설 | ② 탄력섬유(엘라스틴)에 관한 설명이다.
③ 대식세포는 사이토카인을 분비하고 면역세포의 작용을 조절한다.
④ 각질층을 구성하고 있는 물질이다.

33 망상층과 유두층으로 구분되며 혈관, 신경, 림프관, 땀샘 등의 부속기관을 포함하고 있는 곳은?

① 근육층　　　　② 표피층

③ 진피층　　　　④ 피하조직

해설 | ③ 진피층은 표피의 영양공급, 피부재생에 관여하며 여러 부속기관이 있다.

34 피부의 세포가 형성되어 탈락하기까지 걸리는 시간은?

① 4주　　　　　② 7주

③ 14주　　　　　④ 28주

해설 | ① 피부세포의 재생주기는 대략 4주 정도이다.

35 피부의 기능에 해당되지 않는 것은?

① 보호기능

② 분비기능

③ 비타민 A 흡수기능

④ 체온조절기능

해설 | ③ 비타민 D는 자외선을 받을 때 과립층에서 생성하며 칼슘 흡수촉진, 뼈의 발육촉진에 관여한다.

36 한선에 대한 설명으로 옳은 것은?

① 한선은 진피의 유두층에 실뭉치처럼 존재한다.

② 한선은 땀을 분비하는 기관으로 체온조절기능은 없다.

③ pH 3.8~5.5의 약산성으로 무색, 무취이다.

④ 에크린선은 단백질, 지질 함유량이 많은 땀을 생성하며 특유의 냄새가 난다.

해설 | ① 한선은 진피의 망상층에 존재한다.
② 땀의 배출을 통해 체온조절기능을 담당한다.
④ 한선은 아포크린선과 에크린선으로 나뉘며, 특유의 냄새가 나는 것은 아포크린선이다.

37 피부의 땀샘에 관한 설명 중 틀린 것은?

① 대한선은 나선형의 한공을 갖고 있으며 점성이 있는 유백색의 액체이다.

② 대한선은 사춘기 이후에 발달하며 성, 인종을 결정짓는 물질을 함유하고 있다.

③ 소한선은 귀, 겨드랑이, 유두, 배꼽, 생식기 등의 특정 부위에만 존재한다.

④ 소한선은 일반적인 땀을 말하며 특히 얼굴이나 손, 발바닥에 많이 분포한다.

해설 | ③의 설명은 대한선(아포크린선)에 관한 설명이다.

38 피지선의 기능으로 옳지 않은 것은?

① 진피(망상층)에 존재하고 포도송이 모양으로 모낭과 연결되어 있다.

② 피지 분비량은 하루 1~2g으로 세정 1시간 후에 20%, 2시간 후는 40%, 3시간 후 50% 정도 분비된다.

③ 미생물이나 이물질의 피부 침투를 막아준다.

④ 손, 발바닥, T존 부위, 두개피부, 가슴, 등에 발달, 독립피지선이 존재한다.

해설 | ④ 손, 발바닥에는 피지선이 없으며 입술, 눈꺼풀에는 독립피지선이 존재한다.

39 모발의 일반적인 성장기간으로 옳은 것은?

① 1~3년　　　　② 3~5년

③ 5~7년　　　　④ 10년 이상

해설 | ② 모발의 성장주기는 3~5년 정도이다.

40 모발을 구성하는 세포가 만들어지는 곳은?

① 모구　　　　② 모모세포

③ 모간　　　　④ 모피질

해설 | ② 모모세포는 세포분열 및 증식에 관여하며 모발성장에 도움을 준다.

41 모발내의 멜라닌색소를 함유하고 있는 구조는?

① 모표피　　　　② 모피질

③ 모수질　　　　④ 모유두

해설 | ① 모표피는 비늘모양의 형태로 각화작용을 한다.
③ 모수질은 모발의 중심부에 존재한다.
④ 모유두는 모발의 영양을 관장하며 혈관과 신경세포가 있다.

42 사춘기 이후에 주로 분비되며, 모공과 연결된 분비선으로 독특한 체취를 내는 것은?

① 대한선　　　　② 소한선

③ 에크린선　　　　④ 피지선

해설 | ① 대한선은 사춘기 이후에 발달하며, 독특한 냄새를 풍긴다. 분비부는 모낭 끝에 존재한다.

43 멜라닌을 생성하는 색소형성세포가 위치하는 세포층은??

① 투명층　　　　② 과립층

③ 유극층　　　　④ 기저층

해설 | ④ 기저층에는 각질형성세포, 색소형성세포, 머켈세포, 랑게르한스세포가 분포되어 있다.

01	02	03	04	05	06	07	08	09	10
②	④	②	③	④	②	④	④	④	①
11	12	13	14	15	16	17	18	19	20
④	①	④	①	④	④	④	④	①	①
21	22	23	24	25	26	27	28	29	30
①	②	①	③	④	②	④	②	④	③
31	32	33	34	35	36	37	38	39	40
②	①	③	①	③	③	③	④	②	②
41	42	43							
②	①	④							

01 정상피부에 대한 설명이 아닌 것은?

① 보통(중성)피부라고도 한다
② 전반적으로 주름이 없으며 탄력이 있다.
③ 피부결이 섬세하여 온도 등 외부 환경에 강하다.
④ 피부 조직 상태 또는 피부 생리기능이 정상적이다.

해설 | ③ 온도 등 외부 환경에 강한 피부는 지성피부이다.

02 지성피부의 특징이 아닌 것은?

① 모공이 크고, 피부가 쉽게 오염된다.
② 피부 혈액순환이 잘되지 않는다.
③ 색소침착이 잘된다.
④ 작은 각질과 가려움을 동반한다.

해설 | ④ 건성피부의 특징이다.

03 민감성 피부의 특징인 것은?

① 거의 모든 사람의 피부유형이다.
② 외부 환경적 요인에 민감하다.
③ 기초 화장품 선택이 중요하다.
④ 색조 화장품이 잘 받지 않는다.

해설 | ①, ③, ④ 복합성 피부의 특징이다.

04 건성피부의 특징이 아닌 것은?

① 볼 · 이마 부위 피부에 당김 현상이 있다.
② 피부 노화가 급속하게 진행될 수 있다.
③ 적절한 피지 분비가 되지 않는다.
④ 색소 침착이 잘된다.

해설 | ④ 지성피부의 특징이다.

05 복합성 피부의 특징인 것은?

① 눈가에 잔주름이 많고 광대뼈 부위에 기미가 있다.
② 표정주름이 나타난다.
③ 피부조직이 섬세하고 얇다.
④ 모공이 작고 모세혈관이 피부 표면에 드러난다.

해설 | ②, ③, ④ 민감성 피부의 특징이다.

06 피부유형을 결정하는 요인과 거리가 먼 것은?

① 일광   ② 수분
③ 유분   ④ 각화 정도

해설 | 피부유형은 피부에 분포하는 수분과 유분의 분비량과 표피의 각화 정도 등에 의해 결정된다.

07 피부를 유형별로 분석해야 할 이유로서 가장 적절한 내용은?

① 유 · 수분에 관련된 내용을 알기 위해서이다.
② 정상 · 건성 · 지성 · 복합성 피부를 나누기 위해서이다.
③ 유형에 맞는 화장품 선택과 관리할 수 있는 방법을 예측하기 위해서이다.
④ 유 · 수분의 분비기능이 저하되면 피부 당김과 윤기를 잃는 이유를 알기 위해서이다.

해설 | 피부를 유형별로 분석한다는 것은 그에 맞는 화장품과 관리할 수 있는 방법을 예측할 수 있기 때문이다.

PART 1	미용업 안전위생관리					
Chapter **2**	피부의 이해					
Section 02	피부유형 분석					선다형 정답
01	02	03	04	05	06	07
③	④	②	④	①	①	③

01 영양소의 기능이 아닌 것은?

① 몸에 에너지를 공급한다.

② 몸의 생리적 기능을 조절한다.

③ 몸을 구성하는 물질을 공급한다.

④ 활동 에너지와 체온 유지를 위한 유기물질로 사용된다.

해설 | ④ 활동 에너지와 체온 유지를 위해 열에너지로 사용된다.

02 비타민에 대한 설명 중 틀린 것은?

① 비타민 A가 결핍되면 피부가 건조해지고 거칠어진다.

② 비타민 C는 교원질 형성에 중요한 역할을 한다.

③ 레티노이드는 비타민 A를 통칭하는 용어이다.

④ 자외선을 받으면 비타민 A가 피부에서 합성된다.

해설 | ④ 자외선을 받으면 비타민 D가 생성된다.
비타민 C는 모세혈관 벽을 간접적으로 튼튼하게 하며 체내 부족 시 괴혈병을 일으킨다. 이는 피부와 잇몸에서 피가 나오게 하며 빈혈을 일으켜 피부를 창백하게 한다.

03 상피조직의 신진대사에 관여하며 각화 정상화 및 피부 재생을 돕고 노화 방지에 효과가 있는 비타민은?

① 비타민 C

② 비타민 E

③ 비타민 A

④ 비타민 K

해설 | ①, ② 항산화제에 해당한다. ④ 비타민 K는 혈액응고에 관여한다.

04 비타민 결핍 시 발생할 수 있는 질병 발생과의 연결이 잘못된 것은?

① 비타민 A – 야맹증

② 비타민 B₁ – 각기병

③ 비타민 C – 괴혈병

④ 비타민 D – 빈혈증

해설 | ④ 비타민 D 결핍은 구루병을 유발한다.

05 영양소에 대한 설명으로 틀린 것은?

① 열량영양소에는 탄수화물, 단백질, 지방 등이 있다.

② 열량영양소는 인체에 필요한 에너지를 제공한다.

③ 조절영양소는 인체 생리기능을 도와준다.

④ 구성영양소는 비타민, 무기질, 물 등이 있다.

해설 | ④ 구성영양소는 단백질, 무기질, 지방, 물로 구성되어 있으며, 체성분의 구성에 관여하며, 새로운 조직의 생성을 도와준다.

06 비만에 대한 설명으로 틀린 것은?

① 인체 내에 지방은 연령, 성별, 체중에 따라 달라진다.

② 체질량지수가 25 이상일 때 경도비만으로 본다.

③ 체질량지수는 비만측정법으로 키와 몸무게를 이용한 지방의 양을 말한다.

④ 비만은 지방조직이 정상보다 과다하게 축적된 상태로 표준체중에 비해 20% 이상 초과할 때 과체중(over weight)이라 한다.

해설 | ④ 20% 이상 초과할 때 비만(obesity)이라고 한다.

PART 1	미용업 안전위생관리				
Chapter 2	피부의 이해				
Section 03	피부와 영양				선다형 정답
01	02	03	04	05	06
④	④	③	④	④	④

Section 04
피부와 광선

01 자외선이 피부에 미치는 영향에서 장점에 해당하는 것은?

① 살균작용을 한다.
② 피부노화를 촉진한다.
③ 멜라닌 색소를 증가시킨다.
④ 피부 탄력성을 저하시킨다.

해설 | ②, ③, ④ 단점이다.
자외선은 살균, 비타민 D의 형성, 피부색소침착, 홍반 형성 작용을 일으킨다.

02 자외선의 종류와 파장에서 연관이 잘못된 것은?

① UVA – 320~400nm
② UVB – 290~320nm
③ UVC – 200~290nm
④ UVD – 100~200nm

해설 | ④ 자외선에 UVD는 없다.
• 장파장 자외선(UVA) 320~400nm
• 중파장 자외선(UVB) 290~320nm
• 단파장 자외선(UVC) 200~290nm

03 장파장(UVA)의 내용인 것은?

① 자외선 총량의 90% 이상을 차지한다.
② 비타민 D의 합성을 촉진한다.
③ 피부암의 원인이 된다.
④ 피부에 가장 유해한 광선이다.

해설 | ②, ④ 중파장, ③ 단파장과 관련된 설명이다.

04 UVA 차단 지수의 정확한 단위는?

① SPF
② PFA
③ PF
④ FA

해설 | ② Potection Factor of UVA로서 이는 UVA를 조사했을 때 색소침착이 언제 나타나느냐로 구분된다.

05 적외선의 효과가 아닌 것은?

① 피부 내 영양 침투 및 흡수를 돕는다.
② 혈액순환 개선을 도와준다.
③ 근육이완 작용을 통해 피부 내 독소를 체외로 배출한다.
④ 호르몬 생성을 증가시켜 피부를 건강하게 한다.

해설 | ④ 자외선의 효과이다.
적외선은 열을 이용하여 혈관을 확장시켜 혈액순환을 촉진하며, 피부에 열을 가해 이완시켜 노폐물 배출을 용이하게 한다.

06 적외선 사용 시 주의점이 아닌 것은?

① 피부로부터 30cm 거리에서 조사한다.
② 조사시간은 10분을 넘기지 않는다.
③ 적외선 조사 시 물기를 제거한다.
④ 영양 제품을 도포해야 할 때는 먼저 도포 후에 조사한다.

해설 | ④ 영양 제품을 도포해야 할 경우 도포 전에 조사한다.

07 태양광선의 파장이 바르게 연결된 것은?

① 적외선 – 750nm 이상의 열선
② UVA – 290~320nm 단파장
③ UVB – 320~400nm 중파장
④ UVC – 200~290nm 장파장

해설 | UVA는 320~400nm(장파장)이다.
UVB는 290~320nm(중파장)이다.
UVC는 200~290nm(단파장)이다.

08 다음 중 일광화상을 일으키는 것은?

① UBA   ② UVB

③ UVC   ④ 적외선

해설 |
① UBA는 콜라겐 파괴 및 광노화, 백내장을 유발한다.
③ UVC는 DNA의 변화 및 피부암을 유발한다.
④ 적외선은 열을 발생하는 열선으로 피부표면에 자극은 없다.

PART 1   **미용업 안전위생관리**

Chapter **2**   **피부의 이해**

Section 04   피부와 광선 ———————— **선다형 정답**

01	02	03	04	05	06	07	08
①	④	①	②	④	④	①	②

---

01 인체의 첫 번째 방어 장벽을 갖는 면역계는?

① 골수   ② 피부

③ 흉선   ④ 림프계

해설 | ①, ③, ④ 면역계의 주요 구성 기관들이며, 피부가 건강할 때는 거의 모든 병원균의 침입을 차단한다.

02 표피 내 세포로서 항원 특성을 인식하여 면역계에 전달하는 세포는?

① 랑게르한스세포

② 머켈세포

③ 색소형성세포

④ 각질형성세포

해설 | ① 낯선 침입자(항원)가 인체에 들어오면 표피 내 랑게르한스세포는 항원의 특성을 인식(항원 코드기록)하여 면역계에 중요한 정보를 전달한다.

03 탐식세포의 역할이 아닌 것은?

① 침입세포를 공격하여 파괴한다.

② 세포조직과 지방을 깨끗이 청소한다.

③ 새로운 세포조직을 생산하여 원기를 회복시킨다.

④ 인체가 정상적이고 건강한 상태를 유지할 수 있게 해준다.

해설 | ② 세포조직과 피를 깨끗이 청소한다.

04 다음 중 대식세포의 기능에 관련된 내용인 것은?

① 인체에 침입한 병원균(항원)이 죽어있든 살아있든 간에 접근하여 먹고 소화 처리한다.

② 혈류에서 발견되며, 낯선 침입자를 감시하고 신분 조회를 하며, 먼저 공격하여 먹어 치운다.

③ 세포질 내에 특수한 물질(염색되는 시약)을 포함하는 과립형 소기관을 다량 포함하고 있다.

④ 우리 몸에는 호중구, 호산구, 호염구 등으로 구분된다.

해설 | ②, ③, ④ 과립세포의 기능에 대한 설명이다.

05 림프구에 대한 설명이 아닌 것은?

① 인체는 약 1조 개의 림프구를 유지하고 있다.

② 림프구는 크기가 작지만 면역계의 중심축을 이룬다.

③ 림프구는 항원을 공격할 수 있도록 골수에서 훈련을 받는다.

④ 혈액을 순환하면서 외부 침입자를 색출하여 파괴한다.

해설 | ③ 림프구는 가슴샘(흉선)과 림프조직에서 특별한 항원을 공격할 수 있도록 훈련을 받은 후 혈액을 순환하면서 외부 침입자를 색출하여 파괴한다.

06 B-세포와 관련된 내용이 아닌 것은?

① 전체 림프구의 20~30%를 차지한다.

② 표면에 특정 항원 코드를 인식할 수 있는 수용체가 있다.

③ 특정 항원과 접촉할 때 탐색을 하면서 즉각적인 공격을 한다.

④ 탐색세포처럼 인체 세포면역의 일부를 담당한다.

해설 | ④ T-세포(T림프구)와 관련된 내용이다.

07 인체에서 면역작용에 관여하는 혈구세포는?

① 백혈구 ② 적혈구

③ 헤모글로빈 ④ 혈소판

해설 | ① 골수에서 생산되는 백혈구는 면역세포로서 B-세포와 T-세포로 구분된다.

08 항원에 대응해 이물질을 잡아먹고 소화하는 면역세포는?

① 사이토카인 ② T 림프구

③ 대식세포 ④ 보체

해설 | ① 사이토카인은 신체의 방어체계를 구축하고 자극하는 신호물질이다.
② T림프구는 혈액 속의 림프구의 9%를 차지하고 피부의 대부분을 차지한다.
④ 보체는 항원에 대한 방어기능을 도와주는 단백질이다.

09 체액성 면역 반응의 설명으로 바른 것은?

① 항원에 대한 정보를 림프절에 전달한다.

② B림프구로 면역글로블린이라고 불리는 특이항체를 생산한다.

③ 백혈구의 이물질 식균작용을 한다.

④ 면역정보를 림프구에 전달한다.

해설 | ② 면역반응은 식세포 면역반응, 체액성 면역반응, 세포성 면역반응으로 분류한다.

10 면역반응에 대한 설명으로 틀린 것은?

① 이물질의 침입을 막는다.

② 면역력이 약해져도 질병의 감염과는 관계가 없다.

③ 자기와 비자기를 구분하여 면역반응을 한다.

④ 인체가 특정 질병에 노출된 후에는 항원을 기억해두었다가 재 침입 시 빠르게 대응한다.

해설 | ② 면역력이 약해지면 질병에 노출되기 쉬우며 건강유지에 영향을 미친다.

11 면역작용에 관한 설명으로 틀린 것은?

① 모공, 한선, 림프절 등에 주로 분포한다.

② 피부의 각질형성세포는 면역에 관여하는 사이토카인을 생성한다.

③ 표피에 존재하는 대식세포는 외부로부터 침입한 이물질을 잡아먹고 소화한다.

④ 피부 표면의 피지막은 pH 4.5~5.5의 약알칼리 상태를 유지한다.

해설 | ④ 피부 표면의 피지막은 약산성 상태를 유지한다.

12 인체가 세균이나 이물질에 의한 질병에서 저항할 수 있는 능력을 무엇이라 하는가?

① 항체   ② 항원
③ 면역   ④ 질병

해설 | ③ 외부의 이물질에 대한 인체의 저항능력을 면역이라 한다.

13 면역에 관여하는 보체(Complement)에 관한 설명으로 맞는 것은?

① 사이토카인은 손상된 피부층을 재생시키며 염증반응을 나타낸다.

② 대식세포는 면역정보를 림프구에 전달하는 면역담당세포이다.

③ 항체의 작용을 도와주며 항원에 대한 방어기능을 도와주는 단백질이다.

④ 항원에 대한 항체가 과민하게 나타나는 것으로 두드러기 등으로 나타난다.

해설 | ① 사이토카인 : 신체의 방어체계를 구축하고 자극하는 신호물질이다.
② 대식세포 : 항원에 대응해 잡아먹고 소화하는 대형 식세포이다.
④ 알레르기에 관한 설명이다.

14 면역에 관한 설명이다. 틀린 것은?

① 항원(Antigen) : 인체의 면역체계에서 면역에 반응하는 원인물질이다.

② 항체(Antibody) : 항원에 대한 항체가 과민하게 나타나는 것으로 두드러기 등으로 반응한다.

③ 대식세포(Macrophage) : 항원에 대응해 잡아먹고 소화하는 대형 식세포이다.

④ 사이토카인(Cytokine) : 손상된 피부층을 재생시키며 신체의 방어체계를 구축한다.

해설 | ② 항체(Antibody)는 외부에서 들어온 항원과 반응한 결과로 인체를 보호하거나 과민반응물질을 동시에 가지고 있다.

PART 1	**미용업 안전위생관리**								
Chapter **2**	피부의 이해								
Section 05	피부 면역							선다형 정답	
01	02	03	04	05	06	07	08	09	10
②	①	②	①	③	④	①	③	②	②
11	12	13	14						
④	③	③	②						

01 노화피부의 조직학적 특징으로서 진피의 변화가 아닌 것은?

① 진피층 두께가 얇아진다.

② 세포 또는 혈관이 축소된다.

③ 랑게르한스세포의 수가 감소한다.

④ 기질 단백질의 활성이 활발하지 못하다.

해설 | ③ 랑게르한스세포는 표피 내 기저층에서 유극층 사이에 존재하므로 표피의 조직학적 변화이다.

02 피부 표피의 생물학적 노화가 아닌 것은?

① 자외선에 노출되면 각질형성세포가 손상된다.

② 경미한 상처에도 쉽게 벗겨지거나 물집이 생긴다.

③ 색소 침착이 활발해진다.

④ 피부 면역 기능이 감소한다.

해설 | ④ 낯선 침입자(항원)가 인체에 들어오면 표피 내 랑게르한스세포는 항원의 특성을 인식(항원 코드기록)하여 면역계에 중요한 정보를 전달한다.

03 자외선 노출 시 광노화 특징과 거리가 먼 것은?

① 색소침착과 함께 피부가 두꺼워진다.

② 진피내의 모세혈관이 확장된다.

③ 피부가 건조해져 거칠어진다.

④ 콜라겐과 엘라스틴 생성이 증가한다.

해설 | ④ 콜라겐과 엘라스틴 생성이 감소한다.

04 광노화에 대한 설명으로 틀린 것은?

① 자외선으로 인한 노화를 나타낸다.

② 한선의 수가 감소하므로 땀 분비가 저하된다.

③ 콜라겐 양이 감소해 탄력이 떨어진다.

④ 각질층의 두께가 두꺼워진다.

해설 | ② 한선의 수가 감소하고 땀분비가 적어지는 것은 자연노화, 생리적 노화이다.

05 노화피부의 특징으로 틀린 것은?

① 피부 지성화로 인해 예민한 피부가 된다.

② 멜라닌 세포의 수가 증가하고 기능이 감소한다.

③ 색소침착으로 인해 피부 투명도가 떨어진다.

④ 진피의 두께가 감소하면서 피부의 탄력이 떨어진다.

해설 | ① 노화피부는 피부 건조증으로 인해 예민피부가 된다.

06 노화의 분류로 연결이 바르지 않은 것은?

① 내인성 노화 : 랑게르한스세포 수는 감소되며 면역기능이 퇴화한다.

② 내인성 노화 : 한선의 수가 줄어 땀 배출기능이 감소한다.

③ 외인성 노화 : 노인성반점 및 과도한 색소 침착이 생긴다.

④ 외인성 노화 : 콜라겐섬유의 감소로 깊은 주름이 발생한다.

해설 | ④ 콜라겐섬유의 감소로 깊은 주름이 발생하는 것은 내인성 노화이다.

07 외인성 노화로 인해 나타나는 증상이 아닌 것은?

① 굵은 주름   ② 기미

③ 보습증가   ④ 혈관확장

해설 | 외인성 노화 : 각질층이 두꺼워지고 탄력이 떨어진다.

08 외인성 노화의 원인인 것은?

① 흡연　　　　　② 인스턴트 식품

③ 스트레스　　　④ 자외선

해설 | ④ 냉 · 난방기, 공해, 자외선 등 외부환경에 의해 나타나는 노화현상을 말한다.

09 외인성 노화에 대한 설명인 것은?

① 광선에 노출되기 쉬운 부위인 가슴, 겨드랑이, 둔부주위에 많이 나타난다.

② 교원섬유 및 탄력섬유의 이상증식이 일어난다.

③ 각질층이 얇아지고 탄력이 떨어진다.

④ 피부내의 수분함량이 증가하고 윤기가 난다.

해설 | ② 햇빛이나 외부환경에 노출되어 나타나는 노화로 피부의 수분저하, 피부건조 및 표피의 두께가 두꺼워진다.

10 외부환경에 의해 노화가 가속화되어 나타나는 현상은?

① 내인성 노화

② 외인성 노화

③ 자연적 노화

④ 면역저하로 인한 노화

해설 | ② 햇빛이나 외부환경에 지속적으로 노출되어 나타나는 노화현상이다.

11 내인성 노화로 인해 나타나는 증상이 아닌 것은?

① 피부건조

② 색소침착

③ 모세혈관 확장증

④ 피부 민감도 증가

해설 | ③ 모세혈관 확장증은 외인성 노화에 의해 혈관이 비정상적으로 확장된다.

12 내인성 노화에 대한 설명으로 옳은 것은?

① 교원섬유와 탄력섬유가 감소하여 진피의 두께가 얇아진다.

② 표피가 두꺼워지고 예민성 피부가 된다.

③ 멜라닌과 랑게르한스세포의 수와 기능이 감소한다.

④ 색소침착이 증가하거나 감소하나 피부톤은 맑고 투명해진다.

해설 | ① 내인성 노화는 표피와 진피의 두께가 얇아지고 한선의 수가 줄어 땀 배출 기능도 감소하게 된다.

13 피부노화 현상으로 틀린 것은?

① 표피두께 감소

② 랑게르한스세포의 감소

③ 콜라겐 섬유의 감소

④ 피하지방층의 증가

해설 | ④ 노화된 피하지방층은 지질의 양이 감소하여 두께가 얇아져 신체의 볼륨감이 없어진다.

14 나이가 들어가면서 자연적으로 나타나는 노화현상을 무엇이라 하는가?

① 외인성 노화　　② 내인성 노화

③ 인위적 노화　　④ 광노화

해설 | ①, ③, ④ 외인성 노화(광노화)는 햇빛이나 외부환경에 지속적으로 노출되어 나타나는 노화현상을 말한다.

15 노화에 대한 설명으로 올바른 것은?

① 혈액순환저하 및 면역력 증강

② 신체적, 정신적, 생리적 기능이 점점 강화되며 향상되는 것이다.

③ 유전적 요인 및 나이가 들어가며 나타나는 퇴행적 변화 현상이다.

④ 정신적 변화는 퇴행적 변화라고 볼 수 없다.

해설 | ①, ②, ④ 노화가 진행되는 여러 원인 중 혈액순환 저하 및 신체적, 정신적, 생리적 기능이 약화되는 현상이다.

★★
16 노화의 원인이 아닌 것은?

① 유전적인 요인

② 호르몬의 영향

③ 면역기능 저하

④ 규칙적인 운동

해설 | ④ 규칙적인 운동은 노화를 지연시키고 예방한다.

★★
17 노화로 인해 나타나는 증상이 아닌 것은?

① 면역력 증강

② 인지능력 저하

③ 혈액순환 저하

④ 반사능력 저하

해설 | ① 노화는 인체의 기능이 퇴행하는 것으로 면역력이 떨어져 질병에 노출되기 쉽다.

Section 07
피부 장애와 질환

★
01 다음은 속발진에 대한 내용이다. 내용과 관련 없는 것은?

① 비듬 – 생성 초기 심한 통증을 수반한다.

② 가피 – 혈청이나 농이 섞인 삼출액이 말라있는 상태이다.

③ 미란 – 표피 표면은 습윤한 선홍색을 띤다.

④ 반흔 – 진피의 손상으로 새로운 결체조직이 생긴 상태이다.

해설 | ① 비듬은 피부 표피의 생리적 각화에 의해 형성된다.

★
02 다음 중 원발진만으로 묶인 것을 고르면?

| ㉠ 반점 | ㉡ 소수포 | ㉢ 대수포 | ㉣ 홍반 |
| ㉤ 구진 | ㉥ 결절 | ㉦ 낭종 |

① ㉠, ㉡

② ㉠, ㉡, ㉢

③ ㉠, ㉡, ㉢, ㉣

④ 모두 다 포함된다.

★
03 속발진에 관련된 내용으로 맞는 것은?

① 1차적 피부장애이다.

② 직접적인 초기 증상이다.

③ 면포, 비립종, 헤르페스 등의 증상이 이에 속한다.

④ 부차적 손상으로서 피부장애를 갖는다.

해설 | ①, ②, ③ 원발진이다.
원발진은 반점, 홍반, 구진, 농포, 팽진, 수포, 결절 등이다.

<table>
<tr><td colspan="3">PART 1</td><td colspan="7">미용업 안전위생관리</td></tr>
</table>

Chapter **2**   피부의 이해

Section 06   피부 노화 ——————— 선다형 정답

01	02	03	04	05	06	07	08	09	10
③	④	④	②	①	④	③	④	②	②
11	12	13	14	15	16	17			
③	①	④	②	③	④	①			

04 다음 중 속발진만으로 묶인 것은?

> ㉠ 인설 ㉡ 위축 ㉢ 색소침착 ㉣ 궤양
> ㉤ 태선화 ㉥ 팽진 ㉦ 종양

① ㉠, ㉡
② ㉢, ㉣
③ ㉤, ㉥, ㉦
④ ㉠, ㉡, ㉢, ㉣, ㉤

해설 | ④ 팽진, 종양은 원발진이다.
피부발진 중 일시적인 증상으로 가려움증을 동반하여 불규칙적인 모양을 한 피부현상이 팽진이다.

05 다음 내용 중 연결이 잘못된 것은?

① 균열 – 수포가 터진 후 표피가 떨어져 나간 피부 손실 상태이다.
② 궤양 – 진피조직의 괴사로 치료 후 불규칙한 흉터가 생긴 상태이다.
③ 태선화 – 피부가 가죽처럼 두꺼워지며 딱딱해지는 현상이다.
④ 찰상 – 표피 결손으로서 긁거나 마찰에 의해 벗겨진 상태이다.

해설 | ① 미란으로서 속발진이다.

06 무좀의 증상 또는 현상과 관계 없는 것은?

① 곰팡이균에 의해 발생한다.
② 주로 손과 발에서 발생한다.
③ 피부 껍질이 두터워 굳은살이 생기고 통증을 유발한다.
④ 가려움증이 동반된다.

해설 | ③ 티눈에 대한 설명이다.

07 다음 중 원발진에 속하지 않는 것은?

① 소수포
② 궤양
③ 구진
④ 면포

해설 | ② 궤양은 진피 및 피하지방의 조직이 파괴 또는 손실된 병변이다.

08 구진보다 크기가 크고 단단한 형태로 섬유종, 황색종 등에서 나타나는 원발진은?

① 종양
② 소수포
③ 결절
④ 팽진

해설 | ① 종양은 직경 2cm 이상으로 결절보다 큰 형태로 피부표면으로 융기된 병변이다.
② 소수포는 맑은 액체가 포함된 직경 1cm미만의 물집형태이다.
④ 팽진은 두드러기(담마진)라고도 한다.

09 속발진 중 인설(scaly skin)에 대한 설명으로 옳은 것은?

① 외상 또는 가려움증으로 인해 긁어서 발생하는 상처를 말한다.
② 침천물 및 혈액, 고름, 혈청 등이 딱딱하게 굳거나 건조해진 상태를 말한다.
③ 표피가 떨어져 나간 상태로 상처치유 후 흉터가 남지 않는다.
④ 표피 표면으로부터 탈락한 얇은 각질로 건선, 비듬 등의 형태이다.

해설 | ① 찰과상, ② 가피, ③ 미란에 대한 설명이다.

10 기계적 손상에 의한 피부질환으로 옳은 것은?

① 접촉성 피부염
② 지루성 피부염
③ 티눈
④ 아토피 피부염

해설 | ①, ②, ④ 피부의 염증 질환이다.

11 바이러스성 피부질환으로 틀린 것은?

① 대상포진   ② 단순포진

③ 사마귀   ④ 봉소염

해설 | ④ 봉소염은 세균성 피부질환이다.

12 피부질환에 대한 설명으로 바른 것은?

① 무좀 : 홍반에서부터 시작되며 수 시간 후에는 구진이 발생된다.

② 지루 피부염 : 기름기가 있는 인설(비듬)이 특징이며 호전과 악화를 되풀이하고 약간의 가려움증을 동반한다.

③ 여드름 : 구강 내 병변으로 동그란 홍반에 둘러싸여 작은 수포가 나타난다.

④ 수족구염 : 홍반성 결절이 하지부 부분에 여러 개 나타나며 손으로 누르면 통증을 느낀다.

해설 | ② 지루성 피부염은 피지의 과다한 분비에 의한 피부염으로, 홍반을 동반하는 인설성 질환이다. 발병 기전은 명확하지 않다.

13 피부를 긁거나 문지르고 싶은 자각증상으로서의 가려움증 현상을 무엇이라 하는가?

① 소양감   ② 작열감

③ 촉감   ④ 의주감

해설 | ① 소양감은 가려움증을 느끼는 자각증상으로 피부를 긁거나 문지르고 싶은 충동을 일으키는 불쾌감을 말한다.

14 모세혈관 파손과 구진 및 농도성으로 코를 중심으로 양 볼에 나비 모양을 이루는 질환은?

① 헤르페스   ② 주사

③ 면포   ④ 접촉성 피부염

해설 | ② 혈액의 흐름이 원만하지 않아 충혈되어 있으며 피부조직이 확장되고 모세혈관이 파손된 상태이다.

PART 1	미용업 안전위생관리								
Chapter **2**	피부의 이해								
Section 07	피부 장애와 질환							선다형 정답	
01	02	03	04	05	06	07	08	09	10
①	④	④	④	①	③	②	③	④	③
11	12	13	14						
④	②	①	②						

CHAPTER
03

화장품 분류

Section **01** **화장품 기초**

1 화장품의 정의

구분	내용
사용 목적	• 화장품이란 인체를 청결, 미화하여 매력을 더하고 용모를 밝게 변화시키거나 건강을 유지 또는 증진시키기 위함이다. – 인체를 청결하게 함[1] – 인체를 미화시켜 매력적이게 함[2] – 용모를 밝게 변화시킴[3] – 피부의 건강을 유지 또는 증진시킴[4]
사용 대상	• 인체 내 외피인 피부와 모발, 네일 등을 대상으로 한다.
사용 방법	• 인체에 도포, 도찰, 산포 등 이와 유사한 방법으로 사용되는 물품이다.
사용 효과	• 화장품은 질병을 치료하거나 예방하는 의약품이 아닌 물품이다. 일상적으로 오랜 기간에 걸쳐 반복 사용하므로 약리적인 효능·효과에 대한 인체 작용이 경미해야 한다.

2 화장품의 분류

구분		유효성에 따른 분류
화장품	기초화장품	세안, 세정, 청결을 목적으로 하는 클렌징 제품 등으로서 피부를 보호하거나 정돈하는 화장수, 팩, 크림, 에센스 등이 포함된다.
	색조화장품	피부의 색을 표현하는 메이크업 베이스, 파운데이션, 파우더 등과 피부의 결점을 보완하는 아이섀도, 아이라이너, 마스카라, 블러셔(볼터치), 립스틱, 네일 폴리시·리무버 등이 포함된다.
	기능성화장품	주름개선제, 미백제, 자외선 차단제 등으로서 미백화장품의 경우 멜라닌세포를 사멸 또는 억제, 차단, 색소제거 등과 관련된다.
	유기농화장품	유기농 원료, 동·식물 및 그 유래 원료 등으로 제조되고, 식품의약품안전처장이 준하는 기준에 맞는 화장품이다.
의약외품	식약처의 허가 및 인증에 의한 화장품	클렌징, 세정효과의 제품들(청결제 등), 소독제, 마스크(황사용, 보건용, 수술용) 등이다.
의약품	의사처방이 요구되는 질병을 가진 환자에 사용하는 물품	대한민국약전에 실린 물품 중 의약외품이 아닌 것으로서 사람이나 동물의 질병을 진단·치료·경감처리 또는 예방할 목적이거나 구조와 기능에 약리학적 영향을 줄 목적으로 사용하는 물품이다.

(1) 화장품의 품질요소

1) 안전성

화장품과 관련하여 국민보건에 직접 영향을 미칠 수 있는 안전성, 유효성에 관한 새로운 자료, 유해사례 정보 등을 일컫는다.

> **tip** 유해사례(adverse event, AE) : 화장품 사용과정에서 발생되는 바람직하지 않고, 의도되지 않은 징후나 증상 또는 질병(단, 해당화장품과 인과관계를 반드시 갖는 것은 아님)을 말한다.

2) 안정성

사용 또는 보관 중에 화장품이 산화, 변색, 변취, 변질되거나 제형의 분리, 미생물 등에 오염되는 경우가 없어야 한다. 이는 화장품의 저장방법 및 사용기한을 설정하기 위하여 경시변화에 따른 품질의 안정성을 평가하는 시험이다.

3) 유효성

화장품은 유효성보다는 안전성이 우선인 제품으로 일반화장품과 기능성화장품으로 대별된다. 일반화장품은 식약처에 화장품 제조업 등록만으로 생산할 수 있다. 그러나 기능성화장품은 식약처의 허가를 득해야 생산할 수 있다.

4) 사용(기호)성

화장품은 생활용품이지만 기호품이기도 하다. 기호성에서 품질평가의 주요항목은 색, 냄새, 감촉이라는 관능적인 인자를 주체로 한다. 화장품의 사용성 평가는 종래부터 관능시험에 의해 평가되고 있다.

사용감	냄새	색
퍼짐성, 부착성, 피복성, 지속성	형상, 성질, 강도, 보유성	색소, 채도, 명도

(2) 화장품 제형의 분류

화장품의 기능은 사용된 원료(제형) 및 첨가에 따라 사용감이나 효과를 나타내는 특성이 다르다.

1) 가용화

소량의 오일(3~5%)에 물(95%)이 섞이게 하여 만들어지는 즉, 물에 의해 투명하게 용해되는 상태로서 미셀을 형성한다. 물에 녹지 않은 오일, 향료 등은 가용화제(용해화제)를 첨가함으로써 화장품 제형을 투명하게 만든다.

① 임계미셀농도(critical micelle concentration, CMC)

미셀은 회합체가 생성되기 시작하는 시점의 계면활성제 농도이다. 어느 농도 이상에서 돌연 나타나는 현상을 임계미셀농도라고 한다.

0~3	3~6	6~8	8~10	10~13	13~20
분산 안 됨	약산 분산	강하게 교반하면 유탁	안정한 유탁물	반투명 또는 투명한 분산	투명하게 용해

② 친수 – 친유성의 균형(hydrophilic–lipophilic balance, HLB)

비이온 계면활성제를 대상으로 HLB값은 결정된다. 이 값은 0~20의 범위로서 값이 작을수록 분자 전체로서 친유성이 강하게 나타나며, 값이 커질수록 친수성이 강하게 나타난다.
- 유상층(0~10) : 0에 가까울수록 소수성이 강함(레시틴은 HLB값 4로서 친유성 유화제임)
- 수상층(10~20) : 20에 가까울수록 친수성이 강함(가용화제는 HLB값 15이상에서 사용)

2) 유화

유화되지(섞이지) 않는 두 물질을 고르게 분산시키는데 사용되는 물질을 유화제라고 한다. 즉 두 가지의 액체에 유화제를 넣어서 섞으면 한 쪽의 액체가 다른 쪽의 액체 가운데에 균일하게 분산함으로써 유제가 된다. 그 결과 형성된 분산계를 에멀전이라고 한다.

종류		특징	적용제형
유중수형 (W/O형, water in oil type)		• 물이 기름 속에 분산되는 경우로서 친유성이 강한 즉, 유용성의 유화제가 적합하며 화장품에서는 수상을 유상에 첨가하여 만드는 이 방법을 가장 많이 사용한다.	선스크림
수중유형 (O/W형, oil in water type)		• 유화제의 종류에 따라 기름이 물속에 분산되는 경우 즉, 친수성이 강한 수용성의 유화제가 적합하다. 이는 유상을 수상에 첨가하여 만드는 방법이다.	보습로션, 선탠로션, 클렌징 크림
다중유형	W/O/W형 (water in oil in water)	• 오일베이스로서 W/O형을 다시 물에 유화시킨 형태로서 물안에 기름이 들어있는 유화액 상태이다. • 끈적임 없이 oily하지 않으면서 피부를 보호하며 보습하는 효과가 우수하다.	선크림, 아이크림, 바디크림과 색조제품에도 적용할 수 있는 다중유화제 등
	O/W/O형 (oil in water in oil)	• 워터베이스로서 O/W형을 다시 기름에 유화시킨 형태로서 물이 들어가 있는 유화액 상태이다.	왁스 버터지방 속 물의 유화액

3) 분산

분산은 안료 등의 고체입자가 액체 속에 균일하게 혼합된 상태를 말한다. 이를 더 오래 안정된 분산상태로 유지시키기 위한 계면활성제를 분산제라고 한다.

(3) 부향률에 따른 향료 및 데오도란트

부향률은 향수 원액과 알코올의 비율, 즉 향수의 농도이다. 따라서 원액 함유율이 높고 향이 강하고 오랜시간 유지됨은 부향률이 높다는 의미와 같다.

1) 노트(note)

노트란 향수에 포함되어 있는 다양한 향료들이 시간에 따라 기체로 휘발되는 발향순서를 의미한다. 원료에 따라 휘발하는 속도와 시간이 다르다. 이는 톱 · 미들 · 라스트(베이스)노트로 나뉘며 다양한 향 배합 시 응용된다.

tip	• 여성향수 – 플로럴, 오리엔탈, 스위트 노트 등	• 남성 향수 – 우디, 오리엔탈노트, 머스크 등

2) 향수

"연기를 내어 통과한다"라는 라틴어 perfumare에서 유래된 방향성 화장품 즉, 향수이다. 향수화장품은 향료(향기)가 주체인 화장품으로서 향료의 농도, 알코올의 순도, 지속시간 등에 따라 5단계로 분류한다.

3) 체취방향제(데오도란트)

신체의 체취를 없애는 화장품으로 암내제거제, 체취방지제 또는 탈취제 등이 있으며, 공기나 물건의 냄새제거 시에도 공용으로 사용된다.

① 합성산화 체취방지제

신체 발생 악취를 감소시키기 위해 사용되는 성분으로 탈취제(deodorant agent)라고 한다.

합성체취방지제 종류
파라벤, 트라이클로산, 알루미늄화합물(알루미늄지르코늄), 알루미늄염화물, 알루미늄클로로하이드레이트

(4) 향료채취방법 및 테라피

1) 식물성 향료추출법

향료의 원료인 식물의 대부분은 수증기 증류 추출에 의해 정유가 채취된다. 이는 방향성 식물로서 대부분 휘발성 유상물질로서 물보다 가볍다. 즉 원료를 가열하면서 수증기를 보내면 향료성분이 증발하므로 이를 냉각시키면 물과 분리하여 추출한다.

2) 아로마테라피

자연요법으로서 대체의학 중 하나인 에센셜오일의 치유 효능을 통해 스트레스를 해소하고 면역력을 높인다.

① 에센셜오일(essential oil)

식물체가 갖고 있는 강장, 항균성분(방향성 약용식물 추출)이 있어 특유의 향과 살균, 진정, 이완 등

치유기능을 가진다.

② 캐리어오일(carried oil)

- 식물의 씨와 과육을 압착하거나 용매를 사용하여 추출(불포화지방산과 비타민, 미네랄이 풍부하게 함유)된 식물성 오일은 특유의 약한 향이 나며 피부에 잘 흡수된다. 또한 피부 속으로 전달하는 역할을 한다하여 케리어 또는 베이스·고정오일이라 하며 에센셜오일을 운반 또는 희석하는데 사용한다.
- 피부보호와 보습·유연 효과가 있다.
  - 호호바오일, 아보카도오일, 코코넛오일, 포도씨오일, 스위트아몬드오일, 올리브오일, 해바라기씨오일, 로즈힙오일, 아르간오일 등이 사용됨

Section 03 화장품의 종류와 기능

1 기초화장품

피부를 청결하게 세정하고 수분공급 및 유연성을 돕고 피부에 필요한 유분과 영양분을 공급하는 역할을 한다.

(1) 세정용 화장품

① 세안용

종류	내용
클렌징 티슈	• 부직포에 클렌징제를 첨가함으로써 포인트 메이크업을 제거시키는데 사용한다.
클렌징 오일	• 피부 내 침투성이 좋은 미네랄·에스터 오일 등이 함유되어 있으며, 짙은 화장을 지우거나 건성·노화·민감 피부의 포인트 메이크업을 지울 때 사용한다.
클렌징 워터	• 가벼운 화장을 지우거나 화장 전의 피부를 닦아낼 때 사용한다.
클렌징 로션	• O/W형의 식물성 오일을 함유하므로 옅은 화장을 지울 때 적합하다. • 수분함유량이 높아 사용감이 산뜻하고 부드러운 느낌을 갖게 한다.
클렌징 크림	• W/O형의 유성파라핀(광물성 오일) 40~50% 정도를 함유하였으며, 유성화장품을 닦아내는데 가장 적합하다. • 피지분비량이 많거나 짙은 화장의 세정을 목적으로 가볍게 깨끗이 닦아낸다.
클렌징 젤	• 유성·수성 타입으로서 사용 후 피부가 촉촉하고 매끄러우며 옅은 화장을 지울 때 적합하다.
클렌징 폼	• 비누의 우수한 세정력과 클렌징 크림의 두 가지(유성성분과 보습) 기능이 적용됨으로써 사용 후 피부 당김이 없다. • pH타입에 따라 약산성, 중성, 알칼리성의 클렌징 폼으로 구분할 수 있다.

② 각질제거용

종류	내용
페이셜 스크럽제	• 물리적 스크럽, 필링 젤은 피부자극에 따른 균일한 각질제거에 어려움을 나타낸다. • 사용 후 반드시 물로 씻어야 하며, 클렌징 시에 사용해야 하는 단점이 있다.
팩 · 마스크제	• 진흙요법에서 유래된 팩은 마스크라고도 하며, 모공 내 피지와 노폐물을 딥클렌징 해주며 모공 축소, 피부 진정, 영양과 보습효과를 준다. 　– 팩을 할 때 딱딱하지 않은 피막을 형성하고 흡착작용을 통해 피부 표면의 각질과 오염물을 제거하는데 사용됨 　– 마스크는 피부를 유연하게 하고 영양성분의 침투를 용이하게 함

(2) 피부조절용 화장품

즉 비누세안 후 알칼리화된 피부를 화장수 사용에 따라 약산성 상태로 피부를 회복시킨다.

종류	내용
수렴 화장수 (산성 화장수)	• 세안 후 건조피부에 첫 단계로 수분공급을 위해 도포하는 토너(스킨)이다. 이는 다음 단계에 도포되는 로션과 크림 등의 흡수율을 높여준다. • 아스트리젠트 및 토닝로션은 이완된 피부를 수축시키며 과잉 피지를 억제시킴. 산뜻한 감촉과 함께 피부를 진정시켜 탄력성을 갖게하며, 세균으로부터 피부보호 및 소독력을 갖춘다.
유연 화장수 (알칼리성 화장수)	• 버스워터(berth water)와 같이 알칼리성을 나타내는 화장수를 지칭, 물 · 알칼리 · 글리세린에 알칼리를 약간 가한 제품으로 피부에 유연성뿐 아니라 트는 것을 방지한다. • 스킨로션, 스킨토너, 스킨소프토너라고도 하며 보습제와 유연제를 함유 • 생리적으로 분비된 땀과 피지, 각질을 제거함으로써 피부를 부드럽게 하며 마사지 크림이나 유액침투를 촉진시킴

(3) 피부보호용 화장품

세안 후 수렴화장수를 사용하고 제거된 피지를 보충하기 위해 피부보호용 화장품을 도포한다.

① 로션

　• 로션(모이스처라이저)은 3 in 1(스킨 · 로션 · 에센스)에서 민감하고 거칠어진 수분감을 부여한다. 끈적이지 않는 가벼운 사용감에 흡수력이 좋은 O/W형으로서 수분 60~80%를 포함하며 30% 이하의 적은 유분량에 의해 낮은 점성의 유동성을 갖는다.

　　– 지성 또는 여름철 정상피부에 사용되는 로션은 스킨 다음에 사용해야 함

　　– 스킨을 바르지 않고 로션을 발랐을 경우, 속 피부는 수분충족이 되지 않아 건조하며, 겉피부는 기름기만 겉도는 상태가 됨

② 크림

　세안 후 제거된 천연피지막의 회복과 손실된 NMF를 일시적으로 보충시킬 수 있는 크림은 유상층으로 불포화지방산을 함유함으로써 발림성과 부드러운 느낌을 갖는다. 피부에 유 · 수분을 공급하여 피부 유

연성을 좋게 하는 유성크림(콜드크림), 무유성크림(배니싱크림), 중성크림(하이지닉크림) 등이 있다.

종류	내용
콜드 크림	• 피부에 유분을 적당히 주어 마사지 시 피부혈행을 돕는 유화 · 분산(유분이 수분의 약 3배)됨으로써 피부청정작 용을 주목적으로 사용된다. – W/O형 및 O/W형의 사용목적에 따라 유동파라핀이나 흰색 바셀린 등과 밀랍, 경랍, 라놀린 등에 물을 넣고 혼 합 유지시킨 것으로 유지성분의 비율, 계면활성제의 종류, 제법 등에 따라 조성된다.
배니싱 크림	• 물과 동물성 유지에 알칼리를 넣어 유화시키고 글리세롤, 솔비톨 등 습윤제를 첨가하여 조제한다. – O/W 형의 기름기가 적은 무유성으로 지성피부에 주로 사용되는 친수성의 대표적인 크림으로 피부 도포 시 곧 바로 흡수되어 지워지는 듯한 감촉이 있으며 피부 건조를 차단시킴
하이지닉 크림	• 영양크림, 에몰리언트크림이라고도 하며 중년 이상의 노화피부에 주로 사용된다. – 유성원료로 스쿠알렌, 아몬드 · 올리브 오일, 라놀린 알코올 등을 첨가하며 때로는 여성호르몬을 첨가하여 조성 하기도 함

③ 에센스

- 농축된 활성성분 등을 피부에 소량 도포 시에도 집중적인 효과를 나타낸다. 활성성분인 에센스는 입자
가 작아 피부침투력 또한 뛰어나며, 세포재생을 돕는 역할과 함께 세럼(serum)이라고도 한다.
- 에센스는 잔여 노폐물과 각질을 정돈하는 동시에 수분과 영양을 전달한다. 워터(수분공급) · 오일(피지
정상화), 에센스, 센서티브 · 안티에이징 · 화이트닝 · 부스터에센스 등의 종류가 있다.

④ 그 외 미백, 주름개선(안티에이징), 페이스오일, 아이크림 등이 있다.

(4) 자외선 차단제

- 자외선차단제는 피부를 곱게 태워주거나 자외선으로부터 피부를 보호하는데 도움을 주는 제품이다.
 – 선탠(강한 햇빛을 방지), 자외선흡수, 자외선차단 등
- 유기자차가 무기자차보다 3배 높은 효과가 있는 UVB의 자외선 차단지수(SPF)는 30 이상으로서 구름끼
인 날에도, 해가 비추지 않은 날에도 자외선 차단제는 얼굴에 도포해야 한다.

선스크린	선블록
• 유기자차 자외선 차단제로서 피부노화 자외선인 UVA를 차단 (화학적 자외선 차단제) 시킨다. – 화학적 흡수제로서 피부 내로 자외선을 흡수하여 화학반응 으로 열로 바꾼 다음 자연스럽게 소멸시킴 • 외출 30분 전 피부에 꼼꼼하게 문질러 발라야 매끈하게 스며 든다. – 옥틸살리실레이트, 옥틸메톡시신나메이트, 에틸헥실살리실 레이트 등 유기화합물로 구성	• 무기자차 자외선 차단제로서 피부화상을 입히는 UVA를 차단시 킨다. • 피부에서의 물리적 산란제로는 티타늄옥사이드, 징크옥사이드 등과 같은 미네랄 성분이 구성된다. – 많은 양을 발라야 하며, 백탁현상에 의해 발림성과 흡수력은 약하나 피부자극이 없음 – UVA · B 상관없이 자외선을 반사시키나 나노의 해악성에 대 한 환경오염 문제가 제기됨

2 색조화장품

피부색을 균일하게 정돈하거나 아름답게 표현하기 위해 사용되는 색조화장품은 베이스·포인트 메이크업으로 분류된다.

(1) 베이스 메이크업 화장품

① 메이크업 베이스

메이크업은 "꾸미다"라는 뜻으로 색조화장의 기초인 메이크업 베이스는 피부톤을 보호하고 파운데이션의 밀착력과 밀림을 방지하기 위해 사용되는 제품이다. 피부표면의 굴곡진 부분을 매끄럽게 정돈해주고 메이크업 파우더의 입자를 꽉 잡아준다. 이는 색깔별로 표현기능과 함께 농도 5~7% 배합한도를 갖는다.

파란색	보라색	분홍색	녹색	흰색	화이트·프로우색
붉은 피부	노르스름한 피부	창백한 피부	잡티 및 여드름 자국, 모세혈관 확장피부, 일반적으로 많이 사용함	T-zone, 하이라이트, 투명한 피부를 원할 시	어두운 피부

② 파운데이션

크림(리퀴드·로션타입)은 유분을 많이 함유, 피부 결점 커버력 등이 우수하다. 트윈케이크(케이크타입), 투웨이케이크는 사용감과 밀착력이 좋으며, 스틱파운데이션은 크림타입보다 결점 커버력이 우수하다.

③ 파우더

파우더는 루스와 프레스드로 구분한다. 페이스파우더(가루분)인 루스파우더는 유분이 없고 입자가 좋아 사용감이 가볍다. 콤팩트파우더(고형분), 프레스드파우더는 페이스파우더에 소량의 유분 첨가 후 압착한다.

④ 포인트 메이크업

종류	내용
아이브로우(eye brow)	• 눈썹 먹으로서 펜슬·케이크 타입이 있다.
아이섀도우(eye shadow)	• 눈 주위의 명암과 색채감을 주어 눈매에 입체감을 연출한다.
아이라이너(eye liner)	• 눈의 윤곽을 또렷하게 하거나 눈 모양을 조정 및 수정하는데 사용된다. • 리퀴드·펜슬·케이트 타입
마스카라(mascara)	• 볼륨·컬링·롱래쉬·워터프루프 타입 등에 의해 속눈썹을 길고 짙게하여 눈매에 표정을 부여하는데 사용된다.
립스틱·립틴트 (lipstick·liptint)	• 모이스처, 매트·롱립스틱, 립스틱, 립글로즈 타입 등으로서 루즈(rouge)인 립스틱은 입술에 색을 주어 얼굴을 돋보이게 하는 화장효과가 가장 크다.
블러셔(blusher)	• 볼터치 또는 치크(cheek)라고도 하며, 케이크·크림타입 등에 의해 얼굴윤곽에 음영을 주어 입체적으로 보이게 하는데 사용한다.

3 화장품 원료의 종류 및 용도

화장품의 전성분은 제품의 원료에 따라 배합 비율이나 배합 방법 등이 달라진다. 따라서 식약처 고시 13종의 화장품은 4가지 원료로서 부형제, 첨가제, 착향제, 활성(기능성)성분 등으로 분류된다.

(1) 기제원료(부형제)

직접적인 약효를 갖지 않는 불활성 물질의 원료로서 이에 적당한 형태를 주거나 혹은 양을 증가해 사용에 편리하게 하는 목적으로 사용된다. 즉 화장품의 본체를 만드는 기제원료로서 수성·유성원료, 계면활성제, 고분자화합물, 착색제 등이 포함된다.

1) 수성원료

기제원료인 수성원료(water ingredients)는 정제수, 에탄올, 폴리올 등이 있다.

2) 유성원료

오일(액상)과 왁스(고체상)을 통틀어 유지(neutral fat)라 한다. 유지(油脂)는 지방산, 글리세롤, 트라이글리세라이드 등을 주성분으로 한다.

① 천연유지

지방산(RCOOH)에서 알킬기(R−)의 탄소길이에 따라 오일(포화탄화수소)로의 구조화와 왁스(불포화탄화수소)의 구조화로 결정된다.

㉠ 오일류

- 식물성 오일은 꽃, 잎, 줄기, 뿌리, 껍질, 열매 등에서 추출되는 트라이글리세라이드 오일로서 식물 특유의 향을 갖고 있으며, 피부 친화력은 있으나 산화가 빠르게 진행된다. 공기중에 노출 시 산화정도를 나타내는 수치로서 요오드 값(iodine value)인 100~130(반건성유)을 기준으로 측정된다.
- 동물성 오일은 동물의 피하조직이나 장기에서 추출(정제된 오일)되며, 피부친화성과 흡수력이 우수하다.
- 광물성 오일은 석탄·석유같은 광물질에서 추출하며, 유성감이 좋아 식물성 또는 합성오일에 섞어서 사용할 시 변질이 잘 안된다.

식물성 오일			동물성 오일	광물성 오일
건성유(130 이상)	반건성유(100~130 기준)	불건성유(100 이하)		
• 월견초유 • 로즈힙오일 • 홍화유 • 들기름	• 해바라기씨오일 • 카놀라오일(채종류) • 올리브오일 • 참기름	• 동백오일, 아보카도오일 • 마카다미아넛오일 • 캐스터오일 • 야자나무, 호호바오일 • 카카오버터, 낙화생오일	• 난황오일 • 밍크오일 • 스쿠알렌	• 바세린 • 고형파라핀 • 유동파라핀 • 미네랄

ⓛ 왁스류
- 동물과 식물 등이 스스로를 보호하기 위해 분비된 고형의 유형성분으로 고체 또는 액체 왁스로 분류하며, 대부분의 왁스는 실온(상온)에서 고체 상태로 존재한다.
- 왁스는 친유성으로서 주변 온도에 따라 쉽게 변할 수 있는 단일직선구조를 갖는다.

식물성 왁스	동물성 왁스	광물성 왁스
호호바오일, 카나우바왁스, 칸다렐라왁스, 목랍, 코코아버터	라놀린, 밀납, 경랍, 우지, 돈지	파라핀왁스, 미세결정왁스, 반디왁스, 오조케라이트, 세리신, 몬타왁스

② 합성유지

합성오일은 천연오일에 비해 온도변화에 안정적이어서 쉽게 변질되지 않으며, 피부친화력이 뛰어나나 분해되지 않아 환경문제를 야기한다.

3) 계면활성제

① 계면활성제의 성질과 작용

기체와 액체①, 액체와 액체②, 액체와 고체③가 서로 맞닿는 경계면을 완화시키는 계면활성제는 액체의 표면에 흡착되어 계면의 활성을 크게하고 성질을 변화시키는 역할을 한다.

계면활성제의 성질	
미셀	콜로이드 분산 상태의 하나로서 용액에 분산하는 용질이 일정의 농도가 되었을 때 미셀이 형성된다.
가용화	물에 녹기 어려운 물질을 녹이는 현상으로서 물질의 밖으로 미셀이 둘러싸면서 형성한다.
기포성	기포로서 거품이 형성된다.
유화액	유탁질 또는 유탁액(emulsion)으로서 두 종류의 섞이지 않는 액체가 다른 액체에 작은 방울처럼 균일하게 퍼져있는 용액 상태이다.
용해성	일정 온도의 용매에 녹는 최대의 양으로서 용질이 특정 용매에 대하여 녹는(가용성) 현상이다.
서스펜션	현탁액이라하며 액체 속에 고체 미립자가 분산되어 있는 상태를 나타낸다.

계면활성제의 작용
습윤 → 침투 → 유화 → 분산 → 가용화 → 기포 → 재부착방지 → 표면저하 → 헹굼 등의 작용을 나타내는 계면활성제는 계면장력을 현저히 저하시킨다.

② 계면활성제의 구조

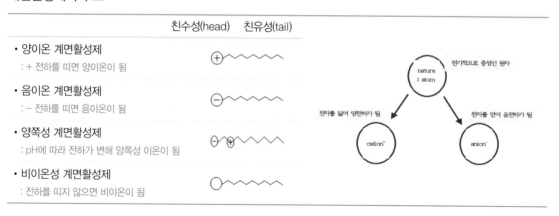

- **양이온 계면활성제**
  : + 전하를 띠면 양이온이 됨
- **음이온 계면활성제**
  : − 전하를 띠면 음이온이 됨
- **양쪽성 계면활성제**
  : pH에 따라 전하가 변해 양쪽성 이온이 됨
- **비이온성 계면활성제**
  : 전하를 띠지 않으면 비이온이 됨

③ 계면활성제의 분류

천연과 합성으로 대별되는 계면활성제는 용매계의 분류에 따라 유용성, 수용성(이온성)으로 구분된다. 합성계면활성제는 이온성 · 보조계면활성제로 분류할 수 있다. 이온성계면활성제는 수용액 상에서의 각각 해리되는 방법에 따라 음이온 · 양이온 · 양쪽성 · 비이온성 등이 있다.

4) 고분자화합물

사슬공유결합으로서 분자량 10,000 이상의 고분자화합물이다. 제품이 갖는 에멀전의 안정성과 점성을 높여 사용감을 개선하고 제품 사용 후 피부막(피막)을 형성한다.

① 점증제(thickening agent)

자연계에서 다량으로 산출되고 채광되는 천연점증제와 인공적으로 합성되어 얻어지는 합성점증제로 분류할 수 있다. 공통점은 실리콘과 산소 하나 이상의 금속을 모두 함유하는 규산염류로서 수분흡수 능력 또한 우수하다.

② 피막형성제(film former)

화장품에서 기능성 원료에 추가하며, 기능에 따른 고분자 필름막을 만드는 작업이다. 모발 · 피부 또는 손톱 겉면에 피막을 형성시키기 위해 배합된다. 또한 극소량으로도 모공과 주름을 채워 고분자 필름막을 형성시킨다. 이는 사용감을 향상시키거나 피막을 형성시켜 화장품이 지워짐을 방지하고 광택과 갈라짐을 방지한다.

5) 색조류

색조화장품에 주로 배합되어 있는 색소는 피복력(피지분비물을 흡수, 유분기를 제거), 자외선 방어, 채색 등의 역할을 한다. 색조는 색깔을 먹이는 재료 즉, 색재(色材)로서 색의 감각을 주는 안료, 염료를 포함한다. 이러한 색소는 인공색소, 타르계색소, 비타르계색소로 분류한다.

(2) 첨가제

1) 보존제

미생물(세균, 곰팡이균) 증식을 방지하거나 지연시켜 제품의 변패를 방지하기 위해 사용되는 보존제는 화장품의 품질을 관리하기 위해 첨가되는 화학물질이다. 단독으로 사용하기 보다는 2~3개 성분을 혼용하는게 더 좋은 효과가 있다.

① 방부제(antiseptic)

물질의 화학적, 생물학적 변질을 막기 위해 사용된다. 특히 화장품 개봉 후 공기접촉으로 오염과 변질을 예방하기 위해서도 첨가된다(식약처 기준, 방부제 배합한도 지정).

> ▶ 화장품에 사용되는 방부제의 요건
>
> • 방부효과가 지속되고 휘발성이 없어야 함[①]
> • 화장품의 향, 색, 성분 등에 영향을 주지 않아야 함[③]
> • 낮은 농도에서 쉽게 활성화되어야 함[⑤]
> • 여러 종류의 미생물에 효과적이어야 함[⑦]
> • 다른 원료 · 포장재료와 반응하지 않아야 함[②]
> • 피부 또는 점막에 부작용이 없어야 함[④]
> • 넓은 온도 및 pH범위에서 방부력을 발휘해야 함[⑥]
> • 독성 및 부작용이 없어야 함[⑧]

② 금속이온봉쇄제(chelating agent)

• 에틸렌다이아민테트라아세테이트산(ethylenediaminetetraaceticacid, EDTA)이라 한다. 금속봉쇄제라고 불리우는 킬레이트제는 화장품 제형의 안정성 또는 성상에 악영향을 끼치는 금속성 이온과 결합하여 불활성화 시킨다.

• 화장품 원료와 친화력이 없는 칼슘(Ca)과 마그네슘(Mg) 이온을 제거할 시 또는 화장품 완제품의 산패에 영향을 미치는 철(Fe)과 구리(Cu) 이온을 제거 시에 EDTA 및 그 염이 사용된다.

③ 산화방지제(antioxidant)

화장품의 산패방지 및 피부노화예방을 목적으로 사용되며, 산화를 방지하는 물질 등을 총칭한다.

> tip ◁ 폴리페놀류는 VtA · C · E, 세레늄, 코엔자임Q-10, 카테킨을 포함하며, 우리 몸 안에 생기는 활성산소를 제거하며 산화적 스트레스로부터 인체를 방어하도록 돕는 화합물이다.

(3) 착향제

1) 추출원료에 따른 향료

① 천연향료

식물성 향료	동물성 향료	
	생식선 분비물	병적결석
• 방향성 식물은 꽃, 잎, 줄기, 나무껍질, 뿌리 및 천연수지, 과피, 종자, 꽃봉오리 등에서 추출한다. • 대부분 휘발성인 유상물질로서 물보다 가벼우며, 정유라 불리우나 유지와는 구별된다.	• 사향(무스콘) : 사향노루(수컷)의 냄새 주머니를 건조시킨 것이다. • 영묘향(시베톨) : 사향 고향이과의 분비물을 모은 것이다. • 바다삵(해리향) : 비버의 분비물로 항문 카스토레움을 분비한다.	• 용현향(앰브레인) : 수컷향유고래의 배설물(오징어 부리가 장내에서 모여 발효)이다.

② 인조향료

정유를 분류 또는 냉동법으로 향료성분을 분리시켜 얻은 단리향료(추출향료)와 화학적으로 합성시킨 합성향료로 나뉜다. 합성향료는 주로 콜타르, 정유, 석유화학제품(벤젠, 페놀, 톨루엔) 등 합성원료로부터 제조된다.

③ 조합향료

천연 · 단리 · 합성향료를 배합하여 제품화된 조합향료는 현재 향수의 대부분을 차지한다. 이는 주체향료 외에 단일향료의 무미건조한 향기에 깊이를 부여하는 조제, 혼합한 각종 향료성분의 휘발성을 균일화하고 동일한 향기를 지속시키는 구실을 하는 보류제(보향제)가 가해져 있다.

2) 화장품 전성분 표시지침(2019. 10. 18 시행) – 착향제 「향료」로 표시할 수 있다.

화장품에 향료가 포함된 경우 라벨에 개별 구성요소를 모두 나열하지 않고 성분 목록에 "향료 또는 향수"라는 단어로 표기된다.

착향료(향료) 성분 중 알레르기 유발물질

아밀신남알[1], 벤질알코올[2], 신나밀알코올[3], 시트랄[4], 유제놀[5], 하이드록시 시트로넬알[6], 아이소유제놀[7], 아밀신나밀알코올[8], 벤질살리실레이트[9], 신남알[10], 쿠마린[11], 제라니올[12], 벤질신나메이트[13], 파네솔[14], 부틸페닐메틸프로피오날[15], 리날룰[16], 벤질벤조에이트[17], 시트로넬올 롤[18], 헥실신남알[19], 리모넨[20], 메틸 2–옥티노에이트[21], 알파–아이소메틸이오논[22], 참나무이끼추출물[23], 나무이끼추출물[24], 아니스알코올[25]

---

① 모노테르펜(monoterpene)

- 에센셜오일은 휘발성 유기화합물로 모노테르펜, 세스퀴터펜, 알코올, 페놀, 알데하이드, 케톤, 에스터 등 많은 화합물로서 특유의 향과 함께 치유 능력을 가지고 있다.
- C_{10}개를 갖는 테르펜 계통으로서 두 개의 아이소프렌 단위로 구성, 주로 꽃과 허브에서 생성되는 휘발성 물질의 향료 원료이다.

(4) 활성성분(기능성원료)

기능성화장품은 화장품과 의약품의 중간적인 개념으로서 일반화장품과는 달리 안정성 외에 약리적 효능·효과를 강조하고 있다.

1) 주름완화 및 개선제

주름은 생리적으로 콜라겐이나 하이알루론산이 줄어들게 되면 진피 내 탄력섬유, 결합섬유, 근육섬유 등이 퇴화·위축·변성됨으로써 생성된다. 자외선을 차단하거나 항산화 작용을 하는 화장품이나 음식물 섭취, 정신과 신체의 과로를 피하는 것으로 주름현상을 완화할 수 있다.

액제, 로션제, 크림제, 침적마스크제에 한하는 성분	함량(%)	기능
레티놀(retinol, VtA)	2,500IU/g	• 섬유아세포(콜라겐, 엘라스틴을 생성)의 증식유도를 통해 주름개선 기능을 한다. – 피부로 흡수되면 레티놀로 변환되며 섬유아세포의 활성화를 도와줌
레티닐팔미테이트(레티놀+팔미트산의 합성물)	10,000IU/g	
아데노신(adenosine)	0.04	
폴리에톡실레이티드레틴아마이드	0.05~0.2	

2) 자외선 차단제

구분	무기자차 (물리적 자외선 차단제)	유기자차 (화학적 자외선 차단제)	혼합자차
원인	얇은 보호막을 피부에 씌워 자외선을 반사·분산시켜 차단하는 방식이다.	피부에 흡수된 자외선이 화학적 차단제와 반응함으로써 소멸되는 방식을 취한다.	물리·화학적 자외선차단제의 장점을 취합함으로써 도포 시 백탁현상 없이 자외선 차단효과가 즉시 나타난다.
주요 성분	ZnO, TiO₂	옥시벤조(벤조페논-3), 아보벤존, 에틸헥실메톡시신나메이트, 시녹세이트, 옥토크릴렌, 벤조페논-4, 벤조페논-8, 메틸안트라닐레이트, 4-메틸벤질리텐캠퍼,다이에틸헥실부타미도 트라이존, 드롤메트라이졸 트라이실록산	–
장점	모든 피부에 사용가능 하다. (피부자극이 적다)	백화현상이 없으며, 발림성이 우수하다.	발림성이 좋아 메이크업 베이스로 사용된다.
단점	TiO₂ 성분 도포 시 두껍고 **뻑뻑**하게 발리워짐으로 얼굴이 하얗게 되는 백탁현상이 나타난다.	자주 덧발라야 한다.	화학적 성분 함유에 따른 피부자극에 유의해야 한다.

3) 미백제

액제, 로션제, 크림제 및 침적마스크에 한하는 제형	함량(%)	기능
유용성감초추출물	0.05	• 카지놀 F가 타이로시나제 활성을 억제시킴으로써 멜라닌 합성을 저지한다.
닥나무추출물	2	
알부틴 / 나이아신아마이드	2~5	• 활성산소를 제거하는 항산화 능력이 탁월하며, 자외선 및 스트레스로 인한 피부손상 복구에 도움을 줌
VtC 유도체 — 아스코빌글루코사이드	2	• 도파 → 도파퀴논 → 도파크롬에서 형성된 유멜라닌을 환원시켜 적황색의 페오멜라닌으로 전환시킴으로써 침착된 피부색소를 옅어지게 하는데 도움을 준다.
아스코빌테트라아이소팔미테이트		
아스코브산		
에틸아스코빌에텔	1~2	
α-비사보롤	0.5	• 미백 및 항염증 • 피부진정효과

4) 탈모증상 완화제

구분	성분명	함량(%)	제형(액제 · 로션제 · 크림제)
1	덱스판테놀(복합체)	0.2	• 〈샴푸〉 젖은모발 상태에서 적당량을 취하여 모발과 두개피부에 가볍게 마사지한 후 물로 깨끗이 씻어낸다. • 〈헤어컨디셔너〉 샴푸 후 모발이 젖은상태에서 적당량을 취하여 모발에 가볍게 마사지한 후 물로 깨끗이 씻어낸다. • 〈헤어토닉〉 본 품을 두개피부에 적당량을 고루 바른 다음 손가락을 이용해 마사지하여 충분히 흡수되도록 문질러준다.
	징크피리티온액(50%)	2	
	바이오틴	0.06	
	나이아신아마이드	0.3	
2	덱스판테놀	0.5	• 〈샴푸〉 젖은모발 상태에서 적당량을 취하여 모발과 두개피부에 가볍게 마사지한 후, 거품을 낸 상태에서 약 3분동안 기다린 후 물로 깨끗이 씻어낸다.
	L-멘톨	0.3	
	살리실릭애씨드	0.25	

5) 여드름성 피부완화제

성분명	함량(%)	비고
살리실릭애씨드 및 그 염류 (인체세정용 제품에 한하여)	0.5(2)	영 · 유아 및 만 13세 이하 어린이용 제품(샴푸 제외)에 배합금지 한다.

① 살리실산(salicylic acid, 2-hydroxy benzoic acid)
  • 천연으로는 에스터 형태로 정유 속에 대부분 함유(BHA에 해당되는 버드나무 추출물)되어 있으며, 아세트산보다 200배 강한 산으로서 방향족 화합물이다.
    – 각질용해 및 항균성을 가졌으며 클렌징폼 외 로션, 스킨, 비누 등의 제품에 주로 첨가됨
    – 화장품 함유량 최대 0.5% 허용, 2% 농도에서는 항염효과와 여드름균 억제 효과가 있음

② 벤조일퍼옥사이드

바르는 항균제로서 모낭을 뚫고 들어가 세균을 죽이는 여드름 치료제로서 일반의약품으로 적용된다. 벤조일은 다량의 산소(활성산소)를 피부에 공급하며, 항균작용(p.아크네스는 혐기성균임)으로 여드름을 치료한다.

6) 피부장벽 기능회복제

- 피부장벽의 기능을 회복하여 가려움 등의 개선에 도움을 주는 화장품은 세라마이드로서 아토피성 피부로 인한 건조함 등을 완화하는데 도움을 주는 제품이다.
  - 식약처 기능성의 주성분으로서 미지정된 세라마이드 배합한도는 0.05~1% 사용에 제한

7) 체모제거제

체모를 제거하는 기능을 가진 화장품으로 제형은 액제, 크림 · 로션제, 에어로졸에 한한다.

성분명	함량(%)	pH 범위
티오글리콜산 80%	티오글리콜산으로서 3.0~4.5%	7 이상 ~ 12.7 미만

화장품 분류 예상문제

Section 01
화장품 기초

01 화장품의 정의에 대한 설명으로 바른 것은?

① 피부나 모발의 건강유지를 위해 신체에 사용하는 것으로 인체에 대한 작용이 경미하다.

② 피부나 모발의 질병치료를 위해 신체에 사용하는 것을 목적으로 한다.

③ 피부나 모발의 병변확인을 위해 신체에 사용하는 것을 목적으로 한다.

④ 피부나 모발의 구조 및 기능에 영향을 주기 위해 신체에 사용하는 것을 목적으로 한다.

해설 | ① 인체를 청결, 미화하여 매력을 더하고 용모를 밝게 변화시키는 제품이다. 이는 피부·모발의 건강을 유지 또는 증진하기 위하여 인체에 바르고 문지르거나 뿌리는 등 이와 유사한 방법으로 사용되는 물품으로서 인체에 대한 작용이 경미한 것을 말한다.

02 다음 중 사용대상과 사용목적의 연결이 바르게 된 것은?

① 화장품 – 정상인, 세정·미용

② 기능성화장품 – 아토피환자, 치료

③ 의약품 – 정상인, 치료

④ 의약외품 – 환자, 위생·미화

해설 | 일반화장품과 기능성화장품의 사용대상은 정상인이다.

03 기능성화장품의 효과가 아닌 것은?

① 피부를 희게 하는 미백효과

② 여드름 염증완화의 진정효과

③ 피부의 주름을 완화하는 개선의 효과

④ 자외선을 차단하거나 선탠의 효과

해설 | 기능성 화장품은 일반화장품과 달리 생리활성성분이 첨가되어 특정의 효과가 있다.

04 화장품의 기본요건이 아닌 것은?

① 피부에 대한 안전성이 양호해야 한다.

② 사용목적에 적합한 기능이 우수해야 한다.

③ 산패나 분리 등의 변질이 없어야 한다.

④ 피부의 질환이 치료되어야 한다.

해설 | 피부의 질환을 치료하는 것은 의약품이다.

05 화장품법에서 규정한 화장품의 유형으로 적당하지 않은 것은?

① 방향용　　　　　② 어린이용

③ 눈 화장용　　　　④ 인체세정용

해설 | 화장품 유형(13가지)은 영·유아용, 목욕용, 인체세정용, 눈화장용, 방향용, 두발염색용, 색조화장용, 두발용, 손·발톱용, 면도용, 기초화장용, 체취방지용, 체모제거용 등을 포함한다.

06 화장품에 대한 설명으로 틀린 것은?

① 인체를 청결 미화한다.

② 용모를 밝게 변화시킨다.

③ 피부모발의 건강을 유지 또는 증진시키기 위하여 사용한다.

④ 처치 또는 예방의 목적으로 사용한다.

해설 | ④ 처치 또는 예방의 목적으로 사용되는 것은 의약품이다.

07 기능성화장품에 대한 설명으로 틀린 것은? ★★

① 여드름 완화에 도움을 주는 제품

② 피부주름개선에 도움을 주는 제품

③ 미백에 도움을 주는 제품

④ 물리적으로 모발을 굵게 보이도록 도움을 주는 제품

해설 | ④ 물리적으로 모발을 굵게 보이도록 도움을 주는 제품은 해당하지 않는다.

08 기름기가 적어 지성피부에 주로 사용되는 친수성의 대표적인 크림으로 피부 도포 시 곧바로 흡수되어 피부 건조를 차단시키는 화장품은? ★

① 배니싱크림

② 콜드크림

③ 에몰리언트크림

④ 클렌징크림

해설 | ① O/W형의 기름기가 적은 무유성으로 지성피부에 주로 사용되는 친수성의 대표적인 크림으로 피부 도포 시 곧바로 흡수되어 지워지는 듯한 감촉이 있으며 피부 건조를 차단시킨다.

09 일반화장품에 해당되지 않는 것은?

① 목욕용

② 방향용

③ 주름개선용

④ 두발염색용

해설 | ③ 주름개선용 제품은 기능성화장품에 해당한다.

10 피부의 결점을 커버하기 위해 사용되는 화장품은? ★

① 파운데이션

② 메이크업베이스

③ 파우더

④ 선블록

해설 | ① 파운데이션은 피부 결점 커버력 등이 우수하다.

11 기초화장품의 주된 사용목적에 해당되지 않는 것은? ★

① 세안

② 피부보호

③ 피부정돈

④ 피부채색

해설 | 기초화장품의 사용목적은 피부를 청결, 정돈, 보호, 영양에 따른 유·수분균형 등이다.

12 피지 분비를 억제하고 피부를 수축시켜 주는 화장수는? ★

① 수렴화장수   ② 소염화장수

③ 영양화장수   ④ 유연화장수

해설 | 수렴화장수는 아스트리젠트, 토닝로션, 토닝스킨이라하며 피부를 소독해 주고 보호작용을 한다. 각질층에 수분을 공급하고, 모공을 수축시키며, 피부결을 정리하여 피지 분비 억제작용을 한다.

13 기초 화장품의 종류와 연관이 없는 것은? ★

① 세안제 – 세안비누, 클렌징 폼, 클렌징 로션

② 피부정돈제 – 수렴화장수, 유연화장수

③ 피부영양제 – 아스트리젠트, 토닝로션, 토닝스킨

④ 피부보호제 – 로션, 크림, 자외선 차단제

해설 | ③ 피부 정돈의 기능을 가진 제품들이다.

14 파운데이션의 기능이 아닌 것은? ★

① 피부 건조와 자외선으로부터 보호한다.

② 피부의 결점을 커버하고 색상을 조정한다.

③ 모공, 땀샘 등 오염물질을 제거한다.

④ 밀착성을 높여 지속성과 들뜸을 방지한다.

해설 | ③ 기초화장품 중 피부보호제의 기능이다.

15 포인트 메이크업의 기능을 맞게 설명한 것은?

① 립스틱 – 색상과 윤기를 부여하여 건조와 안색을 조정한다.

② 아이라이너 – 속눈썹을 짙고 길게 함으로써 눈매를 아름답게 연출한다.

③ 마스카라 – 눈매를 연출함으로써 표정을 풍부하게 한다.

④ 아이섀도 – 윤곽과 음영을 통해 입체적 표현과 혈색을 표현한다.

해설 | ② 마스카라 ③ 아이라이너 ④ 아이섀도는 눈꺼풀에 색채와 음영을 줌으로써 입체감을 연출한다. 혈색은 블러셔의 효과이다.

16 메이크업 화장품 중 베이스 메이크업의 기능인 것은?

① 메이크업 베이스 – 피부톤을 조정한다.

② 파운데이션 – 색소와 피부에 침착되는 것을 방지한다.

③ 파우더 – 윤곽과 음영을 통해 입체적 표현을 한다.

④ 블러셔 – 혈색을 표현한다.

해설 | ② 메이크업 베이스 ③, ④ 블러셔(볼연지)로 포인트 메이크업과 관련된 기능이다.

17 메이크업 화장품을 구성하는 안료성분이 아닌 것은?

① 갈치안료   ② 착색안료

③ 백색안료   ④ 체질안료

해설 | ②, ③, ④ 메이크업 화장품에 사용되는 안료는 착색 · 백색 · 체질 · 펄 안료를 성분으로 한다.
• 염료의 특징 – 물 또는 오일에 녹는 색소로서 메이크업 화장품에는 사용하지 않는다.
• 안료의 특징 – 물 또는 오일에 녹지 않는 색소로서 무기안료는 커버력과 내열성, 내광성에 우수하며 빛, 산, 알칼리에 강하다. 유기안료는 빛, 산, 알칼리에 약하다.

18 포인트 메이크업에 해당되지 않는 것은?

① 아이브로우   ② 아이라이너

③ 파운데이션   ④ 아이섀도

해설 | ③ 베이스 메이크업에 대한 설명이다.

19 보습성분과 유연성분이 많이 함유되어 있으며, 피부를 촉촉하고 부드럽게 해주는 화장수는?

① 수렴화장수   ② 보습화장수

③ 수분화장수   ④ 유연화장수

해설 | ④ 유연화장수는 건성, 노화피부가 사용하기 좋으며 피부를 촉촉하고 부드럽게 해준다.

20 수렴화장수에 대한 설명으로 틀린 것은?

① 보습제와 유연제를 함유하고 있다.

② 약산성 상태로 피부의 pH를 조절해준다.

③ 수렴화장수는 건성, 노화 피부에 사용하기 좋다.

④ 모공을 수축시키며, 청량감을 준다.

해설 | ③ 수렴화장수는 지성, 복합성 피부에 사용된다.

21 다음 중 화장수에 대한 설명으로 틀린 것은?

① 수렴화장수는 피지분비 억제기능이 있다.

② 세안 후 제거된 천연피지막을 회복시켜 준다.

③ 유연화장수는 유분량이 적어 끈적이지 않고 가벼운 사용감이 있다.

④ 유연화장수는 다음 단계에 사용할 화장품의 흡수를 용이하게 해준다.

해설 | ② 영양크림에 대한 설명이다.

22 클렌징 제품에 대한 설명으로 바른 것은?

① 밀크(로션)타입은 친수성으로 모든 피부에 사용 가능하다.

② 오일타입은 건성피부보다는 지성피부에 적합하다.

③ 크림타입은 산뜻하고 시원한 느낌의 클렌징 제품이다.

④ 밀크타입은 짙은화장을 지울 때 적합하다.

해설 | ② 오일 타입은 건성, 노화피부에 적합하다.
③ 젤 타입은 사용 시 산뜻함과 청량감이 든다.
④ 크림 타입은 짙은 화장을 지울 때 적합하다.

23 다음 중 화장품에 대한 설명으로 틀린 것은?

① 메이크업 베이스는 피부톤을 균일하게 정돈하기 위해 사용한다.

② 메이크업 베이스의 녹색은 여드름, 모세혈관확장 피부에 적합하다.

③ 파운데이션의 종류는 리퀴드타입 크림타입, 케익타입이 있다.

④ 파운데이션의 리퀴드타입은 피부결점과 커버력이 우수하다.

해설 | ④ 케이크타입, 크림타입은 피부결점과 커버력이 우수하다.

24 다음 중 세정용 화장품에 대한 설명으로 틀린 것은?

① 린스는 세발 후 모발보호 및 트리트먼트용으로 사용된다.

② 샴푸는 모발에 존재하는 피지, 땀, 각질, 먼지, 이물질 등을 세정한다.

③ 트리트먼트제는 농도에 따라 린스, 컨디셔너, 트리트먼트제 등으로 분류된다.

④ 샴푸는 모발에 유분을 공급하고 모발에 윤기를 부여하여 빗질이 잘되도록 한다.

해설 | ④ 트리트먼트제에 대한 설명이다.

PART 1	미용업 안전위생관리								
Chapter **3**	화장품 분류								
Section 01	화장품 기초							선다형 정답	
01	02	03	04	05	06	07	08	09	10
①	①	②	④	②	④	④	①	③	①
11	12	13	14	15	16	17	18	19	20
④	①	③	③	①	①	①	③	④	③
21	22	23	24						
②	①	④	④						

Section 02
화장품 제조

01 다음 중 진정 효과를 가지는 화장품 성분이 아닌 것은?

① 아줄렌

② 카모마일 추출물

③ 비사볼롤

④ 알코올

해설 | 알코올은 살균, 소독작용과 함께 휘발성에 의해 청량감이 있다.

02 화장품 품질요소의 하나인 안전성(유해사례) 정의에 알맞는 것은?

① 화장품과 관련하여 국민보건에 직접영향을 미칠 수 있는 정보

② 화장품 사용과정 중 발생하는 바람직하지 않고 의도되지 않은 징후 증상

③ 사망을 초래하거나 생명을 위협 또는 기타 의학적으로 중요한 상황의 경우

④ 보고된 정보가 알려지지 않았거나 입증자료가 불충분한 상태의 경우

해설 | ① 안전성 정보 ③ 중대한 유해사례 ④ 실마리정보

03 다음 화장품 원료 중에서 동물성 오일에 포함되지 않는 것은?

① 밍크오일 ② 스쿠알렌

③ 난황오일 ④ 미네랄오일

해설 | ④ 광물성 오일에 포함된다.

04 왁스류 중에서 식물성 원료인 것은?

① 밀납 ② 경랍

③ 라놀린 ④ 호호바오일

해설 | ①, ②, ③ 동물성 왁스이다.

05 다음 화장품 원료 중에서 식물성 왁스에 포함되는 것은?

① 카나우바왁스　　② 밀납

③ 라놀린　　④ 파라핀왁스

해설 | ①과 칸다렐라 왁스, 호호바오일, 목랍, 코코아버터 등은 식물성 왁스에 포함된다. ②, ③은 동물성 왁스, ④는 광물성 왁스이다.

06 화장품의 수성원료로 사용하지 않는 것은?

① 정제수　　② 폴리올

③ 에탄올　　④ 메탄올

해설 | 메탄올은 복통, 구토, 근육이완 등의 중독증상이 있을 수 있고 심하면 호흡곤란을 유발한다.

07 화장품 원료 중 물에 관한 설명이 아닌 것은?

① 수용성 용매로 사용된다.

② 세균과 금속이온이 제거된 정제수이다.

③ 스킨, 로션, 크림 등 기초 화장품에 사용된다.

④ 유기용매로서 향료, 색소, 유기안료 등을 녹이는 용매로 사용된다.

해설 | ④ 알코올류 가운데 에탄올에 관한 내용이다.

08 글리세린에 관련된 내용이 아닌 것은?

① 3가 알코올이다.

② 보습제로 사용된다.

③ 살균, 소독작용을 한다.

④ 용매, 유화제, 감미료 등에 사용된다.

해설 | ③ 에탄올에 관련된 내용이다.

09 알코올류인 에탄올과 관련된 내용이 아닌 것은?

① 유기용매이다.

② 향료, 색소, 유기안료 등을 녹이는 용매이다.

③ 사용감이 산뜻하고 부드러우며 흡수력과 광택감이 있다.

④ 수렴화장수, 스킨로션, 향수 등에 사용된다.

해설 | ③ 왁스류에 관한 설명이다.

10 화장품의 보습제 중 천연보습인자 성분인 것은?

① 요소

② 글리세린

③ 솔비톨

④ 프로필렌글리콜

해설 | ②, ③, ④ 화장품 보습제 중 수용성 다가 알코올의 성분이다.

11 계면활성제의 특징이 아닌 것은?

① 계면활성제는 머리모양의 친수성기와 꼬리모양의 소수성기를 가진다.

② 피부에 대한 자극은 양이온 〉 음이온〉 양쪽성 〉 비이온 순이다.

③ 음이온 계면활성제는 세정력이 우수하고, 양이온 계면활성제는 살균력이 우수하다.

④ 양이온성 계면활성제는 피부 자극이 적어 화장수의 가용화제, 크림의 유화제, 클렌징 크림의 세정제 등에 사용된다.

해설 | ④ 비이온성 계면활성제에 대한 설명이다.

12 화장품 품질 기술에서 품질특성의 요인과 연계가 잘못된 것은?

① 안전성 – 디자인, 색, 향기 등의 감각성이 있어야 한다.

② 유효성 – 피부 보습, 자외선 차단, 세정, 미백, 색상 등이 적절해야 한다.

③ 안정성 – 분리, 변질, 변색, 미생물오염 등 화장품 보관에 지장이 없어야 한다.

④ 사용성 – 피부 친화에 대한 사용감과 편리성 등이 좋아야 한다.

해설 | ① 기호성에 관한 설명이다. 안전성은 피부 자극 및 독성, 이물질 유입, 알레르기 등과 관련된다.

13 유화의 형태와 관련된 내용이 아닌 것은?

① O/W형 - 물에 잘 지워진다.

② W/O형 - 크림, 로션, 에센스 등이다.

③ W/O형 - 기름에 물이 분산된 상태에서는 친수기를 외측에, 친유기를 내측에 배양한다.

④ O/W형 - 물에 기름이 분산된 상태에서는 친수기를 내측에, 친유기를 외측에 배양한다.

해설 | ② W/O형은 유중수형으로서 친유성이 강하다. 선스크림이 적용제형에 속한다.

14 다음 중 화장품의 색소에 대한 설명으로 포함되지 않는 것은?

① 색소란 화장품과 피부에 색을 띠게 하는 것을 목적으로 하는 성분을 말한다.

② 순색소란 중간체와 희석제 기질 등을 포함하지 않은 순수한 색소를 말한다.

③ 기질이란 색소를 용이하게 사용하기 위하여 혼합되는 성분을 말한다.

④ 레이크란 타르색소를 기질에 흡착, 공침 또는 단순한 혼합이 아닌 화학적 결합에 의하여 확산시킨 색소를 말한다.

해설 | ③ 희석제에 대한 설명이다. 기질이란 레이크 제조 시 순색소를 확산시키는 목적으로 사용되는 물질을 말하며 알루미나, 브랭크 픽스, 크레이, 이산화티탄, 산화아연, 탤크, 로진, 벤조산알루미늄, 탄산칼슘 등의 단일 또는 혼합물을 사용함

15 화장품의 4대 요건에 대한 설명으로 틀린 것은?

① 안전성 - 피부에 대한 자극 알러지 독성이 없어야 한다.

② 안정성 - 장기 보관 시 미생물 오염만 없으면 색은 변해도 상관없다.

③ 사용성 - 피부에 사용 시 손놀림이 쉽고 잘 스며들어야 한다.

④ 유효성 - 피부에 보습, 노화억제, 자외선 차단, 미백, 세정, 색채효과 등이 있어야 한다.

해설 | 안정성 - 장기 보관 시 미생물 및 변질이 없어야한다.

16 화장품의 수성원료에서 사용되는 에탄올의 용도가 아닌 것은?

① 수렴제   ② 청결제
③ 살균제   ④ 피부보호제

해설 | ④ 수성원료에서 다가알코올(polyol)인 글리세린이 갖는 용도이다.

17 화장품에 사용되는 유성원료와 그 설명으로 틀린 것은?

① 동백오일 - 동백의 종자에서 추출하며 응고점이 -15℃로 한겨울에도 액상이고 보습효과가 매우 뛰어나 건성피부에 좋다.

② 로즈힙오일 - 비타민C가 풍부하고 노화지연, 화상상처치유, 여드름치유에 효과가 있다.

③ 달맞이꽃오일 - 불포화지방산인 리놀렌산이 함유되어 있어 습진과 건성피부에 효과적이다.

④ 피마자유오일 - 피부표면으로부터 수분증발 억제와 흡수력이 좋아 사용감이 좋고, 에탄올에 잘 용해되어 선탠오일에 효과적이다.

해설 | ④ 올리브 오일에 대한 설명이다.

18 다음 중 여드름피부의 염증을 진정시키고 치유효과가 있는 것은?

① 동백오일　　　　② 아보카도오일

③ 로즈힙오일　　　④ 달맞이꽃오일

해설 | 로즈힙오일 – 비타민 C가 풍부하고 노화 지연, 화상상처 치유, 여드름 치유에 효과가 있다.

19 양의 털에서 정제한 것으로 사람의 피지와 유사하고 보습력이 뛰어나 립스틱이나 크림 등에 사용되는 것은?

① 밀랍　　　　　　② 스쿠알렌

③ 라놀린　　　　　④ 미네랄오일

해설 | ① 동물성왁스로서 꿀벌의 벌집에서 채취, 피부가 민감해지거나 피부 알러지를 유발할 수 있고, 유화제, 크림, 립스틱, 블러셔 등 스틱상에 주로 사용된다. ② vt A, D 함유, 피부에 대한 안정성이 높음, 유성감과 사용감이 떨어지고, 화장품의 저자극성, 피부의 노화 방지의 특성이 있다. ④ 석유에서도 얻은 액체상태의 탄화수소류의 혼합물로 착향제

20 계면활성제와 사용제품의 연결이 틀린 것은?

① 양이온성 – 헤어컨디셔너, 린스, 헤어트리트먼트

② 음이온성 – 샴푸, 세안용비누, 바디워시, 폼클렌징

③ 양쪽성 – 유아용품, 저자극성샴푸

④ 비이온성 – 면도용제품

해설 | 비이온성 – 기초화장품(크림, 로션) 가용화제, 유화제가 포함된다.

21 다음 화장품의 제형 중 유화형을 설명한 것 중 옳은 것은?

① O/W형 – W/O형에 비해 산뜻하고 촉촉하다.

② W/O형 – O/W형에 비해 수분 증발이 상대적으로 빠르다.

③ O/W형 – 대부분의 크림형태가 이 유형을 하고 있다.

④ W/O형 – 물을 외부상으로 하고 그 안에 오일이 분산되어 물에 쉽게 희석된다.

해설 | • W/O형 – 오일을 외부상으로 하고 그 가운데 물이 분산 수분증발을 억제(내수성이 있음), 유분율에 의해 끈적임(선스크린)
• O/W형 – 물을 외부상으로 하고 그 안에 오일이 분산 되어 물에 쉽게 희석됨(보습로션, 클렌징크림, 선탠로션)
• 다중유화형 – 보습 · 영양크림, 왁스

22 반합성고분자물질로 피막형성이 좋아 네일 에나멜의 피막제로 사용하는 것은?

① 니트로셀룰로오즈

② 실리콘레진

③ 폴리비닐알코올

④ 폴리비닐피롤리돈

해설 | ② 썬오일 · 리퀴드 파운데이션 ③ 수용성인 팩 ④ 헤어용품

23 물에 소량의 오일이 계면활성제에 의해 투명하게 되는 것은?

① 유화　　　　　　② 분산

③ 가용화　　　　　④ 미셀

해설 | ① 계면활성제 수용액에 기름을 넣었을 때 우유와 같은 균일한 유백색 혼합액체가 형성되는 것 또는 수중에 기름이 미세한 입자로 존재할 때는 에멀션 또는 유탁색(백탁화된 상태)이라 한다.
② 계면활성제가 고체형의 오염 입자에 흡착됨으로써 액체 속에 미세입자로 균일하게 세분화하여 혼합된 상태이다. 세분화된 입자는 표면에 흡착된 계면활성제에 의해서 집합이 방해되어 수용액 중에 안정화된다.
④ 계면활성제의 양친매성 물질은 물에 녹으면 어느 농도 이상에서는 친수기를 밖으로, 친유기를 안으로 향해 회합함으로써 미셀(계면활성제 분자의 집합체)을 형성한다.

24 아로마 오일에 대한 설명 중 틀린 것은?

① 식물의 꽃이나 잎, 줄기 등에서 추출한 오일을 말한다.

② 에센셜오일 효과를 높이기 위해서 원액을 사용한다.

③ 심신을 안정시키는 효과가 있다.

④ 질병예방을 도와준다.

해설 | 에센셜오일(원액)은 캐리어오일과 블렌딩하여 사용한다.

25 캐리어오일에 대한 설명으로 틀린 것은?

① 에센셜오일이라고도 한다.

② 공기 중에 오래 노출되면 산패하므로 밀봉하여 보관한다.

③ 오일을 희석할 때 사용하는 오일이다.

④ 캐리어오일의 종류가 다양하므로 사용목적에 맞는 오일을 선택한다.

해설 | 캐리어오일은 식물성오일로 특유의 약한 향이 나며 피부에 잘 흡수된다. 피부 속으로 전달하는 역할을 한다고 하여 캐리어 또는 베이스·고정오일이라 하며 에센셜오일을 희석하는데 사용한다.

26 에센셜오일 사용 시 주의사항으로 바르지 못한 것은?

① 반드시 캐리어오일과 희석하여 사용한다.

② 점막에 자극적이므로 눈 부위에 닿지 않도록 한다.

③ 오일을 사용하기 전에 패치테스트를 하도록 한다.

④ 사용한 에센셜오일은 햇볕이 잘 드는 곳에 보관한다.

해설 | ④ 빛, 공기, 온도에 민감하게 반응하므로 차광 유리병 사용, 서늘한 곳, 직사광선이 닿지 않고 통풍이 잘되며 진동이 없는 곳, 온도변화가 없는(15~20℃) 곳, 한여름에는 밀폐용기에 넣어 냉장고의 야채실 또는 화장품용 냉장고에 보관한다.

27 향의 휘발 속도에 대한 설명으로 틀린 것은?

① 톱노트는 휘발성이 강하고 지속시간이 3시간 정도이다.

② 톱노트는 베이스노트에 비해 지속시간이 길다.

③ 베이스노트는 지속시간이 6시간 이상이다.

④ 미들노트는 향의 질을 높이기 위해 사용된다.

해설 | 지속시간은 톱노트 〈 미들노트 〈 베이스노트 순으로 길다.

28 방향 화장품과 부향률의 연결로 틀린 것은?

① 퍼퓸 : 15~20%

② 오드퍼퓸 : 10~15%

③ 샤워코롱 : 5~10%

④ 오드코롱 : 3~5%

해설 | ③ 샤워코롱의 향기농도는 1~2%이다.

29 향수의 조건으로 틀린 것은?

① 향의 특징이 있어야 한다.

② 확산성이 좋아야 한다.

③ 지속력이 있어야 한다.

④ 조향사의 느낌으로 만들어져야 한다.

해설 | 향수의 구비조건
• 독특한 자체의 특징적인 향이 있어야 한다.
• 확산성이 좋아야 한다.
• 강한 느낌과 함께 지속성이 좋아야 하나 심한 자극은 피한다.
• 시대 유행 흐름과 잘 어우러져야 한다.
• 조화가 잘 이루어져 개성 있는 향을 느낄 수 있어야 한다.

30 데오도란트에 대한 설명으로 틀린 것은?

① 신체에서 나는 불결한 냄새를 없애주는 기능을 한다.

② 에틸알코올을 많이 함유하고 있다.

③ 스프레이 형태의 제품이 많이 사용되고 있다.

④ 전신의 비만관리를 위해 사용되어진다.

해설 | 신체의 체취를 없애는 화장품으로 암내제거제, 체취방지제 또는 탈취제 등이 있으며 공기나 물건의 냄새제거 시 공용으로 사용된다.

31 화장품에 사용하는 첨가물에 대한 설명으로 틀린 것은?

① 수렴제 : 피부보호를 목적으로 사용된다.

② 보습제 : 피부에 수분을 공급하고 외부로의 수분 손실을 방지한다.

③ 착향제 : 화장품에 좋은 향취를 부여한다.

④ 점증제 : 화장품의 점성을 증가시킨다.

해설 | ① 수렴제 – 피부에 자극적이고 조이는 느낌을 주기 위해 사용되는 성분으로 애프터 세이브로션 및 스킨토너에 일반적으로 사용
피부보호제 – 피부보호를 목적으로 사용된다.

32 다음 화장품의 활성성분에 대한 설명으로 틀린 것은?

① 징크피리치온 – 비듬, 탈모예방

② 비타민 C – 항산화, 수용성

③ 비타민 E – 항산화 지용성

④ 감초추출물 – 보습

해설 | 감초추출물– 미백, 티로시나아제 활성 억제

33 미백화장품의 성분 중 피부에 자극을 유발하여 사용이 금지된 성분은?

① 코직산   ② 알부틴

③ 닥나무 추출물   ④ 비타민C 유도체

해설 | ① 코직산은 피부암을 일으킬 수 있어 사용이 금지되었다.

34 다음은 어떤 에센셜 아로마에 대한 설명인가?

- 꽃과 잎을 수증기 증류법으로 추출한다.
- 백리향이라고도 한다.
- 살균작용이 강하고, 1% 이상의 농도로 사용을 금한다.

① 라벤더   ② 재스민

③ 레몬   ④ 베르가못

해설 | ① 증류법으로 추출하는 에센셜오일은 파인, 라벤더, 페퍼민트오일 등이 있다. ②는 용매추출법, ③, ④는 압착법으로 추출한다.

35 캐리어오일의 종류가 아닌 것은?

① 스위트아몬드오일

② 포도씨오일

③ 아르간오일

④ 마조람

해설 | ④ 에센셜오일에 해당된다.
캐리어오일은 호호바오일, 아보카도오일, 코코넛오일, 포도씨오일, 스위트아몬드오일, 올리브오일, 해바라기씨오일, 로즈힙오일, 아르간오일 등이 있다.

36 에센셜 오일에 대한 설명 중 옳은 것은?

① 비휘발성 오일이다.

② 빛이나 열에 약하므로 보관에 주의해야 한다.

③ 베이스오일이라고도 한다.

④ 식물에서 추출한 90% 농도의 오일을 말한다.

해설 | 에센셜오일은 휘발성으로 빛, 공기, 온도에 민감하게 반응하므로 차광 유리병 사용, 서늘한 곳, 직사광선이 닿지 않고 통풍이 잘되는 곳에 보관한다.

PART 1	미용업 안전위생관리								
Chapter **3**	화장품 분류								
Section 02	화장품 제조						선다형 정답		
01	02	03	04	05	06	07	08	09	10
④	②	④	④	①	④	④	③	③	①
11	12	13	14	15	16	17	18	19	20
④	①	②	③	②	④	④	③	③	④
21	22	23	24	25	26	27	28	29	30
①	①	③	②	①	④	②	③	④	④
31	32	33	34	35	36				
①	④	①	①	④	②				

미용사 위생관리

1 손·발 위생관리

(1) 손 위생관리

올바른 손 위생은 필요한 시점에 올바른 동작과 시간을 충족해야 한다. 특히 화학적 미용술인 펌, 염·탈색 시에는 장갑을 착용하고 작업을 한다. 그리고 작업을 하기 위한 장갑 착용 전과 작업 후 장갑을 벗은 후에 도 손 위생은 요구된다.

1) 손 소독

- 알코올(젤) 성분 또는 폼 타입의 핸드워시 등 손소독제를 이용 시 완전히 건조될 때까지 20~30초 소모 된다.
- 올바른 손 소독(8단계)의 절차는 다음과 같다.
  - 알코올(젤)을 손바닥에 적당량 덜은 후 손 전체에 바른다.[1] → 손바닥을 마주 대고 문지른다.[2] → 손등과 손바닥을 서로 문지른다.[3] → 두 손바닥을 마주대고 손가락 사이를 펴서 문지른다.[4] → 양 손 깍지를 끼고(마주잡고) 문지른다.[5] → 마주보는 엄지손가락을 손바닥으로 감싸서 회전하면서 문지른다.[6] → 손톱 밑은 마주보는 손바닥에 대고 문지른다.[7] → 손은 자연건조 시킨다.[8]

2) 손 씻기

- 물과 비누(세정제)를 이용하여 손을 씻은 후 수건으로 말리는 시간은 40~60초 소모된다. 화장실 이용 후 또는 오염물이나 이물질이 묻었을 때 등 세균감염이 의심될 경우에 손 씻기를 한다.
- 올바른 손 씻기는 6단계의 절차로 흐르는 물에 30초 이상 비누액 또는 고형비누를 이용하여 다음과 같 이 씻어낸다.
  - 비누를 바른 후 양손의 손바닥을 마주대고 문지른다.[1] → 손등과 손바닥을 서로 문지른다.[2] → 손깍 지를 끼고 문지른다.[3] → 손가락을 마주잡고 문지른다.[4] → 엄지손가락을 마주보게 손바닥으로 감싸 서 손가락을 회전하면서 문지른다.[5] → 손톱 밑은 마주보는 손바닥에 대고 문지른다.[6]

(2) 발 위생관리

발은 양말과 신발로 감싸므로 발가락 사이에는 세균과 곰팡이 등이 서식하기 좋은 곳이 된다. 그러므로 발 을 청결하게 관리해야 한다.

1) 건강한 발 및 발 관리

- 발의 피부가 생리적으로 정상이면 뒤꿈치 선이 곧고 발가락 틈이 부채처럼 벌어져 있으며 발바닥에는 굳은살이 없다.
- 발톱을 깎을 때 프리에이지는 평평하게 스퀘어 셰입으로 자른다.
- 발바닥은 두꺼운 피부여서 잘 스며들지 않으므로 발 전용 크림을 사용한다.
- 발은 깨끗하게 자주 씻고 씻은 후에는 완전히 말린 후 양말 또는 신발을 신는다.
- 부적절한 신발은 발의 기능 저하 증상인 냄새 나는 발, 티눈, 못 박힌 발, 굳은 살, 갈라진 뒤꿈치 등의 원인이 된다. 따라서 미용실 내 업무를 위한 신발은 지나치게 꽉 끼거나 뾰족한 구두는 피해야 한다.

2) 미용실 내 적절한 신발

- 앞부분이 뾰족하고 높은 신발을 신었을 경우, 서 있거나 걸을 때 앞쪽으로 쏠리는 경향이 있다. 종아리 근육의 펌프질로 발의 혈액은 순환된다. 이때 혈액순환 작용이 원활치 못할 시, 발과 발목은 부어오르며 또한 통증이 유발되어 발이 붓고 신발이 꽉 낀다는 느낌과 함께 정맥 이상 확장 증상이 생긴다.
- 딱딱한(콘트리트, 대리석 등) 재질의 바닥은 서서 일하는데 피로감을 준다. 반드시 편하고 밑창의 쿠션이 좋아 충격 흡수가 잘 되는 신발을 신어야 한다.
  - 밑바닥이 편평한 고무로 된 신발을 선택하고 신발 안 앞쪽에 충격을 흡수하는 깔창을 넣어서 신발을 착용하고 장시간 서서 일할 경우, 부종을 방지하기 위해 압박해 주는 보조 스타킹을 착용한다.

2 구강 위생관리

(1) 구강관리

1) 구취 및 구취관리

구취는 구강세균이 입속의 단백질을 분해하는 과정에서 발생되는 기체로서의 휘발성 황화물(volatile sulfur compounds, VSC)에 의해 주로 발생한다.

① 생리적 구취

- 공복 시, 기상 후, 말을 많이 했을 때 또는 운동 후 구강건조는 일시적으로 나타나는 증상이며 음식이나 수분을 섭취함으로 해결할 수 있다.
- 수분 섭취량이 지나치게 부족하여 침이 마르면 혀와 볼, 잇몸 점막 등이 건조해진다.
- 지속적으로 나타나는 구강 작열감, 입에서의 쓴맛, 목 이물감, 입 텁텁함 등의 증상은 구취 원인이 될 수 있다.

② 병적 구취

- 구강위생 불량으로 인한 잇몸질환, 충치, 오래된 보철물 등과 특별한 전신질환으로서 인체 내부의 장기별로 구취가 발생한다.

- 구강건조 현상 또한 체열로서 위열, 폐열 등에 의해 발생될 수 있다.
- 체내 과잉된 장부(위, 간, 신장, 폐)는 열과 독소로 인해 구취를 발생시킨다.

(2) 칫솔 및 보조기구

1) 칫솔 및 양치질

- 칫솔은 구강건강을 증진하는 도구이다. 치약은 새끼손톱 정도의 양을 사용하며 10회 이상 물 양치로 헹궈주어야 한다. 입안에 치약이 남으면 구취를 유발한다. 양치질을 바르게 하기 위해서는 치아를 닦을 때 순서를 정해 놓고 잇몸에서부터 손목을 돌려 치아를 쓸어내리는 동작으로 회전하면서 닦는다.
- 칫솔질에서 회전법을 사용할 때 자기만의 순서를 정해서 빠뜨리는 치아 없이 치아와 잇몸 모두를 골고루 잘 밀착시켜 꼼꼼히 닦는다. 하루에 4회 이상, 1회 시 3분 정도 양치질한다. 칫솔 크기는 어금니 두 개~두 개 반 정도가 적당하다.
  - 회전법은 치아 겉에 있는 치석과 치아 사이 낀 음식물 찌꺼기를 효과적으로 제거하며, 교정이 없고 잇몸질환이 없어 구강 상태가 양호한 성인에게 적용함

2) 칫솔 보조기구

- 양치질만으로 구강을 청결하게 유지하는 것은 어렵다. 하루 3번 칫솔질로는 치아 사이의 이물질을 효과적으로 제거할 수 없어서 워터픽, 혀클리너, 치실, 치실칫솔, 전동칫솔 등의 보조기구를 사용해야 한다.
- 워터픽 : 하루 2번의 칫솔질과 함께 워터픽을 사용한다면 잇몸염증을 억제하는데 효과를 볼 수 있다.

3 복장

- 근무 중에는 항상 청결하고 단정한 용모를 유지하며, 담당업무에 따라 정해진 유니폼을 착용한다. 그리고 업무에 방해되지 않는 단정하고 세련된 헤어스타일을 한다.
  - 업무 시작 전 깨끗하고 단정한 헤어스타일링이 준비되어 있어야 함
- 거부감이 없는 깨끗한 피부에 자연스러운 메이크업을 한다.
- 소속과 직책이 표기된 명찰(직함과 이름)을 왼쪽 가슴 윗부분에 단정하게 착용한다.
- 작업에 방해되지 않는 액세서리를 착용한다.
  - 미용 작업 시 불쾌감을 주거나 고객의 두발 또는 피부 등에 걸리지 않도록 화려한 액세서리(목걸이, 반지, 귀걸이, 팔찌 등)는 피해야 함
- 작업하기 편안한 복장을 착용한다.
  - 지정된 유니폼을 착용하나 지정되지 않을 시 노출이 심하거나 지나치게 화려한 복장은 피함
- 신발은 편안하고 걸을 때 소리가 나지 않아야 한다.
  - 지정된 신발이 있을 경우는 그에 따르나 지정되지 않았을 경우 발의 피로감을 덜어 줄 수 있는 쿠션감이 있어야 함

CHAPTER 05 미용업소 위생관리

Section 01 미용도구와 기기의 위생관리

1 사용한 도구 및 재료의 위생적 처리

도구는 세척, 건조, 소독 후 위생적으로 보관하며, 재료는 밀봉 후 냉암소에 보관해야 하며 작업 중에 발생하는 오물은 분리수거 절차에 따라 처리한다.

(1) 도구 관리와 보관법

미용실에서는 미용 시설 및 설비기준(공중위생관리법)에 의거 소독을 한 기구와 소독을 하지 않은 기구를 구분하여 보관할 수 있는 용기를 비치하여야 한다. 또한 소독기, 자외선살균기 등 미용 도구소독을 위한 기구를 갖추어야 한다.

1) 도구의 소독

• 가위의 날에 묻은 오물을 제거하고 자외선 소독기 또는 크레졸로 소독 후 마른수건으로 닦은 후 날 안쪽과 회전축 부위에 전용 오일을 바르고 서늘하고 건조한 곳에 보관한다.
• 클리퍼는 작업 후, 날의 본체를 분리하여 본체 내 오물을 제거하고 크레졸 수에 소독하고, 마른 수건으로 닦아서 전용 오일을 바른 후 서늘하고 건조한 곳에 보관한다.

소독 종류	소독대상(도구 및 기구)	사용법
자외선 소독	• 플라스틱 재질의 미용도구, 브러시, 가위, 클리퍼, 레이저, 클립 등이 사용된다.	• 자외선 소독기에서 20분 동안 처리한다. • 침투력이 약하여 표면살균작용이 된다.
알코올 소독	• 피부, 손, 브러시, 가위, 레이저, 클립 등이 사용된다.	• 70% 알코올을 사용, 살균작용에 효과적이다.
크레졸 소독	• 빗류(브러시 포함), 가위, 클리퍼, 레이저, 클립 등이 사용된다.	• 3% 크레졸수에 10분간 담근다.
자비 소독	• 가위, 클리퍼, 레이저 등이 사용된다.	• 물이 끓은(100℃) 후 10분간 담근다.

2 미용업소 도구 및 기기 관리하기(실제)

*2019 NCS 헤어미용(미용업소 도구 및 기기 부분에서 참조하여 재구성함)

1) 사용된 세탁물(수건, 가운, 어깨보 등)

세탁물 분류	세탁	건조	정리
용도별 가운류와 수건류를 밝은색과 어두운색으로 구분하여 보관한다.	색깔과 재질별로 분류된 세탁물을 구분하여 적정량의 세제를 사용, 세척한 후 충분히 헹군다.	세탁이 끝난 세탁물은 잘 털어서 건조기에 넣는다.	용도별로 개켜 지정자리에 배치한다.

2) 식음료 집기류 세정 및 건조

식음료 서비스에 사용된 집기류는 주방용 세제를 사용하여 식기건조기에서 세정 및 건조, 소독한다. 행주는 1회용 사용 또는 세정제로 세척 후 매일 자비소독을 한다.

3) 미용도구 및 기기별 위생관리

① 사용 후 도구별 위생관리

도구	관리 방법
가위	머리카락과 물기를 제거 후[1] → 소독제로 소독 후 기름칠하여 자외선 소독기에 보관한다.[2]
각종 핀셋, 빗, 볼 등	플라스틱 재질로서 비눗물에 담근다. → 칫솔 등으로 빗살 사이, 핀셋 내·외부를 닦은 후 '[2]'와 같이 처리한다.
각종 브러시류	브러시에 낀 머리카락을 꼬리빗으로 제거한 후 → 클리너나 알코올로 스프레이 소독(또는 비눗물에 담금) → 소독 후 깨끗이 헹구어내고 자외선 소독기에 보관한다.

② 사용 후 기기별 위생관리

도구	관리 방법
드라이어	• 드라이어 몸체와 전선을 알코올 솜으로 깨끗이 닦는다.[3] → 전선을 꼬이지 않게 정리한 후 지정 위치에 비치한다.[4] – 사용 중에 전선이나 드라이어가 바닥에 닿지 않도록 위생적으로 처리해야 함
아이론	• 전원 off와 플러그를 콘센트에서 분리한다. → 아이론과 전선을 알코올 솜으로 닦고 마른 수건으로 닦는다. → '[4]'와 같이 처리한다.
디지털세팅기	• 기계에 묻은 용제와 먼지 등을 물수건으로 닦는다. → 세팅로드는 깨끗하게 닦아 건조시킨다. → 알코올 솜으로 닦고 크기별로 지정 위치에 보관한다.
헤어스티머	• 물통에 물때가 끼지 않도록 깨끗하게 세척한다. → 스팀분사기의 구멍은 면봉을 사용하여 닦는다. → 지정 위치에 비치한다.
두개피진단기	• 마른 수건으로 모니터, 렌즈, 본체 등을 닦고 지정 위치에 비치한다.
샴푸대	• 샴푸볼 안 개수대의 머리카락과 이물질을 제거한 후 세척하여 마른 수건으로 얼룩지지 않게 닦는다. • 샴푸제, 트리트먼트제, 타월 등은 모자라지 않도록 수시로 채워둔다.

③ 작업 후 주변 정리정돈

- 머리카락은 빗자루로 쓸거나 청소기로 제거한다(분리 배출).
- 작업대를 청결하게 정리정돈하며, 사용된 도구는 다음 작업을 위해 도구별 관리방법을 적용한다.
- 병원 미생물의 전파 방지를 위한 수단으로 작업자는 손 씻기를 해야 하며 피부질환이 있는 고객과 접했을 경우, 소독에 신경을 써야 한다. 또한 출근용과 작업용 복장을 구분하여 착용함으로써 질병 감염이 되지 않도록 한다.
- 병원미생물의 전파 방지를 위한 수단으로 가운, 어깨보, 커트보는 신체를 보호하는 수단이 되므로 깨끗하게 세탁, 건조시켜 사용한다.

Section 02 미용업소 환경위생

① 환경 및 기구의 청결

과정	청결 및 안전 작업
출근하여 파악	• 전기 안전사항을 점검한 후 실내공기를 환기시킨다. • 제한된 실내공간의 전선과 작업도구 등을 정리정돈한다. • 아침 조회시간 작업도구(가위, 레이저), 작업기기(고온기구 및 기구) 사용법과 주의사항을 교육한다. • 펌, 염 · 탈색제 등 화학물질 취급 시 피부 및 호흡기 질환에 대한 주의사항과 보호장갑 착용을 의무화 한다. • 감전사고 예방 행동요령과 누전차단기 작동 점검법과 응급조치 행동요령을 교육한다. • 제품을 위생적으로 관리할 수 있는 환경조건을 파악한다. 　– 조명 : 빛, 자외선은 제품의 화학적 성질을 변화시킴 　– 온도 : 어떤 형태의 열이든 제품의 화학적 성분을 변화시킴 　– 습도 : 지나친 습기는 제품의 농도를 묽게 하여 자체의 제 기능을 다 하지 못 하게 할 수 있음 　– 공기 : 공기가 닿으면 제품의 정도를 굳게 하거나 휘발성 제품은 휘발함
작업 전 상태 점검	• 아이론 · 열펌기구의 전열상태와 안전성 및 청결상태를 점검한다. • 작업과정의 동선을 파악하여 제품실과 샴푸실의 위생을 점검한다. • 제품의 유효기간 상태를 점검한다.
작업 중 주의를 기울임	• 제품 제조 시 충분한 환기와 열기구 작업 시 안전한 조작방법으로 작업한다. • 작업 중 고객 불만 및 요구사항을 충실히 대응해야 한다.
작업 후 발전 방향을 메모	• 고객 불만 및 요구사항이 있을 시 그 결과의 처리와 대처방법에 대해 메모 후 더 나은 발전방향을 모색한다. • 사용한 기구와 제품을 분리 후 기구는 세척, 건조, 소독 후 보관하고 제품은 위생적 환경에서 밀폐 보관한다. • 작업 후 주변 위생상태 점검 후 실내공기를 환기시킨다.
퇴근 전 최종점검	• 전열기구는 콘센트 분리 후 환경위생과 안전상태를 최종 점검한다.

2 미용숍에서 사용하는 화학물질

- 작업장 내에서 공기를 통해 인체에 전달되는 해로운 물질은 3종류로 분류한다. 헤어스프레이에서 뿜어져 나오는 안개 같은 액체[1]와 담배연기나 가루탈색제 또는 손톱손질 시 발생하는 먼지나 티끌[2], 블리치제나 펌제 등의 액체에서 증발되는 증기[3], 이 중 가장 심각한 물질은 헤어스프레이이다.
- 헤어스프레이는 모발에 접착되게 하는 플라스틱같은 성분 PVPs(polyvinyl pyrrolidone)를 함유한다. 따라서 숍에서는 가장 기초적인 방법으로 HVAC(heating, ventilation and air conditioning) 시스템을 갖추어야 하며 특히, 유독물질들이 집중되는 곳에 환풍장치를 설치해야 한다.
- 헤어숍에서 사용되는 화학제품들은 샴푸제, 트리트먼트제, 헤어크림·스프레이, 젤, 헤어틴트·블리치제, 펌제 등이다. 이들 성분에 대한 지식을 앎으로써 건강상 받을 수 있는 영향에 대비할 수 있어야 한다.

(1) 미용숍 내 화학제품

- 미용제품에서는 몇 가지 위험한 화학제품이 사용된다. 작업자에 대한 위해(hazard)는 화학제품의 양과 독성의 유·무, 노출된 시간, 인체 유입경로, 개인적 민감성 등에 따라 달라진다.
- 염·탈색제, 펌용제 등은 화학제품 혼합 시 또는 고객에게 도포 시 샴푸 과정에서 특히, 펌용제는 비닐 캡을 벗길 때나 로드 제거 시 인체에 유입된다.
  - 〈대책〉 환기나 통풍에 유의해야 하며, 화학제 혼합 시 보호안경 착용, 사용하지 않을 때 용기를 닫은 채 보관, 장갑(네오프렌 또는 고무재질) 착용 등이 요구됨
- 샴푸제는 샴푸 과정에서 피부와 혈류로 직접 흡수될 위험이 있으며, 제품이 눈으로 튀거나 공기 중의 화학 발산물이 눈으로 들어갈 수 있다.
  - 〈대책〉 작업공간에서 먹거나 마시거나 담배를 피우거나 하지 말고 환풍을 철저히 하며, 보호장갑을 착용함. 샴푸제는 용기 뚜껑을 잘 닫고 증기가 공기로 유입되지 않게 하며, 포름알데하이드, 질소화합물이 포함된 성분은 사용하지 않음
- 헤어스프레이는 분무 시 호흡을 통해 흡입되거나 피부 또는 눈과 접촉하여 들어올 수 있으며 삼킬 수도 있다.
  - 〈대책〉 항상 통풍이 잘되는 장소에서 작업하며 폴리비닐피롤리딘이 들어있는 제품은 사용하지 않으며, 헤어스프레이 대신 젖은(wet) 스타일링 촉진제를 사용

CHAPTER 06 미용업 안전사고 예방

Section	01	미용업소 안전사고 예방하기

1 안전사고 관련 원인 및 결과

1) 안전사고 관련 원인

안전사고		원인
전기 기기	화상	• 드라이어, 아이론 등 고온기기나 온장고 등 뜨거운 열과 물에 의한 안전관리가 요구된다.
	감전	• 드라이어, 샴푸대 등의 전기기구로 일부가 벗겨진 전선, 전기가 흐르는 금속 물체 등을 젖은 손으로 만질 때 안전관리가 요구된다.
용제	피부질환	• 화학용제가 피부에 묻어 피부 자극 및 알레르기성 접촉피부염이 발생된다.
	알레르기성 비염, 천식, 두통	• 펌, 염·탈색제 등에 의한 오염된 공기로 인해 두통이 발생된다. – 염·탈색제를 배합하는 과정에서 가스가 호흡됨으로 알레르기성 비염과 천식을 야기함
작업장	충돌	• 작업장 내 이동, 운반 등의 과정에서 출입문, 구조물 등과 충돌한다. • 좁은 공간 내에 방치되어 있던 장애물에 의해 부딪쳐 다친다.
	넘어짐	• 바닥에 떨어진 물, 용제, 머리카락 등에 밟혀 미끄러져 다친다. • 작업장에 방치된 전선, 의자 다리 등에 걸려 넘어진다.

2) 안전사고 예방 결과 수행

① 전기사고 예방

구분	내용
전기시설 점검	• 전선 피복 상태 확인 및 규격 전선 사용, 전열기 스위치와 콘센트 덮개를 설치한다. • 기기 사용 후 플러그와 콘센트 분리한다.　　• 합선 및 누전 예방한다. • 과열, 과부하를 예방한다.　　• 누전차단기 작동 여부(매달 1회 이상)를 점검한다.
미용기기 감전	• 전기 기기는 젖은 손으로 만지는 것을 금지해야 감전 사고를 예방할 수 있으며, 전기코드 아웃 시 플러그 몸체를 잡고 빼도록(제거) 해야 한다.

② 화재 예방

구분	내용
난방기 안전 점검	• 옥내 소화전 또는 사용하지 않은 가스나 난방기(석유제품 사용 시) 등을 점검한다. – 정상 작동을 하지 않을 수 있으므로 제조사나 A/S 전문업체를 통해 점검함 • 온풍기(가스히터나 도시가스를 사용 시) – 가스 연결 부위에 비눗물을 사용, 가스 누출 여부를 확인한 후 사용함 – 전기 온풍기는 전기용량과 누전차단기 작동 여부를 점검한 후 사용한다. • 히터나 온풍기(석유제품 사용 시) – 쌓인 먼지를 제거하고 연료 주입구 주변과 노즐을 깨끗이 청소한 후 사용 • 냉난방 겸용 스탠드형 온풍기 – 먼지를 걸러내는 필터를 깨끗이 청소하고 사용한다.
가스 레인지 점검	• 항상 청결하게 노즐을 관리함으로써 이물질이 쌓이지 않도록 한다. • 중간밸브는 퇴근 시 꼭 잠그고 확인해야 한다. – 가스 누출 여부는 배관, 호스 등의 연결 부분을 비누나 세제로 거품을 내어 점검함
소화기 정기 점검표 점검	• 소화기 안전핀 이상 유무를 확인한 후에는 정기점검표에 점검자 이름으로 사인한다. • 점검사항 리스트 항목 확인 후 점검표에 표시한다. • 매월 1회 담당자는 소화기를 점검하고 정기점검표에 표시한다. • 미용실 내 직원들은 연 1회 이상 사용법에 대해 교육을 이수해야 한다.

③ 낙상사고 예방

구분	내용
미용업소 내 계단 또는 공간 구분(턱)	미끄럼이나 넘어짐을 방지하기 위해 미끄럼 방지 테이프를 붙인다.
미용업소 내 보행 시	바닥에 널려있는 전선 등을 사용 후에는 항상 정리해야 한다.
작업 시 바닥 정리	샴푸대 주변의 물기, 커트작업 후 잘린 머리카락, 바닥에 흘린 화학제의 이물질 등은 수시로 즉각 즉각 제거해야 한다.

3) 안전사고에 대한 응급조치

구분	내용
화상 시 응급 조치	• 화상 부위가 광범위할 시 지체 없이 병원으로 이송한다. • 화상 부위를 얼음물 등으로 차갑게 해준다. – 얼음이 직접 환부에 닿지 않도록 주의함 • 화상 부위를 깨끗하게 한다. – 흐르는 차가운 물에 깨끗이 씻고 건조 시킴. 수포가 생겨 터졌을 때는 소독 후 항생제 연고를 바름

감전 시 응급조치	• 전선, 기기의 전원을 차단해야 한다. • 고무장갑·장화 등을 착용한 후 전선이나 기기에서 감전자를 떼어놓아야 한다. 　– 전기로부터 물을 차단할 수 없을 때, 물이 통하지 않는 물건을 이용함 • 감전자의 의식, 맥박, 호흡 등을 확인한 후 119에 신고한다. • 미용업소 내 초나 손전등 등을 준비해 두고, 전기고장 시 신고번호(123), 전기공사 번호(1588–7500)를 찾기 쉬운 곳에 게시한다.
화학제품 응급조치	• 화학용제 사용 시 눈에 들어갔을 때 즉시 흐르는 물에 눈을 헹구고 병원으로 간다. • 화학용제 사용 시 눈동자 내로 들어갔을 때 눈을 감고 눈물이 나오도록 하거나 식염수로 씻어낸다.
이물질 침투 시 응급조치	• 눈동자 아래쪽일 경우 물에 젖은 면봉이나 거즈 등을 이용하여 제거한다. 　– 제거하지 못했을 경우 눈을 비비지 않게 하여야 하며 병원으로 곧장 감
실신 시 응급조치	• 고객이나 직원 중 실신, 심장발작 등에 의한 무의식 상태 시 기도가 막히지 않도록 얼굴을 옆으로 돌린 후 옷이 끼지 않도록 단추나 벨트를 풀어서 의식, 맥박, 호흡을 확인한 후 119에 신고한다. • 119 구급대원이 도착할 때까지 심폐소생술을 실시해야 한다.
부주의로 인한 출혈 시	• 직원은 먼저 손을 깨끗이 씻은 후 출혈 부위를 흐르는 물로 씻어냄 → 10분 이상 압박지혈(심한 출혈 시) → 상처 부위를 알코올로 소독한 뒤 지혈제를 바르고 밴드 또는 붕대로 감쌈 → 출혈이 멈추지 않을 시 압박한 상태로 병원으로 간다. • 심한 창상(칼 등, 날이 예리한 도구에 의해 다친 깊은 상처)일 경우 119에 신고한다. 　– 〈응급조치〉 생리식염수로 상처 부위를 씻고 감염되지 않도록 붕대로 감음 → 상처 부위에 얼음주머니를 댐 → 전문가의 처치를 받기 위해 구급대원과 함께 병원으로 이송함

4) 긴급상황 발생 시 대처

구분	내용
화재 시 대피	• 처음 화재 발견자는 다른 사람에게 "불이야"라고 알리게 한 후 화재경보 비상벨을 누름 → 119에 신고함 → 계단을 이용하여 아래층으로 이동하나 불가능할 시 옥상으로 대피함 → 연기가 창문이나 문틈 사이로 새어 들어오면 담요나 수건 등으로 몸과 얼굴을 감쌈 → 연기가 심하면 젖은 수건으로 코와 입을 막고 낮은 자세로 이동함 → 항상 금속으로 된 문은 뜨거운지 확인한 후 문을 열고 밖으로 나가야 하나 출구가 없을 시, 방안으로 연기가 들어오지 못하도록 적신 옷이나 이불로 문틈을 막고 구조를 기다린다. • 〈119 화재 신고 전〉 119를 침착하게 누른 후 → 불이 난 것을 알림(신고자 이름, 화재발생 장소 및 주소, 화재 종류(전기, 기름, 가스 등)를 설명한다.
초기화재 진압	• 소화기를 가지고 화재가 발생된 곳으로 이동 → 손잡이 부분의 안전핀을 뽑고 바람을 등지고 호스를 불길 쪽으로 향해 손잡이를 힘껏 움켜쥠 → 빗자루로 쓸 듯이 뿌린다.

예상문제

01 미용사의 위생관리에 대한 내용이다. 내용중 틀린 것은?

① 청결 – 고객마다 시술 전과 시술 후 손을 반드시 씻도록 하나 시술 전에는 상관없다.

② 청결 – 화장실 사용 후나 쓰레기통과 같은 물건을 만진 후에도 손을 반드시 씻도록 한다.

③ 복장 – 신발은 굽이 낮고 잘 맞는 것을 착용한다.

④ 복장 – 디자인은 단순하면서도 산뜻한 것을 선택하고 자주 세탁해도 새것 같은 양질의 옷감을 선택한다.

해설 | ① 손은 고객마다 시술 전과 시술 후, 화장실 사용 후나 쓰레기통과 같은 물건을 만진 후에도 반드시 씻도록 한다.

02 미용사의 위생관리에 대한 내용이다. 내용중 틀린 것은?

① 염색 시에는 고객에게 신뢰및 작업자의 건강을 위해 장갑을 착용하고 작업을 한다.

② 개인위생은 공중보건학, 감염병소독학, 미생물학 등의 위생 지식을 습득하여 공중위생의 유지와 증진에 기여한다.

③ 손 위생은 반드시 알코올 소독제를 이용하여 손 소독을 한다.

④ 발톱을 깎을 때 프리에이지는 스퀘어 셰입으로 자른다.

해설 | ③ 손 위생은 알코올 소독제를 이용한 손 소독 방법과 물과 비누(세정제)를 이용하여 손을 씻는 손 씻기 방법으로 나눌 수 있다.

03 미용사의 위생관리에 대한 내용이다. 내용중 틀린 것은?

① 혀에 낀 음식물 찌꺼기와 설태가 입냄새의 90%를 유발하므로 혀를 깨끗이 닦는다.

② 구취 측정 검사를 할 때는 할리미터, 체열진단기기, 팔강진단기기 등을 사용한다.

③ 양치 후 칫솔을 전자레인지에 3분 이상 돌리거나 식초 또는 베이킹소다에 담가두기도 한다.

④ 입속의 세균 중 무탄스균이나 진지발리스균은 잇몸 상처를 통해 혈액을 타고 심장에 도달, 세균성 심내막염을 유발한다.

해설 | ③ 양치 후 칫솔을 전자레인지에 30초 정도 돌리거나 식초 또는 베이킹소다에 담가두기도 한다.

04 다음 양치질의 효능이 아닌 것은?

① 혈당조절   ② 심장병 예방

③ 위암 예방   ④ 폐암 예방

해설 | ④ 치매 예방 – 잇몸병이 알츠하이머성 치매에 영향을 준다. 즉 기억력과 관련된 각종 질병 발병 위험을 양치질로 예방하는 데 도움이 된다.

CHAPTER 5
미용업소 위생관리

05 미용업소 위생관리에 대한 내용으로 틀린 것은?

① 미용실에서는 소독을 한 기구와 소독을 하지 않은 기구를 구분하여 보관하여야 한다.

② 가위는 이물질을 제거하고 자외선 소독기나 크레졸로 소독 후 마른 수건으로 닦아 회전축 부위에 전용 오일을 바르고 서늘한 곳에 보관한다.

③ 클리퍼는 작업 후 날의 본체를 분리하여 본체 내 오물을 제거하고 크레졸 수에 소독 후 마른 수건으로 닦아 서늘하고 건조한 곳에 보관한다.

④ 브러시, 가위, 클리퍼, 레이저는 자비 소독법으로 소독한다.

해설 | ④ 플라스틱 재질의 미용도구, 브러시, 가위, 클리퍼, 레이저, 클립 등은 자외선 소독기에서 20분 이상 소독한다.

CHAPTER 6
미용업 안전사고 예방

06 안전사고 관련 내용과 거리가 먼 것은?

① 드라이어, 아이론 등 고온기기나 온장고 등 뜨거운 열과 물에 의한 화상 등을 입을 수 있는 기구는 안전관리에 주의해야 한다.

② 드라이어, 샴푸대 등의 전기기구에서 일부가 벗겨진 전선에는 전기가 흐르므로 금속 물체 등을 젖은 손으로 만질 때 감전에 유의해야 한다.

③ 염·탈색제를 배합하는 과정에서 가스를 흡입함으로 화상을 입을 수 있다.

④ 화학용제가 피부에 묻어 피부자극 및 알레르기성 접촉피부염이 발생할 수 있다.

해설 | ③ 염·탈색제를 배합하는 과정에서 가스를 흡입하면 알레르기성 비염과 천식을 일으킬 수 있다.

고객응대 서비스

고객안내업무

NCS학습모듈 고객안내업무에는 데스크안내서비스, 대기고객응대, 고객배웅 등이 있다. 이에 수행내용으로 '업무하기' 또는 '~하기'로 하여 알면 행할 수 있는 구조를 통해 설명된다.

Section 01 데스크안내서비스

1 고객응대의 중요성

고객응대는 미용실을 내방 한 고객의 신뢰와 호감을 이끌어 내는 일체의 행동으로 충성 고객으로 이끄는 중요한 사항이다. 이는 고객응대에 따라 심리적 안정감은 물론 미용서비스에 대한 고객선택에서 신뢰감을 갖게 함으로 재방문 여부와 매출에 영향을 준다.

(1) 고객의 정의

고객은 자신이 가진 목적 달성을 원하며, 자신이 중요한 사람으로 존중받고 적절한 가격과 최고품질의 서비스를 통해 편안해지기를 바란다.

(2) 고객과의 접점관리

고객과의 접점은 헤어숍을 방문하는 고객맞이 인사에서부터 서비스, 작업 등을 받고 숍을 떠나는 배웅 인사까지 전 과정, 즉 "고객과 만나는 모든 순간"이다. 이는 실수가 허용되지 않는 결정적인 순간(moment of truth, MOT)들이다.

1) 고객접점의 정의

헤어숍에서의 고객접점(顧客接點)이란 고객이 헤어숍의 어떤 일면과 접촉되는 일로부터 비롯하여 서비스품질에 관하여 어떤 이미지(인상)를 얻을 수 있는 사건 즉, 고객과 접하는 모든 순간을 의미한다.

2) 대면 고객접점(고객과 만나는 세 가지 접점)

친절한 응대에서 고객이 원하는 가치를 창조하는 서비스로의 변화를 요구한다.

구분	내용
첫 번째 접점	• 고객이 목적 달성을 위해 직원과 상담하는 순간이 가장 기본적인 접점이다. • 내방한 고객과 직원이 얼굴을 맞대는 접점이다.

두 번째 접점	• 잘 조직된 구조를 갖춘 헤어숍과 그 구성원, 즉 직원 간의 관계 맺음도 접점에 해당한다. – 구성원의 역할이 중요시되는 요즘 직원을 내부고객으로 인정하므로 내부고객이 만족해야만 첫 번째 접점에 대한 훌륭한 관리가 가능하다는 점에서 매우 중요한 접점임
세 번째 접점	• 고객과 조직의 설비가 만나는 접점으로 각종 시설과 게시물들을 잘 관리하는 접점이다. • 잘 정돈되고 깔끔한 인터넷 홈페이지, 고객 편의를 위한 내부 설비, 각종 시설과 게시물 관리 등이 접점의 핵심이 된다.

3) 비대면 고객접점

비대면의 핵심은 고객과 대면하지 않아도 디지털 수단들을 통하여 고객과의 만남이 잘 이행되는 것이다. 즉 목소리나 글 또는 화상을 통하여 만나는 것으로 전화, E-mail, 홈페이지 게시판, 블로그, SNS(social network service) 등이 해당한다.

(3) 고객응대 대화법

① 대화의 기법

말은 '나의 사고'를 좌우하고 최종적으로 행동에 영향을 준다.

구분	내용
고객과의 대화 태도	• 상대의 대화를 가능한 한 많이 경청하는 태도로 눈을 주시하면서 관심과 흥미에 초점을 맞춘다.
서비스 제공자의 대화 태도	• 고객 마음을 배려 또는 이해하면서 긍정적인 단어로 상황적 표현을 사용한다. • 즉흥적이거나 추측된 극단적인 표현보다, 핵심을 구체적이고 간결하게 표현 해야한다.
대화 시 에티켓	• 밝고 명랑한 표정으로 상대방의 눈을 주시하고 두리번거리지 말아야 하며 상대방이 싫어하는 화제는 피해야 한다.

② 대화의 3요소

대화를 효과적으로 하기 위해서는 말하기, 듣기, 태도 등 3요소가 적절히 사용되어야 한다.

요소의 종류	내용
시각적 요소	• 얼굴 표정이나 손동작, 적절한 신체언어(제스처) 등은 때때로 효과적인 커뮤니케이션을 위해 매우 도움이 된다. – 표정, 시선, 제스처, 용모나 복장 등
청각적 요소	• 목소리의 톤은 말 뒤에 숨겨진 감정을 나타내며, 알맞은 톤의 선택은 전달하고자 하는 메시지의 효과를 배가시킨다. – 목소리톤, 크기, 발음, 속도 등
언어적 요소	• 고객의 신분에 따라 언어적으로 달리 표현하는 방법으로 공손한 어휘를 선택한다.

② 전화 고객응대

(1) 전화 응대의 중요성

전화 응대의 기본 매너는 좋은 표정과 바른 자세, 예의 바른 말투와 밝은 목소리로 고객 편의를 생각하여야 하며 고객이 전달하는 내용을 정확히 잘 듣고 소통은 명확하게 해야 한다.

(2) 전화응대의 3대 원칙

1) 친절성

- 직접 고객을 맞이하는 마음과 상냥한 어투로 상대방을 존중하며 열린 마음을 가지고 전화 응대를 한다.
  - 미소 띤 얼굴로 대화하기　　　　　　　 － 말투는 분명하며 정중하게
  - 음성의 높낮이와 속도를 유념하기　　　 － 고객의 요구를 충족시키기 위해 노력하기

2) 신속성

- 전화를 걸기 전에는 용건을 미리 정리한 후에 한다. 전화를 받을 때는 전화벨이 3번 정도 울리기 전에 신속하게 받으며, 3분 내로 간결하게 통화한다. 또한 결과 안내를 기다리게 하면 예정 시간을 미리 알린다.
  - 전화벨이 3번 이상 울리기 전에 받기　　 － 늦게 받았을 때에는 먼저 정중히 사과하기

3) 정확성

- 업무에 대한 정확한 전문지식을 갖추고 응대하며 용무를 정확히 전달하고 전달받기 위해 정확한 어조와 음성으로 통화자의 신원을 알린다.
  - 용건을 들으며 요점 메모, 통화 내용을 요약, 복창하여 확인하기 등

1) 작업이 종료되면 라커룸으로 안내하여 개인 소지품을 건넨다.

- 작업이 종료된 고객을 라커룸으로 안내한다.
- 작업이 끝난 고객의 가운을 받고 소지품을 건넨다.
  - "고객님 작업이 종료되었습니다. 수고하셨습니다. 라커룸으로 이동하겠습니다."
  - "가운 주머니에 있는 라커룸 열쇠를 주시면 보관하신 소지품을 꺼내드리겠습니다."
  - "사용하신 가운 받아드리겠습니다. (고객 소지품을 건네며) 빠트린 물건이 없는지 확인해 주십시오."

2) 고객에게 작업 내역과 결제 요금을 설명한다.

- 요금 결제를 위해 안내데스크로 안내한다.
- 작업 내역과 내역별 요금을 설명한다.

3) 재방문 시기 및 다음 예약을 안내한 후 배웅한다.

고객이 원할 시 다음 회차 예약을 도와드리고 불편 사항이 있었는지 물어보는 응대 매뉴얼을 진행한다.

(재방문 시기 및 차회 예약을 안내함 → 고객을 배웅함)

고객응대 서비스 예상문제

Section 01
데스크안내 서비스

01 다음 고객과의 대화 태도로 틀린 것은?

① 고객이 지루하지 않도록 미용사가 말을 많이 하며 대화를 이끌어 나간다.

② 정당한 이유를 나타내는 이성(logos) 요소와 정서적 호소를 맡는 감성(ethos) 요소와 설득하는 사람의 인격과 직결되는 정신(pathos) 요소로 구성된다.

③ 대화 시 적절한 제스처와 표정을 곁들여 대화에 집중하는 태도를 보인다.

④ 대화를 효과적으로 하기 위해서는 말하기, 듣기, 태도 등 3요소가 적절히 사용되어야 한다.

해설 | ① 상대의 대화를 가능한 한 많이 경청하는 태도로 눈을 주시하면서 관심과 흥미에 초점을 맞춘다.

02 다음 내용 중 대화법의 종류에 포함되지 않는 것은?

① 부정화법　　　② 쿠션화법
③ 권유화법　　　④ 예스화법

해설 | ① 긍정화법이다.

03 다음 내용 중 연결이 잘못된 것은?

① yes화법 – 상대에게 yes라고 말하는 것으로 기분 좋게 만드는 심리테크닉이다.

② 권유화법 – 상대방의 의견을 구하는 표현을 사용한다.

③ 쿠션화법 – 상대방에게 존중과 배려받고 있다는 느낌을 준다.

④ 긍정화법 – 부정적인 상황을 설명하거나 "불가능하다"라는 말로 상대방이 신뢰를 느낄 수 있게 한다.

해설 | ④ 부정적인 상황을 설명하거나 안내 시 긍정적인 단어를 사용화는 대화기술로서 "불가능하다"라는 말보다 "가능하다"라는 말을 더 많이 사용하기 때문에 상대방으로 하여금 업무처리에 신뢰를 느낄 수 있게 한다. "좋아요, 고맙습니다, 감사합니다, 행복합니다" 등이다.

04 미용실을 방문한 고객응대 방법으로 거리가 먼 것은?

① 고객이 방문하였을 때 바른 자세로 웃으며 반갑게 인사를 한다.

② 비예약 고객인 경우 대기시간을 알리고 음료 서비스 응대를 한다.

③ 회원카드는 재방문 고객과 신규고객 모두 작성하도록 안내한다.

④ 물품이 보관된 라커열쇠를 고객이 기억할 수 있도록 열쇠번호를 알려드린다.

해설 | ③ 회원카드는 신규고객만 작성하면 된다.

★★
05 다음 중 고객응대에 대한 설명으로 틀린 것은?

① 전화 응대의 경우 표정은 고객이 보지 않아 목소리에만 신경을 쓰면 된다.

② 전화기 주변에는 간단한 메모장을 준비하고 매뉴얼에 따라 상황별 전화응대를 한다.

③ 목소리의 톤은 숨겨진 감정을 나타내 주며, 알맞은 톤의 선택은 전달하고자 하는 메시지의 효과를 높여 줄 수 있다.

④ 언어적 요소에는 고객의 신분에 따라 언어를 달리 표현하는 방법으로 공손한 어휘를 선택한다.

해설 | ① 전화 응대의 기본 매너는 좋은 표정과 바른 자세, 예의 바른 말투와 밝은 목소리 등 고객 편의를 생각해서 고객의 전달 내용을 정확히 잘 듣고 명확하게 해야 한다.

06 전화 응대의 3대 원칙이 아닌 것은?

① 친절성   ② 신속성

③ 정확성   ④ 안전성

해설 | 전화 응대의 3대 원칙은 친절성, 신속성, 정확성을 들 수 있다.

Section 02
대기 고객응대

07 미용실 고객응대 방법으로 옳지 않은 것은?

① 고객응대 시 음료는 컵의 2/3 정도 채워 이동 시 넘치지 않도록 한다.

② 세 가지 이상의 이·미용서비스 이용자에게 최종 지불 가격과 전체 서비스 총액에 관한 내역서를 미리 제공하고 내역서 사본은 폐기 처리한다.

③ 할인이 가능한 제휴카드 및 포인트 적립 안내를 한 후 결제를 하도록 한다.

④ 회원권의 효과는 고정고객 확보와 예약제 시스템으로 시간관리에 효과적이다.

해설 | ② 공중위생관리법 시행규칙(보건복지부령 제 517호, 2017. 9.15. 일부개정)에 따라 세 가지 이상 이·미용서비스 제공 시 이용자에게 개별서비스와 최종 지불가격 및 전체 서비스의 총액에 관한 내역서를 미리 제공하고 내역서 사본을 1개월간 보관해야 한다.

PART 2 **고객응대 서비스** ── 선다형 정답

01	02	03	04	05	06	07
①	①	④	③	①	④	②

Part
3

헤어샴푸

헤어샴푸

Section 01 샴푸제의 종류

1 클렌징

> **tip**
> • 두개피부 및 두발을 포함하는 두개피(頭蓋皮, capillus, scalp hair)에 세정 절차를 진행하는 샴푸는 양질의 샴푸제와 샴푸 행위의 수행으로서 실제인 매니플레이션을 포함하는 세정작업(shampooing)을 통칭한다.
> • 세발을 뜻하는 샴푸는 모발 내 오염물인 이물질과 때(垢, hair soil), 노화 각질 등을 제거하는 매니플레이션인 세정작업(shampooing)과 샴푸제(shampoo agent)를 모두 포함한 말이다.
> • 플레인(plain)은 '아무것도 가미하지 않는'이라는 의미인데, 플레인 샴푸(plain shampoo)는 샴푸제를 사용하지 않고 물만으로 두발을 감는 것을 의미한다.

2 샴푸제

샴푸제로서 모발의 오염물질을 제거하는 메카니즘은 세제가 섬유에서 오염물을 제거하는 것과 기본적으로 동일하다. 샴푸제는 비누나 합성세정제 등과 함께 양친매성의 기본 구조를 갖는 계면활성제이다.

(1) 계면활성제 *part.1 → chapter.03 → section.02 → 1 → (1) → 3)계면활성제 참고

이온성 또는 비이온성과 관계없이 본체를 형성하는 모든 계면활성제의 분자구조는 모양( )을 갖는다. 이는 머리①(head)와 꼬리②(tail)로 구성된다. 머리는 꼬리보다 크기가 작은 극성의 친수성기를 나타내며 머리는 탄소원자의 길이가 긴 사슬 형태의 비극성 친유성기를 동시에 갖는 분자들로 여러 가지 작용(관능)기를 나타낸다.

1) 계면흡착과 계면활성제

- 계면은 액체와 기체, 액체와 액체, 액체와 고체가 서로 맞닿는 경계면을 갖는다.
- 계면활성제는 액체의 표면에 흡착되어 계면의 활성을 크게 하고 성질을 변화시키는 역할을 한다.

2) 계면활성제의 작용

- 하나의 계면활성제라 하여도 다양한 작용을 겸하고 있다.
- 표면 · 계면장력저하제①, 침투제②, 습윤제③, 유화제④, 가용화제⑤, 분산제⑥, 기포제⑦, 소포제⑧, 세정제⑨, 살균제⑩, 정전기방지제⑪ 등 그 밖에 공업적 용도에 따라 분류할 수도 있지만, 활성제와 관련된 성질에 근거한다.

3) 계면활성제 분류에 따른 기능

종류	작용
음이온 계면활성제	• 음이온 상태로 샴푸, 비누, 치약, 클렌징 폼, 바디클렌저 등의 제품에 사용된다. – 세정, 기포작용이 있으며 탈지력이 강함
양이온 계면활성제	• 양이온 상태로 린스제, 컨디셔너, 트리트먼트제 등의 제품에 사용된다. – 살균, 소독 작용이 크며 유연작용과 함께 정전기 발생을 억제하나 피부에 대한 자극이 있음
양(쪽)성 계면활성제	• 피부자극과 독성이 약하며 정전기를 방지한다. 세정력, 살균력, 유연성이 있어 피부 안정성이 있다. – 컨디셔닝 샴푸, 베이비 샴푸 등의 제품에 사용
비이온 계면활성제	• 피부자극이 적고 안정성이 높아 기초화장품에 많이 첨가된다. – 유화제(크림), 분산제(샴푸, 비누), 세정제(클렌징 크림), 가용화제(화장수) 등으로 사용

(2) 샴푸제의 종류

1) 클렌징 샴푸제

연수와 경수(센물)에도 세척이 가능한 pH 5.5 음이온 계면활성제로서 풍부한 거품이 특징이다.

종류	적용 및 효과
식물성 샴푸제 (herb shampooagent) pH 5.5	• 약용, 식용, 향료로 사용되는 허브(herb)에 비누 샴푸와 고급 알코올계를 이용한 식물성 샴푸제로 세정력이 강하여 소염, 진정, 탈수, 건조, 살균, 단백질합성작용을 하며 탈지 효과가 높아 지성 두피에 주로 사용된다. – 건강모, 지루성모, 발수성모 등에 사용되며 특히, 웨이브 펌 시술 전에 프리샴푸에 반드시 사용됨 – 식물추출물(아이비, 아르니카, 히페리쿰, 마로니에, 하마메리스 등), 필수지방산, 아미노산, 배당체(glycoside), 지질, 사포닌(saponin) 등 각종 필수성분이 다량 함유
동물성 샴푸제 (protein shampooagent)	• 누에고치 또는 달걀의 난황성분에서 추출된 레시틴, 스테롤, VtA 단백질(protein)을 함유시킨 샴푸제를 말한다. – 화학적 손상모 등에 사용하며 마일드한 세정작용과 케라틴 보호작용을 하며, 피부 청정 및 수렴, 진정, 보습, 항염, 효과가 우수함
오일 샴푸제 (oil shampooagent) pH 5.5	• 모발에 필요한 유분을 보충함으로써 거침을 방지하고 촉촉한 광택을 주며, 라놀린과 레시틴 등의 유성성분을 투명한 형태로 배합한 오일샴푸 또는 크림 상태로 배합한 크림샴푸제 등이 해당된다. – 물리적 손상모, 건조모, 자외선에 그을린 모, 드라이어의 열에 의한 건조모 등에 사용하며 유성 효과를 주는 샴푸제임

2) 컨디셔닝 샴푸제

클렌징과 컨디셔닝 효과를 위해 세척과 보습 및 영양이 보완된 샴푸제이다.

종류	적용 및 효과
브라이언트(헤나) 샴푸제	• 붉은색 또는 적갈색의 헤나를 첨가함으로 짙은모발 색조에 광택을 내는 효과를 가진다.

소프트 터치 (리퀴드 크림) 샴푸제	• 모발을 부드럽고 윤기 나게 하는 오일 합성물로서 건성모발에 사용된다.
드라이 프리벤티브 (카스틸&오일) 샴푸제	• pH 5.5~7의 중성으로 모발 건조를 방지하고 올리브유와 가성소다를 주원료로 하여 모발 내 염착된 염료를 고정(fix)시킨다. • 부서지기 쉽고 건조한 손상모에 주로 사용된다.
산균형 샴푸제	• pH 5~6의 약산성으로서 구연산, 인산 등으로 구성된다. • 펌, 염 · 탈색 모 등에 있어서 모발의 팽윤 억제 효과(조절)를 갖게 한다.

3) 특수 샴푸제

항진균제, 항균제, 활성제 또는 진정제 등의 특수성분에 첨가제로 사용된다.

샴푸제 구분	성분 및 작용
비듬제거용 (antidandruff) 샴푸제	방향족 징크화합물로 비듬과 연관이 있는 곰팡이균(말라세지아균)의 성장을 억제함으로써 비듬 및 가려움 완화에 효과적이다.
라이치리스 샴푸제	가려움 제거용 샴푸제로 항균제와 국부마취 작용을 하는 활성제 또는 진정제 등이 배합되어 있다.
체취방지 (데오도란트)샴푸제	두개피에서 발생하는 악취를 감소시키기 위해 파라벤, 트라이클로산, 알루미늄화합물 등이 사용된다.
블리치 (하이라이트닝) 샴푸제	샴푸와 동시에 탈색(지우기)이 이루어진다.
컬러픽스 샴푸제	헤나, 카모밀레 등 식물성 천연염료가 계면활성제에 첨가되어 퇴색을 방지하거나 색조를 유지시 킨다.
토닉 샴푸제	살리실산이 첨가된 샴푸제로 각질연화 및 항균성을 가진 버드나무 추출물로서 산이면서 방향족 화합물이다.

4) 드라이 샴푸제

웨트샴푸가 불가능한 환자나 노인들 또는 두발에 물을 사용하여 거품을 내거나 헹궈서 말리는 것을 요구하지 않고 빠른 세척을 원하는 사람들을 위한 제품이다. 두발에 도포 20~30분 방치, 브러싱하여 제거하거나 이후 헤어토닉을 묻힌 탈지면 등으로 남아 있는 성분을 닦아낸다.

샴푸제 구분	사용방법
리퀴드 드라이 샴푸	계면활성제를 사용하지 않는 특별한 클렌징제로서 벤젠이나 휘발유를 원료로 하며, 휘발되는 성분이므로 통풍이 잘 되는 실내에서 사용해야 한다.
파우더 드라이 샴푸	오리스(orris)뿌리의 식물성 분말 즉, 흰 분꽃뿌리의 분말가루는 천연식물성 성분과 화학제인 산성백토에 라울린, 봉사, 탄산마그네슘 등이 혼합된 제품이다.
화이트 에그 샴푸제	거품을 낸 달걀 흰자를 두발에 도포 후 건조되면 브러싱하여 제거시킨다.

5) 유아용 샴푸제

유아용(베이비) 샴푸제는 순하고 부드러운 저자극성이 특징이다.

(3) 샴푸제의 기전(mechanism)

샴푸제는 세정제로서 두개피의 오염물과 기름기를 제거시키며 매니플레이션의 기법과 함께 roll-up 공법으로 제거되는 샴푸공학(shampoo technology)이다.

1) 샴푸제 기전의 종류

① 습윤 · 침투

두개피의 표면을 적시는 습윤 또는 침투작용에 의해 오염물질을 부풀리게 하는 팽윤현상이 오염물질의 부착력을 느슨하게 하거나 부드럽게 하여 분리한다.

② 유화

물에다 소량의 기름을 넣고 흔들면 기름은 알갱이로 분할되어 분산된다. 그러나 가만히 놓아두면 물층과 기름층으로 다시 분리된다. 이때 계면활성제 수용액에 기름을 넣어 흔들면 우유와 같은 균일한 유백색의 혼합 액체물층으로 분리되지 않는다. 이를 유탁액이라 하고 에멀전이 이루어지는 현상을 유화(emulsification)라 하며, 이러한 과정을 이끄는 물질을 계면활성제(유화제)라고 한다.

③ 분산

물이나 오일성분 또는 고체에 미세한 고체나 액체 입자가 계면활성제에 의해 혼합된 상태이다. 즉 오염물의 큰 입자를 작은 입자로 분해하여 액체 중으로 부유시키는 작용이다.

④ 재부착방지

액체 중에 미셀을 형성하여 부유(분산)된 오염물질이 재부착되지 않도록 한다.

⑤ 가용화(solubilization)

유화(에멀전)된 혼합 액체를 장시간 방치하거나 원심분리 시 오일은 계면활성제 용액으로부터 분리되어 두 층으로 갈라진다. 이렇게 분리된 계면활성제 수용액 층은 투명한 액체이지만 그중에는 소량의 기름이 분산되어 있다. 샴푸제의 경우 주로 일어나는 작용으로서 물에 불용성인 물질을 미셀 내에 가두어 용해한 것처럼 만든다.

⑥ 기포화(lathering)

- 친수기가 물을 흡착 · 보존하여 거품의 액체막이 얇아지는 것을 방지하기 때문에 거품이 파괴되지 않는다. 좋은 거품은 밀도 높게 압축된 낮은 거품을 만들고 쉽게 부서지지 않고 확실히 씻겨져 나가는 거품이 된다.
- 음이온계면활성제가 사용되며 때와 기름은 거품의 질을 떨어뜨리므로 샴푸제에는 거품촉진제(foam booster)나 거품안정제가 사용된다.

⑦ 헹굼 · 피막형성

세정성분과 음이온폴리머 등이 두발 표면의 오염물 주변에 미셀을 형성시킴으로 물에 의해 씻겨져 나간다.

2) 샴푸제의 기능

- 알칼리성분이 강하지 않으면서 세정력이 우수해야 한다.
  - 모발 내 천연보습인자와 지질을 과도하게 탈지시키지 않아야 함
- 거품력의 입자가 적당하고 고우며 헹굼이 간단해야 한다.
  - 거품 형성력과 거품 지속성이 좋으며 세척 시 거품을 깨끗이 제거해야 함
- 세정 후 건조, 빗질 등의 마무리가 좋아야 한다.
- 향이 적당하며 눈과 두개피에 자극을 주지 않는 안전성이 높아야 한다.
- 어떠한 물에서도 잘 풀리는 샴푸제로 수질오염이 되지 않아야 한다.

Section 02 헤어샴푸하기

두개피(scalp)에 샴푸제를 사용하여 헹구어 내는 샴푸잉은 헤어서비스에 따라 1단계 · 2단계 · 3단계(one · two · three step) 등으로 실제를 차원에 맞추어 행할 수 있다.

1 샴푸의 3단계 및 실제

(1) 샴푸의 3단계

프리샴푸(전처치)에서 프리(pre)는 '전(前)' 또는 '사전(事前)'이라는 의미이며, 본처치 샴푸 이전의 샴푸 과정으로 애벌샴푸 절차이다. 샴푸제와 샴푸실제(manipulation)를 적용시키는 전처치 · 본처치로서 두 단계 차원의 일반샴푸 과정이 행해진다.

샴푸제 구분	사용방법
1단계 (one step, pre shampooing)	• 전처치샴푸 또는 애벌샴푸라하며, 샴푸제는 본처치보다 많은 양을 사용하며, 매니플레이션과정은 본처치보다 가볍게 한 후 세정한다.
2단계 (two step, second shampooing)	• 본처치 샴푸라 하며, 가볍게 샴푸 과정을 거친 후 정상적인 처치로서 알칼리성 샴푸잉 실제 절차를 두개피 전반에 디테일하게 일반화시킨 과정이다.

3단계 (three step, after shampooing)	• 전처치 · 본처치 샴푸잉과는 별개로 후처치 샴푸라 하며, 산성샴푸 및 산성린스를 사용하거나 린스만을 사용하여 가볍게 처치하는 방법으로서 특수목적샴푸 과정인 케미컬 헤어스타일 서비스 과정 샴푸에 적용된다. • 특수목적 샴푸과정은 두발의 상태를 개선하거나 화학제 처치후 알칼리화된 두발의 중화작용을 위한 pH 조절 등을 위한 세정이다. • 특수목적 샴푸로서 펌, 염색, 커트 등에서 작업전에 가볍게 두개피부쪽 보다 두발에 막을 형성한 지질 및 이물질을 제거하는데 비중을 두고 있다.

▶ 샴푸잉 시 주의사항

샴푸잉 실제를 담당하는 작업자로서 주의사항은 다음과 같다.
• 고객의 옷깃이 젖지 않도록 주의한다.
• 샴푸실제는 적당한 속도와 리듬을 가진다.
• 샴푸 시 물의 온도(36~38℃)는 체온을 중심으로 가감하나 고객의 동의를 얻어 온도를 조절한다.
• 샤워기의 한쪽 끝을 손가락으로 잡아서 물의 온도변화에 항상 유의한다.
• 전처치 샴푸전에 두개피에 물이 고루 퍼지도록 충분히 적신 후 모근에서 모발끝 쪽으로 세척한다.
• 발제선 부분(이마, 귀 뒤와 안, 네이프라인 등)을 섬세하게 깨끗이 세발한다.
• 수분을 흡수한 두발은 팽윤되어 있어 비벼 씻으면 모표피를 손상(박리)하므로 특히 주의한다.
• 샴푸제 또는 린스제의 양을 과하게 사용하지 않도록 주의한다.
• 젖은 두발은 타월로 감싸서 물기를 닦아낸 후 상하 또는 좌우 등 한쪽 방향으로 타월드라이하여 물기를 완전히 건조시킨다.

(2) 매니플레이션 기법 및 방향

두개피 내 샴푸잉 시 샴푸제는 노폐물이나 각질을 제거하며, 매니플레이션 시 근육을 자극하여 혈액순환을 촉진하고 생리적인 대사 작용과 피부 탄력을 유지하게 한다.

1) 두개피부 매니플레이션의 목적 및 방법

① 두개피부 매니플레이션의 목적
• 매니플레이션의 기본동작을 통해 근육, 신경, 경혈점 등에 자극을 주어 마무리한다.
• 두개피 내 지각신경을 자극하고 혈액순환을 원활하게 한다.
• 근육과 분비샘의 기능을 촉진하여 두개피의 건강 상태를 양호하게 한다.
• 근육 이완으로 심신에 안정을 준다.

> **tip** 매니플레이션 기법의 종류

기법 종류	방법	
경찰법 (stroking)	쓰다듬기로서 손바닥, 손가락(엄지 · 검지 · 인지 · 중지 · 약지)을 이용하여 두개피부를 밀착시킨 상태에서 가볍게 쓰다듬거나 문지르는 동작을 말한다.	
강찰법 (friction)	문지르기로서 손가락끝 완충면 또는 손바닥을 이용하여 두개피부에 원을 그리거나 강하게 문지르면서 누르는 동작을 말한다.	
유연법 (kneading)	주무르기로서 약지와 엄지를 이용하여 근육을 주물러 풀어주는 동작을 말한다.	
진동법 (vibration)	엄지손가락 또는 손가락 끝의 완충면을 이용하여 두개피부 내 근육에 진동을 전달하는 떨림 동작을 말한다.	
고타법 (tapotement)	슬래핑	손바닥을 사용하여 두드리는 동작이다.
	태핑	손가락 완충 부위를 사용하여 두드리는 동작이다.
	커핑	손가락을 오목(컵)한 모양으로 하여 두드리는 동작이다.
	비팅	가볍게 주먹을 쥔 모양으로 손바닥 옆면을 이용하여 두드리는 동작이다.
	해킹	손바닥 옆 측면을 이용하여 두드리는 동작이다.

② 샴푸제 도포에 따른 매니플레이션 방법

방향 종류	특징
문지르기 (지그재그 방향)[1]	• 지그재그는 양손으로 사용 시, 발제선의 양쪽 귀 뒷부분에서 톱 또는 백회를 향해 큰 동작의 지그재그로 문지른다. • 문지르기는 오른손으로 사용 시, 발제선의 오른쪽 귀 뒷부분에서 작은 동작의 지그재그로, 톱 또는 백회를 지나 왼쪽귀 뒷부분으로 향해 문지르고 왼손은 두상이 흔들리지 않도록 가볍게 고정시킨다. – 이 같은 동작을 3~4번 정도 반복함(ear to ear top line, ear to ear goldenline) • 문지르기나 지그재그의 동작[1]이 끝나면 반드시 두발을 훑어내리는(쓰다듬기)[4] 동작으로 모다발을 쓸어내린다. • 후두부는 왼손을 돌려 무게를 받치듯이 두상을 조금 들어 올리고 오른손으로 지그재그 방식으로 후두 하부의 오른쪽·왼쪽 side nape line을 따라 3회 큰 폭으로 후두 곡면을 따라 문지른다.
양손 교차하기[2]	• 양 손가락을 깍지끼듯이 하여 하나, 둘, 셋, 넷의 단계적인 동작으로 손가락을 엇갈리게 넣어 교차시키면서 두상 전체 긴장을 풀어주는 방법으로 문지른다. • 후두면을 제외한 전두·두정·측두면을 위주로 양손 교차하기 후 반드시 모다발을 훑어준다.
튕겨주기[3]	• 양쪽 손가락 끝의 완충면을 이용하여 두개피부(모상건막에 자극을 주듯이)를 집어서 가볍게 제자리에서 하나, 둘, 셋, 넷에 튕겨준다.
훑어주기[4]	• 두발이 당겨서 아프지 않도록 손가락을 이용하여 위에서 아래로 쓰다듬듯이 강하게 쓸어내린다.
나선형 원만들기[5]	• 좌식 또는 트리트먼트(린스)제 처치 시, 발제선에서부터 나선형의 원을 만들면서 서핑쿨러 동작으로 굴려주는 동작이다.

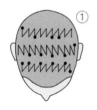  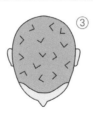 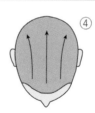 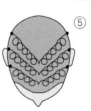

CHAPTER 02 헤어컨디셔너

Section **01**	**헤어컨디셔너 및 트리트먼트의 이해**

1 헤어컨디셔너의 정의 및 종류

주성분 농도의 배합률(짙기)에 따라 린스제, 컨디셔너, 트리트먼트제로 구분된다. 컨디셔너는 모발에서의 마찰력을 낮추고, 정전기적인 충전을 방지함으로써 다른 미용(임상)서비스를 받아들일 수 있는 기반을 만든다.

(1) 린스제

린스(rinse)란 물로 "헹군다"라는 뜻을 지닌 일반적(plain)인 처치 방법이다. 린스제(rinse agent)는 세발 후 모발에 매끄러움을 부여하여 모발 표면 상태를 정돈할 목적으로 사용되는 화장품으로서 중화작용과 수렴작용의 기능을 갖는다.

1) 린스제의 작용

① 중화작용

- 펌, 탈·염색 등의 시술로 인해 알칼리화된 모발은 본래의 모발 pH 상태로 되돌리기 위해 산성린스가 필요하다. 산성린스를 사용하여 등전대(pH 4.5~5.5), 즉 약산성 모발로 환원시키는 과정을 중화작용이라 한다.
- 중화의 기능은 양이온계면활성제가 모발 표면에 일렬로 흡착(유분의 흡착 및 친수 부분과 수화층을 형성)함으로 아주 얇은 유성의 피막이 형성된다.

② 수렴작용

- 샴푸 과정에 의해 알칼리화된 두발 상태를 중화시켜 두발 등전점을 갖게 함으로 자연스러운 광택을 부여하고 정전기를 방지한다.
    - 팽창된 두발을 수축시켜 탄력을 주어 두발 표면을 보호하며 빗질(유연성)을 좋게 함

2) 린스제의 종류

① 전처치 린스

불순물 제거 린스로 모발에 부착된 물질 가운데 물에 녹지 않는 물질(예 : 염모제 내 금속분, 비누가스 금속분 등)을 제거하기 위한 전처치 린스(pre rinse)이다.

② 후처치 린스

㉠ 크림 린스(cream rinse)
- 제형으로서 성분은 유지류와 양이온·양쪽성 계면활성제를 주원료로 단백질(amino acid, polypeptide)과 식물추출액 등이 첨가되기도 한다.
  - 모발을 유연(부드럽게)하게 하고 광택을 더하며 빗질 등을 용이하게 하나 산성도는 낮아 비누 찌꺼기를 제거하는 효과가 없음
- 샴푸 후 두발에 지방분을 보충하며 린스의 결점을 개선한 친수성 크림은 오일 린스에 비이온활성제를 첨가 및 유화시킨다. 도포 시 모발 표면에 균일하게 막을 형성한다.
  - 오일 린스는 물과 친화성이 부족하여 얼룩이 생기기 쉬우므로 유지에 비이온활성제를 첨가함

㉡ 산 린스(acid rinse)
- 성분은 구연산, 주석산, 초산, 유산으로 물속의 Ca, Mg 등과 비누의 응고 성분을 용해한다. 이는 펌 또는 염·탈색 후 모발을 등전대로 돌리기 위해 처치하는 방법으로서 모발 엉킴방지(detangling)와 유연성과 윤기를 준다.
  - 알칼리성을 중화(pH 3~4)시킴과 동시에 제2제의 작용도를 높이나 장시간 사용은 피하는게 좋음
- 산 린스의 농도는 0.5~2%로서 pH 3~4이며 주석산, 구연산, 초산 등을 주원료로 하여 금속 제거용에 많이 사용된다. 가정에서는 천연의 레몬즙이나 식초를 약 10배 정도 희석하여 사용하는 경우도 있다.
  - 천연레몬즙은 pH 2 정도로서 산이 강하기 때문에 모발을 도리어 응고시킴

중화작용	수렴작용
• 염·탈색, 펌 등의 작업으로 모발을 알칼리화시킨 것을 모발 등전가(pH 4~6)로 되돌리기 위해 산 린스가 필요하다.	• 염·탈색제, 펌제 등의 흡수와 알칼리 등에 의한 팽윤, 연화된 모발을 수렴시켜 탄력과 광택, 빗질을 좋게한다. • 염색 후 퇴색방지(color fix) 역할을 한다.

> **tip**
> - 구연산(citric acid) : 라임오렌지나 레몬에서 추출
> - 주석산(tartaric acid) : 포도찌꺼기에서 추출
> - 초산(acetic acid) : 식초에 함유된 제품
> - 유산(lactic acid) : 락토오스나 우유의 당분

㉢ 약산성 린스
알칼리성 염색이나 토너로 인해 부풀어 올라 노출된 모표피의 비늘 층을 견고하게 만들고 수축시킨다.

㉣ 오일 린스(oil rinse)
계면활성제가 출시되기 전 샴푸잉 시술 뒤에 모발에 유분을 보급할 목적으로 사용하였다.

③ 특수 린스(special rinse)

종류	내용
자외선 차단 린스	• 자외선 흡수제로서 안식향산, 세틸산 벤젠, 살리실산 페닐, 아이소프로필 에터 등을 배합한 크림상으로 자외선에 민감한 손상모에 일광 방지(선스크린) 효과가 있다. 　– 자외선으로 인한 모발 변성을 차단하는 자외선 흡수제는 피부보다 모발의 친화력이 강하기 때문에 지속성이 있음
대전방지 린스	• 나일론 브러시 등을 이용한 브러싱 시 발생되는 정전기를 예방한다. 　– 양이온계면활성제는 모발 표면에 피막을 형성하여 정전기 방지에 따른 브러시와의 마찰을 방지하며 먼지 등의 오염물질을 차단하고 모표피를 보호, 광택을 유지하는 효과가 있음 　– perm 작업 전에 사용하면 피막을 형성하여 펌제 침투를 방해함
회복용 린스	• 펌제, 염색제 작업 후 모발 등전대로 돌리기 위해 사용한다.
약용 린스	• 비듬 상태를 조절하기 위해 약효(항 비듬)성분을 첨가제로 사용한다.
컬러 린스	• 색소 고정제(color fix)로 부분적으로 모발 색상을 강조하거나 색소를 보완시키기도 한다.

> **tip** 양이온계면활성제는 알킬(R–) 지방산 사슬이 길수록 두발표면의 마찰계수를 저하한다. 친유기는 두발 방향 외측으로 배향 흡착한다. 두발에 흡착된 양이온계면활성제의 유분은 물세척으로 간단히 떨어지지 않아 린스 효과는 거의 변하지 않는다.

3) 린스제의 성분

구분	내용
피지막형성제	라놀린, 스쿠알렌, 에스터류, 유동파라핀, 고급알코올, 지방산유도체 등이 적용된다.
유지제	빗질 시 마찰로부터 모발을 보호하며 매끄러움과 광택을 주며 실리콘류인 알파올레핀, 올리고머 등이 사용된다.
보습제	모발의 수분 증발을 막아주고 촉촉한 감을 주는 글라이콜류인 2가 알코올[$(OH)_2$]이 주로 사용되며, 그 외 글리세린, 올레인에터, 모노부틸에터, 폴리프로필렌 글라이콜 등이 첨가된다.
점증제 또는 유화 분산제	건조 후 입자 형성, 분리, 침전 등 안정성에 영향력을 준다.
양이온 중합체	모발에 침전 함으로써 두께를 형성하며, 살균력을 가지고 있다.
자외선차단제	250~320nm 범위에서 자외선 방사능을 흡수함으로 차단이 이루어진다.
허브 추출물	세이지, 로즈마리, 카모밀레 등이 사용되며 향, 윤기, 부드러움을 첨가한다.
향	린스제의 대부분이 특정한 향을 가지고 있다.
색소	미용적 이유로 엷은 색을 첨가하여 사용하거나 모발에 하이라이트나 톤으로 작용한다.

(2) 헤어컨디셔너

린스를 한 차원 높인 컨디셔너(conditioners)는 모발에 대한 전문적인 손질 방법에 대한 처치제이다. 라놀린, 콜레스테롤, 보습제, 설폰산오일, 식물성오일, 비타민, 단백질 등 여러 화학물질이 코팅막을 형성하는 처치 작업만으로도 손상된 두발을 윤기나게 한다.

3) 컨디셔너의 배합물

컨디셔너를 개발할 때 조제 과학자(formulating scientist)들은 제품 특성, 미적, 안전도, 가격요인 등에 따른 시장성도 고려한다.

① 양이온컨디셔닝제
- 양이온계면활성제

  양이온계면활성제는 알킬아민, 에톡시레이티드아민, 제4급염, 알킬이미다졸린 그 외 양이온중합체(자연적이거나 합성 또는 생합성될 수 있는)인 다당류, 단백질, 핵산 등의 성분으로 구성된다.
- 양이온 중합체

  풀 먹임과 같은 매끄러움, 윤기, 습윤성, 모발 바디감과 같은 특성을 나타낸다.

② 양이온 폴리머(cationic polymers)
- 폴리머는 자연적(natural), 합성(synthetic) 또는 생합성(biosynthetic) 할 수도 있다.
- 생합성 폴리머는 자연적인 폴리머(다당류, 단백질, 핵산)로서 모발 컨디셔닝에 사용된다.
  - 폴리머의 성질은 매끄러움(slip), 윤기(sheen), 습윤성(humectancy), 바디감 등의 특성을 가짐

③ 지질 컨디셔닝제
- 모발을 윤기 나게 하는 첫 번째 컨디셔닝제로 사용된 것은 천연지방 oil과 waxes이다. 이는 지질(lipids), 지방(flat), 오일(oil), 왁스(waxes) 등을 구성요소로 하는 긴사슬탄화수소기로서 소수성을 띤다.
- 지질은 생물학적 기능으로서 세포막 구조적 구성의 피복제, 표면 코팅 보호제 역할을 한다.

(3) 트리트먼트

컨디셔너(conditioner)를 한 차원 높인 트리트먼트(treatment)는 처리, 치유, 처치, 치료 등의 다양한 의미를 포함한다.

1) 트리트먼트의 역할

탄력과 윤기(광택)를 회복시켜 건강한 모발을 유지하게 하는 작업 과정을 통틀어 트리트먼트라고 한다. 또한 단백질 성분의 흡착성을 이용하여 모표피의 손상을 방지함으로써 건강모의 상태로 회복하고자 하는 트리트먼트제는 모발 등전대가를 유지해 모발을 보호하며 더는 손상되지 않도록 하는 데 그 목적이 있다.

2) 헤어트리트먼트의 분류

구분	내용
사용목적에 따른 분류	• 일상적인 생활에서 모발관리(ordinary treatment agent)에 사용된다. • 기능성 트리트먼트제 : 손상모의 진행을 방지하고 예방한다. • 프리 트리트먼트제 : 펌과 염·탈색 시 손상부에 도포하여 알칼리성의 용제로부터 모발손상을 보호한다. • 선스크린 트리트먼트제 : 일광의 자외선에 의한 모발 단백질이나 염색모의 퇴색을 방지하기 위해 자외선을 흡수한다.
사용방법에 따른 분류	• 손상모의 회복이나 방지에 사용하는 트리트먼트제를 헹궈내는 방법과 모발손상 예방에 사용하는 트리트먼트제로서 헹궈내지 않은 유형으로 나뉜다.

3) 트리트먼트제의 종류

① 두발 트리트먼트제

- 펌제 및 염모제 등 화학적으로 손상된 모발에 모발단백질과 유분을 공급함으로 손상모로의 진행을 방지하고 일광이나 자외선에 의한 모발단백질 또는 염색모의 퇴색을 방지하거나 예방하기 위해 사용된다.
- 손상모 트리트먼트는 컨디셔너 용제에 단백질 분해물과 알칼리 수지 폴리머 등을 흡수, 고착화하는 방식으로서 양이온성과 양성합성고분자의 흡착과 잔존 성질을 이용한다. 이를 스타일링제와 샴푸제에 배합시킴으로 탄력을 강화시킨다.
- 경모연화 트리트먼트는 알칼리에 팽윤된 모발단백질 성분을 흡수시키는 방법을 통해 손상됨을 처치하는 방법이 있다.
- 축모교정 트리트먼트는 모발 조직 간에 고분자물과 왁스류를 첨가시킴으로써 보완한다.

② 두개피 트리트먼트제

두개피부보호 트리트먼트제, 비듬방지 트리트먼트제, 가려움방지 트리트먼트제, 탈모방지 및 육모촉진 트리트먼트제 등이 있다.

4) 트리트먼트제의 형태 분류

구분	내용
크림 타입	• 일반적으로 가장 넓게 사용되는 팩형으로서 사용이 편리하다. • 손상 정도에 따라 유성성분과 양이온계면활성제, 보습제 등이 유화된 상태로 시간이나 열 등의 처리를 달리할 수 있다. • 사용 후에도 모발에 유·수분을 보급하여 건조를 막으며 광택과 유연성을 주어 모발 손상으로부터 보호 기능이 있다.
에멀전 타입	• 두상 전체 모발에 도포 시 균일하게 침투하므로 사용에 용이하다.

리퀴드 타입	• 1인 사용량이 앰플 용기에 들어있어 사용이 간편하고 청량감이 있다. • 이는 모발단백질(polypeptide)을 고농도로 배합한 것으로 모발 내 탄력성을 강화하므로 케미컬 스타일링의 전처리 또는 후처리 시 사용된다.
에어로졸 타입	• 실리콘, 라놀린유도체, 폴리펩타이드 등을 배합한 코팅화합물이다. • 모발 표면에 유분은 물론 광택과 모표피의 박리(갈라짐)을 방지하는 제품으로 헤어스타일링 효과와 함께 사용감이 편리하다.

★
01 다음은 샴푸제에 대한 내용이다. 내용과 관련 없는 것은?

① 헤어샴푸는 "두발을 감는다"는 의미로 두발 클렌징과 동의어로 세발을 의미한다.

② 두발 세정을 의미하는 샴푸는 양질의 샴푸와 샴푸의 수행으로서 매니플레이션을 포함하는 세정작업을 통칭한다.

③ 세발을 뜻하는 샴푸는 모발 내 오염물인 이물질과 때, 각질 등을 제거하는 매니플레이션인 세정작업과 샴푸제를 포함하는 의미를 갖는다.

④ 두발의 오염물인 각질(인설)과 분비물인 피지, 화장품과 먼지 등을 깨끗이 제거하기 위해 손의 힘을 최대한 약하게 자극이 없도록 한다.

해설 | ④ 두발 내 생리적 오염물인 각질(인설)과 분비물인 피지, 화장품과 먼지 등을 깨끗이 제거하기 위해 손의 적당한 자극이 함께 수행된다.

★
02 다음 내용 중 드라이 샴푸제에 대한 설명으로 바르지 않은 것은?

① 리퀴드 샴푸 – 계면활성제를 사용하지 않는 특별한 클렌징제로서 벤젠이나 휘발유를 원료로 하여 휘발성이 강해 통풍이 잘되는 실내에서 사용해야 한다.

② 파우더 샴푸 – 오리스 뿌리의 식물성 분말로 흰 분꽃 뿌리의 분말가루는 천연식물성 성분과 화학제인 산성백토에 라울린, 붕사, 탄산마그네슘 등이 혼합된 제품이다.

③ 에그 샴푸 – 거품을 낸 달걀 흰자를 두발에 도포 후 건조되면 브러싱하여 제거한다.

④ 영·유아용 샴푸 – 만3세 이하 어린이가 사용하는 제품으로서 순하고 부드러운 저자극성이 특징이다.

해설 | ④ 13가지 화장품의 유형 중 영·유아용샴푸에 속한다.

★
03 특수 샴푸제 내용으로 틀린 것은?

① 항진균제, 항균제, 활성제 또는 진정제 등의 특수성분에 첨가제로 사용된다.

② 블리치 샴푸는 샴푸와 동시에 모발에 색을 입힌다.

③ 컬러픽스 샴푸제는 헤나, 카모밀레 등 식물성 천연염료가 계면활성제에 첨가되어 퇴색을 방지하거나 모발의 색조를 유지한다.

④ 토닉 샴푸는 살리실산이 첨가된 샴푸제로 각질 연화와 항균성을 가진 BHA에 해당되는 버드나무에서 추출한다.

해설 | ② 샴푸와 동시에 탈색(지우기)이 된다. 특수샴푸제는 비듬제거용, 가려움제거용, 체취방지·블리치·컬러픽스·토닉샴푸제 등이 있다.

04 다음 중 계면활성제의 종류로서 세정력이 약한 순서대로 나열된 것은?

① 양이온계면활성제 − 음이온계면활성제 − 양쪽성계면활성제 − 비이온계면활성제

② 음이온계면활성제 − 양이온계면활성제 − 양쪽성계면활성제 − 비이온계면활성제

③ 양쪽성계면활성제 − 비이온계면활성제 − 음이온계면활성제 − 양이온계면활성제

④ 비이온계면활성제 − 양쪽성계면활성제 − 양이온계면활성제 − 음이온계면활성제

해설 | ④ 계면활성제의 피부 자극 순서 : 양이온 〉음이온 〉양쪽성 〉비이온성 / 계면활성제의 세정력 순서 : 음이온 〉양이온 〉양쪽성 〉비이온

05 다음 중 계면활성제와 사용제품의 연결이 바르게 연결된 것은?

① 양이온계면활성제 : 샴푸, 비누, 클렌징 폼, 면도용 크림

② 음이온계면활성제 : 린스, 헤어 트리트먼트

③ 양쪽성계면활성제 : 베이비 샴푸, 저자극 샴푸, 물비누

④ 비이온계면활성제 : 유화제, 유연제, 살균제

해설 | ③ 양이온 : 헤어 린스, 헤어 트리트먼트제 / 음이온 : 샴푸, 비누, 클렌징폼, 면도용 크림 / 비이온 : 화장수의 가용화제, 크림의 유화제, 클렌징 크림

06 두발화장품 중 샴푸제를 선택하는 조건으로 가장 적합하지 않은 것은?

① 세발 중 마찰에 의한 모발의 손상이 없어야 한다.

② 거품이 섬세하고 풍부하며 지속성이 있어야 한다.

③ 물에 의한 씻김 현상이 좋아야 한다.

④ 우수한 세정력으로 두발내 지질까지 깨끗이 제거할 수 있어야 한다.

해설 | ④ 세정력은 우수하되 과도한 피지 제거로 인한 건조 현상이 있어서는 안된다.

07 샴푸의 목적으로 거리가 가장 먼 것은?

① 미용 서비스작업을 용이하게 하며, 스타일을 만들기 위한 기초적인 작업이다.

② 샴푸는 두피 및 모발(두개피)의 더러움을 씻어 청결하게 한다.

③ 두개피부를 자극하여 혈액순환을 돕고 모근을 강화시키는 동시에 상쾌감을 준다.

④ 두발 세정시 비벼줌으로써 때를 씻어내고 모표피를 강하게 해준다.

해설 | ④ 샴푸는 두발의 오염물과 때, 이물질을 깨끗이 제거하고 동시에 두개피부에 적당한 자극을 주어 혈액순환과 모발의 성장을 촉진한다.

08 샴푸의 작용으로 설명이 가장 옳은 것은?

① 두통을 예방할 수 있다.

② 두개피부를 자극하여 혈액순환을 원활하게 하고 모발을 청결하게 한다.

③ 두발의 수명을 연장한다.

④ 모근의 신경을 자극하여 생리기능을 강화한다.

해설 | ② 샴푸는 두발 내 오염물인 때와 이물질을 깨끗이 제거하고 두개피부에 적당한 자극을 주어 혈액순환과 두발성장을 촉진한다.

09 다음 중 샴푸의 목적으로 거리가 가장 먼 것은?

① 두개피부 및 두발의 세정

② 미용 서비스작업의 용이

③ 두발의 건전한 발육 촉진

④ 두개피부 및 두발의 질환 치료

10 누에고치에서 추출한 성분 또는 난황성분을 함유한 샴푸제로 모발에 영양을 공급해 주는 샴푸제는?

① 드라이 샴푸　　　② 애시드 샴푸

③ 프로테인 샴푸　　④ 컨디셔닝 샴푸

해설 | ③ 프로테인(단백질) 샴푸는 누에고치에서 추출하거나 달걀의 난황성분의 레시틴, 스테롤, VtA 등이 함유된 단백질(protein)을 함유시킨 샴푸제를 말한다.

11 샴푸제의 기전에 대한 설명으로 틀린 것은?

① 습윤 · 침투 – 두개피의 표면을 적시는 작용에 의해 오염물질을 부풀게 하여 부드럽게 분리시킨다.

② 분산 – 미세한 고체 또는 액체 입자가 계면활성제에 의해 혼합된 상태이다.

③ 기포화 – 음이온계면활성제가 사용되며 때와 기름은 거품의 질을 떨어뜨린다.

④ 계면활성제 수용액에 기름을 넣어 흔들면 우유와 같은 균일한 유백색의 혼합액체 물층으로 분리된다.

해설 | ④ 계면활성제 수용액에 기름을 넣어 흔들면 우유와 같은 균일한 유백색의 혼합액체 물층으로 분리되지 않는다.

12 두개피 매니플레이션의 목적으로 잘못된 것은? ★★

① 매니플레이션의 기본동작을 통해 근육, 신경, 경혈점 등 자극을 주어 마무리한다.

② 두개피 내 지각신경을 자극하고 혈액순환을 원활하게 한다.

③ 근육과 분비샘의 기능을 촉진하여 두개피의 건강상태를 둔화시킬 수 있다.

④ 근육이완에 따른 심신 안정을 갖게 한다.

해설 | ③ 근육과 분비샘의 기능을 촉진하여 두개피의 건강 상태를 양호하게 한다.

13 매니플레이션 기법에 대한 설명으로 틀린 것은? ★★

① 경찰법 – 가볍게 주먹을 쥔 모양으로 손 옆면을 이용하여 두드리는 동작이다.

② 강찰법 – 손가락 끝 또는 손바닥을 이용하여 두개피부에 원을 그리거나 강하게 문지르면서 누르는 동작을 말한다.

③ 유연법 – 약지와 엄지를 이용하여 근육을 주물러서 풀어주는 동작을 말한다.

④ 진동법 – 엄지손가락 또는 손가락 끝을 이용하여 두개피부 내 근육에 진동을 전달하는 떨림동작을 말한다.

해설 | ① 경찰법은 두개피부를 밀착시킨 상태에서 가볍게 쓰다듬거나 문지르는 동작이다.

14 헤어 리컨디셔닝에 관한 설명으로 잘못된 것은? ★

① 지성모의 경우에는 핫 오일 트리트먼트가 좋고 열을 가할 때 크림 컨디셔너를 바른다.

② 피지선의 작용을 활발하게 하려고 스캘프 매니플레이션과 브러싱을 행한다.

③ 두발의 상태를 처리하여 손상되기 이전의 상태로 환원시키는 것을 의미한다.

④ 두개피부를 청결히 유지하고 피지선 및 한선의 작용을 활발하게 한다.

해설 | ① 트리트먼트(처치)에 관한 내용이다.

15 헤어 트리트먼트와 관련 없는 것은? ★

① 클리핑

② 슬리더링

③ 헤어 팩

④ 헤어 리컨디셔닝

해설 | ② 슬리더링은 헤어 커트의 기법이다.

16 다음 내용은 매니플레이션의 작용 요소가 갖는 효과이다. 관련이 가장 적은 것은?

① 가하는 힘의 세기
② 동작의 방향
③ 기본동작의 지속적인 시간
④ 기본동작의 방법

해설 | ④ 매니플레이션은 세기, 방향, 시간 등의 작용 요소를 통해 효과를 얻을 수 있다.

17 다음 중 비듬 제거 시 사용되는 샴푸제는?

① 핫 오일 샴푸
② 단백질 샴푸
③ 댄드러프 샴푸
④ 플레인 샴푸

해설 | ③ 비듬(Dandruff) 제거 시 댄드러프 샴푸제를 사용한다.

18 헤어 린스의 목적과 관계 없는 것은?

① 두발의 엉킴방지
② 두발의 광택부여
③ 각질 및 이물질 제거
④ 두발에 유분공급

해설 | ③ 각질 및 이물질 제거는 샴푸의 목적이다.

19 드라이 샴푸의 종류 중 거리가 가장 먼 것은?

① 리퀴드 샴푸   ② 파우더 샴푸
③ 에그 샴푸   ④ 토닉 샴푸

해설 | ④ 살리실산이 첨가된 샴푸제로 각질 연화 및 향균성을 가진 BHA에 해당하는 버드나무 추출물로서 산이면서 방향족화합물이다.

20 다음은 트리트먼트 매니플레이션의 실제에서 N, S, C, P를 엄지와 약지로 가볍게 압력을 넣고 N, P에서 2마디 위로 4마디로 갈라 압력을 넣는 순서이다. 괄호 안에 들어갈 지압점은?

완골 → (㉠) → 천주 → 아문 → (㉡) → 후정 → (㉢)

① ㉠ – 풍지, ㉡ – 백회, ㉢ – 현로
② ㉠ – 풍지, ㉡ – 신정, ㉢ – 현로
③ ㉠ – 백회, ㉡ – 신정, ㉢ – 풍지
④ ㉠ – 풍지, ㉡ – 강간, ㉢ – 백회

해설 | ④ 두개피부 트리트먼트 매니플레이션의 실제로서 마무리 지압하기의 중간과정의 후두부 내 압점 순서이다.

21 건조모에 단백질을 보충시키기 위해 사용되는 샴푸제는?

① 프로테인 샴푸   ② 허브 샴푸
③ 핫 오일 샴푸   ④ 플레인 샴푸

해설 | ① 건조모에 단백질(영양)을 보충하기 위해 프로테인 샴푸제를 사용한다.

22 린스의 일반적 특징이 아닌 것은?

① 두발에 윤기를 주고 빗질을 보완해 준다.
② 두발에 유분 공급과 정전기를 방지한다.
③ 샴푸 후 불용성 알칼리를 제거한다.
④ 두발에 영양을 공급하고 손상된 모발을 케어한다.

해설 | ④ 트리트먼트제 또는 컨디셔너제의 역할이다.

23 스캘프 트리트먼트와 두개피 상태의 연결이 잘못된 것은?

① 보통 상태의 두개피 : 플레인 스캘프 트리트먼트
② 지방이 많은 두개피 : 오일리 스캘프 트리트먼트
③ 비듬이 많은 두개피 : 산성 스캘프 트리트먼트
④ 지방이 부족한 두개피 : 드라이 스캘프 트리트먼트

해설 | ③ 비듬 두개피는 댄드러프 스캘프 트리트먼트를 사용한다.

24 헤어 린스의 역할에 대한 설명으로 거리가 먼 것은?

① 세정력 강화로 혈액순환 촉진을 높여준다.
② 엉킴을 방지하여 빗질을 용이하게 한다.
③ 샴푸제의 잔여물을 중화시킨다.
④ 정전기를 방지하고 방수막을 형성한다.

해설 | ① 샴푸제의 역할이다.

25 손상모나 염색모발에 가장 적합한 샴푸제는?

① 약용 샴푸제
② 논 스트리핑 샴푸제
③ 댄드러프 샴푸제
④ 프로테인 샴푸제

해설 | ② 논 스트리핑 샴푸제는 저자극성 샴푸제로서 손상모나 염색모에 가장 적합하다.

26 샴푸 또는 린스 마무리 헹구기 후 타월드라이 및 감싸기의 동작 내용에 속하지 않는 것은?

① 젖은 두발 내 물기를 닦기 전에 두개피부, 귀 주변, 발제선 등을 먼저 닦는다.
② 두개피부, 귀 주변, 발제선 등을 닦은 후 두발을 감싸아서 물기를 짜듯이 또는 두드리듯이 닦는다.
③ 두발이 삐져나오지 않게 타월터번 후 고객을 등받이에서 일으켜 앉힌 후 마무리감싸기를 한다.
④ 두상을 감싼 타월을 제거한 후, 두발을 빗질한다. 사용된 타월, 샴푸대와 샴푸볼의 거름망 및 주변을 정리한다.

해설 | ④ 두발정리 및 마무리 정리에 해당된다.
①, ②, ③ 타월드라이 및 감싸기동작의 내용이다.

27 헤어 컨디셔너제의 사용목적이 아닌 것은?

① 손상된 두발을 완전히 치료해 준다.
② 두발에 윤기를 주는 보습 역할을 한다.
③ 화학제 시술 후 pH를 중화시켜 모발의 산성화를 방지한다.
④ 손상된 모발의 표피층을 부드럽게 보호해 주며 빗질을 용이하게 한다.

해설 | ① 헤어 컨디셔너제
• 헤어 컨디셔너제는 모발에 대한 전문적인 손질방법에 대한 처치제로 수분, 비타민, 단백질 등 여러 화합물로 이루어져 있다.
• 컨디셔너제의 역할은 모발손상에 대한 처치과정으로서 손상된 모발의 외관을 윤기나게 하고 코팅막을 형성시켜 촉감, 풍부감, 매끄러움을 형성한다.
• 모발 고유의 건강한 상태로 회복 또는 유지를 목적으로 한다.

28 샴푸의 작용으로 설명이 가장 옳은 것은?

① 편두통을 예방해 준다.
② 두개피부를 자극하여 혈액순환을 원활하게 하며, 두발을 청결하게 한다.
③ 두발의 수명을 연장한다.
④ 모근의 신경을 자극하여 생리기능을 강화한다.

해설 | ② 샴푸는 모발 내 오염물인 때와 이물질을 깨끗이 제거하고 두개피부에 적당한 자극을 주어 혈액순환과 두발성장을 촉진한다.

29 모발이 지나치게 건조하거나 염색에 실패했을 때 가장 적합한 샴푸방법은?

① 플레인 샴푸
② 에그 샴푸
③ 파이더 샴푸
④ 토닉 샴푸

해설 | ② 에그 샴푸는 단백질 샴푸로, 건조모나 염색모에 주로 사용한다.

30 두개피 트리트먼트제의 종류가 아닌 것은?

① 가려움방지 트리트먼트제

② 탈모촉진 트리트먼트제

③ 육모촉진 트리트먼트제

④ 비듬 방지 트리트먼트제

해설 | ② 탈모방지 트리트먼트제가 있다.

31 헤어 린스에 관한 설명으로 잘못된 것은?

① 오일린스 – 모발에 유분 보충 및 린스의 결함을 개선한 제품이다.

② 약용린스 – 비듬 상태를 조절하기 위해 약효(항비듬)성분을 첨가제로 사용한다.

③ 컬러린스 – 색소 고정제로 부분적으로 모발 색상을 강조하거나 색소를 보완한다.

④ 크림린스 – 펌 또는 염·탈색 후 모발을 등전대로 돌리기 위해 사용되며, 모발이 엉키는 것을 방지하고 유연하게 하며 윤기를 부여한다.

해설 | ④ 산성린스에 대한 설명이다.

32 다음 설명은 매니플레이션 테크닉의 기본동작 중 어느 동작의 효과에 대한 설명인가?

> 엄지손가락 또는 손가락 끝을 이용하여 두개피부 내 근육에 진동을 전달하는 떨림 동작을 말하며, 근육의 탄력을 증진시킨다.

① 경찰법   ② 유연법

③ 진동법   ④ 강찰법

해설 | ③ 진동법에 대한 기법이다.

33 모발의 등전점으로 옳은 것은?

① pH 4.5~5.5

② pH 5.5~6.5

③ pH 6.5~7.5

④ pH 7.5~8.5

해설 | ① 모발의 등전점은 pH 4.5~5.50이다.

34 손을 컵 모양으로 오목하게 해서 두드리는 고타법 종류는?

① 비팅   ② 슬래핑

③ 태핑   ④ 커핑

해설 | ① 가볍게 주먹을 쥔 모양으로 손바닥 옆면을 이용하여 두드리는 동작이다.
② 손바닥을 사용하여 두드리는 동작이다.
③ 손가락완충 부위를 사용하여 두드리는 동작

35 매니플레이션의 기본동작에 속하지 않는 것은?

① 쓰다듬기   ② 주무르기

③ 문지르기   ④ 짓누르기

해설 | ④ 매니플레이션의 기본동작은 경찰법(쓰다듬기), 강찰법(문지르기), 유연법(주무르기) 고타법(두드리기), 진동법(떨기) 등이다.

36 매니플레이션 기법 중 강찰법에 관한 설명으로 맞는 것은?

① 손바닥으로 가볍게 쓸어주는 동작이다.

② 약지와 엄지를 이용하여 근육을 주물러서 풀어주는 동작을 말한다.

③ 손가락 끝을 이용하여 원을 그리며 강하게 문지르는 동작을 말한다.

④ 손가락 끝을 이용하여 근육에 진동을 전달하는 동작을 말한다.

해설 | ① 경찰법에 관한 설명이다.
② 유연법에 관한 설명이다.
④ 진동법에 관한 설명이다.

37 피지의 성분으로 틀린 것은?

① 왁스에스터

② 스쿠알렌

③ 콜레스테롤

④ 하이아루론산

해설 | 피지의 성분은 ①, ②, ③과 함께 트라이글리세라이드, 지방산, 다이글리세라이드 등이 포함된다.

38 매니플레이션에 대한 설명으로 바르지 않은 것은?

① 각질을 제거해 준다.

② 노폐물의 흡수를 돕는다.

③ 근육을 자극하여 혈액순환을 촉진한다.

④ 혈액순환을 촉진하여 탄력을 저하한다.

해설 | ④ 혈액순환을 촉진하여 탄력을 유지하여 준다.

39 샴푸 작업의 자세에 대한 설명으로 바르지 않은 것은?

① 적당한 속도와 리듬으로 고객을 배려하여 기술력을 쌓는데 노력해야 한다.

② 고객의 두개피부에 상처나 알레르기가 있는지 살펴야 한다.

③ 샴푸 시 두개피부가 시원하도록 손톱을 길러 정성껏 샴푸한다.

④ 고객과 작업자 간의 가까운 거리에 의해 몸의 체취, 구취 등으로 불편을 느끼지 않도록 유의한다.

해설 | ③ 작업자의 두발상태는 깨끗하고 단정하게 정리(묶음머리형, 단정한 쇼트스타일 등)하고 손톱은 길지 않게하고 악세사리 착용(특히, 반지나 팔찌 등)을 삼가한다.

40 샴푸제의 성분에 포함되지 않는 것은?

① 점증제 ② 계면활성제

③ 환원제 ④ 킬레이트제

해설 | ③ 퍼머넌트 웨이브 시 1제의 역할이다.

PART 3 ▶ 헤어샴푸 ——————— 선다형 정답

01	02	03	04	05	06	07	08	09	10
④	④	②	④	③	④	④	②	④	③
11	12	13	14	15	16	17	18	19	20
④	③	①	①	②	④	③	④	④	④
21	22	23	24	25	26	27	28	29	30
①	④	③	①	②	④	①	②	②	②
31	32	33	34	35	36	37	38	39	40
④	③	①	④	④	③	④	④	③	③

Part
4

두개피
관리

두개피 관리 준비

CHAPTER
01

Section **01** 두개피 관리 준비

1 두개피 관리를 위한 기기

기기 분류	기기류	특징
진단기	확대경, 현미경, 아쿠아체커, 헤어게이지, 유·수분 측정기	가시적으로 판별하기 어려운 두개피 상태 확인 등에 따른 관리 기기이다.
이완기	고주파, 저주파, 진동패터, 헤드마사지기	피부 신진대사 활성화에 따른 림프와 혈액순환을 촉진시킨다.
세정기	젯트필, 자외선램프, 디스인크러스테이션	딥클렌징을 통해 노폐물 제거, 피부 세포층의 재생을 자극하는 데 사용된다.
침투기	오존기, 스티머, 적외선램프, 이온토포레시스	혈액순환을 촉진, 영양물질 침투를 도와준다.

① 두개피 진단기

컴퓨터 프로그램과 연결된 렌즈를 사용하여 두개피 상태를 정밀 측정하여 관리 방법을 결정한다. 아래의 표와 같이 렌즈의 배율을 조절하여 주로 두개피부 부분은 150배, 두발 부분은 200~400배로 촬영한다.

렌즈크기(비율)	진피조직
×1 배율 (1배율)	• 두상 전체의 탈모 진행 정도를 파악한다. – 고객관리 프로그램에 얼굴 파악용으로 사진을 촬영하여 데이터로 사용
×40 · 80 · 100배율(50배율)	• 배율에 따라 일정 공간 안에 존재하는 두개피 상태를 측정한다. – 모발의 밀도와 염증을 파악함　　　　　　– 두개피부의 비듬 및 각질의 상태를 파악함

×200 · 300
· 400배율
	• 두개피부 및 모공의 상태, 탄력도, 예민도 등의 정도를 파악한다.
	  – 모공의 막힘과 열림의 상태를 파악함　　　– 모발의 굵기 및 모단위수 파악함
	  – 각질의 분포도와 피지막의 형성 정도를 알 수 있음
	  – 두개피 전체적인 문제점 파악에 사용

×600 · 800배율 (800배율)	• 두발 표면의 손상 정도를 파악한다. – 모표피의 상태와 모발 상태를 파악　　　– 모발의 화학적 처리 여부를 알 수 있음

② 광학현미경

광선과 렌즈를 사용하여 모낭충이나 비듬균을 확인하고 모표피의 겉면을 점검 또는 측정할 수 있다. 이는 800~1,000배의 고배율 렌즈로서 진단기와 연결해서 결과를 확인할 수 있다.

③ pH 측정기

두개피부의 수소이온농도(산성도)를 측정, 피지막의 산화정도와 두개피부의 염증 발생률을 유추할 수 있다.

④ 적외선 램프

피부 심부 4cm까지 침투하며 온열 작용으로 체온상승, 모세혈관 확장 및 혈액순환 촉진, 피부 노폐물 배출 촉진, 면역력 증진, 세포 활동 활성화 등의 효과가 있어 제품의 영양흡수를 높여준다.

⑤ 스팀기(미스트기)

분사되는 미립자의 수증기를 이용하여 굳어진 두개피의 각질, 노폐물 등을 부풀게 하여 제거를 돕고, 두개피부 온도를 상승시켜 혈관 확장 및 순환을 촉진하여 혈행에 따른 영양과 산소 보급을 양호하게 한다. 건성 두개피부 10분, 비듬성 두개피부 15분, 민감성 두개피부 7분 정도에 걸쳐 사용하며, 상황에 따라 온도와 시간 및 스팀의 양을 조절함

⑥ 바이브레이터 및 고주파

스티머에 의한 두개피부 연화, 각질 제거를 보완한다. 브러싱 또는 바이브레이터 과정으로서 두개피부 상태가 정상 · 건성 · 지성일 때 사용한다.

⑦ 스캘프 펀치(워터 펀치)

별도 구성 또는 샴푸대와 연결하여 사용되는 스캘프 펀치는 분당 1,000~2,400회의 파동으로서 모공의 각질 및 노폐물을 효과적으로 제거한다. 수압과 물살로 인한 매뉴얼 테크닉 효과는 혈액순환을 도우며 영양물질 흡수를 촉진해준다.

2 두개피 관리에 필요한 재료

1) 스케일링제

두개피부에 각질을 제거하기 위해 사용하는 제품으로서 상태에 따라 중성 · 지성 · 건성 · 탈모 두개피용 등이 있다. 주성분으로 멘톨이나 페퍼민트 등의 천연아로마 성분과 계면활성제가 첨가되어 있다.

액상 타입	겔 타입	크림 타입
가벼운 각질 및 피지 제거 시 사용한다.	일반적인 각질 및 피지 제거 시 사용한다.	심한 각질 및 피지 제거 시 사용, 두개피 스케일링 시 두개피부에만 사용된다.

2) 샴푸제

종류	내용
식물성 샴푸제	허브식물로서 약용 성분을 함유함으로써 생리기능을 조절, 소염, 진통, 탈취, 살균 및 세정작용 등의 효과가 있다.

동물성 샴푸제	누에고치, 난황 성분 등에서 추출한 단백질 함유 샴푸제로서 손상모에 부드러운 세정 작용과 모발 단백질 보호작용이 있다.
컨디셔닝 샴푸제	소량의 동물성, 식물성, 광물성 물질이 첨가되어 모발 감촉을 증진하는 효과가 있다.
비듬제거용 샴푸제	노화각질과 피지의 분해 산화물이 혼합된 비듬이 제거되며, 이를 예방시키기 위해 살균제 성분이 함유되어 있다.

3) 두발 영양제 *part.3 → chapter.02 헤어컨디셔너 참조 바람

샴푸 후에 두개피에 영양을 공급하거나 민감해진 두개피부를 진정시키는 작용을 하며 천연성분이 포함된 제품이다.

3 두개피 유형 분석 *두피·모발의 이해는 part.1 → chapter.02 피부의 이해에 상세히 설명되어 있음

(1) 분석방법

상담 방법	내용
문진	• 상담자의 질문을 통한 진단방법이다.
시진	• 육안 진단으로서 두개피질환[1], 각질 및 염증 정도[2], 두개피부 색상과 상태[3], 두발 두께[4], 모단위수[5], 화학적 시술 상태[6] 등을 육안으로 진단해야 한다.
촉진	• 만져봄에 의한 감촉을 통한 진단방법이다.
검진	• 기기인 매크로렌즈(macrolens)를 사용한 진단으로서 카메라 또는 접촉식 입체현미경으로 영상을 입력시킨 후 컴퓨터를 이용한 화상 분석기를 phototrichogram방법이라고 한다. • 컴퓨터(기기)를 이용한 화상 분석은 정량적 분석으로서 비침습적, 객관적인 방법으로 검진된다.

(2) 두개피분석

두개피 부위는 측정 위치에 따라 유형의 차이를 갖는다. 유형은 얼굴 또는 두개피부로서 피지량을 비교 시 두개피부는 모공이 많고 온도가 높아 피지분비량이 많으므로 세발 후 2~3시간 지난 후에 측정한다.

1) 두개피 상태의 유형

① 정상두개피
• 노화 각질이나 피지 산화물이 거의 없으며 윤곽선이 뚜렷한 모공 상태이다.

수분 함유량	피부색	모공상태	피지막	각화유무	특징
10~15%	청백색	오목 (윤곽선 뚜렷)	피지·수분 적당량	투명, 각질없는 상태, 윤기 있고 매끄러운 피부상태	적당한 피지막 상태로서 모공 주변이 깨끗하며, 노화각질 및 이물질이 거의 존재하지 않음

② 건성두개피

모낭에서의 영양공급 부족으로 모근이 말라 수분이 부족하고 기름기가 적어(유·수분 불균형) 모누두
상부가 건조상태가 된다(샴푸 후 6시간 이후에야 전체 두개피부에 피지가 고르게 분포됨).

수분 함유량	피부색	모공 상태	피지막	각화유무	특징
10% 이하	약간의 황색 톤, 탁해보임	막혀 있음	피지· 수분 부족	수분 과다 증발현상으로 불 규칙하게 건조화 현상, 모발 상태는 모표피 건조, 빠르게 흡수 및 탈수	유수분 균형이 맞지 않아 모낭 주변이 건조 한 상태로서 두발은 가늘고 거칠게 건조됨. 두개피부는 윤기가 없고 각질이 쌓여 당기 는 느낌(영양결핍), 가려움증 유발

③ 지성두개피

> tip
> • 내적 요인 : 유전적 요인(남성호르몬 과다), 음식물, 스트레스 등
> • 외적 요인 : 지나친 두개피부 마찰, 샴푸 미숙에 따른 불결 등의 모누두상부에 피지를 고이게 함

수분 함유량	피부색	모공상태	피지막	각화유무	특징
20% 내외	약간의 황색 톤을 띠면서 얼룩현상	모낭에 피지가 가득차 모기질상 피세포의 성장지 연, 모공이 보이 지 않음	피지산화물 누적, 과다 피지	한선, 피지선이 이상 현 상으로 노화각질뿐 아니 라 피지산화물이 누적, 모발상태 피지에 엉켜있 음, 흡수력이 거의 없음	큼직하고 축축한 비듬이 형성됨, 두개피부에 지나치게 번들거리 는 지질이 막을 형성, 부분적으 로 충혈, 붉게 변하거나 염증반 응, 모단위수와 굵기 변화를 야 기함

④ 지루성두개피

지루성은 습진의 일종으로 만성질환이다. 염증을 유발하여 가려움을 동반(가려워서 긁을 경우 모낭
주위가 부풀거나 심하면 곪는)하며 미만성 탈모를 유도한다.

수분 함유량	피부색	모공상태	피지막	각화유무	특징
20% 내외	황색, 적색	과다 피지에 모공이 막혀 있음	코티졸, 안드로겐호르 몬 과다분비에 의해 다량의 피지 생산	노화각질-염증 없는 인설 을 가진 비듬, 각질이 엉겨 끈적임, 비듬 생성, 두터운 노화각질, 과도한 피지분비	피지선·한선의 분비과다, 모근 조직 염증 유발(세포간 고착력 둔화), 모발 상태는 탄력 저하와 탈모 증가, 불규칙한 모단위수

⑤ 민감(예민)성두개피

유전적 체질 또는 호르몬 분비 불균형과 염증 또는 긴장으로 인해 두개피부가 아프다면 이는 건성·지
성·지루성 두개피부 등 모든 유형으로 전이될 수 있는 민감한 두개피부이다. 미세한 자극에도 쉽게
반응하며 치료 후에도 재발할 수 있으므로 관리를 섬세하고 서서히 하는 것이 효과적이다.

수분 함유량	피부색	모공상태	피지막	각화유무	특징
부위마다 다양	전체적으로 붉은 톤	붉은 반점과 뾰루지 등 염 증반응이 다양 한 형태	건조함	각화주기 이상현상(주기 진 행이 빠름), 건조함, 얇은각 질이 들떠 있음, 빠른 흡습 과 탈수	• 열을 동반, 과각화, 각질층 두께는 얇으며 세균감염, 스트레스, 민감 함, 불면증 등에 노출되기 쉬움 • 낮은 밀도의 모단위수 / 모발 상태는 낮은 탄력성

4 두개피 손상요인

두개피(scalp)를 손상하는 요인은 아래의 표와 같이 내적 요인과 외적 요인으로 분류할 수 있다.

요인		원인
내적 요인		잘못된 식습관과 다이어트로 인한 영양부족, 수면부족, 스트레스, 혈액순환 및 림프순환의 이상현상, 호르몬 불균형 등을 나타낸다.
외적 요인	물리적 요인	잘못된 샴푸 습관, 과도한 브러싱 및 블로드라이어의 열에 의한 건조 등이 있다.
	화학적 요인	퍼머넌트, 염색, 탈색 등 미용시술에 사용되는 제품의 세정 부족, 헤어스타일에 사용되는 제품 사용의 부적합 등을 나타낸다.
	환경적 요인	자외선, 대기오염 , 작업장의 환경조건, 해수 등의 요인과 관계된다.

(1) 두개피부 및 모발병리

두개피가 보내는 신호, 즉 경고(홍반, 소양증, 열감 등에 따른 구진, 농포, 낭포, 결절, 비듬)를 잘 살펴보면 큰 질환이 되기 전에 예방할 수 있다.

1) 비듬(dandruff)

두부비강진이라고도 하며, 표피 내 기저층의 과도한 대사작용으로 새로운 표피세포가 끊임없이 각편이 되어 떨어진다. 비듬은 곰팡이의 과다 증식이 원인이 되는 피부병으로 스트레스, 불규칙한 생활(변비, 위장장애, 영양불균형), 과도한 땀 분비, 환경오염(샴푸 후 잔여물 과다 시) 등에 의해서 악화된다.

① 건성비듬

마른 비듬으로 비강진이라고도 한다. 선천적으로 어린선 또는 아토피성 피부(모낭각화증)나 영양부족(단백질, 비타민)인 경우로서 각질층의 수분이 10% 이내이다. 각질의 이상증식인 피지선의 위축, 퇴화와 함께 피지 또한 감소하며, 가려움증과 건조화 등을 나타낸다.

② 지성비듬

• 젖은비듬으로 과다한 피지분비에 의해 두개피부에 물이 고여 있는 듯 촉촉한 상태를 보이며 약간의 황색톤을 띠면서 얼룩현상이 나타난다.

• 비듬과 각질이 피지와 엉켜 모공막힘 현상이 심화되고 두개피부 이물질 및 피지산화물로 인해 심한 악취를 동반한다.

2) 염증(inflammation)

- 염증 부위는 약간 붉고 열이 나며 붓는 특징에 의해 가렵고 아프다.
- 조직이 손상을 입으면 손상된 세포에서 히스타민, 프로스타글라딘과 같은 화학물질을 분비하면서 염증반응이 시작된다.

① 곰팡이 균(pityrosporum ovale)

진균인 곰팡이 균은 탈모와 비듬, 지루성 피부염의 원인균으로 환경적 요인과 스트레스 등 생리적 요인에 의해 과다 증식한다. 정상인은 지루 부위에 곰팡이 균이 46%를 차지하나 비정상적으로 높아질 경우 비듬이 생기고 83%가 넘으면 지루성 피부염(피지분비가 왕성한 부위에 발생하는 습진)이 생긴다.

  a. 습진(eczema)
  - 피부장벽이 무너진 표재성 염증으로서 주로 표피로부터 침범하는 아토피성 피부염이다.
  - 습진은 임상적으로 가려움증, 붉어짐(홍조), 비늘(인설)과 뾰루지, 물집 등을 나타내는 여러 가지 피부질환을 통칭하여 일컫는다.

    ㉠ 지루성 습진(피부염)

    피지의 기능항진 또는 피지가 과잉으로 분비되고 있는 상태에서 두부나 안면 내 지루 부위에 많이 발생한다. 잘 알려지지 않았으나 호기성 진균(비듬균)에 원인을 두고 있다.

    ㉡ 두부 지루성(피부염)

    만성염증성 질환으로 피지선의 분비가 지나쳐 두개피부 등이 번들거리면서 지루가 발생한다. 세균감염 시 홍반, 낙설 등의 변화가 있으며 심할 경우 가피를 형성한다. 다른 습진균에 비해 가려움은 적은 편이나 습윤화 경향과 함께 피부가 붉게 변하며 인설이 동반된다.

  b. 건선(psoriasis)
  - 홍반을 바탕으로 경계 부분이 뚜렷한 구진(papule)으로 습진성 판위에 은빛 흰색 비늘을 형성하는 만성피부질환이다. 홍반, 두꺼운 인설(인위적으로 제거 시 출혈점 생김), 손·발톱의 변화가 동시에 발생하고 앞이마, 두개피 가장자리, 귀뒤·귀속에서도 건선이 형성된다. 이때 탈모와 아픔, 심한 가려움(소양증)이 동반된다.

② 모낭염(folliculitis)

황색포도상 구균이 감염 원인균으로서 2~5mm 정도 크기의 홍반이나 구진이 생기고 중앙부가 화농하는 감염증이다.

1 탈모의 이해

(1) 탈모의 정의

탈모(hair loss)는 두발 성장 질환으로 두개피부 질환에 따른 탈모증과 두발의 탈모로 구분하여 설명할 수 있다.

- 생리적 탈모 : '50~100개/1day'의 피탈이 생리적으로 발생 되며, 모구 형태는 곤봉모(club hair)이다.
- 병적탈모 : '100개 이상/1day'이 피탈되는 이상 현상으로 모구는 위축되거나 변형된다.
- 물리적 탈모 : 임의적 강압에 의해 탈모된 모발의 모근은 모낭이 부착된 형태로 상피낭이 보인다.

(2) 탈모증의 분류

1) 의학적 분류

분류	내용
반흔성 탈모증	• 모낭이 파괴(섬유조직화), 흉터에 의해 영구히 모발이 재생되지 않는다. – 외상, 홍반성루푸스, 경피(공피)증, 편평태선, 종양 감염 등 영구탈모가 됨
비반흔성 탈모증	• 조직이 섬유화되지 않고 모낭이 존재, 임상적으로 가장 흔한 형태로서 머리털만 빠져나간 탈모증이다. – 남성형 · 여성형, 원형, 휴지기성, 생장기성 탈모 등이 있음

> **tip** 독창(禿瘡)이란 두개피부에 생기는 피부병으로서 둥근 붉은반점이 군데 군데 생기며 심하면 두발이 빠진다.

2) 병리형태상 분류

분류	내용
국소성탈모증 (topicial alopecia)	• 탈모 경로가 고정적으로 정해진 경우, 특정한 요인에 의해 일정 형태로 진행되는 M · C · O · M+O형의 탈모증이다. – 남성형 패턴과 여성형 패턴으로 나눔
미만성탈모증 (diffuse alopecia)	• 두개피부의 전반부에서 불규칙적으로 나타나는 형태의 탈모증이다. – 원형탈모증, 감염성탈모증(alopecia infection, AI), 성장기탈모증, 모발구조이상 등

3) 증상별 분류

① 성장기 탈모증(anagen effluvium)

  ㉠ 남성형 탈모증[male pattern(androgenetic) alopecia, MPA]

    유전적 기반인 수용체(receptor)가 있는 남성에게 안드로겐 호르몬이 모낭에 작용하면 모주기가 단축됨으로 연모화된다.

ⓒ 여성 미만(확산)성 탈모증(female patten alopecia, FPA)
- 가르마 선의 폭이 넓어지며 정수리 부분의 두발은 전반적으로 성글게 두개피 전체에서 일정하게 두발이 얇아진다. 남성보다 점진적으로 진행되며 임신과 폐경기에 더욱 가속화된다.
- 여성들은 5α-R(5α리덕타제)를 남성의 1/2가량 지니고, 아로마테이스 수치가 앞 이마 발제선에서 남성보다 6배 많은 양이 나타난다.

② 휴지기 탈모증(telogen effluvium)
- 정상적인 휴지기 모낭으로부터 과도하게 조기 곤봉모(clubbed hair)가 되어 탈모되는 현상이다. 대표적으로 산후(분만 후 2~5개월) 휴지기성 탈모로 나타난다.
  - 원인 노출이 없을 시 2~6개월 후에 정상적인 상태로 호전됨

종류	내용
결발성 휴지기 탈모증	견인성 탈모라고도 하며 만성적 압박, 마찰, 견인 등 물리적인 힘이 가해짐에 따라 탈모된다. 결발성 탈모, 유아기성 탈모, 발모벽, 압박성 탈모 등이 대표적 증상이다.
출생 후 휴지기 탈모증	출생부터 4개월 사이의 탈모(휴지기모 비율은 64~84%, 두발성장에 따른 재생은 생후 6개월에 시작됨)로서 남성형 탈모 형태로 나타난다.
열병 후 탈모증	증후성 탈모라고도 하며, 장티푸스와 같이 고열을 앓고 난 후 2~4개월부터 탈모현상이 나타나기 시작하며 후에 정상적으로 두발이 재생된다.
약물성 휴지기 탈모증	휴지기 탈모를 야기할 수 있는 약제는 헤파린(혈액응고 저지제), 쿠마린(혈액 응고지), 트라이파라놀(콜레스테롤 생합성 저해제), 항염증제(해열 진통제인 인도메타신), 항우울제, 해열진통제(탄산염), 통풍치료제(알로푸리놀), 파킨슨치료제(레보도파), 카바마제핀(진정, 진통제), 고혈압·협심증치료제(프로프라놀롤) 등이다.
기타 휴지기 탈모증	만성전신적 질환 즉, 백혈병, 악성림프종, 결핵, 갑상선기능 항진증 및 저하증, 영양실조 등에서 볼 수 있다.

③ 원형탈모증(alopecia areata)
원인은 불분명하나 정신적 스트레스, 자율신경의 변성, 말초신경의 이상으로서 보통 자기 자신을 공격하는 즉, 항체가 비정상적으로 생겨서 조직이나 세포가 손상되는 질환이다. 자신의 세포를 항원으로 착각하여 공격한다.

종류	내용
단발성	1~2개월 사이에 짧은 모발이 자라나서 60% 정도의 자연 치유력을 갖는다.
다발성	두개피 전체에 많은 모발이 균등하게 빠지는 현상, 1~2년에 걸친 치료로 완치될 수 있으나 진행 시 전두탈모증에서 범발성으로 진행한다. - 전두(alopecia totalis) : 두개피 전체의 머리털이 빠지는 형태 - 전신(alopecia universalis) : 눈썹, 속눈썹, 수염, 겨드랑이 털, 음모 등 전신의 털이 빠지는 형태 - 사행성두부(ophiasis) : 월계관을 쓰면 두정부에 닿는 부위 또는 뱀이 기어가는 듯한 탈모반으로 나타남 - 망상원형(reticular alopecia areata) : 작은 크기의 뚜렷한 모양의 탈모반이 두부에 흩어져 있어 그물망 형태로 나타남

범발성	난치성·악성 탈모증의 별명과 함께 건조한 비듬이 많이 생기면서 모근 내 모발 밀착도(50g)가 느슨하여 피탈된다.

▶ 원형탈모 증상
• 1~5cm 정도의 탈모반으로서 그 표면은 약간 함몰, 가장자리는 약 3mm 정도 끊어진 그루터기 털이 관찰되고 모근은 감탄부호 형태이다. 여기에 유전적 소인과 정신적 스트레스가 자가면역 반응을 자극하여 원형으로 탈모가 발생한다.
  – 사춘기 이후 발생 시 자연 회복 경향이 있으며 90% 이상 6개월~1년 사이에 특별한 치료 없이도 좋아짐

▶ 스트레스와 자가면역
• 스트레스는 교감신경계의 자극을 통해 피부에서 신경전달물질인 '노아드레날린'의 생성을 증가시킨다. 따라서 원형탈모증, 건선 등 자가면역반응에 영향을 준다.

(3) 탈모의 원인

탈모는 정상적으로 존재해야 할 부위의 모발이 점진적으로 얇아지는 상태로서 신체 모든 부위에서 발생한다.

1) 일반적인 탈모의 원인

유전성①, 피부병, 고열, 당뇨병, 심한 다이어트, 수술 후유증②, 아연 결핍, 비타민 결핍, 중금속오염③, 혈액순환 장애, 스트레스 등이 탈모의 원인이 된다.

2) 호르몬에 의한 탈모원인

① 부신피질호르몬(glucocorticoid, cortisol)

휴지기에서 성장기로의 이행을 방해함으로써 모발 성장을 억제한다. 기능항진 시 체중 증가에 따른 과도한 지방축적은 피지분비를 촉진하며, 확산성 탈모와 안면에 과다한 털(쿠싱증후군)을 생성한다.

② 안드로겐(androgen)

남성의 2차 성징 발달에 작용하는 호르몬으로서의 안드로겐은 연모를 경모가 되도록 유도한다. 대표적인 연모는 남성의 턱수염과 코밑수염이다. 이와는 반대로 이마와 정수리(가마) 부위의 털에 대해서는 경모를 연모가 되도록 유도하며 대표적으로 남성형 탈모증을 유발한다.

③ 에스트로겐(estrogen)

여성호르몬으로서 테스토스테론의 역할을 방해하고 모낭 활동을 지연시킨다.

④ 프로게스테론(progesterone)

난소의 항체에서 분비되는 호르몬으로 모발 성장에 대한 영향은 경미하나 신체 털에 대해서는 성장 촉진 효과가 있다.

⑤ 갑상선 호르몬

휴지기에서 성장기로의 전환을 유도함으로써 모낭 활동에 따른 신체털의 성장을 촉진시킨다.

갑상선 기능저하증	갑상선 기능항진증
체중 증가, 정신적·육체적 기력저하, 점액 수종현상, 겨드랑이·음모털은 적어지고 건조한 모발과 피부, 눈썹 바깥쪽 1/3 빠짐 등의 증상을 나타낸다.	기초대사 증가에 따른 갑상선종, 자율신경계의 장애, 크레아틴 대사의 장애, 과다 발한과 피지생성, 체중감소(체온↑, 열에 민감), 신경질, 근육허약, 반짝이는 눈 등의 증상을 나타낸다.

⑥ 뇌하수체 호르몬

뇌하수체 기능 감소증에 의해 모발 성장은 감소한다.

CHAPTER 02 두개피 관리와 마무리

| Section | 01 | 두개피 관리의 이해 |

1 두개피 관리의 목적 및 효과

(1) 두개피 관리의 목적

두개피생리를 유지하며 병리와 같은 질환이 생기지 않도록 함에 그 목적이 있다.

(2) 두개피 관리의 효과

- 적당한 유·수분이 보충된다.[1]
- 각화주기를 정상화시킨다.[3]
- 모발의 성장과 건강을 유지시킨다.[5]
- 지나친 피지분비를 예방한다.[2]
- 모공내 제품 침투력을 높인다.[4]

2 두개피 관리절차

절차	특징
상담[1]	• 고객과의 첫 만남으로 이루어지는 상담은 고객관리카드를 작성하는 과정이다. 상담과정은 약 10~15분 정도의 시간이 적당하다. • 상담실을 찾은 동기와 과정 등을 알고 두개피를 분석하기 위해 문진, 시진, 촉진을 통해 고객관리카드를 작성한다.
진단[2]	• 진단기기를 이용, 정확한 진단을 한다. • 검진을 통해 두개피 상태를 보다 정확하게 파악할 수 있게 고객에게 진단 결과를 모니터링 하면서 설명한다.
관리프로그램선택[3]	• 두개피 타입을 파악하여 적절한 관리 방법(매뉴얼)을 선택하여 결정한다.
스케일링[4]	• 두개피 세정의 효과로서 두개피부 각화주기의 정상화는 물론 모공 세척에 따른 다음 단계로서 제품 흡수를 도와준다.
마사지[5]	• 딥클렌징된 모공과 주변 근육을 이완시키기 위한 매니플레이션을 한다. • 아로마를 이용하거나 음악 등을 이용해 10~15분 정도 마사지로 혈액순환을 촉진한다.
샴푸[6]	• 스케일링과 마사지 작업이 이루어진 두개피를 청결하게 하여 다음 단계를 준비한다.
영양공급	• 모낭 내 조직 세포의 활성화를 촉진한다.
마무리	• 두개피부는 토닉으로 진정시키고 두발은 헤어컨디셔너로 마무리한다.

1 두개피 관련 홈케어

(1) 두발상태에 따른 홈케어

가는모발(fine hair)	다공성모발(damaged hair)
모발 굵기가 얇은모로 모질이 약해 헤어스타일 시 볼륨 형성력뿐 아니라 모발 긴장력이 떨어져 있으므로 모발의 두께를 채워 윤기(광택)를 유지한다.	모표피 박리 또는 모피질의 간충물질이 유실되어 결합 간 사슬구조들이 끊어진 상태로서 샴푸 후에는 앰플이나 팩을 도포하여 다공된 모발을 매꾸어준다.

(2) 두개피부 유형별 홈케어

유형	특징
정상 두개피부	• 생리나 형태상에서 정상적인 두개피부 상태로서, 이를 유지하기 위해 유·수분 균형이 지속적으로 이루어지도록 관리한다.
건성 두개피부	• 10% 이하의 수분을 보유한 건성 두개피부는 탈지력과 자극이 강하지 않은 샴푸제를 사용해야 하며, 유·수분을 보급함으로 균형을 유지할 수 있게 관리해야 한다. • 또한 적당한 두개피부 매니플레이션을 행하여 원활한 피지분비를 촉진시킨다.
지성 두개피부	• 15~20% 수분과 과다피지를 함유하고 있는 지성 두개피부는 세정력이 좋은 지성샴푸를 사용하여 세정한다. 　– 샴푸잉 시 미지근한 물을 사용하며 스케일링을 일주일에 1~2번 정도 함께 행함 • 샴푸 후에는 뜨거운 바람과 자극(두부 지압)은 피지분비를 촉진시키므로 가급적 피해야 한다.
민감성 두개피부	• 건성과 지성이 복합적으로 나타내며 관리 소홀 시 염증을 유발할 수 있는 복합성 두개피부이다. • 저자극성 식물성 샴푸제를 사용하며, 자극적이지 않은 매니플레이션을 통해 원활한 혈액순환이 이루어지게 한다.
비듬성 두개피부	• 곰팡이 균에 의한 비듬은 건성·지성비듬으로 나눌 수 있어 살균·소독효과가 있는 기능성 샴푸제를 사용해야하며 가급적 자극적인 음식섭취를 피해야 한다. 　– 건성비듬의 홈케어 시 식물추출 성분의 샴푸제를 사용하며, 샴푸 후 물기를 완전히 제거한 두발상태로 수면을 취함 　– 지성비듬의 홈케어 시 아침, 저녁으로 샴푸하며 세균이 번식하지 못하도록 두개피를 충분히 건조시킨 후 수면을 취함

2 두개피 관리를 위한 홈케어 안내의 실제

구분	내용
관리 결과와 관리 전·후 비교	분석방법으로 고객과 상담 시에 촬영된 위치와 동일 위치에 관리 후에도 촬영하여 대조군으로 비교, 고객에게 제시하여 설명한다.
영양제 도포	두개피부와 두발에 적합한 영양제를 도포한다.
홈케어 방법 조언	홈케어 제품의 필요성과 바른 사용법을 설명한다.

다음(차후) 관리 일정 안내	주기적인 관리 일정을 조율하여 관리차트에 기록한다.
고객 배웅	*part.2 → chapter.1 → section.3 고객배웅 참고
두개피 관리공간 정리 정돈	관리공간 주변과 사용한 기기와 제품을 정리하고 소독한다.

NCS 헤어미용(2019) part 4 두피 · 모발관리 중 두피 · 모발관리 마무리 참조하여 재구성함

두개피 관리 예상문제

01 두개피를 손상하는 요인에 대한 내용으로 연결이 바르지 않은 것은?

① 내적 요인 – 수면부족, 스트레스, 혈액 순환 및 림프순환의 이상현상, 잘못된 식습관과 다이어트로 인한 영양부족

② 물리적 요인 – 헤어스타일에 사용되는 제품 사용의 부적합

③ 화학적 요인 – 퍼머넌트, 염색, 탈색 등 미용시술에 사용되는 제품의 세정부족

④ 환경적 요인 – 자외선, 대기 오염으로 인한 요인

해설 | ② 외적 요인 – 잘못된 샴푸 습관, 과도한 브러싱 및 드라이어에 의한 건조 등이다.

02 다음 내용 중 두개피를 손상하는 요인 중 외적 요인에 해당하지 않은 것은?

① 퍼머넌트, 염색

② 자외선, 대기오염

③ 잘못된 샴푸 습관

④ 스트레스, 영양부족

해설 | ④ 내적 요인이다.

03 두개피 관리에 사용되는 기기가 아닌 것은?

① 광학현미경

② pH 측정기

③ 적외선램프

④ 자외선램프

해설 | ①, ②, ③외 스팀기(미스트기), 바이브레이터 및 고주파, 스캘프 펀처(워터 펀치) 등이 사용된다.

04 두개피 관리 프로그램의 일반적 매뉴얼의 절차인 진단의 종류가 아닌 것은?

① 문진　　　　　② 시진

③ 촉진　　　　　④ 내진

해설 | ④ 문진, 시진, 촉진, 검진(진단기기) 등을 이용해 정확한 진단을 하며 고객에게 진단 결과를 설명해 준다.

05 다음 중 두개피 관리를 위한 기기 설명으로 연결이 바르지 않은 것은?

① 이온토포레시스 – 영양물질 침투를 도와준다.

② 적외선램프 – 혈액순환 촉진과 영양물질을 침투시키는 효과가 있다.

③ 디스인크러스테이션 – 딥클렌징을 통한 노폐물 제거에 효과적이다.

④ 고주파 – 판별하기 어려운 두개피 상태 확인에 효과적이다.

해설 | ④ 고주파 – 피부신진대사 활성화에 따른 림프와 혈액순환을 촉진한다.

06 두개피 진단기기에 대한 설명으로 적합하지 않은 것은?

① 기기를 통해 염증 유무와 각질 상태를 파악할 수 있다.

② 진단기를 통해 모발 굵기와 유·수분 등을 확인할 수 있다.

③ 모공의 상태, 탄력도, 예민도 등의 정도를 파악하기 위해서는 1배율 이하의 렌즈를 사용해야 한다.

④ 렌즈의 1배율은 두상 전체의 탈모 진행 정도를 파악할 수 있다.

해설 | ③ 200·300·400 배율의 렌즈는 두개피부 및 모공의 상태, 탄력도, 예민도 등의 정도를 파악할 수 있다.

07 샴푸제에 대한 설명으로 틀린 것은?

① 식물성 샴푸제 – 약용 성분을 함유하여 생리기능을 조절하고 세정작용의 효과가 있다.

② 동물성 샴푸제 – 밀납에서 추출한 단백질 샴푸제로 손상모에 부드러운 단백질 보호작용이 있다.

③ 컨디셔닝 샴푸제 – 동물성, 식물성, 광물성 물질이 첨가되어 모발의 감촉을 증진한다.

④ 오일 샴푸제 – 모발에 필요한 유분을 보충함으로써 거침을 방지하고 촉촉한 광택을 준다.

해설 | ② 동물성 샴푸제 – 누에고치, 난황 성분 등에서 추출한 단백질 함유 샴푸제로서 손상모에 부드러운 세정작용과 모발단백질 보호작용이 있다.

08 두개피부 유형에 대한 설명으로 틀린 것은?

① 정상두개피부는 수분의 함유량이 10~15%로 윤기 있고 매끄러운 피부상태를 갖고 있다.

② 건성두개피부는 피지생성이 약하고 모누두상부가 막혀 있으며 수분은 8% 이하다.

③ 지성두개피부는 피지산화물과 피지가 엉켜있어 흡수력이 약하다.

④ 지루성 두개피부는 코티졸, 안드로겐 호르몬 과다 분비로 피지가 다량 생산된다.

해설 | ② 건성두개피부는 피지생성이 약하고 모누구상부가 막혀 있으며 수분은 10% 이하다.

09 다음 중 비듬 발생의 원인과 거리가 가장 먼 것은?

① 피지선의 과다분비

② 호르몬의 불균형

③ 각질세포의 과다증식

④ 두개피부질환치료

해설 | ④ 비듬 발생 원인은 피지선의 과다분비, 호르몬의 불균형, 각질세포의 과다증식(각질탈락) 등이다.

10 누에고치에서 추출한 성분 또는 난황성분을 함유하여 두발에 영양을 공급해 주는 샴푸제는?

① 식물성 샴푸제

② 동물성 샴푸제

③ 컨디셔닝 샴푸제

④ 비듬제거용 샴푸제

해설 | ② 동물성 샴푸제는 누에고치, 난황 성분 등에서 추출한 단백질 함유 샴푸제로서 손상모에 부드러운 세정작용과 두발단백질 보호작용이 있다.

11 두개피부 유형에 따른 관리 방법으로 알맞지 않는 것은?

① 정상두개피부 – 현재의 모발상태를 유지하기 위해 규칙적인 스케일링과 함께 유 · 수분을 공급한다.

② 건성두개피부 – 두개피부 표면에 토닉으로 수분과 유분을 보충해 줌으로써 촉촉하고 윤기있게 해준다.

③ 지성두개피부 – 과다하게 분비된 피지를 정리하여 맑고 깨끗하게 유지하는 것이 무엇보다 중요하다.

④ 민감성 두개피부 – 자극을 최소화하기 위해 각질제거는 하지 않아야 한다.

해설 | ④ 헤어스티머를 이용하여 두개피부 연화 시 38℃, 5분 내외로 하며, 각질제거(스케일링) 후 최소의 자극으로 세정하며 냉풍으로 건조한다.

12 탈모에 영향을 미치는 호르몬과 관련된 내용으로 적절하지 않은 것은?

① 안드로겐 호르몬

② 에스트로겐 호르몬

③ 근육과 분비샘의 기능을 촉진하여 두개피의 건강상태를 악화시킬 수 있다.

④ 근육이완에 따른 심신안정을 갖게 한다.

해설 | ③ 근육과 분비샘의 기능을 촉진하여 두개피의 건강상태를 양호하게 한다.

13 다음 내용 중 두발을 손상시키는 생리적요인에 해당되는 것은?

① 내적 요인 – 잘못된 식습관, 다이어트로 인한 영양부족, 수면부족, 스트레스로 인한 혈액순환 저하 등이다.

② 물리적 요인 – 잘못된 샴푸 습관및 타월드라이에 의한 건조 등이다.

③ 화학적 요인 – 퍼머넌트, 염색 등 미용 시술에 사용되는 제품의 세정 부족과 스타일에 사용되는 제품사용의 부적합 등이다.

④ 환경적 요인 – 자외선, 대기오염, 작업장의 환경조건, 해수 등의 요인이 있다.

14 병적 또는 심미적 원인에 의한 탈모증에 해당하지 않는 것은?

① 결발성 탈모증
② 약물중독 탈모증
③ 산후 탈모증
④ 열병 후 탈모증

해설 | ③ 산후 탈모증
• 휴지기성 탈모로 산후 2~5개월에 나타나기 시작하여 전두부의 1/3에서 탈모가 일어나지만 두부 전체에 나타나기도 한다.
• 탈모는 약 2~6개월 또는 그 이상 지속된 후 정상적인 상태로 회복된다.

15 두발 상태가 건조하며 끝이 여러 갈래로 갈라지고 부서지는 증세는?

① 결절열모증
② 결발성 탈모증
③ 원형탈모증
④ 비강성 탈모증

해설 | ① 두발의 끝이 여러 갈래로 갈라지는 현상을 결절 열모증이라 한다. 모발이 부분적으로 손상되어 매듭처럼 얽혀 부서져 있다.

16 다음 중 탈모 원인의 경우로서 거리가 먼 것은?

① 폐경기 이후 에스트로겐 호르몬이 부족한 경우
② 두개피부의 피지분비가 과다한 경우
③ 정신적스트레스와 긴장감이 연속된 경우
④ 모유두 조직이 화상이나 외상으로 손상된 경우

해설 | ④ 탈모 증상으로 반흔성 탈모라 한다.

17 비듬 제거를 위한 두개피 손질법으로 옳은 것은?

① 플레인 스캘프 트리트먼트
② 댄드러프 스캘프 트리트먼트
③ 드라이 스캘프 트리트먼트
④ 오일리 스캘프 트리트먼트

해설 | ② 비듬 제거 시 손질법이다.

18 호르몬성 탈모와 관련이 없는 호르몬은?

① 부신피질 호르몬
② 안드로겐
③ 에스트로겐
④ 바소프레신

해설 | ④ 항이뇨 호르몬이다.

19 건강한 성인 모발에 대한 설명 중 바르지 않은 것은?

① 모든 모발의 생장주기는 동일한 주기를 갖는다.
② 모발은 성장기, 퇴행기, 휴지기 등의 모주기를 갖고 있다.
③ 임신 또는 정신적 영향으로서 스트레스 등은 탈모를 진행시킬 수 있다.
④ 세발이나 브러싱을 할 때 쉽게 탈모되는 모발은 주로 휴지기 상태에 있는 모발이다.

해설 | ① 모발은 모낭에 따라 각각의 생장주기를 갖고 있다.

20 두개피 마사지 시 손으로 하는 동작을 무엇이라 하는가?

① 헤어 마사지

② 스캘프 트리트먼트

③ 핸드 마사지

④ 스캘프 매니플레이션

해설 | ④ 손으로 하는 마사지 동작을 매니플레이션이라고 한다.

21 매뉴얼테크닉 시 안정감과 자극을 최소화하여 관리해야 하는 두개피부 타입은?

① 건성 두개피부

② 민감성 두개피부

③ 지성 두개피부

④ 비듬성 두개피부

해설 | ② 민감성 두개피부는 저자극성 식물성 샴푸제로 세정하고 최소의 자극으로 세정하며 냉풍으로 건조한다.

22 와식샴푸 작업 중에서 물의 온도, 수압을 확인하기 전의 준비 절차가 아닌 것은?

① 고객을 샴푸대로 안내하고 앉힌다.

② 타월을 이용하여 어깨, 무릎을 감싼다.

③ 샴푸의자의 전자동조절장치를 이용해 눕힌다.

④ 눕힌 고객이 마스크를 착용하였을 시 얼굴가리 개를 하지 않는다.

해설 | ④ 와식고객은 얼굴가리개를 사용해 덮어주어야 한다.

23 스캘프 트리트먼트의 목적으로 거리가 먼 것은?

① 이물질과 비듬을 제거해 준다.

② 혈액순환을 왕성하게 하여 두개피부의 생리기 능을 높인다.

③ 두개피부의 지방막을 제거하여 두발을 깨끗하 게 해준다.

④ 두개피부나 두발에 유분 및 수분을 보급하고 두 발에 윤택함을 준다.

해설 | ③ 스캘프 트리트먼트(두개피 관리)의 목적
• 두개피부에 발생하는 다양한 문제점을 올바르게 파악하여 효과 적인 관리를 위함이다.
• 노화된 각질이나 피지산화물 등을 제거해 준다.
• 각화주기를 정상화하여 모공 내 제품 침투력을 높여준다.
• 마사지를 통하여 혈액순환을 촉진한다.

24 비듬성 두개피부에 대한 내용과 가장 거리가 먼 것은?

① 유·수분 균형과 적외선 및 광선 요법으로 관리 한다.

② 과다피지를 정리하고 자극을 최소화해야 한다.

③ 비듬균의 전이를 막기 위해 항균비듬 세정제를 사용한다.

④ 세균감염 및 염증 등의 두개피부 질환이 있을 시 전문의와 상의한다.

해설 | ② 민감성 두개피부에 대한 관리 방법이다.

25 다음 중 스캘프 트리트먼트에 가장 적합한 경우는?

① 샴푸 시술 시

② 염색, 탈색 시술 직전

③ 두개피부에 상처가 있는 경우

④ 퍼머넌트 웨이브 시술 직후

해설 | ① 두개피부의 불청결은 모공을 막아 트러블을 일으켜 모발 의 정상적인 성장을 저해하므로 스캘프 트리트먼트는 샴푸 시술 직 전에 하는 것이 적합하다.

26 두개피부관리의 홈케어에 대한 설명으로 거리가 먼 것은?

① 정상두개피부는 유·수분의 균형이 깨지지 않도록 현재 상태를 유지하도록 한다.

② 건성두개피부는 탈지력이 강한 샴푸제를 사용하여 피지분비를 촉진하도록 한다.

③ 민감성 두개피부는 저자극성 식물성 샴푸제로 자극적이지 않고 혈액순환이 잘되도록 한다.

④ 비듬성 두개피부는 살균·소독효과가 있는 기능성 샴푸제를 사용한다.

해설 | ② 탈지력과 자극이 강하지 않는 샴푸제를 사용해야 하며, 유·수분을 보급함으로써 균형을 유지할 수 있게 관리해야 한다. 적당한 두개피부 매니플레이션을 행하여 원활한 피지분비를 촉진한다.

27 탈모의 원인으로 볼 수 없는 것은?

① 스트레스

② 호르몬 분비 이상

③ 여성 호르몬의 과다 분비

④ 잘못된 샴푸습관

해설 | ③ 탈모의 요인
- 내적 요인 : ①, ③ 식생활, 소화기관 이상
- 외적 요인 : ④ 과도한 브러싱, 잦은 염색 및 탈색으로 인한 모발 손상

28 두피 상태에 따른 스캘프 트리트먼트의 시술 방법으로 잘못된 것은?

① 정상 두개피부 – 플레인 스캘프 트리트먼트

② 비듬이 많은 두개피부 – 핫 오일 스캘프 트리트먼트

③ 건성 두개피부 – 드라이 스캘프 트리트먼트

④ 지성 두개피부 – 오일리 스캘프 트리트먼트

해설 | ② 댄드러프 스캘프 트리트먼트이다.

29 스캘프 트리트먼트의 목적이 아닌 것은?

① 비듬방지

② 원형탈모증 치료

③ 두개피를 건강하고 아름답게 유지

④ 혈액순환 촉진

해설 | ② 원형탈모증은 모발 질환으로 스캘프 트리트먼트와는 거리가 멀다.

PART 4 **두피·모발관리** ──── 선다형 정답

01	02	03	04	05	06	07	08	09	10
②	④	④	④	④	③	②	②	④	②
11	12	13	14	15	16	17	18	19	20
④	③	①	③	①	④	②	④	①	④
21	22	23	24	25	26	27	28	29	
②	④	③	②	①	②	③	②	②	

Part

5

헤어커트

CHAPTER 01

커트도구와 자르는 절차

헤어커트란 '머리카락을 자르다'라는 의미로서 인커트(in cut)와 아웃커트(out cut)의 조합에 의해 이루어진다. 이는 모발 길이를 가지런히 하고 모량을 일정하게 하며, 두발의 형태를 만듦으로써 '머리형을 만들다(hair shaping)'라고도 한다.

Section 01 헤어커트도구의 종류 및 운행법

헤어커트는 기술 50%, 도구 50%의 비율로 자르기 작업이 이루어진다. 도구란 '인도하다', '갖추다'라는 의미로서 헤어커트에 사용되는 도구(sculpting tool)는 빗, 가위, 클리퍼, 레이저 등이 있다. 이는 손가락의 움직임을 인도하고 손의 동작을 보조하는 역할을 한다.

1 빗

빗(comb)은 스케일된 모다발(毛束, hair strand)의 근원에서부터 모선까지 가지런히 빗질하며 모발 질감과 두발길이의 형태선을 드러내는 자르기 시 보조도구이다. 빗의 형태는 간격이 넓은 빗살(거친빗살), 간격이 좁은 빗살(고운빗살), 거친빗살과 고운빗살(세트 빗) 등으로 이루어져 있다.

> **tip** 세트 빗이라 하여 가는 빗살과 거친 빗살 반반으로 구성된 좋은 빗은 빗질 시 부드러움과 유연성으로 인해 빗살 끝이 두개피부를 자극하지 않으면서 모발구조에 손상을 주지 않아야 한다.

① 빗의 구조

구조	내용
빗살 끝[1]	• 두개피부에 접해 있는 모발을 일으켜 세우는 작용을 한다. 빗살 끝은 너무 가늘고 뾰족하거나 무디지 않아야 한다.
빗살[3]	• 빗의 주요 특성을 나타내는 부위로 빗살 간격은 균일하게 정렬되어야 한다. 모발 가닥가닥 속으로 잘 빗질 되면서 모가닥 간에 적합한 힘이 작용되어야 한다. – 가는빗살[3](fine teeth comb, small teeth side of comb)은 빗살의 간격이 좁거나 빗의 크기 또한 적으며 두께는 얇고 빗살 길이가 짧음 – 굵은빗살[2](coarse teeth comb, large teeth side of comb)은 빗살의 간격이 넓어 빗질 시 약한 텐션(no tension)에 의해 부드럽게 마무리되는 라인(natural falling)이 생김
빗살 뿌리[4]	• 모발을 가지런히 정돈하면서 빗질 시 요구되는 각도를 유지해야 한다.

빗 몸[5] (빗허리)	• 빗 자체를 지탱하며 균형을 잡아 주는 역할을 한다. 빗 허리는 너무 매끄럽거나 반질거리지 않으며 안정성이 있어야 한다.
빗 등[6]	• 빗 등의 두께는 균일해야 한다. 재질은 약간 강한 느낌이 나는 것이 좋으며, 전체가 삐뚤어지거나 구부러지지 않는 것이 좋다.
빗 머리[7]	• 빗 머리의 가장자리끝 면은 약간 둥근 것이 좋다. 빗질 시 모발이 걸리지 않고 파팅 시 손질하기 쉽도록 매끄러워야 한다.

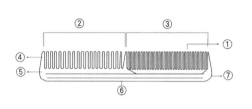
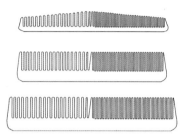

2 가위(scissors)

(1) 가위의 구조 및 선택방법

1) 가위의 구조

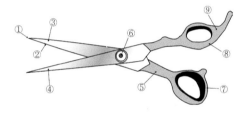

• 가위는 역학적으로 지레의 원리를 응용하여 두 개의 날이 교차하면서 모발을 절단시키는 도구이다.

명칭	특징
가위날 끝[1] (cuttiong edges)	• 가위날의 끝은 뾰족한 끝부분으로 부분적으로 불필요한 털을 자를 때 사용된다. – 발제선 부위의 제비초리를 자르거나 양감 조절 사용에 용이함
날끝[2] (hollow)	• 실제로 잘라내는 면이 위치하는 부분으로서 유동날과 고정날이 맞물리는 안쪽면이다.
유동날[3] (moving blade)	• 동인이라고도 하며, 커팅 시 엄지에 의해 조작되는 가위 날이다.
고정날[4] (still blade)	• 정인이라고도 하며, 커팅 시 약지에 의해 조작되는 가위 날로서 고정되어 있다.
다리[5] (shank)	• 회전축 나사와 손가락걸이(환) 사이에 있는 부분으로 커팅 시 검지와 중지를 위치시켜 고정날(정인)의 조작에 도움을 준다.
회전축[6] (pivot point)	• 두 개의 가위 날(동인, 정인)을 하나로 고정시켜 주는 나사이며, 몸체와 다리의 중심을 지지하여 날이 스치는 긴장력 정도를 조절한다.
엄지환[7] (thumb finger)	• 유동날(동인)에 연결된 원형의 고리로 엄지를 끼워 위치하도록 한다. – 엄지 손톱의 조모와 조근(손가락 완충면) 바로 밑에 위치하도록 해야함
약지환[8] (ring finger)	• 정인에 연결된 원형의 고리로 약지를 끼워 위치하도록 한다.

소지걸이[9] (pinky finger)	• 약지환에 이어져 있으며 소지를 걸치기 위한 부분이다. – 일부 미니시저스에는 소지걸이가 없는 경우도 있음

2) 가위의 선택방법

양쪽 날의 견고함이 같고[1] 두께가 얇으며[2] 허리가 견고하고[3] 가위날 끝은 마모작업이 양호하게 뾰족한 것[4]으로서 회전축 또한 잠금 나사가 잘 조여진 것[5]을 선택한다.

협신	날의 두께	날의 견고성
날 끝으로 갈수록 자연스럽게 약간 내곡선상으로 된 것이 좋다.	가윗날은 얇고 잠금나사 부분이 강한 것이 좋다.	양날의 견고함이 동일해야한다.

▶ 가위 선택 시 주의점
- 도금된 것은 피한다(강철의 질이 좋지 않다).
- 선회축인 잠금나사가 느슨하지 않아야 한다.
- 날, 기타의 부분이 손상되지 않은 것을 선택한다. 가위 양쪽날의 견고함이 같지 않을 경우, 무른 쪽의 날에 심한 자국이 남고 닳는(마멸) 현상이 빨리 나타난다.
- 손가락 넣는 구멍은 적합해야 하며 사용 시 조작하기 쉽고 적합한 것을 선택해야 한다.

▶ 가위의 재질
- 재질로는 도자기부터 스틸 코발트까지 다양한 재료로 만들어진다.
- 착강가위 : 가윗날의 협신부는 특수강철이며 몸체는 연질강철로 이루어져 있다.
- 전강가위 : 가윗날과 몸체 전체가 특수날로 이루어져 있다.

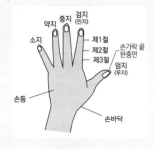

▶ 손가락 명칭
- 엄지(thumb finger), 검지(point finger), 중지(middle finger), 약지(ring finger), 소지(pinky finger)

(2) 가위의 종류 및 사용법

1) 블런트 가위(blunt scissors)

가위의 동도와 정도는 가위날이 일자모양으로 구성되어 있다.

종류	특징

조발가위 (장가위)	• 5.5인치 이상의 길이를 갖는 날이 긴 가위로서 가위날의 중간 부분을 사용하여 하나의 동작(연곡선)에 의해 자르는 도구이다. 가위날은 가위 날판의 부피에 따라 3~4mm 정도로 넓으며 보통조발과 특수조발에 공통적으로 사용한다. • 조발가위는 대형가위로 대강 자를 시 편리하나 두발길이를 고를 때나 섬세한 부분을 자를 때는 불편하다.
단발가위 (중형 또는 소형가위)	• 4.5~5.5인치 길이를 갖는 날이 짧은 가위로 1~2cm 정도의 가위날 끝을 이용하여 하나, 둘, 셋, 넷 동작을 통해 자르는 도구이다. 가위 날판의 부피가 두껍고 가윗날의 협신부 넓이는 2.5~3mm 정도로 좁다. • 길고 강한 모질의 두발이나 솔리드형에 주로 사용한다.

2) 틴닝가위(thinning scissors)

- 가위의 동도는 일자날로, 정도는 톱니날로 구성되어 있다. 겉치기 또는 숱치기 가위로 모량을 제거함으로써 질감처리된 자연스러운 헤어스타일을 연출할 수 있다. 주로 커트 형태를 완성 후 질감처리를 위해 사용한다.
  - 지나치게 많은 모량은 형태선을 만들기 전에 모량을 조절할 수도 있음
- 틴닝가위의 모양(톱니모양과 발의 개수) 또는 발수와 홈의 개수가 같을지라도 홈의 모양(깊이, V · U의 생김새)에 따라 절삭률의 차이가 있다. 이에 머리형태에 따른 모량 또는 모류의 부피(volume)감과 질감(texture) 등을 고려하여 선정한다.

① 테이퍼링 기법

틴닝가위를 사용하여 "새의 깃털처럼 끝이 점점 가늘어지게 하는" 기법으로 페더링(또는 테이퍼링)이라 한다. deep tapering(모근 가까이 1/3 지점), normal tapering(모근 가까이 1/2 지점), end tapering(모간 끝 1/3 지점) 등으로 분류하며 틴닝처리 되는 지점에 따라 모량 감소에 따른 질감이 달라진다.

3 클리퍼

클리퍼(clipper)는 바리캉이라고도 하며, 모발을 자르는 전문가용으로 "잘라 마무리" 한다는 의미와 함께 "퀵 살롱 서비스"를 위한 자르기 도구 중 하나이다.

1) 클리퍼의 구조 및 역할

- 클리퍼는 고정된 날판에 대한 유동날의 움직임으로 모발을 절단하는 기구로서 두개피부 가까이의 두발을 짧게 남긴 상태로 밀어(crop) 올리거나 빗으로 모다발을 떠올려 자를 때 사용한다.
  - 클리퍼의 유동날에 의해 잘린 두발의 절단면에 의해 독특한 질감이 형성됨

2) 클리퍼의 종류

- 작동되는 힘의 원리에 따라 수동식과 전동식 클리퍼로 구분할 수 있으며 현재는 대부분 전동식 클리퍼를 사용하고 있다. 날(고정날과 유동날의 두께 및 간격)의 종류에 따라 두개피부면에 대고 밀었을 때 잘리고 남는 두발길이가 다르다. 일반적으로 오버콤 커트 시에는 0.8~1mm의 길이를 남기는 날을 선택하여 사용한다.
- 클리퍼에 따라 약 0.8~3mm까지 조절되는 것도 있으며 조절기가 없는 클리퍼는 덧날(guard)을 활용한다. 마무리 작업 시 아웃라인을 정리하거나 헤어타투 시에는 0.2~0.5mm의 모발길이가 남는 클리퍼를 사용하는데 이를 트리머(trimmer) 또는 아웃라이너라고 한다.

4 레이저(razor)

(1) 레이저의 종류 및 구조

① 레이저 종류

개화기 초에 보급된 레이저는 사용 용도에 따라 전용을 달리하며, 면도(페이스)용과 자르기(커트)용으로 구분된다.

종류	특징	장점
상용면도기 (ordinary razor)	• 보통의 칼 모양으로 된 면도기로서 자루면도, 양도, 일도, 페더면도 등으로 구분된다.	• 시간상으로 능률적이고 세밀한 작업에 용이한편이다. – 지나치게 자를 우려가 있어 초보자에게 적당하지 않음
안전면도기 (safety razor)	• 면도기와 날(blade)이 분리되어 날을 교환할 수 있다. • 1mm 정도 면도날은 밖으로 도출되어 있어 안전하게 휴대할 수 있다.	• 두발이 조금씩 잘려 초보자에게 적당하다. – 날에 닿는 모발이 제한되어 있어 옆으로 미끄러져 나가지 않으므로 안전함

② 레이저 구조

구조	특징
날 머리[1]와 날 끝[2] [point/edge(heel)]	• 평행하며 비틀림이 없어야 한다.
어깨[3] / 날등[4] (shoulder/back)	• 두께가 일정하고 사용 시 면도날 자체의 마멸이 균등하게 적용되어야 한다.
선회축[5] (pivot point)	• 피봇포인트(선회축, 축회점)로의 레이저 몸체와 손잡이는 연결된다. 그러므로써 레이저 어깨와 소지걸이(tang[11])를 연결하고 있어 적당하게 견고해야 한다.
홀더[6](hold)	• 몸체에 날이 홀더의 중심으로 바르게 들어가야 한다.
날의 몸체[7]/날 선[8] (blade)	• 내 · 외곡선상, 직선상 등의 형태가 있다. • 날의 몸체를 닫았을 때 핸들의 중심으로 똑바로 들어가야 한다.

손잡이[9](handle)	• 무지와 인지로 날머리 양면을 쥐고, 인지, 중지, 약지는 동일면에 가지런히 놓여지나 핸들은 자를 시 방해가 되지 않도록 약지와 소지 사이 위로 향해 놓여진다.
날등머리[10](head)	• 어깨와 날등의 가장자리로 일정 부분을 미세하게 커트할 때 사용된다.

③ 레이저 선정 방법

레이저 날은 직선상[1], 외곡선상[2], 내곡선상[3]으로 구분되며 레이저 날의 탄력성은 몸체에 의해 생긴다. 외곡선상의 날은 힘의 배분이 좋아 솜털을 제거할 때 사용되며, 두발을 자를 때에는 조작의 저항을 적게 하고 날을 보호할 수 있는 내곡선상의 날이 용이하다.

(2) 레이저커트 방법 및 역할

• 레이저의 운행은 젖은 상태의 두발을 대상으로 당기는 힘(모다발에 긴장력 있게 빗질 후)과 미는 힘(레이저를 모다발 면에 예각으로 세워 사용)을 조화시켜야 하며 이를 이용해 테이퍼링 한다.

• 모량 조절과 모류에 따른 모발 겹침을 제거함으로써 부드럽고 가벼운 질감을 갖는다. 커트 형태에 따라 모량을 조절하며 가벼운 질감에 따른 두발 움직임마저 놓치지 않게 표현한다.

1) 레이저 쥐는 법

레이저의 선회축을 무지와 인지로 쥐고 나머지 중지, 약지, 소지는 인지 옆으로 가지런히 놓아 정면으로 쥐거나 선회축 부분을 무지, 인지, 중지를 이용하여 연필 쥐듯이 대각으로 기울여 잡기도 한다.

> **tip** 〉 건조모 상태에서 레이저를 이용하여 자를 시 모발 당김에 의해 고객이 통증을 느낄 수도 있고, 모발 자체에 손상을 줄 수도 있다. 또한 커트된 길이가 일정하지 않을 수 있으므로 충분하게 젖은 상태의 모발 자르기를 해야 한다.

2) 레이저 기법

① 에칭(etching) 기법

에칭은 왼손 검지 중지에 패널을 쥐고, 모다발 위에 레이저가 위치되어 아웃커트 된다. 모다발의 겉표면에 짧은모발이 형성됨으로 바깥말음컬 형성에 용이한 것으로 베벨 업(bevel-up) 기법이라고도 한다.

② 아킹(arcing) 기법

아킹은 모다발 아래에 레이저를 위치하여 곡선을 주듯이 위로 밀리면서 인커트 된다. 모다발 안쪽 면의 길이가 약간 짧아지므로 무게선을 이루고 안말음컬 형성에 용이하다. 베벨 언더(bevel-under) 기법이라고도 한다.

③ 로테이션(rotation) 기법

로테이션 기법은 빗과 레이저가 번갈아 가며 회전하듯이 빗질되면서 자르는 기법으로 두발이 갖는 질감 또는 무게감을 줄여준다. 후두부 네이프 부분의 인컷이나 아웃컷 패널이 쉽지 않은 상태에서 주로 사용하는 기법이다. 이는 모발 표면의 길이를 테이퍼하기에 용이하다.

④ 테이퍼링(tapering) 기법

'페더링(feathering)'이라고도 하며, 새의 깃털처럼 '끝을 점점 가늘게 한다'라는 의미로 모발 끝에 활동성을 부여한다. 즉 두발 단차에서 모발과 모발 간의 끝이 점차 가늘게 연결되는 듯한 모질감을 갖는다.

종류	특징	레이저 날 각도	그림
엔드 테이퍼링	• 1/3 지점 이내의 모다발 끝을 에칭(겉말음) 방법으로 테이퍼링한다. – 모량이 적을 때 두발 끝의 표면(질감)을 정돈함	40~45˚	1/3 엔드
노멀 테이퍼링	• 모량이 보통일 때 모다발 1/2 지점을 폭넓게 겉말음 테이퍼링한다. – 두발 끝이 자연스럽게 테이퍼되어 생동감 있는 움직임이 생김	20~30˚	1/2 노멀

딥 테이퍼링	• 모량이 많을 때 모다발의 2/3 지점에서 겉말음 테이퍼링한다. 　– 두발을 많이 솎아내므로 모량이 적어 보이나 볼륨감은 크게 형성됨	10~15°	 딥　2/3

▶ 레이저를 이용하여 자를시 주의할 점

- 건조모 상태에서 레이저를 이용하여 자를 시 두발에 당김을 주며, 잘리는 두발 단면의 길이가 일정치 않아 모발 자체에 손상을 줄 수 있다.
- 마모(닳은)가 심한 날로 자를 시 모다발에 가하는 각도 조절이 미숙하면 모표피의 비늘층을 긁어 벗겨낼(박리) 수 있으며 자를 시 레이저 몸체를 향한 날을 조절하는 힘의 배분이 적절하지 않으면 과도하게 자를 수도 있다.
- 레이저를 사용하여 스트로크(stroke)를 행할 때 레이저의 무게 또는 날의 각도에 따라 잘리는 효과가 달라지므로 사용 시, 힘의 배분에 유의해야 한다.

Section 02 미니시저스를 이용한 기법

1) 블런트 커트기법

가위를 사용하여 일직선으로 뭉툭하게 자르는 기법이다. 이는 두발길이를 일정하게 제거하며 형태선에 따른 무게감의 차이를 나타낸다.

기법	특징
싱글링 (shingling)	손으로 각도를 만들 수 없는 짧은두발(exterior), 후두하부 또는 측두하부 내에서 빗을 아래에서 위로 이동시키면서 빗살 밖으로 나와 있는 두발을 잘라내는 기법이다.
트리밍 (trimming)	이미 형태가 이루어진 두발의 형태선을 최종적으로 정돈하기 위하여 가볍게 자르는 기법이다. 손상모 등 불필요한 두발끝을 제거하기 위해서도 사용된다.
그러데이션 (gradation)	두상의 외부(크레스트 아랫부분)에서부터 내부(크레스트의 윗부분)로의 경계에서 만든 무게선은 두발길이가 점차적으로 미세한 단차가 생기게 자른다. 즉 점점 길어지거나 짧아지는 단차로 겹겹이 쌓인 것처럼 미세한 층이 그러데이션을 형성한다.
레이어 (layer)	두발길이는 동일하나 두상이 이루는 각도에 의해 단차를 가짐. 자연시술각에서 위는 짧고 밑이 긴 두발길이를 나타낸다. 즉 두개피부에 대해서 90° 이상으로 각도를 들어서 자르는 기법이다.
클리핑 (clipping)	튀어나온 두발이나 빠져나온 두발을 잘라내는 수정커트 기법이다.

2) 블런트 가위를 이용한 질감처리기법

블런트 가위를 이용하며, 두발길이에 단차를 만들거나 부피(볼륨)감을 주어 부드럽고 입체적인 질감을 갖게 한다.

커트기법		특징
슬라이드① (slide)		• 모다발을 잡고 가위날을 벌려 모다발 끝을 향해 미끄러지듯이 훑어내리면서 자르는 방법으로서 레이저 대신 가위를 이용한다. • 커트 형태선을 따라 모류 방향으로 모다발 표면 사이로 가위가 미끄러지듯이 움직여 자르는 방법을 말한다.
슬리더링②(slithering)		• 가위를 이용하여 모다발을 틴닝하는 것으로 모발 겉표면(질감)의 머리카락을 훑어내리는 듯한 방법으로 모량을 감소시키는 방법이다.
슬라이싱 (slicing)	나칭③ (natching)	• 가위날 끝을 45°로 세워서 모다발 끝을 45° 정도로 비스듬히 지그재그(zigzag)로 자르는 방법이다. – 가위끝을 이용하여 두발길이를 지그재그로 불규칙한 선에 의한 질감을 나타냄
	포인팅④ (pointing)	• 모다발 끝 부분에 대하여 60~90° 정도로 가위날을 넣어서 훑어 내듯이 자르는 기법 – 나칭보다 더 섬세한 효과를 낼 수 있는 질감
스트로크⑤ (stroke)		• 쇼트(short) : 모다발에 대해 가위 날은 0~10° 정도로 개폐하면서 자를 시 적은 모량이 제거된다. – 모다발 끝에만 볼륨이 요구될 때 자르는 기법
		• 미디엄(medium) : 모다발에 대해 가위 날은 10~45° 정도로 개폐하면서 자를 시 두발길이와 모량은 중간 정도 제거된다. – 중간 정도의 볼륨감과 질감이 요구될 때 자르는 기법
		• 롱(long) : 모다발에 대해 가위 날은 45~90° 정도로 개폐하면서 자를 시 두발길이와 모량은 중간 이상 제거된다. – 두발의 움직임이 자유로워 가벼운 느낌을 요구할 때 자르는 기법

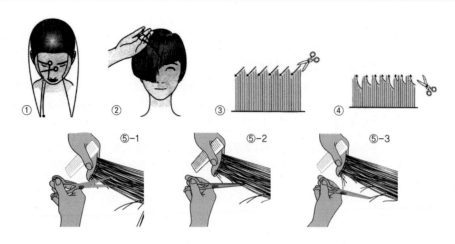

3 커트 시 올바른 자세 및 주의사항

1) 커트 시 자세
- 발은 어깨너비로 벌리고 왼발은 약간 앞으로 내밀어 무릎이 쉽게 굽혀질 수 있게 안정된 자세를 취한다.
- 시술자의 어깨선은 파팅된 섹션과 평행해야 하며 눈의 위치는 가위의 작업위치와 같은 높이로 한다.
- 가위의 가이드(기준) 위치는 왼손 인지와 중지에 둔다.

2) 커트 시 주의사항
- 샴푸 직후 젖은 두발 상태에서 또는 워터스프레이(분무기)를 사용하여 모근 부위에 물을 충분히 분무한다. 자르기를 끝낼 때까지 젖은두발 상태여야 한다.
- 빗질은 모근에서 모간 끝까지 모류의 방향과 각도를 유지함으로써 두상이 흔들리지 않도록 자연스럽고 곱게 빗질한다.
- 형태선 또는 가이드라인은 손님과의 대화 또는 커트유형의 구상으로 설정되어야 한다.
- 시술각을 만드는 3가지 방법에 따라, 빗으로 만드는 각도[1], 빗질로 만드는 각도[2], 두상을 움직여 만드는 각도[3] 등에 따라 커트의 형태선은 달라진다.
- 블로킹(4~5등분), 섹션(1~1.5cm)을 준수해야 한다.
- 커트 시 커트스타일에 맞는 자르기 전용 빗 또는 가위를 사용해야 한다.
- 모류(natural parting, whorl)를 거스르지 않는(역방향이 아닌) 자르기가 이루어져야 한다.

> ▶ 모발상태에 따라 커트 시 주의사항
>
> - 웨트커트(젖은두발 상태) : 커트 시술 전에는 반드시 세발(wet shampoo)을 해야 하나 부득이 시험(검정형) 시에는 물 분무기(water spray)로 마네킹의 모근 부위에 물을 충분히 분무한 뒤 커트형태가 마무리될 때까지 두발에 물기가 있어야 한다.
>   - 두발에 손상을 덜 줌　　　　- 두상에 당김을 주지 않음　　　　- 정확한 가이드라인의 빗질이 형성됨
>   - 자연스러운 두발의 움직임을 보면서 움직임 자체를 이용한 선을 만들 수 있음
>   - 두발이 젖었을 때 얼굴라인(발제선)이 갖는 자연적인 성장패턴을 관찰할 수 있음
> - 드라이커트 : 건조모 상태로 물을 분무하지 않고 자르는 커트 방법이다. 트리밍, 신징처리 시 응용한다.
>   - 트리밍 : 이미 형태가 이루어진 두발의 형태선을 마무리하기 위해 정리 및 수정에 사용함
>   - 신징 : 롱헤어스타일에 손상된 모발과 모발간의 끝(기모된)을 광범위하게 제거하기 위해 두발 표면 위주로 자르는데 사용되는 기법

1 블로킹(blocking)

> **tip** 블로킹과 섹셔닝으로 구분하며 영역화를 나타낸다. 섹셔닝(sectioning)은 대칭, 균형, 비율 등을 고려하여 디자인적 의도를 가진 구획을 설정하는 것이다. 이는 자를 시 모량을 조절하고 두상높이(level) 또는 영역(zone)에 따른 디자인라인과 시술각을 결정한다.

1) 두부의 구분

① 두부의 지점

두상에서 두발을 구획 짓는(영역화, zone) 포인트를 기준으로 두부를 영역화한다.

구분 및 명칭
• 센타 포인트①(center point, C.P)   • 탑 포인트②(top point, T.P)
• 골덴 포인트③(golden point, G.P)   • 백 포인트④ (back point, B.P)
• 네이프 포인트⑤(nape point, N.P)   • 프론트 사이드 포인트⑥ (front side point, F.S.P)
• 사이드 포인트⑦(side point, S.P)   • 이어 사이드 코너 포인트⑧ (ear side corner point, E.S.C.P)
• 이어 포인트⑨(ear point, E.P)   • 이어 백 포인트⑩(ear back point, E.B.P)
• 네이프 사이드 코너 포인트⑪ (nape side corner point, N.S.C.P)   • 센터 탑 미디엄 포인트⑫ (center top medium point, C.T.M.P)
• 탑 골든 미디엄 포인트⑬ (top golden medium point, T.G.M.P)   • 골든 백 미디엄 포인트⑭ (golden back medium point, G.B.M.P)
• 백 네이프 미디엄 포인트⑮ (back nape medium point, B.N.M.P)

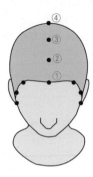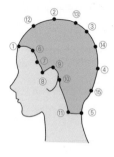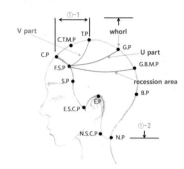

② 두부의 선과 영역

명칭	구분	그림
정중선	프론트 센터 라인[①-1](front center line) – C.P ~ G.P 백 센터 라인[①-2](back center line) – G.P ~ N.P	
측두선	오른쪽 파트 라인[②-1](right part line) 왼쪽 파트 라인[②-2](left part line)	
측수직선	T.P ~ E.B.P[③] 까지	
측수평선	S.P ~ T.P[④-1] S.P ~ G.P[④-2] S.P ~ B.P[④-3]	
얼굴선 (발제선)	얼굴선[⑤-1](hem line) – C.P를 중심으로 양 측면의 E.S.C.P를 연결 목뒷선[⑤-2](nape side line) – N.P를 중심으로 양 측면의 N.S.C.P를 연결 목옆선[⑤-3](nape side line) – E.S.C.P에서 N.S.C.P까지	
컨벡스 라인	후대각[⑥](diagonal back)은 후두부 N.P 쪽으로 향하는 대각선 (우대각)의 앞올림형	
컨케이브 라인	전대각[⑦](diagonal forward)은 얼굴 앞쪽으로 향하는 좌대각의 앞내림형	

③ 두부영역과 두발명

블로킹된 영역을 소구획으로 작게 나누는 서브섹션(subsection)을 하기 위해 두부를 구획하고 각 영역의 두발명은 다음과 같다.

구분	명칭	내용
두부면	전두면①	
	측두면②	
	백정중면③	
	측정중면④	
두발명	전발(前髮)①	① 전두골(프론트) - 전발(前髮) ② 측두골(사이드) - 양빈(兩鬢) ③ 두정골(크라운) - 곡(髷) ④ 후두골(네이프) - 포(髱)
	양빈(兩鬢)②	
	곡(髷)③	
	포(髱)④	

2 섹션(section)

하나의 블로킹을 1~1.5cm 정도 서브섹션(소구획)의 폭으로 나누었을 때 형성되는 두발관점 영역, 즉 스케일(scale)이다. 즉 일정한 베이스크기를 갖는 커트(자르기)의 단위이다.

1) 파팅과 라인

① 파팅

두상에서의 파팅(parting)은 두발의 관점에서 '상·하, 좌·우로 나눈다'라는 행동 그 자체를 말한다.

수직파팅	수평파팅	사선	
		전대각파팅(좌대각)	후대각파팅(우대각)

② 라인드로잉

두상에서의 파팅, 즉 선을 긋는 라인드로잉(line drawing)은 두개피부 관점에서 사용되는 단어이다.

2) 스케일

커트형을 만들기 위해 자르기 위한 준비로서 하나의 스케일은 1~1.5cm 폭을 단위(unit)로 한다. 즉 가로(zone)×세로(lavel)의 크기는 두개피부 관점인 베이스섹션과 두발관점의 서브섹션으로 설명되기도 한다.

① 베이스섹션(base section)

베이스섹션은 둥근 두상에서의 두개피부 관점에서 정의되는 라인드로잉된 크기(공간)를 갖는다. 블로킹된 영역을 다시 소구획화한 두개피부의 면적(베이스섹션의 크기)이다. 면적이 갖는 모양에 따라 직사각형, 삼각형, 부등변사각형, 장타원형, 원형베이스 등 베이스섹션의 모양을 갖는다.

> ▶ 모다발(hair strand)
> 파팅된 베이스섹션 또는 스케일된 모발을 빗으로 분배(펼처)하였을 때 모발이 갖는 모량을 일컫는다.

> ▶ 패널(panel)
> 빗질된 모다발을 손바닥 안으로 또는 손등 밖으로 쥐었을 때 가위날 끝으로 하나, 둘, 셋, 넷 정도(손가락 2마디 정도 약 3~4cm)의 잘리는 폭을 일컫는다.

3 빗질(distribution, combing)

1) 자연방향빗질(자연분배)

두상에서 모다발이 아래로 자연스럽게 떨어지는 중력방향(natural fall)으로서 주로 인커트한다. 섹션과 라인드로잉된 가이드라인의 형태선과는 평행이 된다.

2) 직각방향빗질(직각 또는 수직분배)

- 두상에서 섹션된 모다발을 수직 또는 직각방향으로 빗질 후 아웃커트한다.
- 시술각의 높·낮이가 주는 크기는 두발길이의 단차를 결정시킨다.
- 파팅과 빗질방향은 수직이 되고 자르는 선은 두개피부면과 평행상태에서 커트된다.

> tip ⟨ · 면·대각파팅에서 수직방향으로 분배 시 약간의 그러데이션(미세한 층에 의한 무게선이 생김)이 생긴다.
> 이때 시술각이 클수록 그러데이션(단차)도 크게 드러난다.
> - 중력상태를 갖는 자연시술각은 무게선에 의해 입체감을 나타냄

3) 변이방향빗질(변이분배)

두상에서 섹션된 모다발을 자연분배 또는 직각분배가 아닌 그 외의 각도로 빗질하여 인 또는 아웃커트한다.

> tip ⟨ 헤어커트스타일에서 두발길이를 길게 하거나 연결되지 않는 선(disconnection) 또는 모발끝이 보이지 않는 (unactivated) 형태선에서 연결을 원할 때 변이분배한다.

4) 방향빗질(방향분배)

두상의 곡면으로부터 파팅과 상관없이 한 방향으로 두발을 위로 똑바로 또는 옆으로, 뒤로(바깥쪽) 똑바로 빗질한 후 아웃커트한다.

> **tip** 위로 똑바로(두정융기), 옆으로 똑바로(측두융기), 뒤로 똑바로(후두융기) 등을 중심으로 상·하를 중심으로 만곡된다.

4 시술각(projection)

1) 자연시술각(natural fall projection)

- 두상의 곡면(머리모양)위로 늘어뜨려진 머릿결의 자연스러운 흐름이다.
- 자연시술각(natural angle)은 인체해부학상으로 두발이 늘어뜨려지는 길이 또는 위치를 분석하는 방법이다. 헤어스타일의 형태선을 파악하면서 그것이 곡선, 직선, 각진 등의 특징으로 분류한다.

2) 일반시술각(normal projection)

두상의 모발을 곡면으로부터 추상적 구조(structure)로 펼침으로써 디자인적 두발길이 배열을 분석할 수 있는 두상 각도이다.

자연시술각   일반시술각

변이시술각(shifted projection)	직각시술각(perpendicula projection)
자연·직각 분배 외의 모든 빗질 방향으로서 로우 – 낮은(1~30°), 미디움 – 중간(31~60°), 하이 – 높은(61~89°) 그래듀에이션 형의 시술각에 적용한다.	두개골에서 위로 똑바로(두정융기 방향빗질), 옆으로 똑바로(귀 방향, 측두융기 방향빗질), 뒤로 똑바로(귀 반대 방향, 후두융기 방향빗질) 등에 따르거나 유니폼·인크리스 레이어드형에서와 같이 90° 이상 빗질되는 시술각으로 분류한다.

5 두상위치(head position)

- 분배(빗질)에 직접적인 영향을 미침으로써 일반적으로 자르는 동안 두상의 위치에 따라 조정이 요구된다.
- 앞숙임①(forward), 똑바로②(up right), 옆기울임③(tilted) 등을 이용하여 정확한 두발길이를 연출할 수 있다.

두상위치의 상태는 자르는 결과에 가장 직접적인 영향을 주는 요소이다. 두상위치는 커트형이 요구하는 가이드 라인 즉, 형태선인 외곽선(out line)을 결정한다.

6 손가락 / 도구 위치(finger & tool position)

포밍후 손가락과 자르기 위한 도구의 위치 간 평행 또는 비평행은 두발흐름의 방향과 길이를 결정한다.

종류	시술각
평행	두발길이는 두상에 대해 최단 길이의 선(line)을 만든다.
비평행	두발길이는 두상의 위치에 따라 길어지거나 짧아진다(over direction).

7 디자인라인

종류	디자인라인
진행(이동) 디자인라인	두상의 위치에서 천체축에 따른 엘리베이션된 각도로 자를 때 단차(layer)는 무게감이 없는 질감 (activated)을 나타낸다.
정점(고정) 디자인라인	각도가 낮은 디자인라인을 만들 때 무게 중심을 첫 번째 섹션(가이드라인)에 두고자 하면 내측과 외측의 단차(층)가 없는 무게감이 형성된다.
혼합(진행+정점) 디자인라인	무게감을 갖는 고정디자인라인과 가벼운 질감을 갖는 이동디자인라인이 혼합되어 나타낸다.

① 자르는 각도(cutting angle)

모다발이 들어 올려진 정도(오버디렉션된 위치)는 왼손의 위치가 갖는 빗질 각도(시술각)에 의해 두발길이가 결정 또는 조절된다.

시술각과 핑거포지션 조절		특징	그림
평행 (parallel)	온 더 베이스[①] (on the base)	• 두상에서 동일한 두발길이를 자르고자 할 때 사용한다. – 같은 폭의 베이스크기로 파팅하여 자름 – 스케일된 베이스의 직각으로 분배하여 자름 • 두상의 곡면이 그대로 드러나는 외곽선이 나온다. – 1~1.5cm 섹션보다 베이스 폭을 넓게 잡음으로써 두발길이에 장단이 생김	

비평행 (non parallel)	사이드 베이스[2] (side base)	• 두발길이를 점점 길거나 짧게(overdirection) 하고자 할 때 사용한다. – up · down base shaping, lift · right side base shaping으로 구분됨	
	프리 베이스 (free base)	• 온과 사이드 베이스의 중간시술각으로 두상에서 급격한 변화없이 자연스럽게 두발길이가 길어지거나 짧아질 때 사용된다.	
	오프 더 베이스[3] (off the base)	• 급격한 두발길이를 원할 때 분배하여 자른다. – 오른쪽이나 왼쪽 베이스 밖의 접점으로 당길 경우 심한 대각선을 만들 수 있음	
	트위스트 베이스 (twist base)	• 프리 베이스 상태에서 분배 후 스케일된 패널을 비틀어 자른다. – 움직임이 있는 방향성을 만들수 있음	

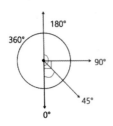

커트의 기본형태

Section 01 헤어커트의 3가지 유형 및 형태분석

구분	분석
형태(form)	둥근형(round), 삼각형(triangular), 사각형(square)의 형태를 분석한다.
기술(technique)	솔리드(solid), 그래듀에이션(graduation), 레이어드(layered) 등의 기술을 분석한다.
섹션(section)	가로(horizontal), 세로(vertical), 사선(diagonal), 방사형(pivot)의 섹션을 분석한다.
베이스(base)	빗질의 방향에 따라 온 더 베이스(on the base), 오프 더 베이스(off the base), 사이드 베이스(side base)인지 분석한다.
시술 순서 (cut process)	크레스트를 중심으로 어느 부분(위쪽 또는 아래쪽)을 먼저 커트하는지 순서를 분석한다.

NCS학습모듈 헤어미용(2019) 쇼트헤어커트에서 재구성함

1 솔리드형

(1) 솔리드 형태분석(solid form analysis)

헤어커트는 형태에 따른 길이배열의 구조를 즉, 도해도로서 구조와 무게감을 분석함으로써 이해될 수 있다. 형태로서의 헤어스타일은 질감과 겉모양(surface appearance), 형태선으로 나타내는 기술의 종류이다.

> **tip** 원랭스란 외측(exterior)과 내측(interior)에서 두발 단차가 없는 외곽선이 형성되는 기법이다.

1) 어원

- 원랭스(onelangth)란 하나의 길이 즉, 형태외곽선을 기준으로 동일한 길이로 모양이 갖추어진다는 자르는 기법을 뜻한다.
- 두발길이의 구조는 동일선상(내측과 외측)으로 잘리는 자르는 기법을 통해 솔리드(덩어리) 형태를 갖는다.

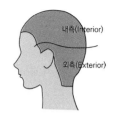
내측(Interior)
외측(Exterior)

2) 질감

모발끝이 보이지 않는(unactivated sculptured texture) 즉, 단차가 없는 비활동적인 질감(texture)을 나타낸다. 형태는 외곽선(out line)에 최대의 무게감을 나타내며, 딱딱한 각진 모양(가장 무거운형)이다.

3) 특징

두발 손상이 적으며 잘린 부분이 명확하며 두발끝에 힘이 있다. 기하학적인 형태선에 따라 입체감을 적용할 수 있다.

(2) 솔리드형의 종류

솔리드형의 종류	스타일의 특징
평행 보브[1] (straight bob)	목선(nape line)을 기점으로 하였을 때 커트형태선은 수평 일직선인 덩어리 모양을 나타낸다.
이사도라 보브[2] (isadora bob)	커트형태선(out line)을 목선 기점으로 하였을 때 N.S.C.P를 연결선으로 4~5cm 짧아지는 사선(후대각) 덩어리 모양(컨벡스 라인)을 나타내는 앞 올림형태이다.
스파니엘 보브[3] (spaniel bob)	커트형태선을 목선 기점으로 하였을 때 N.S.C.P를 연결선으로 4~5cm 길어지는 사선(전대각) 덩어리 모양(컨케이브 라인)을 나타내는 앞 내림형태이다.
머쉬룸[4] (mushroom)	커트형태선의 가장자리는 얼굴 정면(C.P)에서 목선(N.P)까지 연결되는 연곡선 덩어리 모양의 버섯형태를 나타낸다.

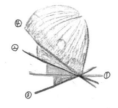    

2 그래듀에이션형

(1) 그래듀에이션 형태분석(graduation form analysis)

그래듀에이션은 두상의 구조가 편구형 같은 삼각형 모양으로서 두상으로부터 외부로 갈수록 활동적인 질감과 내부로 갈수록 비활동적인 질감을 나타낸다. 이들의 질감 경계 부분인 후두융기(B.P) 아래에 부피감(무게감)을 가진 두발길이 구조의 형태선이 형성된다.

1) 어원

그러데이션(gradation)이란 '미세한 층이 지다'라는 자르기 기법의 뜻으로 후두융기를 기점으로 아래 또는 위에 두발길이의 구조 즉, 무게감을 갖게 하는 커트기법을 통해 그래듀에이션 형태를 갖는다.

2) 질감

- 두발길이의 형태선은 혼합형으로서 활동적[1](이동디자인라인-4~5cm 단차 형성)이며 비활동적(고정디자인라인-무게선 형성 시 그라데이션[2] 1~1.5cm 미세단차)인 질감을 나타낸다.
  - activated[1] + unactivated[2] = mixtexture

3) 특징

- 입체적 형태를 만든다.
- 두개피부에 대해 대각으로 파팅한다.
- 스타일을 균형과 점과 점의 연결선이 정확하게 잘린다.
- 다양한 스타일에 응용되며 표현력이 풍부하나 특히 쇼트 헤어커트 스타일에 많이 응용된다.

(2) 그래듀에이션형의 종류

1) 시술각도에 따른 분류

- 연결 무게는 그래듀에이션과 연결되는 수평 혹은 수직의 디자인라인이 된다(캡을 엎어놓은 것과 같은 모양).
- 비연결 무게는 그래듀에이션과 연결되었을 때 극도의 대조감을 이룬다.
- 외부(귀 2/3 선 밑)가 짧은 모양이 되도록 단차(15~45°)를 주어 자른다(입체적 헤어스타일 연출에 효과).

종류	스타일의 특징
로우 그래듀에이션[1] (low graduation)	• 목선의 가이드라인을 기준으로 무게감을 나타내는 형태선은 1~30° 시술각(낮은 시술각)에 의해 형성된다. 이는 낮은 위치의 무게선에 따른 볼륨감은 낮은 위치에서 만들며 낮은 삼각형 머리모양을 나타낸다.
미디움 그래듀에이션[2] (medium graduation)	• 목선의 가이드라인을 기준으로 무게감을 나타내는 형태선은 31~60° 시술각에 의해 형성되나 이는 중간 삼각형 머리모양을 나타낸다. • 두발길이가 미디움 이하의 짧은 길이에서는 무게선에 따른 볼륨감이 중간 또는 중간보다 약간 낮은 위치에서 형성된다.
하이 그래듀에이션[3] (high graduation)	• 목선의 가이드라인을 기준으로 무게감을 나타내는 형태선은 61~89° 시술각에 의해 형성되나 이는 높은 삼각형 머리모양을 나타낸다. • 두발길이가 미디움 이하의 짧은 길이에서는 무게선에 따른 볼륨감은 중간보다 높은 위치에 형성된다. - 그래듀에이션의 종류 중 가장 가벼운 스타일로 응용범위가 넓음

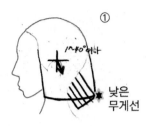

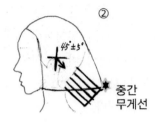

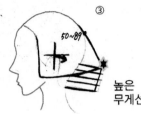

낮은 무게선 · 중간 무게선 · 높은 무게선

2) 패턴에 따른 종류

종류	스타일의 특징
평행 그래듀에이션[1] (parallel graduation)	층(두발길이의 기울기)에 의한 무게선이 평행을 이루며 N.P에서부터 위쪽으로 진행하는 기본 스타일된다.
증가 그래듀에이션[2] (increasing graduation)	측두면인 앞쪽에서 뒤쪽으로 갈수록 단차의 폭이 높아지는 컨케이브 라인의 무게선을 이루는 형태선이 된다.
감소 그래듀에이션[3] (decreasing graduation)	측두면인 앞쪽에서 뒤쪽으로 갈수록 단차의 폭이 낮아지는 컨백스 라인의 무게선을 이루는 스타일된다.

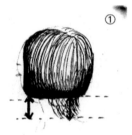

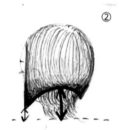

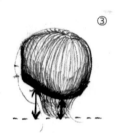

3 레이어드형

(1) 레이어드 형태분석(layered form analysis)

1) 어원

레이어(layer)란 '쌓다, 겹쳐지다, 층이 지다'라는 뜻으로 두상면에 대해 동일한 단차(두개피부의 90°)의 커트기법을 통해 레이어드 형태를 만든다.

2) 질감

두발길이의 방향은 두상을 따라 곡면으로 분산되므로 두발끝이 보이는(activated sculptured texture) 활동적이고 거친질감을 나타낸다.

3) 특징

두개피부에 대해 90° 이상 들어(lift) 올려 자른다. 응용범위가 넓어 폭넓은 연령층에 적용되는 형태이다. 세로로 서브섹션(파팅), 온베이스 커팅이 신속 정확한 기법으로 적용된다.

(2) 커트스타일의 종류

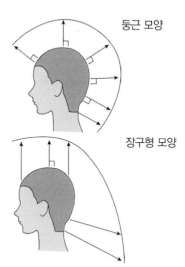

둥근 모양

장구형 모양

1) uniformly layered(round line)①

- 두상관점에서 두발길이가 동일한, 즉 두상과 평행하게 동일길이를 설정하여 자름으로써 둥근형태선이 연출된다.
  - 직각분배(90°), 온베이스 빗질에 의해 커트됨
- 두발길이가 겹쳐진, 움직임이 작은 동선을 이루는 질감을 갖는다.

2) increase layered(concave line)②

- 두상의 내측 두발길이가 외측 두발길이 쪽으로 점진적으로 증가하는 구조로서 활동적인 표면질감을 만들어낸다.
- 헤어스타일은 곡선적인 면(curved)과 높낮이에서 늘어남(elongated)을 갖는다.

3) square layered(combination line)③

- 직선 또는 스퀘어형식을 취하는 방향분배(directional distribution)에서 많이 적용되는 혼합형(combination sculpture texture)으로서 직선형태 및 무게의 집중은 남성적인 질감과 모양을 만들어낸다.
- 전두부와 후두부 모두 동일한 길이로 자르며 그 모서리에 두상의 형상에 따라 균형을 갖추도록 디자인된 모양이다.
  - 혼합형에서는 두상의 모양에 따라 가이드라인인 정상(crest)에서 내·외측을 구분 지을 필요가 반드시 있음
  - 형태선은 솔리드와 레이어드, 솔리드와 그래듀에이션, 그래듀에이션과 레이어드 형태의 중간 커트 라인을 형성함

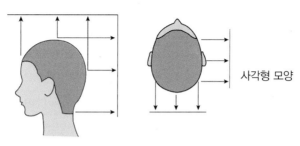

사각형 모양

※ 헤어커트 3가지 유형의 실기시험을 위한 Tip강의

커트스타일 마무리

Section 01 헤어커트도구의 위생적 관리와 보관

1 헤어커트도구의 소독 및 보관 방법

1) 헤어커트도구 소독 방법

종류	내용
빗	• 빗은 두발의 비듬과 먼지에 의해서 쉽게 더러워지므로 청결하게 손질해야 하며, 빗살에 낀 이물질을 먼저 털어 낸 후 소독한다. • 열 처리를 하는 자비소독, 증기소독은 피하며 석탄산수, 크레졸수, 역성비누액 등으로 소독한다. – 소독 시 소독액에 오래 담그었을 때 빗이 휘어질 수 있으므로 주의해야함
가위	• 자외선, 석탄산수, 크레졸수, 포르말린수, 알코올 등으로 소독한다.
클리퍼	• 사용 후에는 반드시 클리퍼용 브러시를 사용하여 청소 후 자외선, 크레졸수, 알코올 등으로 소독한다.
레이저	• 사용 후 붙어 있는 모발을 잘 닦거나 털어내고 소독제는 크레졸, 포르말린수, 알코올, 역성비누 등을 사용하여 소독 후 청결히 보관한다. 특히 손잡이 안쪽은 손질과 소독을 철저히 해야 한다. – 레이저는 금속 재질로 만들어지므로 고객 1인마다 소독한 것을 사용함 – 석탄산수는 금속을 부식시키므로 레이저 소독에는 사용할 수 없음
클립	• 비눗물로 세정 한 후 물기를 닦고 석탄산수, 크레졸수, 포르말린수, 알코올, 역성비누 등으로 소독한다.

2) 헤어커트도구 보관 방법

보관 방법	내용
빗과 브러시	• 소독 후 물기를 제거하고 재질과 모양에 변형이 없도록 보관한다.
가위	• 남아있는 물기를 제거하고 기름칠을 한 뒤 닦아서 전용 보관함에 보관한다.
클리퍼	• 소독 후 남아있는 물기를 제거하고 오일을 충분히 묻혀서 보관한다. – 보관 후 클리퍼를 처음 사용할 때에는 1~2분 정도 공회전을 시킨 후에 사용함 – 사용 중에 힘이 약해지거나 두발이 들뜨거나 열이 발생하면 오일을 사용하여 날에 발라줌
레이저	• 날을 분리하여 이물질을 제거하고 소독 후 기름칠하여 보관에 유의해야 한다.
드라이어	• 사용 후 전선을 뽑아 분리한 후 소독하여 드라이어에 충격이 가해지지 않도록 작업대 또는 서랍장에 보관한다.

01 미용실에서 사용하는 브러시의 소독법으로 적당하지 않은 것은?

① 크레졸 소독

② 증기소독

③ 석탄산수 소독

④ 포르말린수 소독

해설 | 브러시는 열에 약하므로 증기소독은 하지 않는 것이 좋다.

02 다음 중 빗의 소독 및 보관방법으로 옳은 것은?

① 건열소독은 자주해 주는 것이 좋다.

② 소독액은 석탄산수, 크레졸 비누액 등이 좋다.

③ 빗은 사용 후 소독액에 계속 담가 보관한다.

④ 소독액에서 빗을 꺼낸 후 물로 닦지 않고 그대로 사용해야 한다.

해설 | ② 빗의 소독에는 석탄산수, 크레졸수, 포르말린수, 역성비누액 등을 사용한다.
① 빗은 열에 약하므로 건열소독은 피한다.
③, ④ 소독액에 오래 담가두면 빗이 휘어지므로 소독 후 물로 헹궈 마른 수건으로 잘 닦은 후 보관한다.

03 다음 중 브러시 세정법으로 옳은 것은?

① 세정 후 브러시의 털을 위로 하여 음지에서 말린다.

② 세정 후 브러시의 털을 아래로 하여 음지에서 말린다.

③ 세정 후 브러시의 털을 위로 하여 양지에서 말린다.

④ 세정 후 브러시의 털을 아래로 하여 양지에서 말린다.

해설 | 브러시는 털이 위로 향하게 하고, 햇볕에 말리면 빗살이 뒤틀릴 수 있으므로 소독처리 후 물로 헹구고 털을 아래로 하여 음지에서 말린다.

04 헤어 세트에 사용되는 빗의 취급방법에 대한 설명이 아닌 것은?

① 엉킨두발을 빗을 때나 모양다듬기 시 얼레살을 사용한다.

② 두발의 흐름을 섬세하게 매만질 때는 고운살로 된 세트 빗을 사용한다.

③ 빗은 사용 후 브러시로 털거나 비눗물에 담가 솔 브러시로 닦은 후 소독한다.

④ 빗은 손님 5인 정도 사용하였을 때 1회 소독하며 사용한 빗은 따로 보관한다.

해설 | ④ 손님 1인에 1회 사용해야 한다.

05 다음 중 재질에 따른 빗의 종류가 아닌 것은?

① 금속재질(metal comb)

② 플라스틱재질(plastic comb)

③ 고무재질(rubber comb)

④ 스테인레스 재질(stainless comb)

해설 | ④ 빗의 종류는 금속재질 빗, 플라스틱재질 빗, 고무재질 빗 등이 있다.

06 빗의 선택방법으로 틀린 것은?

① 빗살 간격은 균등한 것을 선택한다.

② 빗등은 전체적으로 휘어지지 않은 것을 선택한다.

③ 빗살 끝이 너무 뾰족하지 않고 되도록 무딘것을 선택한다.

④ 빗살 끝은 가늘고 빗살 전체가 균등하게 똑바로 나열된 것을 선택한다.

해설 | ③ 빗살 끝은 가늘고 너무 뾰족하거나 무디지 않아야 한다.

07 빗의 구조와 특징 중에서 빗등에 대한 설명이 아닌 것은?

① 빗등의 두께는 균등해야 한다.
② 빗등의 재질은 약간 강한 느낌이 나는 것이 좋다.
③ 빗등 전체가 삐뚤어지거나 구부러지지 않은 것이 좋다.
④ 빗등은 너무 매끄럽거나 반질거리지 않으며 안정성이 있어야 한다.

해설 | ④ 빗몸에 대한 설명이다.

08 가위 선택 시 유의사항으로 옳은 것은?

① 잠금나사는 느슨한 것이 좋다.
② 양날의 견고함이 동일한 것이 좋다.
③ 일반적으로 도금된 것은 강철의 질이 좋다.
④ 일반적으로 협신에서 날 끝으로 갈수록 만곡도가 큰 것이 좋다.

해설 | ② 양날의 견고함이 다를 경우 부드러운 쪽의 날에 상한 자국이 남는다.
① 회전축(잠금나사)의 잠금나사는 느슨하지 않아야 한다.
③ 도금된 가위는 강철의 질이 좋지 않아 피한다.
④ 날 끝으로 갈수록 자연스럽게 약간 내곡선상으로 된 것이 좋다.

09 협신부는 특수강철로, 몸체는 연강으로 이루어진 가위는?

① 착강가위　　　　② 전강가위
③ 틴닝가위　　　　④ 전위가위

해설 | • 착강가위 : 가윗날의 협신부는 특수강철이며 몸체는 연질 강철로 이루어졌다.
• 전강가위 : 가윗날과 몸체 전체가 특수강철로 이루어졌다.

10 가위 선택 시 유의사항으로 틀린 것은?

① 손가락 넣는 구멍은 적합해야 하며 조작하기 쉬운 것을 선택한다.
② 날 부분이 손상되지 않은 것을 선택한다.
③ 도금된 것으로서 착강가위를 선택한다.
④ 선회축의 잠금나사가 느슨하지 않으며 내곡선 상의 날을 선택한다.

해설 | ③ 도금된 것은 피한다. (강철의 질이 좋지 않다)

11 모발의 길이를 자르지 않으면서 모량을 감소시키는 가위는?

① 착강가위　　　　② 전강가위
③ 단발가위　　　　④ 틴닝가위

해설 | ④ 모발 길이를 자르지 않으면서 모량을 감소시킨다.

12 가위의 구조와 관련된 설명으로 틀린 것은?

① 만곡도가 큰 날은 마멸이 빠르다.
② 날이 얇으면 협신이 가볍고 조작이 쉬워 기술 표현이 용이하다.
③ 날의 견고함이 다를 경우 부드러운 쪽의 날에 상한 자국이 남는다.
④ 손가락 넣는 구멍은 쥐기 쉽고 조작하기 쉬우면서 도금된 것을 선택한다.

해설 | ④ 도금된 것은 강철의 질이 좋지 않다.

13 가위의 손질방법과 보관에 대한 설명으로 잘못된 것은?

① 자외선, 에탄올 등에 소독한다.
② 석탄산수, 크레졸, 포르말린수 등에 소독한다.
③ 소독 후 청결한 마른 수건으로 수분을 닦아 보관한다.
④ 소독 후 세정하여 응달에서 건조시켜 보관 한다.

해설 | ④ 소독 후 청결한 마른 수건으로 수분을 닦아내고 녹이 생기지 않도록 기름칠을 하여 보관한다.

14 클리퍼의 역할과 자르는 방법에 대한 내용으로 틀린 것은?

① 클리퍼를 사용하여 잘린 두발은 독특한 질감을 갖는다.

② 아웃라인을 정리할때는 0.2~0.5mm의 모발길이가 남는 클리퍼를 사용하며 트리머라고도 한다.

③ 고정된 밑날과 움직이는 윗날에 의해 모발을 일정하게 절단시키는 기기이다.

④ 날판의 두께가 가장 얇은 것은 3mm 정도, 가장 두꺼운 것은 15mm 정도의 모발을 남기고 자른다.

해설 | ④ 1.5~25mm에 이르기까지 다양한 길이의 종류가 있으며, 남기고자 하는 두발길이에 따라 mm를 선정하여 사용한다.

15 레이저에 대한 설명으로 틀린 것은?

① 일상용 레이저는 효율적인 시간과 세밀한 작업에 용이하다.

② 일상용 레이저는 지나치게 자를 우려가 있어 초보자에게 적당하다.

③ 안전면도날은 모발이 조금씩 잘려 초보자에게 적당하다.

④ 안전면도날은 날에 닿는 모발이 제한되어 있어 미끄러지지 않아 안전하다.

해설 | ② 지나치게 자를 우려가 있어 초보자에게 적당하지 않다.

16 다음 내용 중 레이저의 어깨 또는 날등에 관한 설명인 것은?

① 레이저날(blade)의 탄성은 몸체에 의해서 생긴다.

② 외곡선상의 날은 힘의 배분이 좋아 솜털을 제거할 때 사용된다.

③ 두발을 자를 때에는 날을 보호할 수 있는 내곡선상의 날이 용이하다.

④ 두께가 일정하고 사용 시 날의 마멸이 균등하게 적용되어야 한다.

해설 | ④ 레이저의 구조 중 어깨, 날등에 관한 설명이다.
①, ②, ③ 레이저의 선정방법과 관련된 설명이다.

17 레이저 커트에 대한 설명이 아닌 것은?

① 젖은 상태의 두발에 적용하여 커트해야한다.

② 커트형태에 따라 모량을 조절할 수 있다.

③ 두발을 테이퍼함에 따라 가벼운 질감을 나타내기는 힘들다.

④ 질감처리에 따라 두발 움직임, 무게감 등을 표현할 수 있다.

해설 | ③ 두발을 테이퍼함에 따라 모발 겹침에 변화가 생겨 부드럽고 가벼운 질감을 나타낼 수 있다.

18 레이저 커트에 대한 설명으로 거리가 먼 것은?

① 건조모발 상태에서 커트를 해야 한다.

② 힘의 배분이 적당하지 않으면 과도하게 커트될 수 있다.

③ 날이 닳았거나 각도 조절이 미숙할 경우 모표피의 비늘 층이 긁힐 수 있다.

④ 젖은 모발상태에서 굵고 거친 모발을 부드럽게 처리할 수 있다.

해설 | ① 젖은모발 상태에서 커트를 해야 한다.

19 커트 시 사용되는 클립의 정확한 명칭으로 옳은 것은?

① 클립
② 핀셋
③ 싱글 프롱클립
④ 덕빌 클램프

해설 | ④ 헤어커트 시 덕빌 클램프 클립이 사용된다.

20 건조모 상태에서 레이저 커트 시 나타날 수 있는 단점과 관련 없는 내용은?

① 모발에 손상을 줄 수 있다.
② 모발 당김에 의해 아픔을 준다.
③ 지나치게 자를 우려가 있어 초보자에게 적당하지 않다.
④ 원하는 모발 길이가 일정하게 잘리지 않으며 거친 질감을 나타낸다.

해설 | ③ 일상용 면도날(오디너리 레이저) 사용에 대한 설명이다.

21 레이저 커트 방법으로 가장 적당한 것은?

① 물로 두발을 적신 다음에 테이퍼링한다.
② 드라이 커트 하는 것이 좋다.
③ 틴닝하면서 클럽 커트를 하고 다음에 트리밍을 행한다.
④ 스트로크 커트를 하면서 슬리더링을 행하면 좋다.

해설 | ① 레이저 커트는 반드시 두발을 적신 후에 한다.

22 레이저에 대한 설명으로 틀린 것은?

① 일상용 레이저는 시간상 능률적이다.
② 셰이핑 레이저는 안전율이 높다.
③ 일상용 레이저는 지나치게 자를 우려가 있다.
④ 초보자에게는 일상용 레이저가 알맞다.

해설 | ④ 초보자에게는 셰이핑(안전) 레이저가 적당하다.

23 남성커트 기법에 대한 설명으로 잘못된 것은?

① 남성커트를 할 때는 주로 단가위를 사용한다.
② 빗을 이용하여 두발을 컨트롤하는 방법을 오버콤 기법이라고 한다.
③ 가위로 자르거나 깎기를 할 때는 시저스 오버콤 기법이라고 한다.
④ 손가락에 모다발을 쥐어 자르는 기법을 '지간깎기'라고 한다.

해설 | ① 남성커트를 할 때는 주로 장가위를 사용한다.

24 단가위(blunt sicssors)에 대한 설명 중 틀린 것은?

① 크기가 작아 조작이 쉽다.
② 세밀한 블런트 커팅 기법에 사용된다.
③ 한면 또는 양면의 톱니 날로 구분된다.
④ 커트되는 모발의 양이 제한되어 있다.

해설 | ③ 틴닝가위에 대한 설명이다.

25 가위 날 끝을 45° 정도로 세워 자연스럽게 모다발 끝을 자르는 기법은?

① 싱글링   ② 클리핑
③ 트리밍   ④ 나칭

해설 | ④ 가위 날 끝을 45°로 세워서 모다발 끝을 45° 정도로 비스듬히 지그재그로 자르는 방법이다.

26 두발의 형태선을 최종적으로 정돈하기 위하여 가볍게 자르는 기법은?

① 싱글링   ② 클리핑
③ 트리밍   ④ 슬리더링

해설 | ① 손으로 각도를 만들 수 없는 짧은 두발에 빗살을 아래에서 위로 이동시키면서 빗살 밖으로 나와 있는 두발을 잘라내는 기법이다.
② 튀어나온 두발이나 빠져나온 두발을 잘라내는 마무리 기법
④ 가위를 이용하여 모다발을 틴닝하는 것으로 머리카락사이를 훑어 내리는 듯한 방법으로 모량을 감소시키는 방법

27 블런트 커트 기법에 속하는 단어는?

① 트리밍(trimming)

② 클럽브드(clubbed)

③ 앤드 페이퍼(end paper)

④ 레이어(layer)

해설 | ② 블런트(blunt)는 '뭉툭하게 자르다'라는 뜻으로 클럽(clubbed) 커트와 같은 의미이다.

28 두발 끝을 붓처럼 가늘게 만드는 커트 기법은?

① 틴닝

② 나칭

③ 슬리더링

④ 테이퍼링

해설 | ④ 테이퍼링(Tapering) 또는 페더링(Feathering)이라고 하며, 테이퍼(Taper)는 '끝을 점점 가늘게 한다'는 의미로 모발 끝을 점차 가늘게 연결시키는 커트 방법이다.

29 틴닝가위를 사용하여 지간깎기를 할 경우 두발의 결처리 효과는?

① 양적 감소 효과가 줄어든다.

② 모발의 결처리 효과는 줄어든다.

③ 정확도는 높으나 양적 효과는 떨어진다.

④ 모량감소와 질감의 효과가 있다.

해설 | ④ 모량감소와 질감의 효과가 있다.

30 빅 시저스와 관련된 내용으로 틀린 것은?

① 끌어깎기 – 가위날 끝을 왼손의 검지 완충면 위에 고정 후 시술자 쪽으로 당기면서 자르는 커트로 크라운 상단부의 형태선 수정에 가장 많이 사용한다.

② 밀어깎기 – 가위날 끝을 왼손 엄지에 고정하고 밀어가면서 크로스체킹 기법으로 측두면 수정에 가장 많이 사용한다.

③ 돌려깎기 – 귀 주변에서 많이 사용되는 기법으로 빗을 시계방향 또는 반시계방향으로 돌려가며 커트한다.

④ 틴닝깎기 – 일정량의 두발을 고르게 솎아내거나 불필요한 두발을 제거하고자 할 때 사용되는 기법이다.

해설 | ④ 솎음깎기로 일정량의 두발을 고르게 솎아 내거나 불필요한 두발을 제거하고자 할 때 주로 적용하는 기법이다.

31 머리형태가 이루어진 상태에서 튀어나오거나 빠져나온 두발을 가위로 마무리하는 기법은?

① 싱글링 ② 트리밍

③ 클리핑 ④ 스트로크

해설 | ③ 클리핑은 튀어나온 두발이나 빠져나온 두발을 잘라내는 마무리 기법이다.

② 트리밍은 길이를 자르고 난 후 다듬어주는 기법으로 형태선 밖으로 튀어나온 잔머리카락을 깎거나 두발이 뭉친 곳을 솎아줄 때 사용하는 기법이다.

32 레이저에 대한 설명으로 틀린 것은?

① 에칭기법은 모다발 위에 레이저가 위치되어 아웃커트된다.

② 아킹기법은 모다발 안쪽면의 길이가 약간 짧아지므로 무게선을 이루고 안말음 컬 형성에 용이하다.

③ 로테이션 기법은 두발이 갖는 질감과 무게감을 풍성하게 만들 수 있다.

④ 라이트 사이드 오버디렉션은 패널의 왼쪽에서 오른쪽 방향으로 점차 길어지게 자른다.

해설 | ③ 로테이션 기법은 빗과 레이저가 번갈아 가며 회전하듯이 빗질하면서 자르는 기법으로서 두발이 갖는 질감 또는 무게감을 줄여준다. 후두부의 네이프 부분의 인컷이나 아웃컷 패널이 쉽지 않은 상태에서 주로 사용하며, 모발 겉표면의 길이를 테이퍼하기에 용이하다.

33 다음의 3가지 테이퍼링 기법 중 엔드 테이퍼 하는 것은?

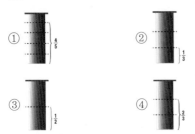

해설 | ② 1/3 지점 이내의 모다발 끝을 에칭(겉말음) 방법으로 테이퍼링한다.

34 빗과 가위를 위쪽으로 이동시키면서 빗살 밖으로 나와 있는 두발을 자르는 기법은?

① 싱글링   ② 슬리더핑

③ 트리밍   ④ 테이퍼링

해설 | ① 손으로 각도를 만들 수 없는 짧은 두발에 빗살을 아래에서 위로 이동시키면서 빗살 밖으로 나와 있는 두발을 잘라내는 기법이다.

35 모발 상태에 따라 커트 시 주의사항과 거리가 먼 것은?

① 트리밍 – 형태가 이루어지지 않은 두발의 형태선을 마무리하기 위해 정리한다.

② 드라이커트는 건조모 상태로서 물을 분무하지 않고 자르는 커트 방법이다.

③ 신징은 롱헤어에 손상된 모발과 모발간의 끝을 광범위하게 제거하기 위해 자르는 커트 방법이다.

④ 웨트커트는 젖은두발 상태에서 커트하는 방법이다.

해설 | ① 트리밍으로 이미 형태가 이루어진 두발의 형태선을 마무리하기 위해 정리한다.

36 롱헤어스타일에 손상된 모발과 모발간의 끝을 광범위하게 제거하기 위해 자르는 커트를 무엇이라고 하는가?

① 신징   ② 린징

③ 웨트커트   ④ 트리밍 커트

해설 | ① 신징에 관한 설명이다.

37 시술각을 만드는 방법에 따라 커트의 형태선이 달라진다. 제시된 내용으로 바르지 않은 것은?

① 빗으로 만드는 각도

② 빗질로 만드는 각도

③ 두상을 움직여 만드는 각도

④ 가위를 움직여 만드는 각도

해설 | ④ 시술각을 만드는 3가지는 방법, 빗으로 만드는 각도, 빗질로 만드는 각도, 두상을 움직여 만드는 각도 등에 따라 커트의 형태선은 달라진다.

38 헤어커트 시술의 절차로 옳은 것은?

① 블로킹 – 두상 위치 – 파팅과 라인 드로잉 – 빗질 – 시술각 – 손가락과 도구 위치 – 디자인 라인

② 두상 위치 – 블로킹 – 빗질 – 파팅과 라인 드로잉 – 시술각 – 손가락과 도구 위치 – 디자인 라인

③ 파팅과 라인 드로잉 – 블로킹 – 두상 위치 – 시술각 – 빗질 – 손가락과 도구 위치 – 디자인 라인

④ 블로킹 – 파팅과 라인 드로잉 – 빗질 – 시술각 – 두상 위치 – 손가락과 도구 위치 – 디자인 라인

해설 | ① 헤어커트 시술은 블로킹 → 두상 위치 → 파팅과 라인 드로잉 → 빗질 → 시술각 → 손가락과 도구 위치 → 디자인 라인 등의 순서로 이뤄진다.

39 파팅에 대한 설명으로 옳은 것은?

① 모발 관점에서 상·하, 좌·우로 나누는 것
② 모발을 자르기 위해 두상에서 4~5등분 한 것
③ 두개피부 관점에서 두상에 그어진 수평, 수직, 사선인 것
④ 자르기 위한 베이스 크기는 1~1.5cm 정도의 서브섹션인 것

해설 | 파트(Part)는 방향을 가지고 있으며 모발의 관점에서 '가르다 또는 선을 긋다'라는 의미로 상·하, 좌·우로 구분하는 행동을 나타내는 용어이다.

40 빗질에 대한 설명으로 연결이 바르지 못한 것은?

① 자연분배 – 0°로 자연스럽게 빗질된다.
② 직각분배 – 두상곡면에서 직각으로 빗질된다.
③ 변이분배 – 두상곡면으로부터 모발을 위로, 옆으로, 뒤로 등의 방향으로 빗질된다.
④ 방향분배 – 두정융기, 측두융기, 후두융기 등의 방향으로 빗질된다.

해설 | ③ 변이방향 빗질로 자연분배와 직각분배 이외의 각도 1~89° 방향으로 빗질된다.

41 이미 형태가 이루어진 두발의 형태선을 마무리하기 위해 정리하는 기법은?

① 틴닝　　　　　② 트리밍
③ 클리핑　　　　④ 포인팅

해설 | ① 모발의 양을 조절하는 가위
③ 롱헤어스타일에 손상된 모발과 모발간의 끝(기모된)을 광범위하게 제거하기 위해 잘라내는 기법
④ 모다발 끝 부분에 대하여 60~90°정도로 가위 날을 넣어서 훑어내듯이 자르는 기법

42 다음 내용 중 라인드로잉과 관련된 것들로 묶인것은?

ㄱ. 전대각　　　　　ㄴ. 후대각
ㄷ. 컨벡스　　　　　ㄹ. 컨케이브
ㅁ. 버티컬 라인　　　ㅂ. 호리존탈 라인
ㅅ. 다이애거널 라인

① ㄱ, ㄴ, ㄷ
② ㄱ, ㄹ, ㅅ
③ ㄴ, ㄷ, ㅅ
④ 모두 다 관련된다.

해설 | 라인 드로잉은 두개피부 관점에서 선을 긋는 것으로서 수직, 수평, 대각 등을 일컬으며 오른쪽·왼쪽 파팅된 선이 연결될 때 전대각은 컨케이브, 후대각은 컨벡스 라인이라 한다.

43 원랭스 커트에 해당하지 않는 것은?

① 레이어드   ② 평행보브

③ 이사도라   ④ 머쉬룸

해설 | ①
· 원랭스(onelangth)란 하나의 길이, 즉 동일한 길이로 자른다는 뜻이다.
· 두발길이의 구조는 동일선상(내측과 외측)으로 맞추는 커트 기법을 통해 솔리드형태를 갖는다.

44 두발을 윤곽있게 살리면서 미세한 층을 주어 볼륨을 내는 입체적인 커트 방법은?

① 그러데이션 커트

② 패러럴 커트

③ 머쉬룸 커트

④ 블런트 커트

해설 | 그라데이션(gradation)이란 '미세한 층이 지다'라는 뜻으로 후두융기를 기점으로 아래 또는 위에 두발길이의 구조, 즉 무게감을 갖게 하는 커트기법을 통해 그래듀에이션 형태를 갖는다.

45 두상 관점에서 두발의 길이가 동일하고 겹쳐진 움직임에 의해 작은 동선을 이루는 질감을 갖는커트 방법은?

① 그래듀에이션 커트

② 인크리스레이어드 커트

③ 유니폼레이어드 커트

④ 원랭스 커트

해설 | ③
· 두상 관점에서 두발길이가 동일한, 즉 두개골상과 평행하게 동일 길이를 설정함으로 둥근형이 유지된다.
· 두발길이가 겹쳐진 움직임이 작은 동선을 이루는 질감을 갖는다.

46 다음 내용 중 크레스트 아랫부분에서 윗부분으로 갈수록 두발길이가 길어지는 커트 기법은?

① 원랭스   ② 레이어

③ 패러럴   ④ 그래듀에이션

해설 | ④ 그래듀에이션 커트는 외측(Exterior)에서 내측(Interior)으로 갈수록 두발길이가 길어지며 후두융기 아래에 무게선이 생긴다.

47 그래듀에이션형의 시술각에 대한 설명이 아닌 것은?

① 낮은 시술각 – 1~30°

② 중간 시술각 – 31~60°

③ 높은 시술각 – 61~89°

④ 직각 시술각 – 90°

해설 | ④ 레이어드형의 시술각이다.

48 원랭스 커트의 정의로 가장 적합한 것은?

① 두발길이에 단차가 있는 길이 구조로서 가이드라인의 가장자리에 각이 있다.

② 두상의 하부(외측)에서 상부(내측)로 갈수록 점차 길어지며 동일선상의 가이드라인에서 무게감이 형성된다.

③ 두상의 하부(외측)에서 상부(내측)로 갈수록 점진적으로 두발길이가 길어지는 구조이다.

④ 두상의 상부(내측)에서 하부(외측)로 갈수록 점진적으로 두발길이가 길어지는 구조이며 활동적인 질감을 만든다.

해설 | ② 동일선상에서 외곽의 형태선에 무게감이 형성된다.

49 블런트 커트의 특징이 아닌 것은?

① 모발의 손상이 적다.

② 잘린 부분이 명확하다.

③ 입체적으로 형태를 만들 수 있다.

④ 잘린 단면이 모발 끝으로 가면서 가늘다.

해설 | ④ 잘린 단면이 가늘게 연결된 것같이 끝이 연결되어 있는 것은 레이어 형태의 특징이다.

50 두상에서 동일한 두발길이로 자르고자 할 때 사용하며 같은 폭의 베이스 크기로 파팅하여 자르는 각도는?

① 온더베이스   ② 사이드베이스

③ 프리베이스   ④ 오프더베이스

해설 | ② 두발길이를 점점 길거나 짧게 하고자 할 때 사용.
③ 온과 사이드베이스의 중간 시술각
④ 급격한 두발길이를 원할 때 분배하여 자른다.

51 두정부에 대해 정사각형, 직각의 의미로 커트하는 기법은?

① 체크 커트   ② 스퀘어 커트

③ 블런트 커트   ④ 롱 스트로크 커트

해설 | ② 직선 또는 스퀘어형식을 취하여 방향분배하여 자르는 것으로 전두부와 측두부의 연결선에 볼륨감이 생긴다.

52 가위에 속하는 명칭으로 옳은 것은?

① 핸들   ② 프롱

③ 선회축   ④ 그루브

해설 | ①, ②, ④ 아이롱 부위의 명칭이다.

53 커트 시술 시 두부를 5등분으로 나누었을 때 거리가 먼 명칭은?

① 톱   ② 헤드

③ 사이드   ④ 네이프

해설 | ② 두상을 작업하기 용이(편리)하도록 선 또는 면을 만듦으로써 상·하, 좌·우 또는 정면·측면·후면 등의 구획된 영역을 결정한다.

54 스트로크 커트 기법으로 사용하기 적합한 가위로 옳은 것은?

① 곡선날 시저스

② 미니 시저스

③ 직선날 시저스

④ 리버스 시저스

해설 | ① 미끄러뜨리면서 커팅하는 방법으로 곡선날 가위가 적당하다.

55 레이어드 형태의 특징으로 틀린 것은?

① 두개피부에 대해 90° 이상으로 커트한다.

② 응용범위가 넓어 폭넓은 연령층에 적용되는 형태이다.

③ 네이프라인에서 탑 부분으로 올라가면서 모발의 길이가 점점 짧아지는 커트이다.

④ 커트라인이 얼굴정면에서 네이프라인과 일직선인 커트이다.

해설 | ④ 원랭스기법에 해당된다.

56 두발 커트 시 두발 끝의 1/3 정도를 테이퍼링 하는 것은?

① 엔드 테이퍼링

② 노멀 테이퍼링

③ 딥 테이퍼링

④ 에칭

해설 | ② 모다발 1/2 지점으로 두발 끝이 자연스럽게 테이퍼되어 생동감 있는 움직임이 생긴다.
③ 모다발의 2/3 지점에서 두발을 많이 솎아내므로 모량이 적어 보이나 볼륨감은 크다.
④ 모다발 위에 레이저가 위치되어 아웃커트 되며 베벨 업(bevel-up) 기법이라고도 한다.

57 두부 상부에 있는 두발은 길고 하부로 갈수록 층이 나는 작은 단차를 내는 커트 형태는?

① 그래듀에이션   ② 패러럴 커트

③ 원랭스 커트   ④ 레이어드

해설 | ②, ③ 모발의 단차없이 일직선으로 커트한다.
④ 후두부는 길고 두정부는 짧은 스타일이다.

58 남성커트 기법 중 오버콤 기법에 해당되지 않는 것은?

① 가위   ② 클리퍼

③ 틴닝   ④ 레이저

해설 | 오버콤 기법은 ①, ②, ③이다.

59 가위를 소독하는 방법으로 바르지 않은 것은?

① 석탄산수   ② 크레졸

③ 포르말린수   ④ 승홍수

해설 | ④ 가위 소독은 자외선, 석탄산수, 크레졸수, 프로말린수, 알코올 등으로 소독한다.

60 빗의 소독으로 바르지 않은 것은??

① 석탄산수   ② 크레졸

③ 자비소독   ④ 역성비누

해설 | ③
• 열처리하는 자비소독, 증기소독은 피한다.
• 소독액에 오래 담가 두면 빗이 휘어질 수 있으므로 주의한다.

61 개인위생에 관한 설명으로 바르지 않은 것은?

① 작업자는 시술 전·후에 손을 씻고 작업을 해야 한다.

② 작업장용 유니폼을 착용하여 깨끗하고 단정한 모습을 보여준다.

③ 가운은 이물질 등 오염이 되었을 때만 깨끗하게 세탁하여 사용한다.

④ 작업자는 구취, 체취 등으로 인해 고객에게 불쾌감을 주지 않도록 해야 한다.

해설 | ③ 고객에게 가운, 어깨보, 커트보를 착용함으로써 병원 미생물, 각종 오염에서부터 고객의 옷과 신체를 보호한다. 그러므로 오염이 되었을 때에는 깨끗하게 세탁하여 사용한다.

62 두상의 머리모양 위로 모발을 늘어뜨려 머릿결의 자연스러운 흐름으로 커트하는 시술각은?

① 일반시술각

② 직각시술각

③ 자연시술각

④ 변이시술각

해설 | ③ 자연시술각(natural angle)은 인체해부학상으로 두발이 늘어뜨려지는 길이 또는 위치를 분석하는 방법

PART 5	헤어커트								선다형 정답
01	02	03	04	05	06	07	08	09	10
②	②	②	④	④	③	④	②	①	③
11	12	13	14	15	16	17	18	19	20
④	④	④	④	②	④	③	①	④	③
21	22	23	24	25	26	27	28	29	30
①	④	①	③	④	③	②	④	④	④
31	32	33	34	35	36	37	38	39	40
③	③	②	①	①	①	④	①	①	③
41	42	43	44	45	46	47	48	49	50
②	④	①	①	③	④	④	②	④	①
51	52	53	54	55	56	57	58	59	60
②	③	②	①	④	①	①	④	④	③
61	62								
③	③								

Part
6

헤어
퍼머넌트
(펌)

펌의 기초이론

모발형태는 직모와 파상모로 나눌 수 있다. 직모를 파상모로, 파상모를 직모로 영구히 변화시키는 방법을 케미컬 헤어스타일이라 한다. 이중 모발에 반응하는 펌과정은 탄력적이며 지속력이 있는 웨이브 또는 스트레이트펌으로 구분된다.

Section **01**　퍼머넌트 역사 및 용제

1 웨이브 펌의 역사

기원전 3,000년경 고대 이집트 나일강 유역의 알칼리 토양을 모발에 도포 후, 이를 나무 봉에 감아(래핑) 햇빛에 말려 웨이브를 만든 것이 퍼머넌트 웨이브의 기원이 되었다.

(1) 머신 펌(machine perm)

전기나 수증기의 열을 전열기기로 발생시키는 것과 함께 웨이브 로션이 사용되었다.

1) 전열 펌(electron perm)

- 열펌은 모발에 열을 가하여 전열펌을 형성하는 방법이다. 펌제 처리 방법에 따라 직펌과 연화펌으로 분류한다.
  - 직펌(옥펌, 디지털 펌)은 열을 가한 로드를 이용하여 와인딩 후 펌제를 도포한 상태에서 열을 직접 가하는 방법임
  - 연화펌(세팅펌, 디지털펌, 아이론펌)은 1제를 두발에 도포하고 연화시킨 후에 헹군 다음 필요에 따라 수분량을 조절하여 와인딩함

1905년	1925년
1905년 영국의 찰스 네슬러(Nessler, C.)에 의해 스파이럴식(spiral wrapping) 전열펌이 고안된다. 개발 초기 붕사와 같은 알칼리 수용액을 웨이브 로션으로 사용하여 105~110°의 전열기기로 가열하는 웨이브 펌 방식이다.	독일의 조셉 메이어(Mayer, J.)에 의해 고안된 크로키뇰식(croquignole winding) 전열펌은 웨이브 로션으로 붕사 대신 암모니아(NH_3)와 탄산암모늄($(NH_4)_2CO_3$)을 이용한다.

> ▶ 스파이럴 래핑
> 상델리아식 기계의 클립을 이용하여 모다발을 모근에서부터 모선 끝을 향해 나선식으로 감싸는(wrapping) 방식을 나타내며 풀었을 때 리지(ridge)는 일정한 폭으로 형성된다.

▶ 크로키놀 와인딩

네슬러의 스파이럴식 가열 기계가 개량된 것으로 모다발을 모선 끝에서부터 모근을 향해 감는(winding) 방식이다. 와인딩된 모다발을 풀었을 때 모간에서 모근으로 갈수록 리지의 폭은 크게 형성된다.

(2) 머신리스 펌(machineless perm)

1932년 사르토리에 의해 특수금속의 히팅클립과 특수용제의 화학작용(석회의 수화열을 이용)에 의해 발열되는 것을 이용한 웨이브 펌이 고안되었다. 이는 웨이브 로션(제1제)의 개발을 촉진하였다.

(3) 콜드 펌(cold perm)

- 콜드 펌이란 약한 염기성 용액(제1제)을 모발에 적용시킴으로써 실온(18±2℃)에서 쉽게 모발 구조를 변화시킨다. 과거 전열기기, 용제 등에서 반응하는 열펌에 대응하여 실온 또는 상온이라는 개념으로 사용되는 콜드 펌의 원리는 1·2·3욕법으로 적용된다.
  - 1욕법(one step) : 제1제(환원제)로 구성되며 2제(산화제)는 사용하지 않는다. 즉 공기 중의 산소에 의해 자연산화 반응을 8시간 이상 소요, 유도함으로 웨이브 펌이 형성된다.
  - 2욕법(two step) : 1제와 2제로 구성되며 환원되고 산화되는 방식에 의해 웨이브 펌이 형성된다. 1제는 환원제로서 모발 시스틴을 환원시켜 절단(개열)시키며, 2제는 산화제로서 환원 절단된 시스틴을 산화시켜 재결합시킨다.
  - 3욕법(three step) : 제1제는 와인딩 전용액이며 2제는 환원제, 3제는 산화제로 구성된다.
- 1936년 영국의 J.B.스피크만(Speakman, J.B.)은 상온에서 웨이브 펌을 형성시켰다.
- 1940년경 티오글리콜산 염(thioglycolic acid salt)을 주성분으로 하는 제품으로 현재까지 주로 일반 펌의 원리에 사용되고 있다.
- 2000년대 현재 설펜산(sulfenic acid)과 시스테아민(cysteamine), 티오 유산(젖산) 등의 환원제가 '화장품' 규정에 등록되어 사용되고 있다.

2 축모교정의 역사

1940년대부터 미국을 중심으로 웨이브진 모발을 교정(straight)하는 펌제가 사용되어 왔다.

년도	적용 및 스타일
1960년 후반	• 미국 사회에 만연한 인종 특유의 펌 시장이 형성됨으로써 아프리카 캐리비안 축모를 가진 미국인(african american)의 곱슬모발에 주로 적용하였다.
1970년	• 스트레이트 제품 시장은 포화상태로 두발을 곧게 펴는 릴랙스 룩(relaxed look)이 당시의 대중적인 헤어 스타일이었다.

1980~1990년	80년 중반	• 다갈색의 점토 상태(밀가루나 갈분가루를 웨이브 로션에 혼합)인 교정제를 모발에 바르고 플라스틱 판을 이용하여 판에 붙여 직모 상태로 변형, 유지시켰다.
	80년 후반~90년	• 두발을 곧게 펴는 크림타입 펌제가 실용화되었고, 프레서(presser)를 이용한 압착 기기가 사용되었다.
2000~현재		• 파상 모발을 간단히 펼 수 있으며 모다발 끝에 C컬 형성이 가능하도록 발열판이 곡면 형태인 프레서가 개발되었다. 또한 모발 개선제의 거듭된 발전은 손상 모발의 재생 또는 복구와 함께 직모 상태를 더욱 견고하게 만들기도 한다. • 열펌 작업 유형은 볼륨 프레스, 아이론펌, 세팅펌, 디지털펌, 직펌 등 다양하다. 다양한 열펌은 열변성·과수축, 불가연변성(화학변화) 등에 따른 손상모가 되기도 한다. 이에 사용되고 있는 펌 제품에 대한 화학물질과 함께 모발의 메카니즘, 기기에 대한 공정이 중요시되고 있다.

▶ 스트레이턴트 제품(permanent straightener, relaxer)

축모교정 시술에 의한 모발의 건조함과 곱슬한 파상 모양을 제거하기 위한 노력이 반영된 일상적인 손질로 컬 활성제인 글리세린을 기반으로 한 헤어스프레이와 로션의 사용을 가져다주었다.

▶ 전열펌

• 직펌은 옥펌, 디지털펌 등으로서 가열시킨 로드로 와인딩한 후에 펌제를 도포한 상태에서 열이 직접 가해지는 펌이다.
• 연화펌은 프레스펌, 세팅·디지털펌 등으로서 펌 1제를 이용하여 모발 연화과정을 거친 후 헹군 다음, 필요에 따라 수분량을 조절하고 열기구를 이용 와인딩 또는 프레서, 컬리 아이론 등을 사용한다.

③ 펌 용제

펌 형성의 3요소는 모발, 용제, 기술로 구성된다. 퍼머넌트 웨이브는 모발 미세구조의 성질을 토대로 하여 도구 또는 기기가 갖는 물리적 방법과 용제의 화학적 작용에 의해 구조변성을 갖는다.

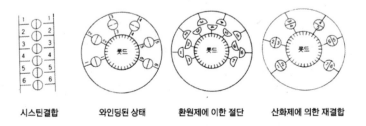

시스틴결합   와인딩된 상태   환원제에 이한 절단   산화제에 의한 재결합

(1) 웨이브 펌 용제

펌 용제는 화장품으로서 일반적으로 콜드 펌을 위주로 1제와 2제로 분류한다.

1) 1제(환원제, processing solution)

티오글리콜산 염 또는 시스테인을 주성분으로 하며 알칼리의 농도와 pH, 온도 등이 적용된다.

① 주성분

제1제인 티오글리콜산(메캅트초산) 그 자체는 산성 물질이나 그 염류인 알칼리가 티오글리콜산에 첨가됨으로써 환원력이 강한 알칼리성 펌제가 된다. 이러한 펌제의 주성분은 티오(thio)와 시스(cys)타입으로 크게 대별된다.

구분	특징 및 역할
알칼리제	• 주성분에 첨가되는 염(salt)은 알칼리제로서 암모니아 또는 아민계가 사용된다. 알칼리제의 강도에 따라 강하거나 약한 웨이브의 형성을 좌우한다. 　– 모표피를 열어주는(구획 개열) 작용으로서 모발의 모표피를 적당히 팽윤[①]시킴 　– 환원제의 활성(농도 구배)을 도와주는 pH조절자로서 환원제 pH를 상승[②]시킴 　– 알칼리제에 첨가되는 농도 또는 비율에 따라 주성분의 농도 및 pH를 결정[③]함
환원제	• 티오글리콜산 또는 시스테인은 모발 내 시스틴결합(14~18%)을 환원·절단(개열)시킬 수 있는 환원제로서 모발구조를 화학적으로 변성시킬 수 있는 가소성을 이용한다. 　– 2개의 수소(H)가 모발 내 시스틴결합(S–S)에 침투되어 환원작용에 관여함 　– 티오글리콜산의 농도는 2~11%이며 시스테인의 농도는 3~7.5%임 　　→ 화학구조식은 2HS·CH₂COOH로서 2H가 모발 시스틴에 환원제로 적용됨으로써 모발의 S–S결합을 SH·HS로 개열 또는 절단(연화)시킴 　　→ ├S–S┤ + 2H → ├SH·SH┤ 으로의 화학 반응이 형성됨

㉠ 알칼리제의 종류

구분	아민계	암모니아계
장점	• 불휘발성 유기알칼리제로서 냄새가 거의 없다. • pH balance(수소이온농도 균형)를 제공한다. • 피부 접촉 시 부드럽고 순하여 알레르기 현상 또는 모발 손상이 없다.	• 주로 무기알칼리제로서 약알칼리성이다. • 분자량이 낮아 모발에 대해 침투성이 좋다. • 휘발성이 강하여 모발 손상이 적다.
단점	• 두발이나 손가락에 잔류하기 쉽다.	• 자극적인 냄새가 강하다.

㉡ 환원제

티오클리콜산 염을 주성분으로 하는 펌제는 건강모에 주로 사용된다. 손상모에는 시스테인을 주성분으로 하여 주로 사용하나 티오글리콜산에 비해 환원력은 약하다.

2) 2제(산화제, oxidizing solution)

① 주성분

산화제류	특징	장점	단점
과산화 수소 (H_2O_2)	• 브롬산염보다 불안정하여 2% 정도의 티오글리콜산(TGA)이 안정제로 배합되어 있다. 또한 햇빛(자외선), 미량금속, 알칼리성 상태에서 분해되므로 pH 2.5~4.5 정도의 범주에서 사용된다. • 일반적으로 중화처리는 5~10분으로서 한번만 도포한다.	• 브롬산염보다 산화력이 강하며, 빠른 시간에 탄력 있게 웨이브가 정착된다. • 브롬산염보다 2제 처리시간이 짧다.	• 오버타임 시 모발의 단백질을 분해하는 작용이 있으며, 강력 산화력에 의해 손상모에 사용 시 모발색이 표백, 탈색될 수 있다.
브롬산 염류 ($HBrO_3$)	• 브롬산(BrO_3)은 '냄새가 난다'라는 의미로 취소산이라고도 한다. 브롬산 염류의 종류는 브롬산나트륨($NaBrO_3$)과 브롬산칼륨($KBrO_3$)이 있다. • 중화처리는 10~20분으로 시간차이를 두고 두 번에 나누어 도포한다.	• pH 6~7.5로서 과산화수소보다 사용감이 뛰어나며 모발색을 표백, 탈색시키지 않는다.	• 산화제로 분해될 때 역한 냄새를 내며 모발에 잔류 시, 광택과 감촉이 나빠진다. • 백색분말로서 고온(37℃ 이상)에서 환원제와 접촉 시, 빠르게 분해되거나 발화할 수 있다. - 37℃ 이하 또는 약산성, 중성, 알칼리성에서는 안정함

② 첨가제(addition agent)

펌 용제에서 첨가제는 침투력과 제품의 안정성, 사용감, 냄새 등을 좋게 하려고 사용한다. 첨가제로는 금속봉쇄제(ethylenediaminetetraacetic acid, EDTA)[1], 계면활성제[2](침투제 · 습윤제 · 유화제), 점성제[3], 항염증제[4] 등이 있다.

Section 02 펌 디자인의 이해

'디자인의 이해'라는 개념적 지식을 기술(실제수행)과 과정에 대한 지식을 통해 구체적인 지식구조로 체계화했다.

1 펌 디자인을 위한 기초이론

(1) 직경과 베이스섹션(diameter and basesection)

1) 블로킹과 베이스조절

블로킹은 사용하는 로드의 직경, 감는 방법에 따라 베이스의 크기와 종류가 달라진다. 베이스는 감는 방식(몰딩)인 수평, 수직, 사선 등의 파팅에 따라 삼각, 사각, 직각 등의 모양을 만든다.

몰딩은 오리지날 세트로서 패턴(pattern)이라고도 한다. 머리모양(head shape)인 두상은 안두개와 뇌두개의
측면에 따라 커다란 곡선 형태를 가진다.

① 베이스섹션 종류(모양)

베이스 종류를 통해 두개골이 원형임을 스스로 말해 준다.

유형	내용
직사각형[①]	• C.P~N.P를 연결하는 정중선 영역에 적용되며 베이스섹션의 모양은 직사각형으로서 로드 폭은 모다발의 양(모량)과 길이와 밀접하게 관련된다.
삼각형[②]	• 두상 전체 또는 영역과 영역을 연결 지을 때 응용된다. • 베이스섹션의 모양이 삼각형으로 영역과 영역 간의 연결 지점에 구획된다.
부등변사각형[③]	• 측두면 또는 측정중면의 상단에 적용된다.
장타원형[④]	• 베이스섹션 시 사선 45°로 교차하는 장타원형 모양으로서 오목과 볼록 베이스가 교차하는 오블롱 영역에 응용된다.
원형[⑤]	• 피봇포인트를 중심으로 삼각형 베이스모양을 확장하면 바깥쪽 영역은 원형으로 나타난다.

  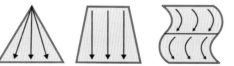

② 베이스크기

베이스크기는 로드직경(rod diameter)을 기준으로 로드 폭과 길이에 의해 결정한다.

1직경 베이스	1.5직경 베이스	2직경 베이스
로드폭(1배)+로드길이를 포함하는 베이스크기	로드폭(1½ 배)+로드길이를 포함하는 베이스크기	로드폭(2배)+로드길이를 포함하는 베이스크기
길이 폭 1직경 베이스	1.5 직경 베이스	2 직경 베이스

③ 베이스크기 조절

로드폭(직경)을 원칙으로 하며 스케일된 크기(넓이)에 따라 로드 선택이 결정된다.

④ 로드의 베이스 안착 위치

베이스 위치	베이스 형태	시술각 및 웨이브 움직임
온베이스		• 빗질 각도는 90~135°로서 베이스섹션 위로 모다발이 안착되는 논스템(non stem)이며, 모근의 부피감과 볼륨감이 크며, 강한 웨이브로서 움직임이 큰 효과를 나타낸다. • 베이스섹션 자국이 선명히 남는 단점이 있다. 　– 베이스섹션 내에 있는 모근을 깔고 로드가 안착됨
오프베이스		• 모다발의 빗질 각도는 0°로서 롱 스템(long stem)이 형성되며, 모근에서의 부피감과 볼륨감이 요구되지 않는 후두부 또는 발제선 주변의 모발 와인딩에 응용된다. • 베이스섹션의 모근 크기를 벗어난 바깥에 로드가 안착되어 웨이브가 느슨하여 움직임이 적다.
하프오프 베이스		• 모다발의 빗질 각도(forming)는 45~90°로서 하프 스템(helf stem)이 형성된다. • 모근에서의 볼륨감과 부피감은 온베이스와 오프베이스의 중간 정도를 갖는다. 　– 베이스섹션의 모근 1/2을 깔고 로드가 안착됨

> **tip** • 웨이브를 형성시키고자 할 때 스템방향(forming), 즉 빗질 시 모근의 시술 각도를 통해 웨이브 형성, 볼륨감, 부피감을 동시에 형성시킨다.
> • 모다발(hair strand)은 패널(panel), 스케일(scale), 모량 등과 동일한 의미로 표현된다.

(2) 모양 다듬기 & 포밍

모다발의 빗질로 형성되는 모양다듬기를 셰이핑(shaping)이라 한다. 셰이핑은 단순히 가지런히 빗질하여 '모양을 만든다'라는 의미를 지니며 컬링에서의 포밍(forming)은 의도된 방향성을 갖춘 빗질과 동의어로서 조형을 토대로 웨이브 형성을 위한 기초기술이다.

유형	내용
업 셰이핑[①](up shaping)	모근의 각도보다 상향으로 빗질한다.
다운 셰이핑[②](down shaping)	모근의 각도보다 하향으로 빗질한다.
포워드 셰이핑[③](foward shaping)	귓바퀴를 향한 안말음 방향으로 빗질한다.
리버즈 셰이핑[④](reverse shaping)	귓바퀴의 반대 방향을 향한 겉(바깥)말음 방향으로 빗질한다.
스트레이트 셰이핑[⑤](straight shaping)	직선 방향으로 빗질한다.
라이트 고잉 셰이핑[⑥](right going shaping)	오른쪽으로 약간 돌린 방향으로 모아서 빗질한다.
레프트 고잉 셰이핑[⑦](left going shaping)	왼쪽으로 약간 돌린 방향으로 모아서 빗질한다.

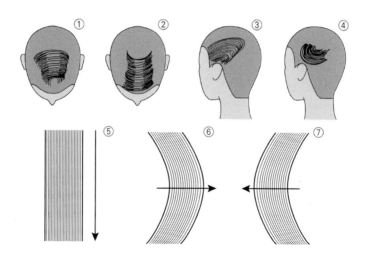

(3) 스템각도

모다발이 갖는 모류 흐름인 스템(stem)방향은 모근 볼륨의 강약과 움직임을 좌우한다.

스템종류	컬의 유동성		특징
논스템 (non stem)			로드에 감긴(curliness) 모다발이 베이스섹션 크기 위에 안착. 모근이 남지 않고 감기므로(스템 전체가 감김) 뚜렷한 웨이브가 오래 지속되고 스템의 움직임이 가장 적다.
하프스템 (half stem)			로드에 감긴 모다발이 베이스 1/2 지점에 걸쳐진 상태로서 논 스템과 롱 스템의 중간 움직임을 가진다.
롱스템 (long stem)			로드에 감긴 모다발이 베이스섹션 크기에서 느슨하게 벗어난 상태로서 웨이브의 움직임이 가장 크게 형성된다.

(4) 말거나 감싸기

펌은 로드 또는 기구를 이용하여 모발의 모양을 물리적 화학적으로 변형시킨다. 이는 로테이션 말기기법으로서 크로키놀와인딩과 스파이럴래핑, 컴프레이션 등으로 구분된다.

종류	기법	내용

감기(또는 말기)[1]
(winding)
	크로키놀식
	(croquignole
	· overlap winding)
		• 로드에 원형으로 모다발을 감는 방법으로 모다발 끝에서 모근을 향해 겹치면서 말린다.
		  – 긴두발에서 짧은두발까지 다양하게 감을 수 있음
		  – 긴두발보다 짧은두발에 효과적인 웨이브를 얻을 수 있으며, 풀었을 때(rod out) 모근 쪽으로 갈수록 웨이브 폭이 넓어짐

감싸기[2] (wrapping)	스파이럴식 (spiral wrapping)	• 로드에 나선형으로 모다발을 감싸는 방법으로 모근에서 시작하여 모다발 끝을 향해 감싼다. – 긴 두발에 효과적인 나선형 웨이브를 효과적으로 얻을 수 있음 – 풀었을 때 두발길이에 비해 동일한 웨이브 폭을 얻을 수 있음
누르기, 찝기, 압착하기[3] (compression)	컴프레션식	• 모다발에 누르기, 찝기, 압착 등의 방법을 통해 웨이브를 만들거나 펴주는 방법이다.

 ①  ② 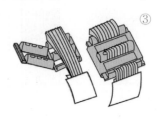 ③

CHAPTER 02 펌 스타일 마무리

Section 01 **일반 펌과 스트레이턴드 펌 마무리하기**

1 마무리 절차

1) 마무리 세척

- 미지근한 물(산성수)을 사용하여 충분히 세척한다.
  - 샴푸는 미지근한 물로 충분히 헹구며, 컨디셔너제를 도포하고 두개피부에 지압을 한 후에 헹굼
  - 컨디셔너의 사용은 트리트먼트제 보다 모발 등전점을 빨리 회복하기 위한 조건이 됨. 이는 알칼리화 된 모발을 등전가(pH 4.5~5.5)로 되돌려 모표피를 닫아주는 역할을 하며 정전기 방지와 윤기를 부여함

2) 수분함량 조절

건조 시 헤어 펌 디자인에 따른 모발 수분함량을 조절한다. 타월드라이를 충분히 한 후 블로드라이어를 이용한 열풍 · 냉풍 등을 사용하여 건조한다.

웨이브 펌	C커브 또는 스트레이턴드 펌
• 수건과 드라이어 준비한다. 　– 타월드라이 후 드라이어(열풍)로 두개피부 쪽을 건조 시킴 • 열풍(60~70% 건조)과 냉풍으로 건조시킨다. 　– 웨이브 방향을 고려한 방향감이나 볼륨을 만들면서 건조시킴 　– 롱헤어는 모다발을 손바닥 위에 말아 올려 주물럭 거리면서 웨이브형을 잡음 　– 쇼트헤어는 손바닥에 놓고 쥐락펴락하면서 웨이브형을 만듦 • 10~20% 정도의 수분을 남긴 상태에서 건조를 마무리한다.	• 열풍(90% 이상)으로 말린 후 냉풍으로 말린다. 　– 수분이 남아있지 않게 바짝 말림 • 프레스 펌 후에는 헤어팩제나 크림 등의 트리트먼트제를 사용하여 모발관리를 할 필요성을 홈케어 시 강조해야 한다.

3) 헤어스타일링하기

건조가 끝나면 블로드라이어나 아이론을 사용하여 헤어스타일링을 연출한 후 스타일링 제품을 가볍게 바른다.

① 펌 종류에 따른 헤어스타일링

웨이브 펌 스타일	C커브 또는 스트레이턴드 펌 스타일
• 샴푸 후 모발 수분을 80~90% 정도 제거한 후 10~ 20% 수분함량 상태에서 스타일링제품을 도포한다. 　– 헤어로션, 에센스, 젤, 글레이즈, 소프트왁스류 등을 사용 • 선택한 스타일링 제품을 소량씩 여러 번에 나누어서 모발에 도포한다. 　– 웨이브 방향을 고려하여 스타일링제를 도포함	• 샴푸 후 수분을 완전히 제거한다. 　– 헤어에센스, 미스트, 왁스(소프트 또는 하드) 등 사용 • 선택한 스타일링제를 소량씩 여러 번 나누어서 모발에 도포한다. 　– 모간 끝에서부터 위로 도포함 　– 짧은모발에 C커브의 볼륨을 주고자 할 때 모근 공간을 만들어 띄우며 도포함

② 헤어스타일링제의 종류와 특징

종류	특징	사용법
헤어에센스 · 오일 · 세럼	모발윤기 및 광택 등을 부여한다.	손바닥에 덜어 문지른 후 모간 끝에서부터 도포한다.
헤어로션	화장수보다 농도가 짙은 유액상의 보습 및 손상 예방 효과를 갖는다.	
헤어왁스	유성 스타일링제(크림, 매트, 젤, 스틱, 검 등의 제형을 가진)로서 고정력, 광택, 윤기 등을 부여한다.	스타일링에 요구되는 두발 부위에 도포한다.
헤어젤	젤 타입의 스타일링제로서 도포 후 건조 시 딱딱하게 고정된다.	
헤어무스	거품 상태의 스타일링제로서 세팅, 트리트먼트, 광택 등 효과가 있다.	
헤어미스트	기체상의 보습제이다.	사용 전 흔들어서 25~30 cm 거리에서 분사한다.
헤어 스프레이	무유성의 스타일링제, 가스와 액상타입이 있으며 스타일을 고정하며 세팅력이 강하다.	

2 홈케어 제안 및 고객 배웅

(1) 홈케어 제안

• 열펌 이후의 일주일 동안은 펌제가 잔존하므로 산성샴푸제를 사용하며, 샴푸 후에는 100% 건조 시켜야 한다. 열펌 이후 2~3일간은 핀이나 라싱 등 모발을 강하게 묶거나 압박하는 스타일은 피한다.
• 열펌 모발을 고온(사우나 등)에 노출되지 않도록 하며 스타일링제에 대한 제품 사용법과 모발관리법을 제안한다.

1) 홈케어의 필요성

고객의 최대 희망사항은 모발 손상 없이 펌이 오랫동안 유지되는 것과 특별한 손질 없이도 디자이너가 연출해준 스타일이 생활적, 실제적으로 재현되는 것이다. 이를 위해 어떻게 해야 할 것인지를 안내하고 실행되도록 지원하며 확인하는 것이 고객관리, 즉 홈케어라 한다.

2) 홈케어 방법

고객이 실제적이며 생활적으로 적용 가능한 샴푸에서 스타일링까지의 과정을 컨설팅하는 것이다. 홈케어에 요구되는 제품선택은 고객의 서비스 이력과 두개피 유형별 상태, 모발의 손상 정도에 따라 선택되며 홈케어 제품의 종류와 특성을 제시해야 한다.

홈케어 방법은 고객의 생활패턴(lifes tyle)을 상담한 후 두개피와 헤어스타일 모두를 고려한 후 제시해야 한다.

구분	내용
샴푸	• 펌 전용 샴푸제를 사용하여 두개피부 쪽에 도포하여 충분하게 문질러 이물질을 제거한 후 두발은 마찰 등의 자극이 가지 않게 두개피부 중심으로 헹군다. • 컨디셔너제는 모간 끝부터 도포한 후 충분하게 헹군다. • 샴푸 후 곧바로(젖은 상태에서) 잠자리에 들거나 외출하는 것을 삼가해야 한다. • 모발 상태와 스타일 연출에 따른 샴푸제 · 린스제 · 컨디셔너 · 트리트먼트제 등의 제품을 추천과 함께 사용법을 설명한다.
건조	• 손상 방지를 위해 가급적 자연건조가 바람직하나 타월드라이로서 건조 시 짧은 모발은 털어서 닦으며, 긴모발은 타월 사이에 끼워 두드려서 닦는다. – 3분 이상의 타월드라이에 따른 두개피 관리를 권한다. 특히 손상모인 경우 모발보호제 사용을 권한다. • 헤어스타일링을 위해서는 60~70% 이상은 열풍을 사용하여 건조하고 나머지는 냉풍을 사용하여 건조시킨다.
스타일링	• 샴푸 후 건조까지 마치면 이후 일정에 따라 어떤 스타일로 스타일링할 것인지에 따라 마무리 제품을 결정하여, 중요 모임일 경우 스타일링 기구를 사용하여 이미지를 연출할 수 있도록 기구 사용 팁을 알려준다. – 열기구 사용 전 열로부터 모발을 보호하고 광택을 줄 수 있는 적합한 제품의 사용법과 기능 및 역할에 대한 설명을 첨삭함

> **tip** ① 트리트먼트제의 주요성분과 특성

성분	기능	절차
케라틴 PPT	탄력회복	펌, 염 · 탈색 등에 의해 간충물질 유출 시 모발은 탄력이 약화된다. → 케라틴 PPT 도포한다.
콜라겐 PPT	보습회복	염색에 의해 파괴된 멜라노좀은 모발의 보습기능을 약화시킨다. → 콜라겐 PPT 도포한다.
세포막 복합체 (CMC treatment)	윤기와 유연성 회복	알칼리제 등에 의해 세포막복합체 유출 시 윤기, 유인성이 약화된다. → CMC 트리트먼트 도포한다.

② 린스제와 트리트먼트제 비교

종류	주성분	기능	장·단점	사용 시 주의사항
린스제	양이온성 계면활성제(실리콘), 유성원료	모발 표면에 얇게 코팅막을 통해 보호기능, 영양성분 없다.	매일 사용할 수 있으나 효과는 적다.	유분을 주성분으로 함으로써 뽀루지, 여드름 유발, 가려움증을 동반한 각질, 비듬 등이 발생할 가능성이 있다.
트리트먼트제	단백질(PPT, LPP)	모발 내로 침투, 손실된 단백질을 보충시킨다.	린스제 보다 고가이나 사용의 효율성은 좋다.	모발 손상 정도에 따라 제품 및 사용빈도를 선택해야 하며 두개피 혼용제품도 있으나 주로 두발 전용으로 사용된다.

③ 모발특성에 적합한 오일류

민감 모	가는 모	펌 된 모	거친 모	굵은 모	모든 모발
석류씨유	로즈마리유	아몬드유	아보카도유	올리브유	미강유, 헴프씨드유

★
01 퍼머넌트 웨이브 시술 중 테스트 컬을 하는 목적으로 가장 적합한 것은?

① 제2제(과산화수소)의 작용 여부를 확인하기 위한 실험이다.
② 모다발과 직경(로드선정)의 화학적 역할을 확인하는 과정이다.
③ 환원제의 작용시간으로서 시스틴결합이 팽윤되어 절단되었는지를 확인하는 과정이다.
④ 프로세싱 시간을 결정하고 웨이브 형성 정도로서 연화(절단)작용을 확인하는 과정이다.

해설 | 테스트 컬(test curl)
• 모발 내 비결정영역인 시스틴(S–S)결합이 연화(절단) 되었는지에 대한 확인 작업이다.
• 제1제(웨이브 로션)의 프로세싱 타임을 결정한다.
• 와인딩된 웨이브의 형성 정도를 확인하는 과정이다.

★★★★
02 콜드웨이브 펌 형성 시 제2제의 작용에 해당되지 않은 것은?

① 정착작용
② 중화작용
③ 환원작용
④ 산화작용

해설 | 제2제(산화제)의 작용(역할)은 고정(정착)작용, 중화작용, 산화작용 등이다. 펌의 효과는 2제에 의해 좌우될 만큼 명칭이 뜻하는 의미가 크다.

★★
03 콜드 웨이브펌 시 제2제 사용 방법으로 설명된 것은?

① 중화제를 따뜻하게 데워서 고르게 환원 처리된 두발 전체에 사용한다.
② 중화제를 차갑게 하여 환원처리된 두발 전체에 사용한다.
③ pH balance를 도포한 후 2액을 사용한다.
④ 환원처리된 두발을 샴푸제로 깨끗이 씻어준 후 2액을 사용한다.

해설 | 2액은 산화제, 고정제, 정착제로서 1액에 의해 환원 절단된 모발 웨이브를 고정하는 역할을 한다. 이때 pH balance를 도포하면 산화제 역할을 충분히 할 수 있다.

★
04 콜드식 티오클리콜산 염의 pH 범위는?

① pH 4.0~9.0
② pH 4.5~9.6
③ pH 5.5~9.3
④ pH 6.5~9.6

해설 | 콜드식의 pH는 4.5~9.60이며 가온식은 pH 4.5~9.30다.

★★★
05 콜드식 웨이브 형성(환원)제의 주성분으로 사용되는 것은?

① 티오글리콜산염
② 과산화수소
③ 브롬산 칼륨
④ 취소산 나트륨

해설 | ① 콜드 펌 웨이브의 주성분은 티오글리콜산염이다.

★★★
06 펌 용제의 첨가제로 틀린 것은?

① 금속봉쇄제
② 계면활성제
③ 항염증제
④ 가용화제

해설 | ④ 첨가제로는 금속봉쇄제(ethylenediaminetetra acetic acid, EDTA), 계면활성제(침투제 · 습윤제 · 유화제), 점성제, 항염증제 등이 있다.

★★★
07 웨이브 펌제 중 프로세싱 솔루션의 화학적 성분은?

① 티오클리콜산염　　② 산화제

③ 브롬산염　　　　　④ 과산화수소

해설 | ① 프로세스 솔루션(processing solution)은 웨이브 로션(펌 1제)이다.

★★
08 웨이브 펌제인 2액에 관한 설명인 것은?

① 알칼리성 물질이다.

② 티오글리콜산을 주성분으로 한다.

③ 모발의 구성물질을 환원시키는 작용을 한다.

④ 뉴트럴라이저(neutralizer)라고도 한다.

해설 | 펌 2제
- 산화제(Oxidizing solution) 또는 중화제(Neutralizer)라고도 한다.
- 환원된 모발구조를 산화시키는 작용을 한다.
- 과산화수소를 주성분으로 하며 산성(pH 2.5~4.5)이다.

09 웨이브 펌용제에 대한 설명으로 가장 적절한 것은?

① 1제의 주성분은 티오글리콜산 염 또는 시스테인을 주성분으로 한다.

② 주성분은 알칼리제로서 모표피를 적당히 환원시킨다.

③ 아민계는 휘발성이 강해 모발의 손상은 적으나 자극적인 냄새가 강하다.

④ 2제의 주성분은 브롬산, 브롬산나트륨, 브롬산칼륨을 주성분으로 환원제의 역할을 한다.

해설 |
과산화수소 또는 브롬산류(브롬산나트륨, 브롬산칼륨)를 주성분으로 하며, 산화제와 첨가제로 대별된다. 이는 제1제에 의해 환원·절단된 시스틴결합을 산화시킴으로써 재결합시키는 역할을 한다.

★★
10 퍼머넌트 웨이브 펌 시술 시 산화제의 역할이 아닌 것은?

① 1액의 작용을 계속 진행시킨다.

② 1액의 작용을 멈추게 한다.

③ 환원된 시스테인을 재결합시킨다.

④ 시스틴결합으로 고정(정착)시킨다.

해설 | ① 산화제는 환원제에 의해 절단된 상태에서 물리적으로 재형성된 S-S(이황화 결합, Disulfide)결합을 고정시킨다.

★★
11 콜드 펌제 주성분인 티오글리콜산의 적정 농도는?

① 0.5~1%　　　　② 1~2%

③ 2~7%　　　　　④ 8~12%

해설 | ③ 콜드 펌 제1제의 주성분인 티오글리콜산의 농도는 일반적으로 2~7%이다.

★★
12 시스테인 펌제에 대한 설명으로 틀린 것은?

① 시스틴을 환원시킨 것이다.

② 환원제로 티오글리콜산염이 사용된다.

③ 공기노출 시 손가락 사이에 잔류성이 있다.

④ 콜드식 시스테인 펌제의 pH는 8~9.5이다.

해설 | 시스테인 펌제의 주성분은 시스테인으로서 환원제의 작용을 한다.

★★★★
13 펌 웨이브 시 제1액을 도포한 후 비닐 캡을 씌우는 가장 큰 이유는?

① 용액이 얼굴에 떨어지는 것을 방지한다.

② 와인딩된 모다발의 흐트러짐을 방지한다.

③ 휘발성이 강한 용액의 발산을 촉진한다.

④ 공기 중으로의 휘발을 방지하며 체온으로 제1액의 환원력을 높여준다.

해설 | ④
- 공기 중 산소와 접촉되지 않도록 하며, 환원제의 휘발 방지를 위해 사용한다.
- 모표피의 팽윤과 모피질 내 S-S결합을 고르게 절단시키기 위함이다.

14 펌 용액 중 1제의 프로세싱에서 테스트 컬의 목적인 것은?

① 2액의 작용 여부를 확인하기 위해서이다.

② 두발에 대한 로드 선정이 제대로 되었나를 확인하기 위해서이다.

③ 산화제의 작용이 미묘하기 때문에 확인한다.

④ 시스틴결합이 환원되는 시간을 결정하고 웨이브 형성 정도를 조사하기 위해서이다.

해설 | 테스트 컬의 목적은 환원작용의 정확한 프로세싱 타임을 결정하고 웨이브 형성 정도를 결정하기 위함이다.

15 1액 도포 후 비닐 캡의 사용목적과 가장 거리가 먼 것은?

① 휘발 방지

② 제2액의 고정력 강화

③ 온도 유지

④ 제1액의 작용 활성화

해설 | ② 제2액의 고정력은 산화제의 작용으로 비닐 캡의 사용목적과는 거리가 멀다.

16 웨이브의 형성을 위해 1액이 작용하는 모발의 부위는?

① 모간   ② 모표피

③ 모피질   ④ 모수질

해설 | ③ 모피질 내 비결정영역인 시스틴결합을 절단시켜 재결합시키는 과정이 웨이브 펌이다.

17 정상 모발에 콜드 웨이빙 시술 시 프로세싱 타임의 방치 시간은?

① 5~10분   ② 10~15분

③ 25~35분   ④ 40~50분

해설 | ② 프로세싱은 캡을 씌우고부터 시작하여 10~15분 정도가 적당하다.

18 콜드 웨이브제를 처음으로 성공시킨 인물은?

① 마셀 그라또우   ② 조셉 메이어

③ J.B. 스피크먼   ④ 찰스 네슬러

해설 | ① 아이롱을 이용하여 마셀 웨이브 일시적인 웨이브를 만듦
② 크로키놀식 퍼머넌트 웨이브 창안
④ 스파이럴식 퍼머넌트 웨이브 창안

19 콜드퍼머넌트 웨이브 형성 후 모발 끝이 자지러지는 원인이 아닌 것은?

① 너무 가는 로드를 사용한 경우

② 오버 프로세싱을 하지 않은 경우

③ 1액을 바르고 방치 시간이 긴 경우

④ 사전 커트 시 모발 끝을 심하게 테이퍼링한 경우

해설 | ② 프로세싱은 웨이브 용액을 도포한 후 웨이브가 형성되는 시간으로서 오버 프로세싱을 하는 경우 모발 끝이 자지러진다.

20 퍼머넌트 웨이브 시술 후 웨이브 효과가 큰 이유는?

① 와인딩 시 텐션을 적당히 주어 와인딩한 경우

② 사전 샴푸 시 비누와 경수로 세정하여 두발에 금속염이 형성된 경우

③ 저항성모(발수성모)를 적당한 텐션으로 와인딩한 경우

④ 오버 프로세싱타임으로 시스틴이 지나치게 파괴된 경우

해설 | 와인딩 시 적당한 긴장감을 주어서 컬리스해야 한다.

21 퍼머넌트 웨이브 시술 전 사전준비로 잘못된 것은?

① 필요 시 샴푸를 한다.

② 정확한 퍼머넌트 디자인을 한다.

③ 린스를 모발에 바른다.

④ 두발의 상태를 파악한다.

해설 | ③ 퍼머넌트 시술 전에 린스 또는 오일 도포 시 펌 연화작용의 저해 요인이 된다.

22 콜드 펌제의 제2액 중 취소산나트륨, 취소산칼륨은 몇 %의 수용액으로 사용하는가?

① 1~2% ② 3~5%

③ 6~7.5% ④ 8~9.5%

해설 | ③ 1액의 성분은 티오클리콜산이며, 2액의 성분은 과산화수소는 2.5~3.5로 이 중 2액의 취소산나트륨, 취소산칼륨은 6~7.5%의 수용액을 사용한다.

23 펌 제1액 처리에 따른 프로세싱 중 언더 프로세싱의 설명으로 거리가 먼 것은?

① 언더 프로세싱은 프로세싱 타임 이상으로 제1액을 두발에 방치한 것을 말한다.

② 언더 프로세싱일 경우 웨이브력이 약하거나 웨이브가 형성되지 않는다.

③ 언더 프로세싱일 경우 처음에 사용한 용제보다 약한 제1액을 모발에 재 도포한다.

④ 제1액 처리 후 테스트 컬로 언더 프로세싱 여부를 알 수 있다.

해설 | ① 언더 프로세싱은 프로세싱 타임을 짧게 둔 것을 의미하며, 오버 프로세싱은 프로세싱 타임을 길게 둔 경우를 말한다.

24 모량이 많고 굵은 두발의 경우 베이스 모양과 직경이 바른 것은?

① 베이스 모양 작게, 로드의 직경을 크게

② 베이스 모양 크게, 로드의 직경은 작게

③ 베이스 모양 작게, 로드의 직경은 작게

④ 베이스 모양 크게, 로드의 직경은 크게

해설 | ① 굵은 두발은 베이스섹션을 작게 하고 로드는 큰 것을 사용하며 와인딩 시 텐션을 강하게 함

25 시스테인(cystein)에 대한 설명으로 거리가 먼 것은?

① 케라틴에서 분리 정제한 시스틴을 전해 환원한 것이다.

② 환원제 pH를 상승시킬 수 있는 작용을 하며 불휘발성이다.

③ 장시간 공기와 접촉 시 물에 녹기 어려운 결정을 석출시킨다.

④ 시스테인은 수소가 쉽게 떨어져 환원됨으로써 그 자신은 처음 시스틴으로 돌아가는 성질을 가지고 있다.

해설 | ② 시스테인에 사용되는 염류(알칼리제)인 아민타입에 대한 설명으로서 암모니아와 달리 휘발하지 않는 알칼리로서 개봉 당시에 자극적인 냄새가 없는 무취펌 용제에 주로 사용됨

26 모발에 물을 적셔 와인딩 한 후 제1액을 도포하는 방법은?

① 슬래핑

② 크로키놀

③ 워터래핑

④ 스파이럴

해설 | 모발을 물에 적셔 와인딩하는 방법은 워터래핑이라고 한다.

27 손상모의 경우 아이론의 온도로 가장 적당한 것은?

① 100~120℃

② 120~140℃

③ 140~160℃

④ 180~200℃

해설 | ② 건강모 160~180℃, 손상모 120~140℃, 저항성모 180~200℃의 가열처리로 사용한다.

28 아이론의 열을 이용하여 웨이브를 형성하는 것은?

① 마셀 웨이브

② 콜드 웨이브

③ 컬리 웨이브

④ 플랫 웨이브

해설 | ① 아이론을 가열(달구어서)하여 사용되는 것으로 마셀 (marcel)과 컬(curl)로 구성되어 있음

29 모발을 작업하기 쉽도록 두상을 나누어 구획하는 작업을 무엇이라 하는가?

① 블로킹　　　　② 스케일

③ 와인딩　　　　④ 스트랜드

해설 | ① 모다발(hair strand)은 패널(panel), 스케일(scale), 모량 등과 동일한 의미이다.

30 뚜렷한 웨이브로 컬이 오래 지속되며 움직임을 작게 해 주는 것은?

① 논 스템　　　　② 하프 스템

③ 롱 스템　　　　④ 풀 스템

해설 | ①

• 하프 스템은 논과 롱 스템의 중간 움직임을 갖는다.

• 롱 스템은 웨이브의 움직임이 가장 크게 형성된다.

31 롱헤어에 적용하여 얻을 수 있는 나선형 웨이브기법은?

① 크로키놀 와인딩

② 찝기 와인딩

③ 스파이럴식 와인딩

④ 컴프레션 와인딩

해설 | ③ 로드에 나선형으로 감싸는 방법으로 모근에서 시작하여 모다발 끝을 향해 감싸는 방법, 긴 두발에 효과적인 나선형 웨이브를 얻을 수 있다.

32 베이스는 컬 스트랜드의 근원에 해당한다. 오블롱 베이스 섹션은?

① 사각형 베이스

② 정방형 베이스

③ 장방형 베이스

④ 원형 베이스

해설 | ③ 베이스섹션 시 사선 45°로 교차하는 장타원형 모양으로서 오목과 볼록 베이스가 교차하는 오블롱 영역에 응용된다.

33 다음 중 베이스에 대한 설명으로 잘못된 것은?

① 온베이스 – 모근의 부피감과 볼륨감이 크며, 강한 웨이브로서 움직임이 큰 효과를 나타낸다.

② 오프베이스 – 후두부, 발제선 주변의 모발 와인딩에 응용되며 웨이브가 느슨하고 움직임이 적다.

③ 하프오프베이스 – 부피감은 온베이스와 오프베이스의 중간 정도이다.

④ 베이스섹션 – 베이스 크기는 로드직경을 기준으로 결정된다.

해설 | ④ 베이스 섹션은 커트의 단위로서 사용된다.

34 일반적인 방법에 따른 마셀 웨이브 시술에 관한 설명으로 틀린 것은?

① 프롱은 아래쪽, 그루브는 위쪽을 향하도록 한다.

② 아이론의 적정 온도는 120~140℃를 유지시킨다.

③ 아이론의 온도가 균일할 때 웨이브가 일률적으로 완성된다.

④ 아이론을 회전시키기 위해서는 먼저 아이론을 정확하게 쥐고 반대쪽에 45°로 위치시킨다.

해설 | ① 마셀 웨이브의 일반적인 방법은 프롱은 위로, 그루브는 아래를 향하도록 하는 것이다.

35 헤어스타일링에 적용되는 마무리 제품에 관한 설명으로 틀린 것은?

① 헤어에센스는 모발의 윤기와 광택 등을 부여하기 위해 모간 끝에서부터 도포한다.

② 헤어로션은 화장수보다 농도가 짙은 유액상으로 보습과 손상예방 효과가 있다.

③ 헤어스프레이는 헤어스타일을 고정하기 위해 세팅력이 강한 것을 선택하고 사용 전 흔들어서 가까운 거리에서 분사한다.

④ 헤어젤은 젤타입의 스타일링제로 도포 후 건조가 되면 딱딱하게 굳는 역할을 한다.

해설 | ③ 헤어스프레이는 사용 전 흔들어서 25~30cm 거리에서 분사한다.

PART 6 　헤어퍼머넌트(펌) ──── 선다형 정답

01	02	03	04	05	06	07	08	09	10
④	③	③	②	①	④	①	④	①	①
11	12	13	14	15	16	17	18	19	20
③	②	④	④	②	③	②	③	②	①
21	22	23	24	25	26	27	28	29	30
③	③	①	①	②	③	②	①	①	①
31	32	33	34	35					
③	③	④	①	③					

베이직
블로드라이

블로드라이 헤어스타일링

블로드라이 헤어스타일의 개요

블로란 '바람이 불다'라는 뜻으로 블로드라이어에 의한 열과 바람을 이용하여 젖은 모발에 헤어스타일을 만드는 '퀵 살롱 서비스'이다.

1 블로드라이 기법의 정의 및 목적

1) 블로드라이 헤어스타일링 기법

적당한 습기가 있는 모발에 드라이어의 열과 롤(라운드) 브러시를 이용하여 모발을 원하는 방향으로 펴거나(straight) 꺾거나(power point) 말아(winding) 고정하고(setting), 건조시키고(drying), 빗질(combing)하는 데 소요되는 시간을 절약하며 부드럽고 자연스러운 헤어스타일을 연출하는 오리지널 세트이다.

2) 블로드라이 헤어스타일링 목적

일정한 텐션과 모류에서 볼륨감과 윤기를 부여하는 블로드라이 헤어스타일링의 궁극적인 목적은 헤어커트와 헤어 펌을 보완하는 이미지 메이킹이다.

2 블로드라이에 필요한 도구

1) 블로드라이어

① 블로드라이어의 구조

- 한 번의 기술로 건조와 스타일링을 할 수 있는 퀵 살롱스타일을 연출시키는 전열기구이다.
- 손잡이(handle grip), 노즐(slotted nozzle), 모터(heating element), 팬(small fan), 바람조절기(electronic controller), 몸체(body) 등의 구조로 이루어져 있다.

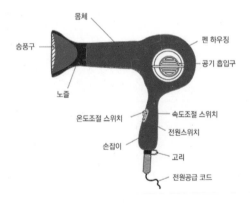

㉠ 블로드라이어 작동원리

- 드라이어는 핵심 부분인 팬과 팬을 작동시키기 위한 모터 그리고 발열기인 니크롬선으로 구성된다.
  - 드라이어의 변환스위치를 조작하면 열풍(65~85℃), 온풍, 냉풍으로 조절됨

- 드라이어 내의 팬 회전으로 생긴 바람이 니크롬선에 의해 데워짐, 데워진 바람이 다시 팬의 회전력에 의해 출구(nozzle)로 보내짐

ⓒ 블로드라이어 선정조건
- 모터 소리가 크지 않아야 하며, KS마크가 표시된 제품을 구입한다.
- 작동이 간편하며 가볍고 기기의 안전성이 뛰어나면서 보증기간이 길어야 한다.
- 바람조절 스위치와 부속품이 견고하고 고성능이면서 드라이어의 전기 사용량(소비전력 1,200~2,000W)이 높지 않아야 한다.

② 블로드라이어의 종류

ㄱ 핸드 드라이어

주로 사용하는 헤어드라이어로서 오른손(또는 왼손)에 드라이어를 쥐고 반대손으로 브러시와 빗을 이용하여 헤어스타일링을 한다.

ㄴ 스탠드 블로드라이어

두발을 건조하거나 헤어스타일을 고정하는 역할을 하는 다목적 열기구인 스탠드 드라이어이다. 바퀴가 달려 세워 둔 상태에서 이동하거나 벽에 붙박이 상태로 사용된다. 블로타입과 후드타입이 있다. 블로타입은 소음이 적고 모발이 날리지 않으나 바람 출구가 작아 건조 속도가 느리며 후드타입은 건조 속도가 빠르다.

ㄷ 램프 드라이어

노즐 부분이 적외선 램프이며 방출되는 적외선과 부드러운 바람을 사용함으로써 리셋을 위한 콤아웃 시 두발에 윤기를 부여한다. 주로 웨이브펌 시 웨이브 효과를 고정하거나 컬을 유지하기 위해 사용한다.

ㄹ 디퓨저 드라이어

노즐 부분이 디퓨져 형태이다. 이는 드라이어의 부속품으로 커다란 원통형의 노즐에 조그만 구멍을 내어 일시에 바람이 나오는 것을 막으므로써 스타일링된 머리형태를 헝클어지지 않도록 한다.

③ 블로드라이어의 사용 방법
- 고객 두발과 시술자와의 거리는 25~30cm, 곧은 자세로 상체를 앞뒤로 하면서 팔의 움직임(상 · 하 또는 좌 · 우)으로 작업한다.

사용 방법		내용
운행 및 각도	0~90°	스트레이트 스타일 시 안정된 각도로서 라운드(롤) 브러시 아웃 시 모다발과 평행하게 바람 출구(드라이어 노즐)를 갖다 댐으로 모발이 흐트러지는 것을 피한다.
	90~180°	모다발 끝을 안정시키고자 할 때의 각도이다.
	180~270°	모다발 끝을 안쪽으로 말아 줄 때 하프 웨이브(C컬) 또는 풀 웨이브 구사 시에 운행하는 각도이다.

쥐는법	손잡이 (grip) 쥐는 법	• 주로 두발을 건조(drying)시키거나 스트레이트 스타일을 완성시킬 때 일반적으로 잡는 방법이다. • 모류를 바꾸거나 새로운 흐름을 만들고 싶을 때 잡는 방법이다. – 컬이나 웨이브 또는 스트레이트 작업에 적당한 자세임 – 드라이어를 잡은 손가락(인지, 중지, 약지, 소지 등)으로 패널의 일시적 각도를 유지하기 위해, 쥐거나 직경을 나눌 때 등 동작 기법을 연결하기 위해 주로 사용됨
	출구 (slotted nozzle) 쥐는 법	• 노즐은 드라이어 바람이 집중적으로 모아져 둥글게 퍼져 나오므로 출구로 컬의 방향과 형태를 명확하게 표현하고 싶을 때, 두발의 일정 부분에 볼륨감 또는 부분적으로 스타일링하고자 할 때 잡는 방법이다. – 바람의 방향을 쉽게 조절하며 섬세하고 또렷한 웨이브가 형성됨 • 손의 일부처럼 드라이어 무게를 줄이면서 가볍게 조작하고자 할 때 편리하게 사용된다.

④ 블로드라이어 사용 시 주의점

• 블로드라이어의 운행 시 전기선이 고객의 어깨, 얼굴에 닿지 않도록 한다. 노즐에서 방산되는 열을 두개피부 가까이에 바짝 대면 화상을 입힐 수 있다.

• 노즐을 두발에 지나치게 가까이 갖다 대면 드라이어 공기 흡입구로 두발이 빨려 들어가거나 두발이 가열된 열로 인해 탈 수 있다.

• 드라이어를 사용 중이거나 보관 중에 떨어뜨리지 않아야 한다. 드라이어 필터 흡입구가 막혀 있어 공기가 자유롭게 들어오지 못하면 모터에 무리가 가거나 전극이 탈 위험이 있으므로 먼지가 들어가지 않도록 항상 청결하게 유지해야 한다.

2) 브러시

드라이어와 함께 사용되는 브러시는 열에 강한 내열성의 재질이어야 한다.

① 브러시 재질

종류	특징
플라스틱	• 빗살 간격이 넓어 빠른 작업에 용이하다. • 웨이브에 크게 영향을 주지 않으면서 front line에 자연스러운 볼륨감을 형성시킨다. • 마무리 작업에 적합하며 장시간 모발과 접촉 시 정전기를 발생한다. • 플라스틱의 강도가 크기 때문에 모표피에 박리 현상을 가져오기 쉬워 숙련된 테크닉이 필요하다.
돈모	• 치밀하게 모발을 펴주므로 매끈하고 윤기가 나며 일정한 방향으로 정리하는데 용이하다. • 거친 질감의 모발이라도 잘 엉키지 않으며 정전기가 잘 생기지 않는다.
금속	• 열전도율이 높아 열이 오래 유지되어 작업 시간을 단축시키고 빠른 스타일링이 가능하며 컬 형성이 용이하나 미숙련된 초보자에게는 사용 시 주의해야 한다. • 금속 부분이 지나치게 달구어지면 모발을 상하게 하거나 건조하게 할 수 있다.

② 브러시 종류

  ㉠ 하프라운드 브러시(half round brush)

종류	특징
덴맨(쿠션) 브러시	• wide round shoulder brush라고도 한다. • 스탠다드 브러시로 모발에 윤기와 부드러운 질감을 표현한다. • 열에 강하며, 모발에 강한 텐션과 모근에 볼륨감을 나타낸다. • 모발 형태(외곽)선에 부드러운 컬인 겉말음컬(reverse curl)과 안말음컬(forward curl)인 C컬을 형성할 수 있다.
벤트(스켈톤) 브러시	• 빗살이 듬성듬성하여 모발 표면의 흐름은 거칠지만 신속하게 볼륨감을 연출한다. • 볼륨감을 원할 때 사용하며 모근에 방향성을 갖게 한다.

  ㉡ 라운드 브러시(round brush)

    롤 브러시라고도 하며 둥근 모양의 직경을 갖는다. 이는 곡선인 두상의 모양에 따른 모류의 방향을 만드는 데 중요한 역할을 한다. 롤 브러시의 크기에 따라 웨이브크기와 강·약이 달라진다.

작은 롤 브러시(small roll brush)	큰 롤 브러시(big roll brush)
• 강한 웨이브와 컬을 형성(짧은 두발에 적용)한다. • S웨이브(full wave)에 많이 응용된다.	• C컬(half wave)과 텐션기법에 사용한다. • 롱 또는 곱슬모발 등에 스트레이트 기법에 사용한다.

Section **02** **블로드라이 헤어스타일의 수행이론**

1 **블로드라이 헤어스타일링 기초기술**

  적당한 수분량을 가진 샴푸된 두발에 드라이어 열을 이용하여 디자인된 헤어스타일을 구사한다. 두발길이에 적당한 빗이나 브러시를 사용함으로써 자극과 자국이 생기지 않도록 모류, 모질, 모량 등에 따른 열 조절을 통해 고객이 만족하는 스타일을 완성한다.

(1) 블로드라이 헤어스타일 기술의 목적

• 라운드롤 브러시를 사용하여 버티컬라인으로 컬리스(curliness)된 모발을 원하는 방향으로 꺾는다.
  – 모류의 방향을 바꾸기 위해 열을 주는 지점을 '꺾는다'라고 하며, 이를 파워포인트(power point, pp지점)라고 함
• 스케일된 패널을 호리존탈라인으로 포밍하여 안으로 또는 밖으로 꺾을 수 있다.
  – 인커버(in curve) : 안말음형으로 모발을 안으로 말아 넣는(꺾는) 기법
  – 아웃커버(out curve) : 바깥말음형으로 모발을 바깥으로 말아 내는 기법

- 모발을 원하는 방향으로 펼 수 있다.
- 컬리스된 컬이나 와인딩된 모발의 웨이브를 강하게 또는 약하게, 크게 또는 작게 만들 수 있다.
- 모발에 윤기가 나도록 질감을 정리하거나 모류를 만들어 주는 섬세한 선을 만들 수 있다.

(2) 블로드라이 시 자세

- 양발은 어깨너비만큼 벌리고 한쪽 발은 앞으로 약간 내밀어 균형있는 편안한 자세를 취한다. 팔 동작은 어깨보다 높이 올라가지 않도록 하며, 허리를 굽히지 않고 상체와 팔 동작만으로 앞, 뒤의 움직임으로 조작한다.
- 고객과는 적당한 간격(25~30cm)을 유지해야 한다. 너무 가깝거나 떨어져 있으면 좋은 스타일 연출이 어렵다.
- 블록이나 파팅을 넣을 경우의 자세로서 드라이어를 겨드랑이에 고정 또는 그립을 손으로 쥐고 라운드롤 브러시를 쥔 손으로 핀셋과 함께 파팅을 하는 것도 무관하다.

★
01 블로 드라이어 선정 시 주의사항이 아닌 것은?

① 모터 소리가 크지 않아야 한다.

② 작동이 간편하며 가볍고 안전성이 있어야 한다.

③ 전기사용량이 과하지 않으면서 고성능이어야
한다.

④ 기기의 안정성에 따른 작동방법이 쉬워야하며,
기기 구조가 복잡하고 사용기간이 길어야 한다.

해설 | ④ 작동이 간편하여 가볍고 기기의 안전성이 뛰어나면서 사
용기간이 길어야 한다.

02 블로드라이 기초 기술방법에 대한 설명으로 바르지 않
은 것은?

① 모발을 원하는 방향으로 펴주는 테크닉이다.

② 질감처리에는 섬세하나 모발의 윤기는 플랫 아
이론으로 연출할 수 있다.

③ 짧은 모발의 헤어라인을 업시키거나 다운시켜
모발을 정리하는 테크닉이다.

④ 모발을 원하는 방향으로 강하게 또는 약하게 웨
이브를 만들 수 있다.

해설 | ② 모류 형성에 따른 섬세한 질감처리로서 윤기나는 모발을
연출할 수 있다.

03 바람이 나오는 드라이어 입구의 명칭을 무엇이라 하는가?

① 노즐　　　　　② 몸체

③ 팬　　　　　　④ 핸들

해설 | ① 몸체는 드라이어의 몸통부분. 팬은 작은 프로펠러이며,
손잡이는 드라이어의 손잡이 부위이다.

★
04 모발의 결합 중 수분에 의해 일시적으로 변형되며 드라
이어의 열을 가하면 다시 재결합 되어 형태가 만들어지
는 결합은?

① 황결합　　　　② 수소결합

③ 염결합　　　　④ S-S결합

해설 | ② 수소결합은 수분에 의해 절단되었다가 열에 의해 재결합
되는 원리로서 블로 드라이 스타일이 대표적이다.

05 디퓨저 드라이어에 대한 설명으로 틀린 것은?

① 스타일링된 머리형태를 헝클어지지 않도록 한다.

② 블로드라이어의 부속품이다.

③ 노즐에 커다란 구멍을 내어 자연스러운 바람이
나오도록 한다.

④ 컬이 있는 모발에 사용한다.

해설 | ③ 노즐에 조그만 구멍을 내어 일시에 바람이 나오는 것을
막아준다.

06 브러시에 대한 설명으로 틀린 것은?

① 플라스틱 재질의 브러시는 빗살 간격이 넓어 빠른
작업과 프론트 부분에 볼륨감을 형성하기 쉽다.

② 플라스틱 브러시는 모표피에 박리 현상을 가져
올 수 있어 숙련된 테크닉이 필요하다.

③ 금속 브러시는 열전도율이 낮아 작업 시간이 오
래 걸리는 단점이 있다.

④ 돈모 브러시는 스트레이트로 펴줄 때 사용한다.

해설 | ③ 열전도율이 높아 열이 오래 유지되어 작업 시간을 단축해
빠른 스타일링이 가능하며 컬 형성이 용이하다.

07 모근에서부터 방향성을 줌으로써 볼륨감을 빠르게 연출하는 브러시는?

① 스켈톤 브러시
② 덴멘 브러시
③ 라운드 브러시
④ 하프라운드 브러시

해설 | ① 빗살이 듬성하여 모발 표면의 흐름은 거칠지만 신속하게 볼륨감을 연출하며, 볼륨감을 원할 때 사용하며 모근에 방향성을 갖게 한다.

08 블로드라이 시 자세에 관한 설명으로 거리가 먼 것은?

① 양발은 어깨너비만큼 벌리고 한쪽 발을 앞으로 약간 내밀어 균형있는 편안한 자세를 취한다.
② 고객과의 거리는 25~30cm 간격을 유지해야 한다.
③ 허리를 굽히지 않고 상체와 팔 동작만으로 앞, 뒤의 움직임으로 조작한다.
④ 팔 동작은 어깨보다 높이 올려 작업한다.

해설 | ④ 팔 동작은 어깨보다 높이 올라가지 않도록 작업한다.

09 겉말음 말아주기에 대한 설명으로 거리가 먼 것은?

① 패널은 90° 이상의 온베이스가 되도록 논 스템으로 롤브러시를 모근 가까이에 안착시킨다.
② 모발을 당기고 말고 푸는 반복 동작으로 다림질 후 정상과 골에 5~7초 정도 열을 가한다.
③ 모근에서 1/3지점까지 3번 정도 왕복 포워드 스트레이트 열처리하여 마무리한다.
④ 모다발 끝에서 롤브러시를 반 바퀴 회전시킨 겉말음형으로 롤링 후 롤브러시 내의 모다발은 컬리스 아웃된다.

해설 | ④ 모다발 끝에서 롤브러시의 한 바퀴 반 회전시킨 겉말음형으로 롤링 후 롤브러시 내의 모다발은 컬리스 아웃된다.

10 모발의 질감표현으로 설명이 틀린 것은?

① 블로드라이어의 열풍을 이용하여 스타일이 완성된 모발은 건조하여 윤기가 없다.
② 모다발 끝의 상태는 꺾임이나 엉킴이 없어야 한다.
③ 롤브러시와 드라이어 운행각도는 180~270°를 유지하면서 롤브러시를 제거한다.
④ 두발길이에 따른 브러시 선정은 컬과 웨이브 굵기정도에 따라 선택한다.

해설 | ① 블로드라이어의 열풍을 이용하여 스타일이 완성된 모발은 윤기가 나야 한다.

11 프리 블로드라이 기술로 틀린 것은?

① 로테이션 블로드라잉은 손바닥을 사용하여 모근을 돌려가며 모근을 살리는 기법이다.
② 스트레치 블로드라잉은 손가락을 사용하여 모근을 세워 바람을 넣는 형태로 모발 끝까지 모간을 따라 형태를 만드는 기법이다.
③ 파워 블로드라잉은 모발에 큰 움직임을 주면서 모발을 말리는 기법이다.
④ 트위스트 블로드라잉은 모다발을 직선으로 말리는 기법으로 모다발을 하나로 묶어서 질감을 내는 기법이다.

해설 | ④ 트위스트 블로드라잉 : 모다발을 빙빙 돌려 꼬아서(twist) 말리는 기법으로 모다발을 하나로 묶어서 질감을 내는 기법이다.

★
12 헤어 브러시로 가장 적합한 것은?

① 털이 촘촘한 것보다 듬성듬성 박힌 것을 선택한다.

② 부드럽고 매끄러운 연모로 되어 있는 것이 적합하다.

③ 탄력이 있고 털이 촘촘히 박힌 강모로 되어있는 것을 선택한다.

④ 부드러운 나일론, 비닐계의 제품을 선택한다.

해설 | ③ 탄력이 있고 털이 촘촘히 박힌 강모로 된 천연재질의 돈모가 가장 적합하다.

★
13 모발에 가해지는 힘 또는 당김을 의미하는 말은?

① 엘리베이션　　② 텍스쳐

③ 베벨 언더　　④ 텐션

해설 | ④ 모발을 적당히 당기는 힘은 텐션이다.

★
14 브러시의 손질법으로 바르지 못한 것은?

① 비눗물이나 탄산소다수에 담그고 부드러운 털은 손으로 가볍게 비벼 빤다.

② 털이 빳빳한 것은 세정 브러시를 사용하여 닦아낸다.

③ 털이 위로 가도록 하여 햇볕에 말린다.

④ 소독방법으로 석탄산수를 사용한다.

해설 | ③ 브러시를 소독액에서 꺼낸 후 물로 헹군 뒤 물기는 마른 수건으로 닦아 응달에서 건조시킨다.

PART 7 **기초 블로드라이** ─────── 선다형 정답

01	02	03	04	05	06	07	08	09	10
④	②	①	②	③	③	①	④	④	①
11	12	13	14						
④	③	④	③						

베이직 헤어컬러의 이해

CHAPTER 01

---

1 모발 색채의 이해

(1) 색과 색채

- 색이 지각되기 위해서는 빛(태양광)이 필요하다. 색이란 빛을 말하며 빛이 있음으로 존재하고 인식되는 실체를 갖는다. 즉 색(color)은 빛의 현상으로서 빛에 의해 형태, 질감, 색상을 드러낸다.
- 색은 빛이라는 광선의 움직임에 의해 생기는 것으로 때론 모발이 햇빛에 노출된 각도에 따라 그 색채(color)가 다양하게 변하기도 한다.

1) 빛의 색(광원색)

① 빛의 파장에 따른 분류

- 태양광선에는 가시광선의 각종 파장인 빛이 거의 같은 양으로 모여 무색으로 감지된다. 다시 말하면 태양광선 속에는 여러 가지 색광이 포함되어 있다.
  - 가시광선(380~780nm) : 일반적으로 빨강, 주황, 노랑, 초록, 파랑, 남색, 보라까지의 스펙트럼에 나타나는 광선
  - 자외선(380nm 이하) : 보라색 바깥쪽에 위치하는 짧은 파장을 나타냄
  - 적외선(780nm 이상) : 빨간색 바깥쪽에 위치하는 긴 파장을 나타냄

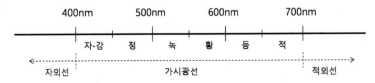

② 색 지각(color sense)

- 색각이라고도 하며, 사람의 눈은 사물을 판단할 때 색과 형태에 의해 빛이 눈에 들어옴(시각 요소의 정보)으로 인해 80%의 정보를 얻는다.
- 눈의 망막(시세포)은 추상체(원추세포)와 간상체(막대세포)로 구성된다. 추상체(cone cells)는 태양 또는 밝은 조명 밑에서 색을 느끼며 간상체는 달빛, 어두운 조명 밑에서 흑백사진과 같은 무채색의 시각을 만든다.

2) 색채의 분류

① 무채색

- 흰색, 회색, 검정색으로서 색상, 채도는 없으나 명도(밝고 어두움)의 차이로 구분된다.
  - 검정 → 어두운 회색 → 회색 → 밝은 회색 → 흰색 순으로 5가지 단계로 분류함

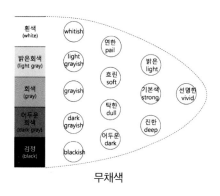

무채색

② 유채색

- 무채색 이외의 모든 색으로서 빨강, 노랑, 파랑, 주황, 녹색, 보라 등을 기본으로 그 사이의 모든 색을 말한다. 이는 색감과 함께 따뜻하다, 차갑다로 구분되는 온도감을 포함한다.
  - 난색 : 모든 색조 간에 주황 계열(노랑에서 시작 자주까지)이 포함함. 즉 노랑오렌지와 오렌지를 거쳐 빨강에 이르는 따뜻한 색임
  - 한색 : 모든 색조 간에 주황 계열을 포함하고 있지 않음. 즉 보라, 남색, 파랑, 청록, 녹색, 연두 등 청과 청록색(녹청색) 계통의 차가운 색임

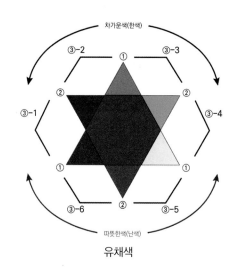

유채색

③ 색의 3속성

구분	특징
색상 (hue, H)	• 색과 색상을 구별하는데 필요한 색채의 이름으로서 빨, 노, 파 등의 명도와 채도에 관계없이 색깔의 느낌(색조의 차이)을 가진 색의 종류이다.
명도 (value, V) lightness, shades	• 명도는 밝기의 정도로서 숫자로 표기한 명도표를 이용한다. 　- 고명도(밝은 영역), 중명도(중간정도 영역), 저명도(어두운 영역) 　- 흰색에 가까울수록 명도가 높다는 것은 그만큼 색이 밝다는 의미임 • 색의 무게감(중량감)은 명도에 의해 좌우되나 실제로 보이는 것은 컬러 그 자체가 아니라 컬러의 상대적인 밝음이나 어두움을 나타낸다. 　- 명도가 높은 색(가벼운 색), 명도가 낮은 색(무거운 색)을 나타냄
채도 (chrome, C)	• 색상의 선명(색의 연하고 진함)함과 깨끗함을 뜻하나 색의 경연감으로서 부드럽거나 딱딱한 색채 감정은 그 색이 가지고 있는 흰색, 검은색의 양에 의해 결정된다. 　- 각 색상 중에서 가장 채도가 높은 색은 순색(선명하고 강한 색)이라 함 　- 고명도 · 고채도(흰색 또는 밝은 회색) : 부드러움 　- 저명도 · 저채도(검정을 많이 소유) : 딱딱하게 느껴짐

3) 색의 법칙

① 원색(1차색)

색소발현체(chromophor) 즉, 원색으로서 다른 색으로 분해할 수 없고 다른 색상을 혼합하여 만들 수 없는 빨강, 노랑, 파랑을 말한다.

② 등화색(2차색)

각각의 원색 두 가지를 같은 양으로 혼합하여 얻어지는 색으로서 주황, 초록, 보라색이 만들어진다.

2차색	혼합법		2차색	혼합법	
주황색	빨강 + 노랑		녹색	노랑 + 파랑	
보라색	파랑 + 빨강				

> ▶ 2차색의 실제
> • 2차색을 만들어 탈색 모발인 7레벨(어두운 금발/황금색)의 웨프트에 도포 시 붉은색조가 바탕색으로 깔려 있으므로 도화지에서 도포되는 상황과는 다르게 색상이 도출된다.
> – 주황색(orange) = 빨강 1 : 노랑 2 / 녹색(green) = 파랑 2 : 노랑 3 / 보라색(violet) = 빨강 1 : 파랑 1

③ 3차색

• 원색 1개와 근접한 2차색(등화색) 1개를 같은 양으로 혼합하여 얻어지는 색이다[(2)색채의 분류, ② 유채색 그림번호 참조].

3차색	혼합법		3차색	혼합법	
자주색③-1	빨강 + 보라		남색③-2	파랑 + 보라	
청록색③-3	파랑 + 녹색		연두색③-4	노랑 + 녹색	
귤색③-5	노랑 + 주황		다홍색③-6	빨강 + 주황	

④ 4차색

• 1차색, 2차색, 3차색을 제외한 3원색을 섞어서 만든 모든 색을 의미하며, 시각적 색의 느낌인 난색과 한색의 범주로 구별된다.
– 한색(차가운 색) : 파랑, 초록, 보라 등이 지배적인 베이스 색상이 됨
– 난색(따뜻한 색) : 노랑, 주황, 빨강 등이 지배적인 베이스 색상이 됨

4) 보색(중화색)

- 색상환에서 원색의 반대편에 놓인 2차색을 혼합하면 색이 중화되어 갈색이 된다. 보색 관계는 3가지 원색 중 하나가 반드시 포함된다.
  - 색상환에서 서로 마주 보고 있는 상대적인 색 　　　 – 색 혼합 시 갈색을 드러내는 색
  - 나란히 배색을 시키면 서로 강조하는 색

① 보색 대비

보색끼리 색의 배색으로 대비하면 상대적 색이 더 선명해 보이는 현상으로 채도는 높게 나타나나 색상은 변함없다.

② 색상의 중화

- 특정 반사빛을 없애고 갈색 계열로 변화시키는 것이다.
  - 보색 계열의 반사빛을 이용함 　　　　　　 – 반사빛의 강도를 일치시킴
  - 보색을 첨가하면 명도와 채도가 낮아짐

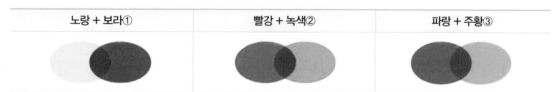

노랑 + 보라①	빨강 + 녹색②	파랑 + 주황③

- 모발 기여(바탕)색을 베이스로 할 때 보색 염모제는 색상중화로서 갈색 계열로 변화시킨다.
  - 빨강(청록), 주황(파랑), 노랑(청보라), 연두(보라), 초록(자주)

   ▶ 애쉬 그레이(ash gray) 작업

- 모발을 가장 밝은 명도(9레벨 이상)까지 탈색 후 회색 염모제를 사용하여 도포한다.
- 9레벨 이상 탈색된 모발이라도 노란 색소가 남아있으므로 보색(보라색)을 이용하여 재차 중화 과정을 거쳐야 더 선명한 회색(gray)을 연출할 수 있다.

(2) 모발색상 이론

색의 대표적인 논의는 색원물질로서 빨·노·파는 모발의 유와 페오멜라닌 농도를 결정한다. 모발 내 자연색소(빨, 노, 파)의 농축 정도에 따라 흑색 → 갈색 → 적색 → 황색의 순서로 나누어지며 백모(Gray hair)인 경우, 색소는 거의 없다.

1) 모발 색상의 범주

현재의 모발에서 어떤 색상을 억제, 중화, 강화해야 하는지를 파악하기 위해서는 모발 내부에 실제 구성된 자연색소인 기여(바탕)색소를 통해 자연모를 10등급(level)으로 하여 살펴보았다.

명도	모발색상	기여색상		색상범주	채도	비교
10	매우 밝은금발	흐린 노란색		밝은색조 (자연색소 노랑) 노란색 베이스	아주 높음	따뜻한 반사 빛 – 밝게 차가운 반사 빛 – 어둡게
9	밝은금발	노란색			높음	노랑(금빛)
8	중간금발	진한 노란색			중간	노랑+약간의 오렌지 =따뜻한 금빛
7	어두운금발	금색 (황금색)		중간색조 (빨강+노랑) 주황색 베이스	낮음	노랑+노란 기운의 오렌지 =밝은 구리빛
6	밝은갈색 또는 적색	주황빛 금색 (황금빛 오렌지)			높음	노랑+강한 오렌지 =어두운 구리빛
5	중간갈색 또는 적색	주황색(오렌지)			중간	오렌지+약간의 빨강 =밝은 구리빛
4	어두운갈색	빨간빛 주황색 (붉은빛 오렌지)		어두운색조 (빨강) 적색 베이스	낮음	빨강+강한 오렌지 =밝은 마호가니
3	검정 (밝은 검정)	빨간색(적색)			높음	빨강+빨간 기운의 오렌지 =어두운 마호가니
2	어두운검정 (중간 검정)	적갈색(적보라)			중간	빨강+보라 =밝은 구리빛
1	아주 어두운검정 (진한 검정)	어두운 적갈색 (검정)		아주 어두운 색조 (파랑)	낮음	빨강+강한 기운의 보라 =밝은 구리빛

2) 자연모의 색 결정 및 종류

① 멜라닌의 유형

유멜라닌 또는 페오멜라닌 과립의 비율 및 양(농도)에 따라 자연모의 색이 결정된다.

구분	특징	
유멜라닌 (흑멜라닌)	• 적색과 갈색의 범주로서 어두운 모발색을 결정한다. 비교적 크기가 크고 화학적으로 쉽게 파괴될 수 있는 입자형 색소로서 길쭉한 타원형을 나타낸다.	
페오 멜라닌 (적멜라닌)	• 붉은색과 노란색의 범주로서 밝은 모발색을 결정하며 시스테인 함량이 높은 모발에 많이 존재한다. 비교적 크기가 작고 화학적으로 안정된 구조를 갖는 분사형 색소로서 난(계란)형 또는 구형을 나타낸다. • 장축의 길이 0.2~0.8μm 범위의 철을 함유함으로써 트라코시데닌이라고 한다.	

혼합 멜라닌	• 유멜라닌과 페오멜라닌의 두 가지 유형이 하나의 미립자 안에 들어 있는 경우를 나타낸다.	

② 자연모의 종류

색조모(pigment hair)	백모(gray hair)
모발의 자연색상은 밝고 어두운 정 도에 따라 1~10레벨(명도)로 구분 된다.	모피질 내 멜라닌의 분포량이 줄어들거나(나이, 유전적 요인) 선천적으로 색소를 만들어 내지 못하여 색소가 없는 상태의 흰 머리카락이다. 어떤 유형의 멜라닌도 함유하지 않은 백모는 정상적인 노화(Aging) 과정에서 나타나는 필연적인 결과이다.

③ 바탕(기여)색소의 균형

모발색은 멜라닌색소에 의해 결정되며, 색조모(pigmented hair)라고 한다. 어떤 색을 띠든 빨강(20%), 노랑(30%), 파랑(10%)의 기본색이 혼합된 색균형을 유지한다. 기본적으로 모발색상은 3원색을 2 : 3 : 1의 균형을 갖는다.

> **tip** 모발색은 자연모발(자연레벨)이든 인위적으로 탈색처리(bleach lever)를 한 탈색레벨을 가지든 밝은 모발에서 어두운 모발까지 1에서 10등급의 척도를 보편적으로 부여한다. 그러나 집필자 또는 제조사에 따라 서양인 모발을 기준으로 7등급 · 10등급으로의 분류와 동양인 모발을 기준으로 하여 15등급, 20등급 등으로도 분류시킬 수 있다.

2 탈색이론

모발 탈색제는 pH 9.5~10의 알칼리성으로서 이는 모표피를 부드럽게 하고 부풀려 열리도록(팽윤) 하여 탈색제가 모피질로 스며들면서 모피질 내 멜라닌색소를 산화(탈색)시킨다. 이러한 과정에서 색소단백질로 구성된 멜라닌과립은 색소의 산화 · 퇴색뿐 아니라 모발 케라틴까지 파괴한다.

(1) 탈색제의 작용

탈색제는 모발 내의 멜라닌색소를 점차 엷게 함으로써 새로운 모발색상을 위한 각 등급의 기여색소를 만든다. 모발의 자연색소(nature hair's color)를 부분 또는 전체적으로 변화시킬 수 있는 가장 간단한 방법은 멜라닌색소의 탈색이다. 본질적으로 이 과정은 최종적인 결과색소(target colour) 즉, 명도레벨(gray scale's)을 갖는다.

① 바탕(기여)색소 10등급

• 모든 탈색은 3원색이 동시에 같은 비율로 제거된다. 자연모발 색소를 탈색시키면 본래의 기본색에 따라 달라진다. 이러한 과정은 모발에서의 최종적 색조인 흰색 또는 금발에 이르기까지 점진적으로 색조가 없어짐을 뜻한다.

- 자연모 레벨과 같이 탈색모의 레벨 또한 등급에 따라 바탕색소를 동일하게 포함한다. 이는 검정색(1등급) → 적보라색(2등급) → 적색(3등급) → 붉은빛 주황색(4등급) → 주황색(5등급) → 황금빛 주황색(6등급) → 황금색(7등급) → 진한 노란색(8등급) → 노란색(9등급) → 흐린 노란색(10등급)으로 구분된다.
- 탈색제를 도포 후 자연방치 하였을 때 시간 경과 정도에 따른 모발색상의 변화, 즉 블리치레벨은 다음 표와 같다.

② 탈색 과정에 영향을 주는 요인
- 자연모발색을 결정하는 과립인 유멜라닌과 페오멜라닌 유형에 따라 다르듯이 모질에 따른 모발의 두께 또는 길이에 따라 탈색방법, 소요 시간이 다르다.
- 모발 및 두개피부(scalp)의 상태, 환경적 조건 등에 따라 영향을 받는다.

Section	02	헤어컬러제의 종류

1 탈색제

(1) 탈색제의 유형 및 특징

① 탈색제 유형

유형	특징
분말 (powder) 탈색제	• 두개피부 염증 방지를 위해 과황산염을 첨가하며 과황산암모늄, 과황산나트륨, 과황산칼륨이 가장 일반적으로 사용되고 전체 탈색보다 부분 탈색에 많이 사용한다. – 사용 전 파우더를 골고루 흔들어 섞어 균일하게 혼합시켜 사용해야 함 • 4~6단계 정도의 높은 명도까지(밝게) 빠르게 탈색시키며, 모발 내 빠른 침투력을 위해 촉진제와 산화제가 포함되어 있다. – 저항성모나 버진헤어(건강모)에 사용되나 두개피부나 모근 가까이 도포 시 자극과 손상도를 높임
크림 (cream) 탈색제	• 컨디셔닝제를 포함하고 있으며, 두상 전체 탈색 시 사용되나 탈색 작용이 느리게 진행되므로 고농도 탈색에는 어려움이 따른다. • 붉거나 노랗게 변질하는 것을 방지하며, 밀도가 높아 발림성과 함께 도포하기에 좋으며 탈색작용 중 조절하기가 편하다. – 점성이 있어 흐르거나 떨어지지 않아 지나치게 덧바르게 되는 것을 막음 – 육안으로 볼 수 있어 초보자가 사용하기에 적합함 – 탈색이 진행되는 동안 건조되지 않아 얼룩과 모발 손상도가 적음

유상 탈색제	• 기름기(oil)를 함유한 성분으로 H_2O_2와 혼합 시 젤 형태가 된다. 　– 두개피부 건조를 방지하기 위해 세트라이마이드(cetrimide)와 같은 컨디셔너를 첨가, 모발 도포 시 사용이 　　편리함 • 건조해지지 않아 모발 손상도가 가장 적으며 투명한 제품으로서 탈색 진행 과정을 확인할 수 있다. 어두운 모 　발색을 변화시킬 때 사용하기 적합하나 탈색 속도가 느려 고명도의 탈색에는 적합하지 않다. • 오일 또는 젤 타입으로서 2~3단계 정도의 밝기는 서서히 진행된다.
액상 탈색제	• 암모니아와 과산화수소의 혼합으로 제조된다. 　– 전체 탈색에 사용되며 도포 시 모발을 타고 흘러내림

② 탈색제 유형의 특징

구분	호상(풀모양) 탈색제	액상 탈색제
장점	• 블리치제를 두 번 도포 할 필요가 없다. • 시술 과정에서 과산화수소가 건조될 염려가 없다.	• 모발에서의 탈색 작용이 빠르다. • 탈색 정도를 살필 수 있다. • 경제적인 효과가 있다.
단점	• 모발에서의 탈색 정도를 살피기 어려움을 갖는다. • 샴푸를 한 번에 끝내기 어렵다.	• 탈색이 지나치게 되는 경우가 있다. • 탈색제가 고르게 도포되지 않을 수 있다.

(2) 탈색제의 성분

제1제 알칼리제(booster)와 제2제 과산화수소로 구성된 탈색제를 혼합하여 사용한다. 과산화수소 농도(세기)와 방치 시간에 따라 모발 내의 색소 짙기가 변화한다.

1) 제1제

pH 9.5~10 알칼리제로서 암모니아(인산염 또는 탄산염) 성분이 포함된 파란색 분말형태로 방수팩에 포장되어 있다.

① 알칼리제 특성
• 알칼리제(암모니아)는 보력제 또는 촉진제(가속제), 활성제라고도 한다.
• 알칼리제는 촉진제로서 과산화수소가 분해할 수 있도록 pH를 조절해준다.
• 알칼리제는 모발을 팽윤시켜 모표피를 열어줌으로써 용제의 침투를 도와준다.
• 알칼리제는 탈색등급을 더욱 크게 할 수는 없으나 결과색상을 확인할 수 있는 시간을 단축시킨다.
　– 암모니아의 양이 과산화수소보다 많을수록 반사빛은 붉고 매우 따뜻한 색상이 나타남

2) 제2제

• 과산화수소는 산화제로서 특히 알칼리성에서 작용이 뚜렷하다. 이러한 H_2O_2는 산소를 필요로 하는 모든 화학과정에 사용되는 가장 일반적인 화학제품으로서 모발 염·탈색 시 사용되는 산화제이다.

• 산소와 멜라닌의 결합은 과산화물 용액의 작용으로서 모발 안의 자연색소인 멜라닌을 탈색시키고 분산시킨다. 알칼리제와 혼합된 과산화수소는 pH를 증가시켜 모발에서의 탈색과 발색을 관장한다.

① 과산화수소 사용 시 주의사항

• H_2O_2는 먼지, 알칼리, 햇빛 등에 의해 분해되며 특히, 금속 성분이나 유기체(세균) 등에 의해 쉽게 분해되거나 휘발된다.
  – 금속성 용기는 산소의 분해와 휘발을 가속함
• H_2O_2는 알칼리와 혼합하면 산소의 분리가 일어난다.
• 수돗물(pH 5.8~8.5)에는 알칼리 성분이 포함되어 있어서 산소가 발생한다.
• H_2O_2는 화염성이 있는 제품(헤어스프레이나 세팅로션 등)과 함께 보관하면 안된다.
• 사용 시 원하는 양만큼 H_2O_2는 덜어 사용하며, 밀봉하여 먼지가 들어가지 않게 한다.
  – 사용하던 H_2O_2를 사용하지 않았던 제품의 용기에 합류시키면 H_2O_2의 효력은 저하됨
• H_2O_2는 빛 또는 열, 오염균 물질 등에 약하기 때문에, 빛이 통과되지 않는 플라스틱 용기를 사용하며 냉암소에 보관해야 한다.

> **tip**
> • 과산화수소의 유형은 분말상(파우더), 크림상, 액상 등이 있다.
> • 산소를 필요로 하는 모든 화학 과정(펌, 염색 등)에 사용되는 가장 일반적인 화학제품인 H_2O_2는 pH 2.8~4.5의 산성 범위에서 자유산소, 즉 활성산소($H_2O_2 \rightarrow H_2O + O \uparrow$)를 제공한다.

② 과산화수소 농도에 따른 작용

H_2O_2의 세기	물에서의 H_2O_2량	작용

10 Volume	$H_2O + O$ (3%)	• 착색작용은 되나 탈색작용은 되지 않으므로 레벨에는 변화가 없다.
		  – 색조역제, 색완화제(ton on ton)라 함
		• 어둡게 염색하고자 할 때 또는 이미 모발이 퇴색되어 멜라닌색소를 제거하고 싶지 않을 때 사용한다.
		  – 탈색작용이 없는 3% H_2O_2를 사용함
		• 6% H_2O_2(1/2)와 물(1/2)을 희석할 시 3% H_2O_2를 조제할 수 있다.

20 Volume	$H_2O + O$ (6%)	• 1~2단계 정도 밝게(탈색과 착색작용이 안정성 있게) 한다. • 동일 색이나 톤 또는 어둡게 할 수 있으며 백모염색 시 사용한다.
30 Volume	$H_2O + O$ (9%)	• 2~3단계 정도 밝게(착색보다 탈색작용이 더 큼) 한다. – 20vol 보다 모발에 대한 손상은 크게 드러남
40 Volume	$H_2O + O$ (12%)	• 4단계 정도 밝게(착색보다 탈색작용이 더 큼) 한다. – 30vol 보다 모발에 대한 손상 또는 화상유발(highlight, 가발의 염·탈색에 사용)을 함

③ 과산화수소의 사용 범주

구분	내용
밝게하기 (lightening)	• 산화염료의 제2제인 H_2O_2 6%는 모발 명도를 2단계까지 밝게 할 수 있으며, 12%는 4단계까지 밝게 한다.
탈색 (bleach)	• 모발에 따라 4~7단계까지 밝게 탈색시킬 수 있다. • 모발색인 멜라닌을 산화시키는 과정은 파랑이 먼저 빠지고 그 다음 빨강, 노랑 순서로 같은 비율의 색균형을 이루며 점진적으로 색조를 감소시킨다.
탈염 (cleansing)	• 탈염은 색소지우기로서 클렌징, 딥 클렌징으로 나눌 수 있다. 이는 인공색조를 지우거나 어두운 색상을 밝게 하고 싶을 때, 금속염으로 염착된 염모제를 없앨 때 등에 사용한다.

2 염모제

(1) 염모제의 종류

1) 염모제의 기간별 분류

모발 내에 침투한 염료가 얼마 동안 유지되는가 또는 모발 구조 내로 어느 정도 침투되는가에 따라 일시적, 반영구적, 영구적 염모제로 분류한다.

① 일시적 염모제

샴푸 시 본래의 모발색으로 돌아오므로 안전하고 쉽게 사용할 수 있으며, 진정한 의미에서 화장품이라 할 수 있다. 모표피 표면에 염료가 착색되나 일회의 샴푸에 의해 제거된다.

㉠ 종류

구분	내용
컬러린스 (워터 린스)	• 모발에 하이라이트 또는 색을 착색시키기 위해 사용된다. • 린스제 속에 염료 입자가 첨가됨으로써 모발을 밝게(Highlight) 해 준다. 　– 컬러 린스는 현재 크림이나 젤, 무스의 형태로 사용됨
컬러무스	• 전체적으로 자연스러운 명암을 줄 때, 골고루 도포 후 완전히 건조되기 전에 곱게 스타일링 한다. 　– 용기는 흔들어 사용하며, 부분적으로 사용 시 컬러무스를 손가락 끝으로 발라 모발가닥에 문지르듯이 비비면서 훑어내림
하이라이팅컬러 샴푸	• 컬러린스의 작용과 샴푸의 작용을 겸한 것으로서 두발을 밝게 해주며 색에서의 농담(color tone)을 나타낸다.
컬러크림	• 비누나 합성 왁스를 혼합한 컬러 크레용과 같은 성분의 크림형 착색제이다.
컬러파우더	• 소맥분, 전분, 초크 등을 원료로 한 분말 착색제로서 가루상태로 바르거나 물에 개어 붓으로 도포한다.

컬러크레용	• 염료가 왁스에 혼합된 막대와 같은 모양으로 주로 염색된 후 버진헤어의 모근 쪽에 자란 부분에 수정용으로 사용한다. 　– 연필 모양으로서 다양한 색상이 있으며, 부분 또는 리터치 시 수정용으로 사용함
컬러스프레이	• 건조한 모발에 여러 번 분사할수록 컬러는 선명해지나 인화성이 있다. • 분무식 착색제로 헤어렉카 속에 물, 염색소, 프레온 등의 혼합물로서 샴푸된 모발에 스타일링을 한 후 분무식으로 모발 표면에 도포한다. 　– 분무 후에는 빗질하지 않아야 함 　– 일반적으로 특별한 효과를 내거나 파티효과를 낼 때 또는 일시적으로 두발의 색깔을 바꾸거나 지속성 염모제를 사용하지 못하는 사람에게 사용됨
아이펜슬(마스카라)	• 건조모발의 전체 또는 어느 일정 부분에 붓을 사용하여 색을 덧칠하는데 사용한다.

ⓛ 장 · 단점

장점	단점
• 물리적으로 모표피에 강하게 흡착되는 일시적 착색제로서 모발을 밝게 할 수 있다. • 일시적으로 퇴색된 모발을 원래의 색으로 되돌리거나 원하지 않는 반사빛 등을 가라앉힐 수 있다. • 반영구적 또는 영구적 염모제 시술 전에 사전 색소 침투제로도 사용된다.	• 샴푸 후에 매번 다시 적용해야 한다. • 땀이나 다른 물기에 의해서 베개나 옷 등에 염료가 묻어날 수 있다. • 모발 표면에 고르게 착색되지 않을 수도 있다. • 모발의 색을 어둡게는 할 수 있어도 밝게는 하지 못하며, 심한 다공성모 또는 아주 밝은모발에 어두운색을 사용할 경우 착색될 수 있다.

> **tip**　유성 염모제는 안료와 접착성분을 주성분으로 하는 염모제로서 색소입자가 커서 모표피 표면에 안착된다. 한 번의 샴푸에 의해 색소는 씻겨 나가며 시술이 간편하고 모발 손상이 없으며, 반사빛을 부여하며, 퇴색된 기염부나 백모를 일시적으로 커버할 수 있다.

② 반영구적 염모제

- 모발 케라틴에 대한 친화력이 일시적 염모제와 비슷하다. 모표피와 모피질 내의 일부까지 침투하여 염(이온) 결합에 의해 흡착되어 염색모가 된다.
  – 비산화 염모제인 반영구적 염모제는 직접염모제, 산성염모제 또는 전문용어는 아니지만 일상용어로 헤어코팅제, 헤어매니큐어, 왁싱이라고도 함
- 산화제를 사용하지 않으며 색소제(염료)만으로도 4~6주 정도의 염착력이 유지된다.

ⓐ 종류

구분	내용
컬러린스	린스제에 염료가 첨가되어 있어 모발을 헹구는 것만으로도 착색이 된다.
컬러샴푸	프로그래시브 샴푸라고도 하며 점효성 염색제로서 샴푸 후 일정 시간 방치함으로써 착색이 된다.

ⓛ 특성
- 염모제는 색소제(1제) 하나로만 구성되며 염료가 자체적으로 모발 내로 침투한다.
- 염색제는 매번 같은 방법으로 사용하므로 손질할 필요가 없다.
- 베개나 옷에 묻어나지 않으며 두개피부 가려움증이나 알레르기반응을 일으키지 않는다.
- 탈색모에 다양한 색을 선명하게 표현할 수 있다.
- 샴푸 횟수에 따라 4~6주 동안 색소가 점차 퇴색되며, 퇴색된 후에는 기염부와 신생부간 색상의 차이는 없다.
- 모발 케라틴 구조 자체에는 변성이 없으나 약간의 명도 변화가 있다.

③ 영구적 염모제

구분		내용
식물성	헤나	• 녹색을 띠는 말린 헤나의 잎을 파우더 상태로 만들어 따뜻한 물을 첨가하여 사용한다. 다른 염모제와는 달리 영구염료이지만 사용 시 패치테스트를 하지 않는다. 　– 고대 이집트인들에 의해 모발, 손톱, 손바닥 등의 염색에 사용됨 　– 공기 속의 산소와 만나면 점진적으로 산화되는 점진적 염모제임 • 갈색모발에 헤나를 도포하면 오렌지색을 띠는 갈색을 나타내며, 백모에 도포하면 주황색을 나타낸다. 　– 사전 준비와 도포가 복잡하며, 모발의 색을 칙칙하게 하고, 헤나 염료의 혼합물이 색상의 질을 떨어뜨린다는 단점이 있음 • 도포된 헤나는 모피질 내에 색을 침착시키고 모표피를 코팅하므로 30분~1시간 또는 2시간 이상 방치하기도 한다. • 헤나 자체가 모발에 윤기를 주기 때문에 컨디셔너의 도포는 필요치 않으나 이를 오래 유지하기 위해서는 헤나가 혼합된 샴푸를 사용하는 것이 좋다.
	카모밀레	• 꽃을 분말로 하는 카모밀레는 고령토와 섞어 풀 상태로 사용하며, 천연 식물성염료제로서 패치테스트를 하지 않는다. • 헤나와 같이 도포시간이 길수록 노란색이 더 짙게 나타나며, 자연적 금발의 재생을 원할 때 샴푸제에 혼합하여 사용한다. 　– 입자가 커서 여러 번 반복적인 시술을 해야 하며 백모에는 커버력이 없음
금속성 (광물성)		• 점진적 염모제 또는 모발색 저장제로서 납, 구리, 철, 수은, 코발트, 카드뮴, 비스무트 등의 금속염이 염료제로 첨가되어 고명도로 염착되는 용제로 가장 많이 사용된다. • 백모염색 시 점진적으로 모발색을 드러낸다. • 모발에 염료의 막을 만들어 침투하므로 어둡고 둔탁하며 부자연스러운 색을 형성시킨다. 　– 모발을 건조시켜 뻣뻣하게 하며 뿌연 초록빛을 유발하는 색조로 변함 　– 모발 내로 침적된 금속성분은 열을 발생시키며 모발 손상을 가속시킴 • 오늘날 제한된 색상과 독성 문제가 있어 거의 사용되지 않으나 가정용 소매 염료시장에는 아직도 존재한다.
혼합성		• 금속성 또는 무기질 염료를 헤나 염료와 혼합시킨 복합 염료이다. 　– 금속성 염료는 다른 염료에 첨가되면 착색력을 강화시켜 줌 • 염색 시 건조하고 윤기없는 거칠고 부스러지기 쉬운 모발이 된다는 단점이 있다.

유기합성	• 대표적 산화염료로서 산화제를 사용하는 영구염모제이다. • 색상의 강약을 이용하여 색상 등급을 밝게하며, 반사빛을 이용 보색시키거나 또는 백모 커버 등에 주로 사용된다. • 유기합성염료인 제1제와 제2제의 혼합은 새로운 화학성분을 형성시킨다. – 제1제의 색소제는 알칼리성이 강하나 제2제 산화제가 혼합됨으로써 탈색과 발색을 관장함

2) 염모제의 화학적 분류

염모제 사용 시 첨가되는 산화제의 사용 여부에 따라 비산화염모제(일시적 · 반영구적 염모제)와 산화염모제(영구염모제) 등으로 분류된다.

① 산화염모제

유기합성염모제 또는 산화염모제라고도 한다. 이는 알칼리 성분이 함유된 1제와 2제가 혼합하여 모발에 도포 시 고분자화합물의 구조로서 색조를 이루어(dye or tint) 염착된다.

㉠ 염모제 조성

영구염모제는 색소제뿐 아니라 산화제를 혼합하여 사용한다.

구분	내용

제1제	• 제1제는 색소제 + 알칼리제이다.
	  – 색소제는 전구체(베이스 염색제로서 명도를 나타냄)와 커플러(반사빛을 나타냄)로 구성됨
	  – 알칼리제는 암모니아가 사용됨

제2제	• 화장품학에서 과산화수소는 산화제, 발생기제, 촉매제 등으로 불리고 있다. • 과산화수소(H_2O_2)의 농도(세기)에 따라 볼륨 또는 %로 표기된다. • 과산화수소는 화학구조상 불안정하여 pH 3~4를 유지시키기 위해 1~2% 티오글리콜산을 안정제로 첨가시킨다.

㉡ 역할

구분	내용
알칼리의 역할	• 색소형성에 필요한 pH를 조절하여 색소제가 모피질층 내로 침투할 수 있도록 도와준다. • 모표피를 팽윤시켜 열어주며 모발의 케라틴 사슬을 연화시킨다. • 제2제(과산화수소)와 혼합되어 산소 방출을 가속함으로써 산화제의 분해를 도우며, 탈색 또는 염색(발색)이 되도록 도와주는(촉매) 역할을 한다.

산화제의
역할
	• 천연색소 멜라닌을 2~3레벨까지 탈색(산화)시킨다.
	• 1제의 색소제를 피질층에 가두는 역할과 함께 1제의 산화를 도와 발색이 되도록 한다.
	  – 10볼륨은 모발을 밝게 하지 못하는 색완화제 또는 색조역제임
	  – 20~30볼륨인(6~9%) 과산화수소는 모발색을 2~3레벨 정도 밝게함

㉢ 염색조건

• 사용 직전에 혼합하여 작업한다.

- 염모제의 반응은 pH 8~10의 알칼리 영역에서 일어난다.
- 혼합 시 염료는 즉시 사용해야 하며 남은 염료를 재사용해서는 안된다.
- 영구염모제는 화학적 반응을 활성화하는 과산화수소와 혼합하여 사용되어야 한다.
- 패치테스트(알레르기 반응검사)와 스트랜드테스트(모발가닥 색조검사)를 반드시 하여야 한다.
- 전구체, 커플러(1제) 및 산화제(2제)의 비를 조정함에 따라 모발을 한 단계 밝게 또는 어둡게 하는 것이 가능하다.

② 비산화염모제

- 산성(직접)염료로서 pH 8~9의 약알칼리의 성질을 띠고 있으므로 적용 시 모발은 팽윤된다.
  - H_2O_2를 사용하지 않기 때문에 모발에서 기여색소가 변화되지 않아 모발 색소를 더 밝게(light) 하지는 못한다. 즉 촉진제나 활성제가 첨가되지 않으므로 용기에서 바로 꺼내어 사용함
- 팽윤된 모표피를 통하여 한정된 양의 비산화염료 분자들이 모발 속으로 침투한다.
  - 기존 모발색의 밝기를 그대로 유지해 주거나 어둡게 하기도 함
- 일시적 또는 반영구적 염모제가 비산화염료제이다.
  - 알레르기가 발생되지 않으나 모발의 기여색소는 손상시키지 않음
- 염색 시 모발에서의 변화는 단지 물리적인 현상일뿐 화학반응이나 새로운 화합물이 형성되지 않는 염료인 색소로만 구성되어 있다.

베이직 헤어컬러하기

Section	01	헤어컬러하기

1 헤어컬러 실제를 위한 이론

(1) 헤어컬러 절차

1) 작업 전 준비

- 고객의 의복과 피부를 보호하기 위해 위생적인 가운을 숍에서 제공한다.
- 고객이 착용한 귀걸이, 목걸이 등을 염모제로부터 안전을 위해 고객이 확인 및 보관한다.
- 고객의 라이프스타일로서의 개인적 특성, 취향, 나이, 직업, 비자지즘 등을 파악한 후 고객기록카드를 컬러 예약 직후에 기록한다.

① 고객상담과 진단

염색 시술 전	고객과의 커뮤니케이션	고객두발진단
• 고객의 스타일과 요구를 파악한다. • 두발 상태 진단한다. • 이전 시술 내역을 파악한다.	• 원하는 색상을 잘 파악하고 이해한다. • 명도와 반사빛의 변화와 시술 진행 과정을 설명해야 한다. • 직업과 룩, 계절적 성향까지 고려하여 제안하며, 고객의 선택을 존중한다.	• 두발길이와 신생부의 길이 • 백모의 비율 • 두개피부 상태 • 자연모의 레벨, 탈색레벨과 반사빛 • 모발 손상정도 및 레벨 • 희망 색과 이상적인 색상

㉠ 두개피 상태 분석

작업 시기	내용

시진	• 두개피를 진단하기 위하여 두개피부 및 두발을 눈으로 확인한다.
	  – 두개피 예민도(상처 및 염증 유무, 두개피부 타입)
	  – 모발 손상도(유분량, 수분 보유량)
	  – 신생모 길이와 윤기정도

문진	• 라이프스타일로서 모발관리에 투자하는 시간 또는 선호하는 제품 및 염색 방법, 시술 이력 등과 평상 시 사용하는 헤어제품의 종류 및 양에 대해 질문한다.
촉진	• 시진(보는 것)과 촉진(만져보는 것)에 따른 진단이라도 촉감 정도(강도, 두께, 모량 등)는 달리 나타낼 수 있다.
검진	• 두개피 진단기를 사용하여 고객의 두개피부 및 두발 상태의 민감도를 패치테스트와 스트랜드테스트를 통해 살펴볼 수 있다.

ⓛ 알레르기 테스트(patch test, predisposition test, sensitivity test)
- 헤어컬러리스트는 예전부터 고객이 염색했다 하더라도 반드시 피부첩포실험(patch test)을 해야 한다.
  - 아닐린 유동성 염료나 토너(콜타르 염료)를 사용할 때마다 48시간 전에 매번 스킨테스트(알레르기 반응검사)를 해야 함
- 염모제 사용 24~48시간 전에 귀 뒤쪽, 팔 안쪽의 약한 피부 부위에 사용할 소량의 염모제를 도포하여 피부가 홍반(붉게 부어오르는), 수포(가렵고 물집형성), 화상, 숙폐, 부스럼 등의 양성반응이 있는지 확인한다.
  - 알레르기 반응은 대개 노출 후 12~14시간 지났을 때 시작되며, 증상으로는 두개피부, 얼굴, 눈, 귀, 목이 아프게 팽창하며 천식 같은 호흡기 질환 등을 나타냄
  - 테스트 결과를 고객관리카드에 작성하며, 양성반응 시 물로 즉시 씻어내고 의사의 진단과 처치를 받도록 해야 하며 고객은 염색작업을 할 수 없음

ⓒ 모발가닥 검사(strand test)
- 염모제 사용 전의 예비 검사 또는 염모제 도포 후의 결과색상을 확인하는 검사로서 스트랜드 테스트(모다발검사)라고 한다.
- 색의 진행과 결과를 관찰하기 위해 미처리모(virgin hair)에 염모제를 도포, 진행 시간을 본 후결과를 검사, 물에 적신 타월로 염제를 닦아내고 모근과 모간 끝의 색상을 비교 일치시켜 보면서진행한다.

② **전처리 제품**

염모 시 모발 손상을 최소화하고 색상 흡수력과 유지력(퇴색력 감소)을 높이기 위해 사용된다. 염모제의 침투나 발색에 지장을 주지 않아야 한다.

PPT(고분자)	콜라겐

• 모발 구조를 강화하는 입자가 큰 액상타입의 복합케라틴이다.
  - 탄력과 함께 모피질·모수질까지 침투 함
	• 고농축 콜라겐과 세라마이드 성분으로 구성되어 있다.
	  - 윤기, 보습, 유연성 부여, 인장력(탄력) 부여, 손상된 모발에 유분과 수분을 보충 함
	  - 젤 타입 중간 크기의 입자로서 모발 사이사이를 보수함

③ **발제선(hair line) 보호 제품**

염·탈색제 도포 직전에 두개피부와 헤어라인에 염모제의 착색을 최소화하기 위해 두개피 보호 제품을 바른다.

부위	도포 방법
두개피부 면에 직접 도포	• 헤어라인의 발제선에서 백부분을 향해 착색 방지 및 피부보호 제품을 1cm 간격으로 파팅하여 두개피부 면에 직접 도포한다. • 손가락 끝의 완충면을 이용하여 파팅선에 도포된 보호 제품을 가볍게 펼쳐 문지른다.

발제선에만 직접 도포	• 건조한 피부 또는 애쉬컬러 시술 시 착색을 방지하기 위해 도포된다. • 전발과 양빈을 업셰이핑한 후 두발과 피부 경계선에 두개피 보호 제품을 도포한다. • 손가락으로 얇게 펴 바르며 두발에는 묻지 않도록 한다.

Section **02** **헤어컬러 마무리하기**

▣ 마무리 작업의 절차

1) 액상화(emulsion)하기

- 염모제 제거 과정으로서 염색 과정에서 염착된 모발에 샴푸 직전에 실시하는 기술이다.
  - 두개피(두발·두개피부)에 잔류하는 알칼리제 제거
  - 얼룩과 발색 유지력을 높임(모표피가 정리됨으로 반사빛과 윤기를 부여)
  - 두개피부 발제선에 착색된 염색제와 함께 잔류한 염료를 동시에 제거함
- 색상의 균일성과 윤기의 극대화를 위한 작업 과정인 유화(에멀젼)는 온수를 섞어가며 모다발을 손으로 주물러준다. 특히 모간 끝부분에 윤기와 색소의 보완, 얼룩 등을 방지한다.

  ① 유화 방법 및 기능
  - 유화 방법 : 샴푸잉 직전에 적용, 발제선(face line)과 두개피부에 묻은 염모제를 부드럽게 롤링(무지로)하고 두발을 훑어내리면서 모간 내 색소의 얼룩을 채운다.
  - 유화 기능 : 두개피에 남은 염색제(알칼리 색소)를 깨끗이 제거하며 두개피 트러블을 예방함과 동시에 색소 정착과 윤기(모표피 수렴작용 촉진), 샴푸잉 시 모발 간 마찰을 최소화한다.

2) 샴푸 & 린스

- 염색전용(산성샴푸 및 산성린스) 제품을 사용하여 에멀젼된 모발을 깨끗이 씻어내고 헹군다.
- 헤어컬러링 전용 샴푸와 컨디셔너제의 사용 목적은 염·탈색 시 모발 손상과 퇴색의 문제를 해결하는 것이다.
  - 헤어컬러링 잔여물을 제거함
  - 알칼리성분을 중화시킴
  - 컬러링된 색상을 유지함
  - 산균형(pH balance)를 조절 모표피를 닫아줌
  - 모발 내 손실된 아미노산(영양) 보충
  - 두개피 건조에 따른 정전기 예방 및 윤기 제공

3) 컬러 리무버

염모 후 두개피부 또는 피부에 착색된 염료를 지우기 위해 사용한다. 크림 · 액상 · 티슈형 등이 있다. 또한 피부에 침착된 염모제는 물에 젖은 화장솜을 피부에 얹어 놓고 1~2분 방치 후 물로 헹구면 자극 없이 지울 수 있다.

크림	액상	티슈형
· 원하는 부분에 정확하게 도포된다. · 피부 자극과 도포 시간이 길다. · 피부 자극이 있다.	· 빠르게 지워진다. · 피부 자극은 적으나 제품이 흘러내린다.	· 사용이 쉬우며 간편하다. · 효과가 작다.

4) 건조

염모제 제거 후 타월드라이어를 이용 건조시키면서 나머지는 블로 드라이어의 온 · 냉풍을 사용하여 스타일링 한다.

5) 스타일링제 도포

헤어에센스를 사용하여 모간 끝에서 모간 중간, 모근 가까이에 도포함으로써 다공을 채워준다. 광택 효과와 손상모를 보호하며, 모발 엉킴과 정전기를 방지한다.

01 감색법의 3원색에 해당하는 것은?

① 빨강, 주황, 노랑

② 주황, 보라, 그린

③ 빨강, 파랑, 녹색

④ 파랑, 빨강, 노랑

해설 | ④ 빨강, 파랑, 노랑은 색소발현체물질로 원색이라 한다.

02 다음 내용 중 혼합법으로 2차색에 해당되는 것은?

① 빨강+주황=다홍색

② 파랑+보라=남색

③ 노랑+주황=귤색

④ 파랑+노랑=녹색

해설 | ④

①, ②, ③ 3차색에 해당된다.

03 보색 중화로 색상환에서 원색의 반대편에 놓인 2차 색을 혼합하면 색이 중화되어 나타나는 색은?

① 갈색

② 연두색

③ 보라색

④ 청록색

해설 | ① 원색의 반대편에 놓인 2차 색을 혼합하면 갈색이 된다.

★
04 색의 3속성에 포함되지 않는 것은?

① 색상

② 명도

③ 채도

④ 무채색과 유채색

해설 | ④ 색채의 분류에 해당한다.

★
05 다음 설명으로 바르지 않은 것은?

① 검은 모발의 경우 색소가 거의 존재하지 않는다.

② 유멜라닌은 크기가 크고 입자형 색소로 화학적으로 쉽게 파괴된다.

③ 페오멜라닌은 크기가 작고 분사형 색소로 화학적으로 안정된 구조를 하고 있다.

④ 붉은색의 모발은 멜라닌색소에 철 성분이 함유되어 있다.

해설 | ① 백모인 경우 색소가 거의 존재하지 않는다.

★
06 모발색에 대한 설명으로 바르지 않은 것은?

① 금색 모발은 멜라닌색소의 양이 적고 크기가 작다.

② 검은색의 모발은 멜라닌 색소를 다량 함유하고 있다.

③ 백모는 모피질 내 멜라닌의 양이 줄어들었거나 선천적으로 색소를 만들어 내지 못한다.

④ 백모는 정상적인 노화 과정에서는 나타나지 않는다.

해설 | ④ 백모는 정상적인 노화 과정에서 나타나거나 유전적, 영양 결핍, 스트레스가 원인이다.

07 패치 테스트에 대한 설명 중 틀린 것은?

① 테스트에 사용될 염모제는 실제로 사용할 염모제와 동일하게 조합한다.

② 처음 염색할 때 실시하여 이상 반응이 없는 경우는 그 후 계속해서 패치 테스트를 생략해도 된다.

③ 이상 반응이 심한 경우에는 피부과 전문의에게 진료하도록 하여야 한다.

④ 테스트하는 부위로는 귀 뒤나 팔꿈치 안쪽에 실시한다.

해설 | ② 염모제를 사용할 때마다 패치 테스트를 실시하며 24~48시간 전에 귀 뒤, 팔꿈치 안쪽에 실시한다.

08 헤어틴트 시 패치테스트를 반드시 해야하는 염모제는?

① 파라페닐렌디아민이 함유된 염모제

② 과산화수소가 함유된 염모제

③ 합성왁스가 함유된 염모제

④ 글리세린이 포함된 염모제

해설 | ① 파라페닐렌디아민이 함유된 염모제는 접촉성 알레르기를 유발할 수 있어 사용전 패치테스트가 이루어져야 한다.

09 모발의 탈색에 관한 내용으로 틀린 것은?

① 피부의 색과 조화를 위한 탈색도 있다.

② 액상 염색제는 모근 2cm를 띄우고 모간 쪽부터 먼저 도포한다.

③ 탈색 직후 펌은 모발의 손상을 가져올 수 있다.

④ 고객의 두개피부에 상처나 염증 질환이 있을 때는 그 부위를 제외하고 탈색을 시행한다.

해설 | ④ 고객의 두개피부에 상처나 피부 질환이 있을 경우 탈색은 하지 않도록 한다.

10 누에고치에서 추출한 성분 또는 난황성분 추출헤어 블리치로서 시술 시 주의사항으로 바르지 않은 것은?

① 미용사의 손을 보호하기 위해 장갑은 필수로 착용해야 한다.

② 시술 전 샴푸를 할 경우 두개피부의 각질은 깨끗하게 제거해야 탈색이 잘된다.

③ 두개피부에 질환이 있는 경우 시술하지 않는다.

④ 시술 후 모발의 케라틴 손상을 줄이기 위해 헤어 컨디셔닝은 반드시 하도록 한다.

해설 | ② 시술 전 샴푸는 두개피부를 자극하지 않도록 두 발만 가볍게 샴푸를 한다.

11 식물성 염모제인 헤나(Henna)를 처음으로 사용했던 나라는?

① 로마　　　　　　② 이집트

③ 프랑스　　　　　④ 영국

해설 | ② 고대 이집트인들은 손과 손톱, 모발 등에 식물성 염모제인 헤나를 사용하여 물을 들였다.

12 산화염모제의 제1액 중 알칼리의 주된 역할로 옳은 것은?

① 제1제의 산화제를 분해하여 산소를 발생시킨다.

② 멜라닌색소를 산화 · 환원시켜 탈색을 일으킨다.

③ 알칼리제는 과산화수소가 사용된다.

④ 모발의 모표피를 팽윤시켜 산화염료가 잘 침투되도록 도와준다.

해설 | ④ 알칼리는 모발 내 모표피를 팽윤시켜 모피질층 내로 침투할 수 있도록 도와준다.

13 모발염색 시 염모제와 과산화수소(2액)를 혼합하였을 때 일어나는 화학적 반응은?

① 탈수작용　　　　② 산화작용

③ 환원작용　　　　④ 중화작용

해설 | ② 암모니아(NH_3)는 과산화수소와 혼합 시 산소 방출을 가속화시키는 촉진제이다.

14 유기합성 염모제에 대한 설명으로 틀린 것은?

① 제1액은 산화염료가 암모니아수에 녹아있다.

② 유기합성 염모제는 알카리성의 1액과 산화제인 2액으로 되어있다.

③ 2액은 과산화수소로 멜라닌색소를 파괴하여 산화염료를 산화시켜 발색시킨다.

④ 제1액의 용액은 산성을 띠고 있다.

해설 | ④ 제1액은 알칼리, 색소, 계면활성제, 항산화제를 띄고 있고, 제2액은 과산화수소, 물로 구성되어 있다.

15 헤어블리치에 관한 설명 중 틀린 것은?

① 과산화수소에서 방출된 수소가 멜라닌 색소를 파괴한다.

② 과산화수소는 산화제이고 암모니아수는 알칼리제이다.

③ 헤어블리치는 산화제의 작용으로 두발의 색소를 밝게 한다.

④ 헤어블리치제는 과산화수소에 암모니아수 소량을 더하여 사용한다.

해설 | ① 과산화수소에서 방출된 산소가 멜라닌 색소를 파괴한다.

16 다음 중 과산화수소(산화제) 6%의 설명으로 옳은 것은?

① 10볼륨   ② 20볼륨

③ 30볼륨   ④ 40볼륨

해설 | ②
• 10볼륨 : 3%의 과산화수소
• 20볼륨 : 6%의 과산화수소
• 30볼륨 : 9%의 과산화수소
• 40볼륨 : 12%의 과산화수소

17 다음 염모제에 대한 설명으로 바르지 않은 것은?

① 염모제는 반드시 사용 직전에 혼합한다.

② 1제는 알칼리제와 산화제의 비율에 따라 모발을 한 단계 밝게 또는 어둡게 하는 것이 가능하다.

③ 염모제는 화학적 반응을 활성화시키는 과산화수소와 혼합하여 사용해야 한다.

④ 혼합 시 염료는 즉시 사용하고 남은 염료는 통에 밀봉하여 다음 날 재사용한다.

해설 | ④ 혼합 시 염료는 즉시 사용하고 남은 염료는 재사용하여서는 안된다.

18 1제로만 구성되어 있고 모발의 밝기를 변화시키지 않으면서 색상표현이 가능한 염모제는?

① 비산화염모제

② 산화염모제

③ 영구염모제

④ 유기합성염모제

해설 | ① 비산화염모제(반영구적 염모제, 산성염모제, 직접염모제, 코팅 또는 왁싱제) 산화염모제에 대한 설명이다.

19 일시적 염모제에 해당 하지 않는 것은?

① 컬러 무스   ② 컬러 크레용

③ 컬러 스프레이   ④ 산성컬러

해설 | ④ 산성컬러는 반영구적 염모제에 해당한다.

20 일시적 염모제에 대한 설명으로 틀린 것은?

① 물리적으로 모표피에 강하게 흡착되는 일시적 착색제를 말한다.

② 샴푸 후에 매번 다시 적용해야 한다.

③ 모발 표면에 고르게 착색되지 않을 수도 있다.

④ 산화제를 사용하여 모발을 밝게 또는 어둡게 할 수 있다.

해설 | ④ 영구염모제에 해당한다.

★
21 헤어 블리치제의 산화제로인 것은?

① 암모니아

② 탄산마그네슘

③ 과황산나트륨

④ 과산화수소수

해설 | ④ 헤어 블리치제의 산화제는 과산화수소이다.

★
22 착색은 가능하나 탈색 작용은 되지 않아 레벨에 변화가 없는 과산화수소의 농도는?

① 3% ② 6%

③ 9% ④ 12%

해설 | ① 어둡게 염색을 할 때 또는 모발이 퇴색되어 멜라닌색소를 제거하고 싶지 않을 때 사용한다.

★★
23 볼륨 또는 %로 표기되는 H_2O_2에 대한 설명으로 맞는 것은?

① H_2O_2 한 분자에서 방출될 수 있는 자유산소의 수이다.

② H_2O_2와 혼합된 암모니아가 방출하는 산소의 수이다.

③ H_2O_2와 혼합된 암모니아가 모표피를 열기 위해 방출되는 산소의 수이다.

④ H_2O_2 한 분자가 모피질 층 내로 침투할 수 있도록 방출되는 산소의 수이다.

해설 | ① 볼륨 또는 %로 표기되는 H_2O_2는 발생기 산소인 자유산소 수에 의해 농도(세기)가 결정된다.

24 영구염모제 중 제1제에 대한 설명이 아닌 것은?

① 색소제는 전구체와 커플러로 구성되어 있다.

② 색소제와 알칼리제로 조성되어 있다.

③ 알칼리제는 암모니아와 아민 또는 과산화수소가 사용된다.

④ 전구체는 베이스 염색제로서 명도를 나타내며, 커플러는 반사빛을 나타낸다.

해설 | ③ 알칼리제는 암모니아가 사용된다.

25 헤어컬러링의 용어 중 다이 터치 업(dye touch up)이란?

① 신생모에 대한 염색

② 자연적인 색채의 염색

③ 탈색된 두발에 하는 염색

④ 염색 후 새로 자라난 두발에 하는 염색

해설 | ④ 다이 터치 업은 염색 후 새로 자라난 두발에만 염색하는 재염색 방법이다.

26 일반적으로 모발 길이 20cm 이상인 신생모 염색 시 가장 마지막에 도포 해야 하는 곳은?

① 모근 쪽

② 모간 중간 쪽

③ 모간 끝 쪽

④ 모근에서 모간 끝까지

해설 | ① 모간 끝 쪽부터 먼저 도포(10~15분간 방치) → 모간 중간 쪽 도포(10~15분간 방치) → 모근 쪽 도포(20~30분간 방치) ⇒ 총 40~60분간 방치

27 염모제를 바르기 전에 스트랜드 테스트를 하는 목적이 아닌 것은?

① 색상 선정이 올바르게 이루어졌는지 알기 위해서

② 원하는 색상을 시술할 수 있는 정확한 염모제의 작용시간을 추정하기 위해서

③ 염모제에 의한 알레르기성 피부염이나 접촉성 피부염 등의 유무를 알아보기 위해서

④ 퍼머넌트 웨이브나 염색, 탈색 등으로 모발이 단모나 변색될 우려가 있는지 여부를 알기 위해서

해설 | ③ 패치테스트와 관련된 내용이다.

28 금속성(광물성) 염료에 대한 설명으로 맞는 것은?

① 금속성 염료는 다른 염료에 첨가되면 착색력을 강화하는 염료이다.

② 납, 은, 구리, 철, 수은, 코발트 등의 금속염이 모발 염료제에 첨가된다.

③ 단점은 염색 시 건조하고 윤기 없는 거칠고 부스러지기 쉬운 모발이 된다.

④ 점진적 염모제 또는 모발색 저장제로서 백모염색 시 급속하게 모발색을 드러낸다.

해설 | ①, ③ 혼합성 염료이다.
④ 백모염색 시 금속성 염료는 점진적으로 모발색을 드러낸다.

★
29 모발색에 대한 설명으로 틀린 것은?

① 유전, 나이, 모발의 두께 등이 모발색을 결정한다.

② 색소과립의 크기와 양, 색소형성세포의 활성에 의해 모발색은 결정된다.

③ 자연모의 종류는 색조모와 백모로 구분된다.

④ 13~20세에는 색소형성세포가 수적으로 증가되어 모발이 옅어 보인다.

해설 | ④ 13~20세 색소형성세포의 수적 증가는 어두운 모발색을 나타내나 28~42세에서 색소형성세포의 수적 감소는 밝은 갈색모로 변화시킨다.

30 유기합성염모제의 염색조건이 아닌 것은?

① 사용 직전에 혼합하여 시술한다.

② 염모제의 반응은 pH 8~10 알칼리 영역이다.

③ 혼합 시 염료는 즉시 사용해야 하며 남은 염료는 잘 밀봉해서 보관한다.

④ 패치 테스트와 스트랜드 테스트를 반드시 해야 한다.

해설 | ③ 혼합 시(1제+2제) 즉시 사용해야 하며 남은 염료는 재사용이 안 된다.

PART 8	베이직 헤어컬러							선다형 정답	
01	02	03	04	05	06	07	08	09	10
④	④	①	④	①	④	②	①	④	②
11	12	13	14	15	16	17	18	19	20
②	④	②	④	①	②	④	①	④	④
21	22	23	24	25	26	27	28	29	30
④	①	①	③	④	①	③	②	④	③

Part

9

헤어미용 전문제품

Chapter 01. 전문제품

| Section | 01 | 헤어 전문제품의 종류 |

1 헤어 전문제품의 종류

- 오리지널 셋과 리셋 시 요구되는 정발제는 머리모양 또는 머리형태를 만들기 위해 고정, 윤기 및 광택 부여, 빗질 등의 용이성을 위해 사용된다.
- 헤어스타일링 제품을 사용할 시 모질, 모발 손상도, 얼굴형 등을 고려하여 적절한 제품을 선정하는 것이 중요하다.

(1) 스타일링 제품의 종류

제형	제품류		특징
유성 타입	헤어오일		• 광택과 유연성을 유지해주며 식물성 오일, 유동파라핀 등의 광물류 오일 등이 있다. 　– 동백유, 올리브유 등
	포마드	식물성	• 피마자유, 올리브유 등을 배합, 반투명하고 광택, 접착성과 퍼짐성이 좋아 경모(terminal hair) 정발에 사용한다.
		광물성	• 바셀린, 유동파라핀 등의 광물유를 배합한다. • 끈적임이 없고 산뜻한 느낌으로서 연모(fine hair) 정발에 사용한다.
고분자 화합물 타입	세트로션		• 고분자 물질(점증제 등)을 에탄올 용액에 녹인 것으로서 핀컬이나 핑거웨이브 등의 세트력이 요구되는 기술에 사용된다.
	헤어무스		• 거품을 뜻하는 무스는 헤어폼이다.
	헤어스프레이		• 용제로 에탄올이 사용되며 휘발성이 빠르며 세팅 효과가 습도에 큰 영향을 받지 않는다.
	헤어젤		• 정제수에 수용성 고분자를 용해한 투명 정발제로 촉촉하고 자연스러운 정발 효과를 부여한다.
유화 타입	헤어크림		• 물과 유분을 유화시킨 제품으로 헤어로션에 비해 유분 성분이 많아 모발 정돈에 따른 보습, 광택 등의 기능을 가진다.
액상 타입	헤어리퀴드		• 투명한 화장수와 유사, 산뜻하고 끈적임 없는 접착성을 지닌 보습제로서 헤어오일에 비해 깔끔한 마무리 느낌을 주며 물로 쉽게 세정되는 장점이 있다.

(2) 스타일링 제품을 이용한 연출법

헤어스타일링 제품은 모발에 율동감을 주는 왁스, 검, 젤, 크림타입 등과 모발에 차분함을 주는 오일, 에센스 등과 함께 스타일링과 케어기능을 동시에 할 수 있는 제품 등이 있다.

① 펌 스타일 상태에 따른 연출법

- 웨이브 흐름과 웨이브 효과를 극대화하고자 할 때 사용된다.
  - 젤 타입, 무스 타입의 스타일링제를 사용함
- 스트레이턴드 펌은 차분한 질감에 따른 찰랑거림을 주고자 할 때 사용된다.
  - 에센스나 오일 타입의 스타일링제를 사용함

② 모질 또는 모발길이에 따른 연출법

모질	모발길이
• 가는모 : 모근에 힘을 줄 수 있는(볼륨고정) 스프레이를 사용한다. • 굵은모 : 차분함을 줄 수 있는 오일, 에센스를 사용한다. • 파상모 : 모발 표면을 정돈할 수 있는 전용로션, 크림류를 사용한다.	• 쇼트헤어 : 세팅력이 강한 왁스, 젤 타입 사용한다. • 미디움헤어 : 로션, 무스 형태의 스타일링제를 사용한다. • 롱헤어 : 세럼, 오일, 에센스 타입 주로 사용한다.

③ 리셋 마무리 시 연출법

- 헤어스타일을 마무리하기 위한 제품으로는 헤어스프레이, 헤어왁스, 헤어에센스, 헤어광택제 등이 있다. 또한 스타일링 제품은 샴푸 후 모발을 말리는 과정에 사용되는 제품, 스타일 연출 과정에 사용되는 제품, 스타일 후 사용되는 제품 등으로 모발의 상태와 스타일 연출의 결과에 따라 선택하여 제품을 사용한다.
  - 타월드라이 후 두발 건조 시 오일타입의 에센스를 사용함. 이는 블로드라이어 열에 의한 모발 색상의 유실과 모발 손상을 방지함
  - 블로 드라이 스타일링 시 볼륨무스를 사용함. 이는 볼륨감을 향상시킴
  - 모발에 광택없이 자연스럽게 스타일링을 연출할 시, 매트타입의 왁스를 사용함
  - 강한 고정력을 원하는 스타일링 시, 광택 젤을 사용함
  - 거칠어진 모발을 매끄럽고 윤기나게 할 시, 포마드 타입의 왁스를 사용함
  - 치장된 헤어, 즉 스타일의 강력한 고정 시, 스프레이를 사용함

01 다음 중 기능성 화장품의 종류에 해당되지 않는 것은?

① 탈염제 ② 체모제거제

③ 코팅제 ④ 탈모증상 완화제

해설 | ③ 일시적으로 모발의 색상을 변화시키는 제품은 기능성 화장품에 포함되지 않는다.

02 샴푸제에 대한 설명으로 틀린 것은?

① 식물성 샴푸제 – 약용 성분이 함유되어 소염, 진통, 살균 등의 효과가 있다.

② 동물성 샴푸제 – 밀납 성분에서 추출한 샴푸제로 손상모에 부드러운 세정작용과 보호작용이 있다.

③ 컨디셔닝 샴푸제 – 동물성, 식물성, 광물성 물질이 첨가되어 모발의 감촉을 증진시킨다.

④ 비듬제거용 샴푸제 – 살균제 성분이 함유되어 있어 각질과 피지를 제거한다.

해설 | ② 동물성 샴푸제 – 누에고치, 난황 성분 등에서 추출한 단백질 함유 샴푸제로서 손상모에 부드러운 세정작용과 모발단백질 보호작용이 있다.

03 모질에 따른 스타일링 제품 손질법 중 틀린 것은?

① 가는모는 모근에 힘을 줄 수 있는 스프레이를 사용하여 마무리한다.

② 굵은모는 차분함을 줄 수 있는 오일이나 에센스를 사용하여 마무리한다.

③ 파상모는 모발 표면을 정돈할 수 있는 전용 로션, 크림류를 사용하여 마무리한다.

④ 곱슬모는 차분함을 연출하기 위해 에센스나 오일타입의 스타일링제를 사용하여 마무리한다.

해설 | ④ 곱슬모는 스타일링이 어려우므로 세럼과 무스 또는 코코넛오일과 젤을 1:1로 배합하여 곱스모에 도포해 준다.

04 스타일링 제품의 종류와 사용법에 따른 설명으로 틀린 것은?

① 헤어오일은 모발을 고정시키는 역할로 얇은 피막을 형성하여 습기로부터 헤어스타일을 보호하고 가벼운 느낌을 준다.

② 헤어왁스는 모발에 광택과 윤기를 부여하여 수분증발을 억제한다.

③ 헤어무스는 끈적임이 없고 스타일에 볼륨과 웨이브의 탄력을 원할 때 사용한다.

④ 헤어젤은 강한 세팅력으로 특정한 부위나 전체를 고정하고자 할 때 사용된다.

해설 | ① 헤어스프레이에 대한 설명이다.
헤어오일은 모발에 유분을 주어 적당한 광택과 유연성을 유지시킴으로 모발을 보호함과 동시에 정발을 쉽게 할 목적으로 사용한다.

05 스타일링 제품 중 고분자 화합물 타입에 해당되지 않는 제형의 제품은?

① 세트로션 ② 헤어무스

③ 헤어젤 ④ 헤어크림

해설 | ④ 유화타입에 해당된다.

06 헤어트리트먼트의 종류가 아닌 것은?

① 헤어 리컨디셔닝 ② 클리핑

③ 헤어 팩 ④ 틴닝

해설 | ④ 모발의 길이는 변화를 주지 않고 모발의 양(숱)만 감소시킬 때 사용하는 가위이다.

07 콜드 웨이브의 제2액에 관한 설명 중 옳은 것은?

① 두발의 구성 물질을 환원시키는 작용을 한다.

② 시스틴의 구조를 변화시켜 거의 갈라지게 한다.

③ 제1제에 의해 환원, 절단된 시스틴결합을 고정 시킨다.

④ 제2제는 티오글리콜산염이며 제1제는 과산화수 소가 주원료이다.

해설 | ③ 2액은 형성된 웨이브를 고정하는 산화제의 역할을 한다.

08 헤어틴트 시 패치테스트(patch test)를 반드시 해야 하는 염모제는?

① 글리세린이 함유된 염모제

② 과산화수소가 함유된 염모제

③ 합성왁스가 함유된 염모제

④ 파라페닐렌디아민이 함유된 염모제

해설 | ④ 파라페닐렌디아민이 함유된 염모제는 알러지반응을 일으킬 수 있어 패치테스트를 반드시 하도록 한다.

CHAPTER 01

베이직 업스타일 준비

Section **01** **헤어디자인의 이해**

---

1 헤어디자인의 결정 조건

1) 디자인적 모형

생태적 형태에서 출발한 얼굴형은 디자인모형에 따른 이상적 형태를 갖춤으로써 비자지즘화 된 헤어스타일이 된다. 이는 3가지 유형으로 분류할 수 있다.

유형	내용
구형[1] (spheroid)	측정중면에서 얼굴을 보았을 때 두정부 정점(두정융기)에서 턱선에 이르는 얼굴의 길이와 양 측두융기를 향한 얼굴의 너비가 동일한 경우에 머리모양이 둥글다고 한다.
편구형[2] (oblate)	얼굴의 길이보다 얼굴 너비가 더 넓은 머리모양으로서 양빈에서 두발 부피감을 많이 형성시킨다.
장구형[3] (prolate)	얼굴의 너비보다 얼굴의 길이가 더 긴 머리모양으로서 전발 부분 또는 목선 아래 어깨선까지 두발길이가 확장된다. 이때 부피를 위한 볼륨감보다 질감 처리가 요구된다.

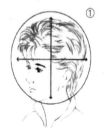  

2) 디자인 법칙

헤어디자인은 디자인 법칙을 통해 형태, 질감, 색채 등의 요소들을 예술적으로 배열함으로써 일시적 변화를 가져다 준다.

① 형태(form)

두상의 앞, 뒤, 위, 옆의 모든 각도에서 디자인을 살펴 보아야, 각 시점에서 디자인의 다른 면을 찾을 수 있다. 일반적으로 형태는 구형, 편구형, 장구형으로 나눈다.

㉠ 볼륨과 인덴테이션

볼륨은 부피감 혹은 꽉 들어찬 모양으로 디자인에서 확산감을 만들어준다. 인덴테이션은 빈공간으로 깊이로써 대조를 만들어낸다. 이 기법은 직선과 곡선에 적용되어 3차원 형태를 만들어낸다.

② 질감(texture)

모발 표면의 겉모습이나 '느낌'으로서 질감의 성질을 묘사하는 말로는 부드럽다, 곱슬거린다, 거칠다, 오돌토돌하다, 매끄럽다 등이 있다.

3) 디자인의 원리

디자인 법칙	내용
균형 (balance)	• 무게나 형태가 대칭(symmetry)과 비대칭(asymmetry)균형으로 나뉘며 조화(harmony)로 표현되기도 한다. 　– 비슷하지만 똑같지 않은 구성단위들이 어울리는 조합으로서 물리적인 질서임과 동시에 심리적인 질서이 　면서 마음의 안정 요소임
반복 (repetition)	• 형태(크기), 색채, 질감(방향) 등의 모든 구성 단위들이 위치만 제외하고 동일하다. 　– 한 가지의 디자인 요소가 반복 구성됨은 정돈된 통일감을 연출시키지만 지나치면 변화 없는 지루한 구성 　을 나타냄
강조 (dominance)	• 사전적 의미의 강조는 주위의 조건이나 환경에 따라 특정 부분을 강하게 나타내는 것을 말한다. 즉 하나의 　구성단위가 중점이 되어 디자인에 가장 큰 영향을 미친다. • 디자인 요소나 의미를 반복하여 강조하거나 요소 간 대조를 통해 나타낸다.
대조 (contrast)	• 서로 반대되는 느낌으로 표현하여 긴장감을 내고 극적인 효과를 얻어낸다. 　– 크기, 색채, 방향, 위치, 중량감 등을 대조하여 표현 • 디자인에서 생동감을 주고 주의를 끌어 흥미롭게 한다.
진행 (progression)	• 모든 구성단위가 비슷하지만 점차 상승 음계나 하강 음계의 형식으로 비율적으로 변화한다.
교대 (alternation)	• 반복되는 패턴 안에 둘 또는 그 이상의 요소들이 같은 패턴으로 반복될 때 나타난다.
부조화 (discord)	• 구성단위들 사이에서 최대한도의 한계(극대화된 대조)의 비조화로서 서로 맞지 않고 차이가 크게 나도록 표 　현된다.

2 헤어세팅

세트는 오리지널 셋(original set)과 마무리 작업인 리셋(reset)으로 구분한다. 오리지널 셋은 헤어파팅, 헤어셰이핑, 헤어컬링, 헤어롤링, 헤어웨이빙 등을 일컫는다. 리셋은 빗으로 머리형태를 잡기 위해 마무리하는 콤아웃(comb out)과 브러시로 머리형태를 잡기 위해 마무리하는 브러시아웃(brush out), 두개골 확장을 위해 두발을 부풀리는 작업인 백콤(back comb)처리 과정 등이 있다.

(1) 컬

컬(curl)의 종류에는 사용하는 도구에 따라 아이론컬, 핀컬 등이 있으며 안말음(포워드 컬) 형과 겉말음(리버스 컬) 형으로 방향성을 갖는다.

1) 컬의 각부 명칭

circle, stem, base로 구성되어 있으며 서클의 크기는 컬의 크기를 결정한다.

명칭	특징
루프[①] (loop, circle)	• 모다발이 원형(C컬)으로 말린 상태이다. • 완전한 원을 형성하는 핀컬의 형태로서 컬의 크기는 리보닝의 넓이에 따라 힘의 강도가 달라진다.
베이스섹션[②] (basesection)	• 모발의 근원(뿌리 부분)으로서 두개피부에 구획된 베이스모양과 크기를 포함한다.
피봇포인트[③] (pivot point)	• 선회축 또는 축회점으로 컬이 말리기 시작하는 크기의 중심축을 포함하는 리보닝 영역 내에 있다. • base와 circle의 방향과 움직임, 이동각도를 결정하는 첫 번째 원호 사이의 일부분이다.
스템(stem)[④]	• 베이스에서 피봇포인트까지의 모간(줄기) 부분으로서 모다발의 방향(모류)을 나타낸다.
엔드 오브 컬[⑤] (end of curl)	• 스케일된 모다발 끝의 움직임이 있는 지점으로서 플러프(fluff) 라고도 한다.

pivot point③
end fluff⑤
stem④
base② *loop①*

2) 컬의 종류

① 컬리스 각도에 따른 컬의 종류

명칭	특징

스탠드 업 컬[①]
(stand up curl)
	• 루프가 두개피부에 대하여 90° 이상으로 컬리스되며 탄력이 강한 볼륨과 웨이브를 나타낸다.
	• 귀를 중심방향으로 하는 모류를 나타내며, 루프 모양의 고리가 두상의 전두 부위에 컬리스되는 포워드 또는 리버스 스탠드 업 컬로 구분된다.
	  – 포워드 스탠드 업 컬 : 루프가 두개피부에 대하여 귓바퀴 방향에로의 안말음형(90~135°)으로 컬리스 됨
	  – 리버스 스탠드 업 컬 : 루프가 귓바퀴 반대 방향에로의 90° 겉말음형으로 컬리스됨

리프트 컬[②] (lift curl)	• 루프가 두개피부에 대해서 45°로 컬리스되며, 중간 각도에서 중간 정도의 볼륨을 얻을 수 있다. – 스탠드 업 컬과 플래트 컬을 연결하는 지점에서 컬리스됨

플래트 컬[③]
(flat curl)
	• 루프가 두개피부에 대하여 0°로 컬리스되며, 낮은 각도에서 형성되는 평평하고 납작한 모양의 컬이다.
	  – 스컬프처 컬 : 스케일된 모다발 끝을 중심으로 리보닝 후 모근을 향해 컬리스된다. 이러할 때 탄력은 있으나 볼륨감이 없어 스킵 웨이브 또는 플러프 컬에 이용됨
	  – 핀컬(크로키놀 컬) : 스케일된 모다발은 모근을 중심으로 리보닝 후 모간 끝을 향해 밖으로 컬리스한다. 롱 헤어에 적용하거나 또는 강한 웨이브를 만들 수 있음

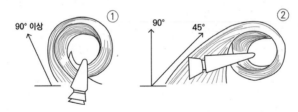

② 컬리스 기법에 따른 종류

명칭	특징
원통 컬 (barrel curl)	• 원통형 핀컬로서 백정중면 부위에 볼륨을 주고자 할 때 사용한다. – 모간 끝에서 모근 쪽으로 컬리스되며 모간 끝으로 갈수록 탄력도가 큼
스파이럴 컬 (spiral curl)	• 나선형 핀컬로서 롱 헤어에 깊이 있는 웨이브를 주고자 할 때 사용된다. – 모근 쪽에서 모간끝 쪽으로 수직 컬리스되며, 탄력도와 루프 직경은 동일 폭을 유지함

③ 컬리스 방향에 따른 종류

두상 양쪽 면의 귀 방향에 따라 포밍과 컬리스 방향이 달라진다. 이는 플래트 컬(0°)로서 컬리스되며 시계를 중심으로 해석한다.

명칭	특징
클락 와이즈 와인드 컬 (clock wise wind curl)	C컬로, 시계 방향인 오른쪽으로 컬리스되며 안말음형이다.
카운터 클락 와이즈 와인드 컬 (count clock wise wind curl)	CC컬로, 시계 반대 방향인 왼쪽으로 컬리스되며 겉말음형이다.

④ 핀컬 웨이브의 연속성에 따른 종류

명칭	특징	
익스텐디드 컬 (웨이브)	• 핑거 웨이브 방식으로 C컬과 CC컬을 연결함으로써 웨이브가 연결된다. • 방향성이 다른 C커브로 반원에 가까운 빗질에 의해 리지를 형성함으로써 웨이브가 유지되며, 루프가 연장된 선상으로서 컬리스의 탄력성은 다소 떨어지나 유연성은 우수하다.	
스킵 컬 (웨이브)	• C컬 또는 CC컬 1단과 핀컬 1단으로 교대 컬리스되거나 핀컬은 핀컬끼리, 웨이브는 웨이브끼리 동일한 방향을 유지한다. • 핀컬과 웨이브가 한 단씩 교차 시술되었을 때 리세트 시 폭이 넓고 부드러운 웨이브가 형성된다.	
리지 컬 (웨이브)	• 리지(4단)에 연이어 핀컬(2단)을 연결하여 시술하였을 때 리세트 시 핑거웨이브에깊이와 부드러움을 한층 더해 주는 효과가 있다.	

3) 컬의 고정

• 베이스에 안착된 루프를 고정시키기 위하여 핀이나 클립을 꽂아 컬을 고정한다. 컬의 각도와 컬리스 방법에 따라 핀의 고정 위치 또는 방법이 달라진다.

• 핀으로 고정 시 스템과 루프에 자국이 남지 않으면서 안정되도록 핀을 충분히 벌려서 상·하, 좌·우 조작에 방해되지 않도록 고정한다.

종류	내용	종류	내용
수평고정	루프에 수평으로 핀을 고정한다.	교차고정	U핀을 사용하여 X형으로 교차고정한다.
대각고정	루프에 대각으로 핀을 고정한다.	오픈고정	루프가 열린 쪽에서 닫힌 쪽을 향해 핀을 고정한다.
단면꽂이	루프의 1/2 선에서 고정한다.	크로스 고정	루프가 닫힌 쪽에서 열린 쪽으로 향해 핀을 고정한다.
양면꽂이	루프의 대각 또는 수평 전체를 고정한다.		

(2) 웨이브

웨이브를 만드는 도구에 따라 핑거웨이브, 컬리아이론웨이브, 핀컬웨이브 등으로 분류한다. 일반화된 퍼머 넌트웨이브인 컬과 핀컬은 영속적인 컬과 일시적인 컬로 구분된다. 본 챕터에서는 일시적 CC컬인 웨이빙 에 대하여 논하고자 한다.

1) 웨이브 및 컬의 구성요소

- 웨이브는 S형의 파상으로서 물결모양을 나타낸다. 웨이브를 만드는 도구에 따라 핑거웨이브, 컬리아 이론(마셀) 웨이브, 핀컬웨이브 등으로 분류된다.
- 웨이브 각부의 명칭은 시작점(beginning point)[1], 끝점(end point)[2], S 웨이브(full wave)[3], C 웨이브(half wave)[4], 골(trough)[5], 정 상(crest)[6], 리지(ridge)[7], 열린 끝(open end, convex)[8], 닫힌 끝 (closed end, concave)[9]이라 한다.

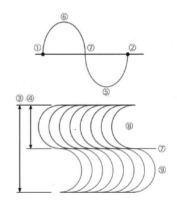

2) 웨이브 형상에 따른 분류

종류	특징	
섀도웨이브 (shadow wave)	정상과 골의 고저가 뚜렷하지 못하여 희미한 웨이브 형상 을 나타낸다.	
와이드웨이브 (wide wave)	정상과 골의 고저가 뚜렷하여 넓은 웨이브 형상을 나타낸 다.	
네로우웨이브 (narrow wave)	웨이브 폭이 좁아 급경사의 웨이브 형상을 나타낸다.	
프리즈웨이브 (frizz wave)	모다발 내 모근은 느슨하고 모간끝은 강한 웨이브를 형성 한다.	

3) 리지의 흐름

종류	특징	
수평웨이브 (horizontal ridge)	• 정상과 골이 아주 희미하게 형성된다. • 리지가 수평선을 가진다. • 웨이브 간의 폭이 느슨하다.	
수직웨이브 (vertical ridge)	• 정상과 골이 급경사를 이룬다. • 리지가 수직선을 가진다. • 웨이브 폭이 좁다.	
사선웨이브 (diagonal ridge)	• 정상과 골이 경사를 짓는다. • 리지가 사선으로 형성된다. • 웨이브 간의 폭이 또렷하다.	

Section **02** **업스타일의 이해**

1 업스타일에 필요한 도구

(1) 브러시(brush)

업스타일링 전·후 두발을 전체적으로 빗질하거나 면을 정갈하게 정돈하여 빗질할 때 사용한다. 이는 디자인의 선과 면, 볼륨, 광택 등을 표현하는 브러시로서 형태와 재질에 따라 종류가 다양하다.

1) 형태에 따른 브러시 구분

종류	특징
원형(round)	• 원통형 브러시 모양으로서 롤 브러시라고도 하며 컬과 웨이브를 형성할 때 사용한다.

반원형
(half round)
	• 반원형 모양의 브러시로서 엉켜있는 모발을 가지런히 풀어주거나 볼륨형성, 모류의 방향성 부여 등 자연스러운 스타일을 신속하게 연출할 때 사용한다.
	• 재질과 모양에 따라 쿠션브러시, 덴맨브러시, 벤트브러시가 있다.
	  – 쿠션브러시 : 스타일링 전·후 두발을 전체적으로 빗질하여 정리할 때 주로 사용함
	  – 덴맨브러시 : 볼륨 형성과 모류에 따른 방향성을 부여하고 보브 스타일 연출 시 사용하며 모발에 윤기와 부드러움을 연출함
	  – 벤트브러시 : 빗살이 듬성듬성하여 모발 표면의 흐름은 거칠지만 신속하게 볼륨감을 연출함

2) 재질에 따른 브러시 구분

종류	특징
플라스틱	• 빗살 간격이 넓어 빠른 작업에 용이하다. • 웨이브에 크게 영향을 주지 않으면서 front line에 자연스러운 볼륨감을 형성한다. • 마무리 시술에 적합하며 장시간 모발과 접촉 시 정전기를 발생시킨다. • 플라스틱의 강도가 크므로 모표피에 박리 현상을 가져오기 쉬워 숙련된 테크닉이 필요하다.
돈모	• 치밀하게 모발을 펴주므로 매끈하고 윤기가 나며 일정한 방향으로 정리하는데 용이하다. • 거친 질감의 모발이라도 잘 엉키지 않으며 정전기가 잘 생기지 않는다.
금속	• 열전도율이 높아 열이 오래 유지되어 작업 시간을 단축시켜 빠른 스타일링이 가능하며 컬 형성이 용이하다. – 금속부분이 지나치게 달구어지면 모발을 상하게 하거나 건조시켜 변성될 수 있음

(2) 빗(comb)

업스타일 작업 중 블로킹, 파팅 작업과 백콤이나 모발의 방향과 모양을 만드는 셰이핑 작업 시 사용된다. 재질과 형태에 따라 다양한 종류가 있다.

1) 형태에 따른 빗 구분

종류	특징
꼬리빗	• 업스타일 시 가장 많이 사용 하는 빗으로서 꼬리를 이용한다. – 레트 테일 콤(rat tail comb) 또는 링콤(ring comb) 이라고도 함
빗살 간격이 좁은 빗과 넓은빗	• 빗살 간격이 넓은빗(coarse teeth comb)은 엉켜있거나 웨이브가 있는 모발을 빗을 때 용이하다. • 빗살 간격이 좁은빗(fine teeth comb)은 촘촘한 빗살을 이용하여 고운 빗질을 할 때 사용한다.
스타일링 콤	• 완성된 스타일링을 잡아 주거나 볼륨, 백콤 작업 시 사용된다.

2) 재질에 따른 빗 구분

종류	특징
플라스틱	• 일반적으로 많이 사용하는 빗으로 가벼우며 경제적이지만 정전기가 발생되기 쉽다.
나무, 동물 뼈	• 내열성이 좋아 전열기기 사용 시 용이하다. • 빗질은 쉬우나 제품과 접촉 시 얼룩지기 쉽다.

(3) 핀과 클립

핀은 모양, 재질 또는 크기에 따라 다양한 종류가 있으며 사용 목적에 따라 적절한 핀을 선정하여 사용한다.

종류	특징
핀셋	• 블로킹 시 두발에서 파팅을 나누어 고정할 때 사용한다.

핀컬핀 (pincurl pin)	• 핀셋보다 작은 크기의 핀으로서 소량의 모발을 고정하거나 부분적으로 고정할 때 사용된다. 　– 주로 금속 재질을 많이 사용함
대핀 (roller pin)	• 많은 모량을 고정할 때 사용되는 핀으로서 강하게 고정된다. 　– 금속 재질로 녹슬지 않도록 보관에 주의해야 함
중핀 (baby pin)	• 두개피부에 닿는 감촉을 부드럽게 하여 무리없이 꼽는데 사용되며 실핀보다 부드러운 부분에 꽂을 수 있으며 고정하는 힘이 약하다.
실핀 (hair grip)	• 일반적으로 가장 많이 사용하는 핀으로서 크기가 작아 모량이 적은 부분 또는 면과 면을 힘 있게 고정하거나 볼륨을 없앨 때 사용된다. 　– 벌어진 핀은 사용하지 않도록 주의해야 함
U자형 대핀	• 모다발 간의 간격을 부드럽게 연결하거나 고정할 때 사용된다. 　– 고정력은 실핀이나 대핀에 비해 약하며 임시로 고정할 수도 있음
U자형 소핀	• U자형 대핀에 비해 가늘고 작은 형태이며 핀이 눈에 띄지 않도록 고정할 때 사용된다.
클립(clip)	• 싱글프롱클립과 더블프롱클립, 웨이브클립(리지간격 조절 및 강조) 등이 있다.
덕빌 클램프 (duckbill clamp)	• 작품할 때 플라스틱 판을 붙여 힘을 강하게 또는 면적을 넓게 고정하기 위해 사용된다.

(4) 그 외

종류	특징
고무줄	• 두발을 묶을(lacing) 때 사용하는 고무밴드로서 원형과 일자형(끈)이 있으며 주로 원형을 많이 사용된다. 　– 고리가 달린 형태도 있음
망	• 쪽머리 또는 잔머리털 방지용으로서 모발을 감싸는데 활용된다. 　– 찢어져 구멍이 생기기 쉬우므로 보관에 주의해야 함
심	• 볼륨을 주거나 쪽머리 시 헤어심(shem)을 넣어 볼륨감을 만든다. 　– 나일론 재질이 시판되며 모발을 비벼 부풀린 후 망에 담아 활용할 수도 있음
패드	• 심과 같이 볼륨을 줄 때 사용되나 일정한 모습(도넛 모양)을 갖추고 있어 둥근형태를 표현하는 데 효과적이며 도넛이라고도 부른다.
장신구	• 업스타일 마무리 시 포인트 액세서리로 사용된다.

1 업스타일에서의 오리지널 셋

(1) 세팅 목적 및 효과

- 세팅 목적은 웨이브가 없는 스트레이트 모발에 일시적인 볼륨과 웨이브를 형성한다. 웨이브가 있는 모발에는 내추럴한 컬을 형성하며 자유롭게 모류를 구성한다.
- 세팅 효과는 다양한 재질의 롤러에 의해 다양한 분위기를 만들 수 있으며[1], 와인딩이 간편[2]하며, 컬이 매끄럽다.[3] 또한 통풍성이 있으므로 건조가 용이[4]하며 스템의 흐름을 의지대로 구사[5]할 수 있다. 와인딩의 방법 및 콤 아웃의 방법에 의해 포인트를 줄 수 있으며[6] 롤러에 따른 컬의 배열이 흐름의 연속성[7]을 준다.

(2) 세팅 작업 종류

도구	특징
블로드라이어	• 손상된 모발, 웨이브가 있는 모발, 숱이 적고 층이 있는 모발에 적합하다. – 블로드라이어와 롤브러시를 이용하여 웨이브를 형성
아이론	• 강한 직모에 적합하다. – 플랫아이론 또는 컬리아이론을 이용하여 웨이브를 형성
세트롤러	• 와인딩이 간편하며 매끄럽고 탄력있는 웨이브를 연출할 수 있다. • 스템의 흐름을 의지대로 구사할 수 있으며 롤러에 따른 컬의 배열이 흐름의 연속성을 준다. – 롤의 크기나 길이로 인해 와인딩된 부위에 자국이 생길 수 있으므로 주의

1) 세트롤러

① 세트롤러 종류 및 특징

set roll은 크게 2가지로서 원통형과 원추형으로 구분된다. 미끄러짐의 방지와 건조를 빠르게 하기 위해 roller에 구멍이 나 있다.

㉠ 재질에 따른 분류

- 재질에 따라 플라스틱, 벨크로, 고무 재질로 구분할 수 있다.
  - 플라스틱 : 원통형롤러[1](cylinder rollers) 또는 원추형롤러[2](conoid roller)로서 젖은 모발에 와인딩 후 열풍으로 건조함. 건조 시 시간이 오래 걸리지만 모발 손상이 거의 없음
  - 벨크로[3](velcro) : 롤의 표면이 벨크로 재질로 되어 있어 와인딩 시 별도 핀 사용 없이 고정되어 모발을 컨트롤 하기 쉬우며, 마른 모발 또는 젖은 모발에 와인딩하여 건조시킴, 짧은모발에 효과적이나 롤러 아웃에 컬리스 각도를 유지하지 않고 모다발 풀기 시, 꺼끌꺼끌한 롤러의 표면에 의해 모발 표면에 기모가 생겨 손상될 수 있음

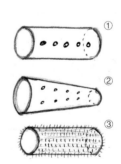

- 고무 : 별도로 고정하지 않아도 와인딩이 가능하며 스파이럴 컬에 효과적임
ⓛ 모양에 따른 분류
- 원통형 : 윗면과 아랫면의 지름이 동일하며, 가장 전형적인 모양으로서 크기가 다양(대 6.4mm, 중 4.5mm, 소 3.8mm)하다.
- 원추형 : 두상의 특수부위(직경 면적이 넓고 좁음)에 사용됨. 한쪽은 좁고 반대쪽은 넓은 지름의 모양으로서 서로 다른 굵기의 웨이브 연출 시 사용한다.
- 스파이럴형 : 긴 모발에 적합하며 전용 고리를 사용하여 고정
ⓒ 열에 의한 분류
- 일반 세트롤러 : 젖은 모발에 사용하며, 완전 건조 후 롤을 제거하여 스타일을 연출함. 와인딩 전 세팅력을 높이기 위해 제품을 사용하기도 한다.
- 전기 세트롤러 : 마른 모발에 사용하며, 일반 세트롤러에 비해 짧은 시간에 웨이브를 연출할 수 있으나 감전과 화상에 유의해야 한다.

② 세트롤러 고정방식

두개피부 가까이의 모근 쪽을 먼저 건조시킨 듯한 상태가 롤러의 형태 및 자국을 덜 생기게 한다.

도구	특징
핀	• 가장 많이 사용하는 도구로서 보비핀, 핀컬핀, 전기 세트롤러 전용핀으로 고정한다. • 주로 전기 세트롤러에 사용하며, 건조 후 자국이 보이지 않도록 고정해야 한다.
꽂이	• 세트롤러의 구멍에 맞춰 꽂이를 통과시켜 고정하며, 주로 일반 세트롤러를 고정할 때 사용된다. • 펌 로드 와인딩 시 고무줄 자국을 방지하기 위해 적용시키는 꽂이와 유사하다.
덮개	• 집게 모양으로서 사용이 편리하며 세트롤러 위에서 감싸면서 집어주면서 동시에 고정되게 한다.

③ 세트롤러 활용방식
- 와인딩 시 세트롤러의 크기와 굵기는 베이스섹션의 폭, 시술각, 텐션 등을 고려해야 한다. 세트롤러의 크기, 즉 세트롤러의 직경(지름)이 클수록 컬은 굵어진다.
- 베이스섹션의 너비(가로)는 세트롤러의 80% 정도에 감기는 것이 이상적이며, 너비(세로)는 세트롤러의 직경(지름)과 1:1 정도로 한다.
  - 굵은 웨이브를 원할 때는 베이스섹션의 폭을 더 넓게, 작은 웨이브를 원할 때는 더 좁게 나누기도 함
- 시술각에 따라 볼륨 효과는 달라진다. 시술각 120° 이상 와인딩 시에는 볼륨과 움직임이 크고 60° 이하로 와인딩 시에는 볼륨과 움직임이 작다.
- 와인딩 시 적절한 텐션(tension)에 의해 모발 끝이 꺾이지 않고 탄력있는 웨이브가 형성될 수 있도록 하며 너무 강한 텐션은 두개피부내 자극을 유발한다.

베이스섹션 컨트롤	베이스섹션 크기와 시술각	효과	그림
온베이스 (on base)	1× 베이스 중앙에서 위로 45°(135°)	• 최대의 볼륨 • 베이스 강도 최대	
하프오프베이스 (half off base)	1×, 1.5×, 2× 베이스 중앙에서 90°	• 약한 볼륨 • 베이스 강도 감소	
오프베이스 (off base)	1×, 1.5×, 2× 베이스 중앙에서 아래 45°	• 최소한의 볼륨 • 베이스 강도 최소	
오버디렉티드 (over directed)	1.5×, 2× 상부의 베이스 중앙에서 위로 45°	• 방향, 볼륨 과장 • 베이스 강도 감소	
언더디렉티드 (under directed)	1.5×, 2× 베이스 중앙에서 90°	• 볼륨과 베이스도 감소	

▶ 와인딩 방향에 따른 컬

• 포워드컬 : 안말음형으로서 귓바퀴 방향으로 말린 컬이다.
• 리버스컬 : 바깥말음형으로서 귓바퀴 반대 방향으로 말린 컬이다.

베이직 업스타일 진행과 마무리

Section 01 베이직 업스타일 진행

업스타일은 블록(block), 지점(point position), 묶음(lacing), 빗질(combing, forming), 실루엣(out line) 등을 적절하고 정확하게 표현할 때 style을 창조하는 즐거움을 가질 수 있다. 이러한 기술적인 체험을 거쳐 심플한 디자인일수록 기술을 요하는 것임을 알게 된다.

1 업스타일 기법 및 기초 작업

기법 종류	특징
땋기 (braid)	• 두 가닥, 세 가닥 또는 네 가닥 그 이상의 모가닥을 교차하거나 엮는(tress braid) 작업과정이다. – 서로 교차하는 대각선 구조로서 납작하거나 원통 모양을 가지는 이 기법은 주로 모가닥의 풀림을 방지하거나 장식적인 효과를 줌 • 가닥의 굵기와 크기, 파팅의 방법과 방향에 따라 다양한 모양을 연출할 수 있으며 기본땋기, 두발을 집어 안땋기와 겉땋기, 세 가닥 이상의 모다발 땋기, 한쪽만 모가닥을 집어 땋기, 실이나 스카프를 넣고 땋기 등이 있다.
매듭 (knot)	• 한 가닥의 모다발을 동그랗게 만들어 매어 마디를 이루거나 두 가닥의 모다발을 서로 교차하여 사슬처럼 묶는 방법으로서 끈, 실 등의 소재를 이용하여 함께 매듭짓기도 한다. – 매듭의 기원은 인류가 최초로 덩굴, 끈 등을 이용하여 나무 막대 끝에 돌을 묶어 원시적인 도끼를 만들 때부터 비롯됨
겹치기 (overlap)	• 두 다발의 머리가닥을 서로 반대쪽 가닥 위로 교차(올려)하여 십자형으로 겹쳐진 효과를 만든다. 모다발이 겹쳐서 사선의 구조를 이루나 땋기와는 다른 느낌으로 표현되며 생선 가시모양과 비슷하다 하여 비늘땋기(fish bone)라고도 한다. – 가닥의 굵기나 스케일의 방법에 따라 다양한 모양으로 연출될 수 있음
고리 (loop)	• 모가닥을 접거나 구부리거나 둥글게 하여 조개모양처럼 고정하는 것으로서 말기 전의 손가락의 위치에 따라 고리의 크기를 결정한다. 토대의 위치, 고리의 크기와 개수, 방향에 따라 다양하게 연출할 수 있다. – 고리의 숫자가 증가할수록 디자인은 복잡해짐

말기
(rolling)
	• 모다발을 말아 감기게 하는 방법으로서 원통형이나 원뿔형의 모으기(converging) 또는 나누기(dividing) 모양의 업스타일 연출 방법이다.
	  – 천체축의 어느 선을 중심으로 시계방향, 반시계방향, 양방향 등 어느 방향으로도 감을 수 있음
	  – 말리는 시작점의 방향과 크기에 따라 다양한 모양을 연출할 수 있으며 수직말기와 수평말기가 있음

꼬기 (twist)	• 한 가닥, 두 가닥 혹은 세 가닥의 모다발이 틀어져 말려있거나 회전한 것으로서 밧줄 같은 모양을 나타낸다. • 모다발의 크기와 적용되는 텐션, 꼬아지는 방향(오른쪽 또는 왼쪽)에 따라 다양하게 연출할 수 있으며 한 가닥 꼬기, 두 가닥 꼬기, 집어 꼬기, 실이나 스카프를 넣어 꼬기 등이 있다.

과장 (exagger– ation)	볼륨 형성은 백콤(back comb)을 이용하거나 가체(심)를 사용하여 부풀어진 볼륨과 높이에 의해 디자인의 형태가 완성된다.
고정 (fixate)	모양내기를 한 후 이를 고정하는 것을 말하며 고정하는 방법에는 묶기와 핀 꽂기가 있다.

(1) 업스타일 기법

▶ 땋기 기법의 종류

종류	내용
세가닥 기본땋기 (tress braid)	• 가장 기본적인 땋기 방법으로서 모다발을 한 덩어리로 묶은 뒤 세 가닥으로 나누어 가운데 가닥 위로 좌·우의 가닥이 번갈아 가며 올라가 땋는 방법이다. – 머릿단을 치렁치렁하게 다발로 땋는 스타일임
두발을 집어 안땋기	• 모다발을 세 가닥으로 나누어 기본 땋기와 같은 방법으로 진행하되 좌·우에서 가닥이 올라갈 때 두발을 집어 함께 땋는 방법이다. • 가운데 땋아진 매듭이 안으로 감추어지며(Invisible braid) 일명 '디스코땋기'라고도 한다.
두발을 집어 겉땋기	• 모다발을 세 가닥으로 나누어 가운데 가닥이 좌·우 가닥 위로 번갈아 올라가며, 땋아지는 방법으로서 가운데 가닥을 올릴 때 두발을 집어 함께 땋는다. • 가운데 땋아진 매듭이 밖으로 돌출되며(visible braid) '콘로우(cornrow)'라고도 한다.

▶ 고정 기법의 종류

종류	내용
묶기 (lacing)	• 모발을 움켜쥐었을 때 움직이지 않도록 고무밴드나 끈 등으로 묶어 고정하는 방법이다. • 업스타일의 기본 토대를 형성하는 방법으로서 스타일의 시작이 될 수도 있고 마지막이 될 수도 있다. • 두상의 어느 위치에 묶어 고정하느냐에 따라 강조의 위치가 달라진다. – T.P, G.P, B.P 등 디자인에 따라 묶는 위치를 선정해야 함
핀 꽂기 (pinning)	• 모양이 만들어진 가닥과 가닥을 고정하는 것으로서 업스타일링에서 중요한 역할을 한다. • 모량, 위치, 기법에 따라 적절한 핀의 종류를 선정하여 사용해야 한다.

(2) 업스타일 기초 작업

1) 블로킹(blocking)

고객의 두상과 업스타일 디자인을 고려하여 두상에 구획을 나누는 작업이다. 디자인에 따라 영역을 계획하여 블로킹이 진행되어야 한다. 이는 완성된 업스타일의 균형에 영향을 미치므로 파팅 시 유의해야 한다.

2) 본처리

- 블로킹에 의해 roll winding(정중면 → 측정중면 → 측두면 순)한다.①
- 와인딩된 모다발을 완전히 건조한다.②
  - 뜨거운 열로 오랫동안 건조시키면 두개피의 유분이 마르며, 모발이 충분히 건조되지 않았을 때 빗질하면 원하는 스타일을 유지할 수 없으므로 주의해야 함
  - 헤어세팅로션은 모발을 유연하게 해주며 두개피 건조를 예방함
- roller는 후두하단부에서부터 제거하며, 랩핑 시에는 숱이 많은 전두면부터 roller out 한다.③ roller out 시에는 긴장된 고객의 두개피부를 부드럽게 지압 또는 매니플레이션으로 이완시킨다.④

3) 기본 백콤(back-comb, teasing)하기

- 모간에서 모근 쪽을 향해 역방향으로 빗질하는 방법이다. 이는 부풀림(볼륨), 면의 연결, 토대, 핀 고정 등 다양하게 이용되며 백콤의 방향과 빗질 각도에 따라 두발을 세우거나 다른 형태의 스타일을 유도할 수 있다.
- 모량이 많은쪽 부분, 첫 번째 한 다발의 머리채(lock)를 135°(전방 45°) 이상 젖혀 고정한 다음, 모간 1/3 지점에서부터 두개피부 가까운 모근 쪽까지 빗살의 깊이를 짧게 하여 모다발 내로 들어가서 잡아 곱고 깊게 강하게 차례대로 백코밍한다.
  - 모근 7~10cm까지의 모발가닥에 백코밍이 들어가면서 푹신한 느낌의 부피감과 함께 볼륨이 형성됨
- 두 번째 머리채는 첫 번째 백콤 처리된 머리채를 뒤로 제쳐놓고 이와 같은 방법으로 진행(전발은 모량이 많은 부분부터 → 양빈의 상단에서 하단으로 → 곡의 순서)한다.

① 백콤의 정의 및 원리

  ㉠ 정의

  백코밍은 많은 모량이 있는 것처럼 쿠션감을 주며 형태를 오랫동안 유지 지속시킨다. 마무리 시 엉킨 표면을 가볍게 빗질하여 형태를 만들거나 자국난 파팅 자리를 보완하기도 한다. 이는 모량이 많은 전두면에서부터 백코밍을 차곡차곡 잘 넣어야 스타일링 제거 시 차곡히 백코밍된 엉킨 모발도 상하지 않게 잘 빗겨 낼 수 있다.

  ㉡ 원리

  - 베이스섹션 2~3cm 정도의 머리채(lock)를 90~135° 정도 들어 올린다.①
  - ①은 모근 1/3 지점(7~10cm 사이)에서 가는 빗살을 사용하여 깊이 밀어 넣으면 보풀이 깊게 생겨 토대처럼 볼륨이 형성된다.②
    - 모근 볼륨 형성이 목적일 시 쇼트 스트로크 기법으로 사용됨
  - ②의 코밍보다 두개피부 가까이에서 멀어지듯이 약간 약하게 넣으며 빗살의 1/3 정도의 깊이로 터치하듯이 빗질한다.③

② 백코밍의 목적

- 볼륨이 필요한 부분에 백콤 처리를 하나, 두상전체 흐름의 필요에 의해 합쳐야 할 필요가 있는 부분에는 백브러싱을 한다.
  - 선의 흐름과 스타일에 따라 한 번에 하나의 머리채를 취해 주며 적절한 선과 리지, 볼륨, 인덴테이션(골짜기와 정상)으로서 주름(pleating)을 형성함
- 백코밍과 백브러싱은 모질감의 부드러움과 흐름의 동등함을 갖게 하거나 풍부한 볼륨감을 형성시키는 기법이다.
  - 백코밍과 백브러싱은 역방향 빗질을 통해 모발을 헝클어지게(tangle)하는 기법으로 백코밍에 의해서 쿠션감이 생기는 짧은모발은 top에서는 기초 토대를 만들어주는 역할을 함

4) 모다발 묶음(french lacing)

프렌치 라싱은 베이스(파운데이션)를 잡거나 고정하기 위해 묶는 방법으로 두상의 위치에 따라 헤어스타일을 다양하게 구사할 수 있다. 이 방법은 핀을 고정하기 위한 토대나 볼륨의 양감에 따른 부풀림과 두께, 크기를 만들어준다.

5) 토대(foundation)

토대는 백콤처리만으로는 볼륨(부피)감을 확보하기 어려울 때 또는 업스타일 작업을 하면서 심 또는 가체를 소재로 사용함으로써 중심축 또는 지지대 역할과 핀닝처리 시 단단하게 고정시키는 역할을 한다.

6) 핀닝(pinning) 처리

핀이나 클립을 사용하여 적합한 위치에 고정하는 것은 업스타일을 성공적으로 완성하기 위해 매우 중요한 기술이다.

작업효과	특징
강하게 고정	대핀 또는 실핀을 이용, 모류와 90°로 꽂으면 효과적이다.
임시 고정	U핀 또는 핀셋을 이용, 컬, 루프, 웨이브 등의 형태를 임시로 유지하기 위해 사용된다.
마무리 정돈	실핀 또는 작은 U핀을 이용, 고정 핀닝 후 디테일하게 마무리 작업 시 사용된다.

PART
10

베이직 업스타일 예상문제

01 컬의 각도 상태로서 루프가 두개피부에서 90°로 유지하여 말린 컬은?

① 플래트 컬　　　② 메이폴 컬

③ 리프트 컬　　　④ 스탠드 업 컬

해설 | ④ 스탠드 업 컬은 루프(loop)가 두상에 대하여 90°로 말린다. 강한 볼륨과 웨이브를 얻을 수 있다.

02 다음 내용 중 리세트(reset)가 아닌 것은?

① 헤어 컬링　　　② 콤 아웃

③ 백콤　　　　　④ 브러시 아웃

해설 | ① 헤어 컬링은 오리지널 세트이다. 리세트란 오리지널 세트를 마무리하기 위한 최종 단계로서 빗질과 브러싱으로서 콤 아웃과 백콤, 브러시 아웃 등으로 구분된다.

03 컬의 각도로서 루프가 귓바퀴 방향으로 세워서 말린 컬은?

① 플래트 컬

② 리버스 스탠드 업 컬

③ 스컬프처 컬

④ 포워드 스탠드 업 컬

해설 | ④ 포워드 스탠드 업 컬(forward stand up curl)은 루프가 귓바퀴 방향(안말음형)으로 세워서 컬리스된다.

04 헤어 세팅에 있어 크레스트(Crest)가 가장 자연스러운 웨이브는?

① 프리즈 웨이브

② 내로우 웨이브

③ 섀도 웨이브

④ 와이드 웨이브

해설 | ④ 와이드(wide) 웨이브는 정상(crest)과 골(trough)의 고저가 뚜렷하여 넓은 웨이브 형상을 나타낸다.

05 모근 쪽은 느슨하고 모간 끝쪽은 강한 웨이브를 형성하는 것은?

① 와이드 웨이브

② 내로우 웨이브

③ 섀도 웨이브

④ 프리즈 웨이브

해설 | ④ 프리즈(Frizz) 웨이브는 모다발 내 모근 쪽은 느슨하고 모간 끝 쪽으로 갈수록 강한 웨이브를 형성한다.

06 스컬프처 컬(Sculpture curl)과 반대되는 컬은?

① 리프트 컬

② 메이폴 컬

③ 플래트 컬

④ 스탠드 업 컬

해설 | ② 메이폴 컬(maypole curl)은 핀컬(pin curl)과 동의어이다. 크로키놀식 컬리스 방법으로서 스케일된 모다발의 모근을 중심으로 리본닝 후 모간 끝을 향해 나선형으로 컬리스한다.

07 컬의 말린 방향 중 C컬에 대한 설명이 아닌 것은?

① 귀 방향에 따라 스템 방향이 다르다.

② 플래트 컬로서 시계방향을 중심으로 해석된다.

③ 클락 와이즈 와인드 컬이라고 한다.

④ 카운터 클락 와이즈 와인드 컬로서 시계반대방향이라고 한다.

해설 | ④ CC컬로서 시계반대방향(count clock wise wind curl)으로 컬리스된다.

08 컬의 각도로서 루프가 귓바퀴 반대 방향으로 세워서 말린 컬은?

① 스컬프처 컬

② 리버스 스탠드 업 컬

③ 플래트 컬

④ 포워드 스탠드 업 컬

해설 | ② 리버스 스탠드 업 컬(reverse stand up curl)은 루프가 귓바퀴 반대 방향(겉말음형)으로 세워서 컬리스된다.

09 플래트 컬(flat curl)의 특징을 가장 잘 표현한 것은?

① 두발의 끝에서 리본닝 후 컬리스된다.

② 컬의 루프가 두개피부에 대하여 평평하게 형성된 컬을 말한다.

③ 컬이 두개피부에 세워져 있는 것을 말한다.

④ 일반적인 컬 전체를 말한다.

해설 | ② 플래트 컬은 평평하고 납작한 모양의 컬로서 컬의 각도는 두상에 대해 0°이다.

10 모다발(Hair strand)의 근원(모근)에 해당되는 컬의 명칭은?

① 베이스   ② 피봇 포인트

③ 스템   ④ 엔드 오브 컬

해설 | ① 베이스(base)는 모다발의 가장 근원인 베이스 섹션 된 모양이다.

11 얼굴의 길이 보다 얼굴 너비가 더 넓은 머리모양의 얼굴 유형은?

① 구형   ② 편구형

③ 장구형   ④ 사각형

해설 | ② 얼굴의 길이 보다 얼굴 너비가 더 넓은 머리모양으로 양 빈에서 두발 부피감을 많이 형성시키게 된다.

12 헤어디자인의 원리에 해당하지 않는 것은?

① 반복   ② 질감

③ 균형   ④ 강조

해설 | ② 헤어디자인의 법칙이다. 헤어디자인은 법칙과 원리로 구분되며 디자인의 7대 원리는 균형, 반복, 강조, 대조, 진행, 교대, 부조화이다.

13 헤어 컬(hair curl)의 목적이 아닌 것은?

① 웨이브를 만들기 위해서

② 볼륨을 만들기 위해서

③ 플러프를 만들기 위해서

④ 컬러를 표현하기 위해서

해설 | ④ 컬의 목적은 볼륨, 웨이브, 플러프를 만들기 위함이다.

14 업스타일을 시술할 때 백 코밍의 효과를 크게 하기 위해 삼각형으로 베이스하는 것은?

① 스퀘어 파트

② 라운드 파트

③ 카우릭 파트

④ 트라이앵글 파트

해설 | ④ 트라이앵글은 백 코밍 시 지지대 역할로 두정부에 많이 적용한다.

15 디자인의 3대 요소로 틀린 것은?

① 형태   ② 질감

③ 색채   ④ 토대

해설 | ④ 디자인의 3대 요소는 형태, 질감, 색채가 포함된다.

16 웨이브의 각부 명칭으로 틀린 것은?

① 리지   ② 골

③ 정상   ④ 루프의 크기

해설 | ② 컬의 구성요소는 시작점(비기닝), 끝점, 풀웨이브, 하프웨이브, 골(트로프), 정상(크레스트), 리지, 열린 끝, 닫힌 끝이 포함된다.

17 CC컬로 시계 반대 방향인 왼쪽으로 컬리스되며 겉말음 형의 명칭은?

① 플랫 컬

② 스탠드 업 컬

③ 클락 와이즈 와인드 컬

④ 카운터 클락 와이즈 와인드 컬

해설 | ④ 카운터 클락 와이즈 와인드 컬에 대한 설명이다.

18 루프가 두상의 프론트 부위에 세운 컬로서 탄력성이 강한 볼륨과 웨이브를 만드는 컬은?

① 리프트 컬　　　　② 스킵 핀컬

③ 플랫 컬　　　　　④ 스탠드 업 컬

해설 | ④ 스탠드 업 컬은 두상에 대해 90° 이상 세운 루프로서 탄력성이 강한 볼륨을 만드는 컬이다.

19 컬의 방향이나 웨이브의 흐름을 좌우하는 것은?

① 엔드 오프 컬　　　② 베이스

③ 비기닝　　　　　④ 스템

해설 | ④ 스템(stem)은 베이스에서 피봇 포인트까지의 모간(줄기) 부분으로 모발의 방향(모류)을 결정한다.

20 다음 중 컬(Curl)의 구성요소가 아닌 것은?

① 스템　　　　　② 서클(circle)

③ 베이스　　　　④ 플러프(fluff)

해설 | ④ 리세트 시 두발 모양을 처리하는 방법이다.

21 헤어세팅의 오리지널 세트의 요소에 해당하지 않는 것은?

① 콤 아웃　　　　② 헤어 파팅

③ 헤어 컬링　　　④ 헤어 셰이핑

해설 | ① 콤 아웃, 브러시 아웃, 백콤은 리세트에 속한다.

22 업스타일의 정의로 올바르지 않은 것은?

① 사전적 의미로는 두발을 높이 빗어 올려 목덜미를 드러내어 스타일링한다.

② 두상 위치의 변화에 따라 다양한 스타일을 만드는 포괄적인 개념이다.

③ 입체적이고 심미적인 아름다움을 표현한다.

④ 목덜미 아랫부분에서는 연출할 수 없다.

해설 | ④ 두상의 위쪽 부분부터 목덜미 아랫부분까지 연출되는 다양한 스타일을 만드는 포괄적인 개념이다.

23 빗에 대한 설명으로 바르지 않은 것은?

① 쿠션브러시는 스타일링 전후 두발을 전체적으로 빗질하여 정리할 때 사용한다.

② 덴멘브러시는 볼륨 형성과 모류의 방향성을 부여하고자 할 때 사용한다.

③ 벤트브러시는 빗살이 듬성듬성하여 모발 표면의 흐름은 거칠지만 빠르게 볼륨을 만들어 낼수 있다.

④ 돈모브러시는 마무리 시술에 적합하며 모표피에 박리 현상을 가져올 수 있어 숙련된 테크닉이 필요하다.

해설 | ④ 플라스틱 브러시에 대한 설명이다.

24 업스타일 시 가장 많이 사용하는 빗으로 꼬리를 이용하는 빗의 명칭은?

① 레트 테일 콤

② 쿠션브러시

③ 원형브러시

④ 벤트브러시

해설 | ① 레트 테일 콤(rat tail comb)에 대한 설명으로 꼬리빗이라고도 한다.

25 핀에 대한 설명으로 바르지 않은 것은?

① 핀셋 핀은 두발을 파팅하여 나누어 고정할 때 사용한다.

② 대핀은 많은 모량을 고정할 때 사용되며 녹슬지 않도록 보관에 주의한다.

③ 실핀은 일반적으로 가장 많이 사용하며 크기가 작아 모량이 적은 부분이나 볼륨을 없앨 때 사용한다.

④ U자형 핀은 실핀보다 부드러운 부분에 꽂을 수 있으나 고정하는 힘은 약하다.

해설 | ④ 중핀에 대한 설명이다.

26 모발에 볼륨을 주거나 쪽머리 시 볼륨을 만들어 주는 것은?

① 고무줄

② 망

③ 심(shem)

④ 장신구

해설 | ③ 비벼 부풀린 후 망에 담아 볼륨에 활용할 수 있다.

★
27 헤어브러시로 가장 적합한 것은?

① 부드럽고 매끄러운 연모로 된 것

② 털이 촘촘한 것보다 듬성듬성 박힌 것

③ 부드러운 나일론, 비닐계의 제품인 것

④ 탄력있고 털이 촘촘히 박힌 강모로 된 것

해설 | ④ 탄력이 있고 털이 촘촘히 박힌 강모로 된 천연 재질의 돈 모브러시가 헤어드라이 시술 시 가장 적합하다.

28 루프가 귓바퀴를 따라 컬리스되며 두개피부에 90°로 세워져 있는 컬은?

① 포워드 스탠드 업 컬

② 스컬프쳐 컬

③ 리버스 스탠드 업 컬

④ 플랫 컬

해설 | ② 모발 끝이 컬의 중심이 된 컬
③ 귓바퀴 반대 방향으로 컬리스되며 두개피부에서 90°로 세워진 컬
④ 루프가 두개피부에서 0°로 평평하고 납작하게 형성된 컬

★
29 컬이 오래 지속되며 움직임을 가장 적게 해주는 것은?

① 풀스템   ② 하프스템

③ 컬스템   ④ 논스템

해설 | ④
• 하프스템 – 움직임이 보통인 컬
• 풀스템 – 컬의 움직임이 가장 크다.
• 컬스템 – 베이스에서 피봇 포인트까지의 스템

30 볼륨을 갖지않게 하는 컬 기법은?

① 스탠드 업 컬

② 리프트 컬

③ 플래트 컬

④ 논스템 롤러 컬

해설 | ③
• 스탠드 업 컬 : 주로 볼륨감을 주기 위한 웨이브
• 리프트 컬 : 비스듬하게 세워진 웨이브
• 논스템롤러 컬 : 크라운 부분에 가장 볼륨감이 있는 웨이브

★
31 다음 중 플러프 뱅을 바르게 설명한 것은?

① 가리마 가까이에 작게 낸 뱅

② 풀웨이브 또는 하프웨이브로 형성된 뱅

③ 두발을 위로 빗고 두발 끝을 플러프해서 내려뜨린 뱅

④ 깃털과 같이 일정한 모양을 갖추지 않고 부풀려서 볼륨을 준 뱅

해설 | ① 프린지 뱅, ② 웨이브 뱅, ③ 프렌치 뱅

32 오블롱(교대) 토대에 사용되는 베이스 종류는?

① 오형 베이스

② 정방형 베이스

③ 장방형 베이스

④ 아크 베이스

해설 | ③ 오블롱 베이스는 장방형 베이스이다.

33 땋거나 스타일링 하기에 쉽도록 3가닥 혹은 1가닥으로 만들어진 헤어피스는?

① 웨프트 　　　　② 스위치

③ 위글렛 　　　　④ 폴

해설 | ② 스위치는 모발의 양은 적지만 모발길이 20cm 이상의 1~3가닥으로 땋거나 꼬거나 웨이브 등의 방법을 이용하여 원하는 부위에 부착하는 방법의 헤어피스를 말한다.

34 다음 용어의 설명으로 틀린 것은?

① 리세트(reset) : 마무리 작업을 하는 것

② 오리지널 세트(original set) : 기초가 되는 최초의 세트

③ 호리존탈 웨이브(horizontal wave) : 웨이브 흐름이 가로 방향

④ 버티컬 웨이브(vertical wave) : 웨이브 흐름이 수평인 것

해설 | ④ 웨이브의 리지가 수직으로 되어있는 것이다.

35 세트롤러 기법에 대한 설명으로 틀린 것은?

① 롤러의 크기와 굵기, 폭, 시술각 등을 고려하여 와인딩한다.

② 굵은 웨이브를 원할 때는 베이스섹션의 폭을 작게 한다.

③ 세트롤러 직경이 클수록 컬은 굵어진다.

④ 시술각에 따라 120° 이상 들어 와인딩 시에는 볼륨과 움직임이 크다.

해설 | ② 굵은 웨이브를 원할 때는 베이스섹션의 폭을 넓게 한다.

36 베이스 섹션에 대한 설명으로 틀린 것은?

① 온베이스는 최소 볼륨 효과를 줄 수 있다.

② 하프오프베이스는 베이스 중앙에서 90°로 중간 볼륨을 낼 수 있다.

③ 오프베이스는 주로 네이프 부분과 사이드 부분에 적용한다.

④ 오버 디렉티드는 상부 베이스 중앙에서 위로 45°로 와인딩한다.

해설 | ① 온베이스는 베이스 중앙에서 위로 45°(135)로 최대의 볼륨 효과를 준다.

37 모근을 향해 빗질하는 방법으로 볼륨이나 토대 등 다양한 스타일을 낼 때 사용되는 기법은?

① 백콤 　　　　② 묶기

③ 핀꽂기 　　　　④ 고리

해설 | ① 백콤에 대한 설명이다.

Part

11

가발
헤어스타일
연출

가발 헤어스타일

CHAPTER 01

가발(wig)은 B.C. 4000년 고대 이집트인이 최초로 사용하였으며 그 후 아시아, 유럽, 아메리카 등으로 점차 확산시켰다. 우리나라는 모량이 적은 여인들이 다리를 달아 쪽을 진 것이 가발의 시초이다. 위그의 종류는 멋내기뿐 아니라 패션에 따라 작품유형의 위그와 헤어피스가 있다. 위그는 두상 전체를 감싸며 헤어피스는 부분가발로서 두상의 일부를 덮는 형태이다.

Section 01 가발의 종류와 특성

1 가발의 종류 및 특성

- 위그란 두상의 90~100%를 감싸는 형태의 전체가발을 의미하며, 위그나 헤어피스는 크기(size), 길이(length), 형태(form) 등에 따라 많은 종류를 가지고 있다.

> ▶ 가발(假髮)
>
> 본 발(本髮)이 아닌 타인의 머리털을 이용하여 두상에 씌우는(망사 바탕에 머리털을 심은) 머리형태이다. 우리나라에서 가발이 실용화된 것은 근래의 일로서 가발은 다리나 가체와는 달리 두상에 씌우는 기본 바탕(파운데이션) 위에 머리털을 심은 것이다.

(1) 가발 착용 목적과 형태에 따른 분류

1) 착용 목적

구분	특징		
패션가발	• 기존 머리형태 및 헤어커트 스타일을 진단하여 패션가발의 두발길이, 컬러, 질감 등의 스타일을 연출하여 이상적인 비자지즘(이미지메이킹)이 형성된다. • 단시간 내에 다양한 패션스타일로 변신할 수 있으며 자신만의 개성을 독특하게 표현된다.		
	전체가발 (full wig)	• 두상 전체를 감싸거나 부분적으로 1/2, 1/3, 2/3 정도를 감싸서 고정하는 맞춤 기능성 가발 형태이다.	
	부분가발 (hair pieces)	• 다양한 패션디자인을 연출할 수 있는 폴, 스위치, 위글렛, 캐스케이드 등으로 구분된다.	
맞춤가발	• 탈모 또는 볼륨력 증강에 대체되는 가발로서 남성용은 투페(toupee, toupet)와 여성용은 탑피스(top pieces)로 분류된다. • 각 개인의 두상과 탈모 부위의 몰딩을 위해 모발 굵기, 모질, 모발색, 두상의 위치에 따른 모류 방향 등을 고려하여 제작한다. • 직업, 나이, 신체조건, 생활환경 등을 고려하여 가발 패턴 및 스타일을 완성해야 한다. • 발제선(face line) 또는 가르마(parting line)에서 덧대는 가발과 본 발의 경계가 드러나지 않도록 정교하게 연결해야 한다.		

284   한권으로 끝내주는 NCS 미용사 일반 필기시험문제

2) 착용 형태

구분	특징
부분 가발	• 두상 일부분을 덧대는(cover) 가발 패턴을 지칭한다. 탈모용과 멋내기용이 있다. • 종류로는 폴, 스위치, 브레이드, 피스, 위글렛, 캐스케이드, 투페 등으로 구분된다.
전체 가발	• 일반적으로 두상의 90~100%를 덮는 가발로서 부분가발에 비해 본 발이 드러나지 않는다. • 남성형탈모, 원형탈모, 전체적으로 모량이 적은 고객, 항암치료 환자, 백모의 비율이 높은 고객 등에 사용 시 효과적이다.

① 부분가발의 종류

종류	특징
폴 (fall)	• 쇼트헤어를 미디움 또는 롱헤어로 하기위해 두상에서 크라운~후두면을 감싸는 형태로서 두발길이의 변화를 원할 때 사용된다.
피스 (piece)	• 일명 치마피스라고도 하며, 부분적으로 소량 또는 소폭 나누어 사용 시 웨프트(weft) 또는 스와치(swatch)라고도 한다.
스위치 (switch)	• 하나의 모다발이 묶인(lacing) 덩어리 형태(月子, lock)의 머리단 또는 머리채의 한 뭉치로서 모발길이가 대개 20cm 이상이다. • 1~3가닥으로 땋아 엮거나 하나의 덩어리 모양으로서 두발길이를 길게 늘여뜨리거나 엮어 땋아(髮, 結髮) 땋은머리 또는 쪽머리 등을 연출할 때 사용된다.
위글렛 (wiglet)	• 두상의 어느 한 부위에 특별한 효과를 연출하기 위하여 사용하며, 톱 또는 측두면 부분에 높이와 볼륨을 주기 위하여 컬이 있는 상태로 사용된다.
브레이드 (braid)	• 모다발을 납작하게 엮어 땋거나 비튼 형태의 땋기(plate)로서 여러 가닥으로 땋은 형이다.
캐스케이드 (cascade)	• 폭포수처럼 풍성한 볼륨과 헤어스타일을 연출하고자 할 때 사용된다.
투페(toupee, toupet)	• 전두용과 부분용 남성가발 : 탈모용(맞춤)가발 등의 의미와 함께 가발에 사용되는 모량은 본 발보다 두 배 정도 많으므로 모량을 적절히 제거함으로써 너무 부풀고 부자연스럽지 않게 사용된다.

(2) 위그의 종류

사람의 모발(인모), 인조모(합성모) 또는 동물의 털로 만들거나 두 가지 이상 섞어 만든다.

1) 맞춤형 가발의 재질

위그의 재질은 수공(by hand)으로 만들어졌는지, 기계(by machine)로 만들어졌는지에 의해 결정된다. 손으로 짠(hand knotted) 미세한 그물 형태의 가발은 질이 뛰어나며 가격 또한 고가이다. 그러나 기계로 짠 원형줄로 된 그물캡형은 가격이 저렴(cheaper)하다. 위그의 유형은 인모, 인조모, 동물의 모, 조모(합성모) 등으로 구분된다.

① 인모가발(human hair wigs)

- 사람의 두발을 사용하여 만든 가발로서 무엇보다 느낌이 자연스럽다.
- 인모(人毛)는 유럽인모, 인도인모, 중국인모, 베트남인모 등이 사용된다.
- 일반적으로 남성맞춤형가발(toupee) 작업 시 중국인모(주로 직모) 50%, 인도인모(주로 파상모) 50%로 혼합하여 제작한다.
- 여성맞춤형가발(hair pieces)일 경우, 인도인모 70~80%로 혼합 사용하여 제작한다.

② 인조가발(synthetic wigs)

- 인조모의 경우 원료의 대부분이 polyester와 화학 합성물로 짜임새(texture), 다공성(porsity), 유연성(pliability), 지속성(durability), 광택(sheen), 느낌(feel) 등 모든 면에서 인모와 거의 가깝다.
  - 인모의 성질과 거의 비슷하게 만들어진 아크릴 섬유(modacrylic fibers)는 화학섬유(dynel), 가네칼론(kanekalon), 베가론(venicelon) 등을 주원료로 하고 있음
  - 인조가발은 불에 빨리 타며 냄새가 거의 안나나 타고난 후에는 딱딱하면서 조그마한 구슬이 만져짐
- 컬이 잘 유지되며, 햇볕에 변색되거나 산화되지 않으며 가격이 저렴하다.
- 천연재질이 아니므로 공급에 대한 제한없이 누구나 사용하기가 쉬워 인조가발 패션 산업의 시장성이 매우 넓다. 화학적 처리가 필요한 염·탈색, 펌 등은 할 수 없다.

③ 동물의 털(animal hari)

- 가발에 사용되는 동물의 털은 앙고라, 산양, 야크 등이 사용되나 털의 길이와 결의 분류에 따라 위그 또는 피스로 활용한다.
- 마네킹 디스플레이용이나 극단에서 판타지 스타일 연출 시 사용되기도 한다.

④ 인조합성모(composition synthetic)

- 화학합성물(혼성물)로서 조모라고도 한다. 나일론, 아크릴 섬유 등을 주재료로 사용하는 인조합성모는 가발 색상이 다양하고 가격이 저렴하여 샴푸 후에도 잘 엉키지 않고 원래의 스타일이 유지될 수 있다.
  - 시각적으로 인모보다는 자연스러움이 덜하며 용제 처리가 불가능하여 헤어스타일 변화, 즉 리셋하기가 힘듦

⑤ 합성모(composition hair)

- 인모·인조모·동물의 털을 섬유의 재질로 합성하여 만든 것으로 특별한 경우에 한하여 신중히 제작한다.
  - 인모(人毛) 비율이 높게 제작된 가발은 고가이지만 적절한 비율의 인모 혼합 시 열처리와 화학적 처리 등이 용이함

평상 시는 가발의 테두리에서 중앙으로 먼지를 털어낸다. 가발의 앞쪽 부분을 잡고 정전기 방지와 윤기를 위해 투페이스 또는 가발 전용오일을 뿌려준다. 가발 거치대(wig block)에 씌워서 보관하기 위해 T–핀으로 고정해 준다.

■ 가발 세척 및 처치

필요하다면 가발스타일을 만들고, 세척은 인모가발은 2~4주에 걸쳐 한 번 정도, 인조모가발은 6~12주에 한 번 정도 샴푸(wig cleanser)한다.

(1) 가발 세척방법

- 우선 빗(굵은 빗이나 금속브러시)으로 가볍게 머릿결을 따라 빗어준다.
  - 모발이 손가락 사이로 가볍게 빠져나가는 느낌으로 문지르거나 모발간 비벼서 작업할 경우 모발 엉킴이 생김
- 인조가발일 때는 차가운 물, 인모가발일 때는 미지근한 물에 샴푸제를 적당량 풀어 가발을 담그고(가발의 망 또는 스킨을 충분히 적신 후 먼저 가발 둘레 부분과 안쪽의 망사 부분을 세척한 후에) 손으로 가볍게 눌러 충분히 세척한다.
- 깨끗한 물에 2~3번 헹궈낸 후 린스(트리트먼트제)를 적당량 가발에 골고루 스며들도록 도포 후 5분 정도 방치, 가볍게 흔들어서 마무리하고 흐르는 물에 헹군다.
- 헹군 가발을 마른 타월에 말아 꾹꾹 눌러준 후 타월을 반으로 접어 손으로 두드려준다.

> **tip** 〈 가발 세척 시에 모발을 가볍게 흔들어가며 자극을 최소화한다. 비비게 되면 컬이 망가지고 엉키므로 주의한다.
> 또한 인모를 자주 샴푸할 시 푸석거리므로(윤기 빠짐) 트리트먼트나 에센스를 사용하여 모발에 영양을 공급한다.

(2) 가발 건조방법

- 위생과 청결 또는 형태 유지 및 스타일링의 편의성을 고려하여 가발 거치대에 모양(필요 시 세트롤을 이용 와인딩 하여)을 잡아서 보관한다.
  - 굵은빗살 또는 빗살끝이 둥근 브러시를 사용하여 빗질 시 가발의 손상을 예방함
  - 엉킨 가발모는 모간 끝에서 모간 위로 향해 조금씩 조심스럽게 빗질함

인모		인조모	
건조	보관	건조	보관
• 타월로 감싸 눌러준다. − 70% 정도 물기 제거 • 블로드라이어를 이용하여 냉풍 또는 미풍으로 모류 방향을 유지하면서 건조시킨다.	• 건조된 가발을 가발 거치대에 걸어서 보관한다. • 평상 시는 스킨 또는 패치에 묻은 이물질을 브러시로 제거한 다음 통풍이 잘되는 그늘진 곳에 보관한다.	• 샴푸 후 빗질은 엉키므로 손으로 가볍게 정리하거나 타월로 감싸 눌러 물기를 제거한 후 자연 건조시킨다.	• 인모와 같은 방식으로 보관한다.

(3) 가발 수선방법

가발 손질 시 수선 부분(모발, 스킨, 망, 패치 등)은 가발 전문회사를 통할 수도 있으나 가발 고정(클립식, 테이프식, 밴드식) 부분의 간단한 수선은 직접할 수 있다. 테이프식 부착 방법일 경우 스킨이나 패치부분의 끈적임을 전용리무버로 제거하고 다시 재부착한다. 클립식 부착 방법을 사용하는 가발은 패치와 클립의 연결 부분을 견고하게 바느질하여 고정한다.

CHAPTER 02 헤어익스텐션

1 헤어익스텐션의 연출

(1) 붙임머리(hair extensions)

헤어커트스타일에 인모 또는 인조모를 붙여(interwoven) 줌으로써 모량과 볼륨감, 깊이 등을 다양하게 변화시키는 붙임머리, 즉 연장술이다. 연출하고자 하는 목적 또는 두발길이에 따라 아래에서 위로, 즉 네이프에서 시작하여 두정부로 진행한다.

1) 익스텐션 접착기법

기법 종류	특징
실	• 실을 이용하여 연출하는 방법으로 본 발을 C.P에서 삼각 베이스섹션 후 확장된 영역에 3가닥 속땋기한 후 마무리(콘로우 스타일)로 사용한다.
링	• 접착제를 사용하지 않는 기법으로서 링에 연결된 헤어피스를 붙임머리 전용집게를 이용하여 본 발(本髮)에 부착하는 방법이다.
팁	• 접착제(글루)를 이용하여 헤어피스를 본 발에 직접 부착하는 방법이다. – 팁은 열에 녹을 수 있으며 두발이 자랄수록 접착 부분이 보일 수 있는 단점이 있음
클립	• 다양하게 제작된 헤어피스에 클립이 부착된 형태로서 클립을 열어 본 발에 고정하는 방식이다. – 두상의 둘레에 맞게 피스의 폭이 다양하며 손쉽게 탈 · 부착이 가능함
고무줄실	• 2가닥 트위스트와 3가닥 브레이드 기법으로 두발을 연장한 후 고무줄실로 본 발과 가모를 가장 자연스럽게 고정하는 방법이다.
테이프	• 가모의 테이프 부분을 본 발에 부착하면서 열을 전도하여 고정시키는 방법이다. – 다른 가모술에 비해 엉킴 현상이 적으며 시술 방법이 간단하여 시간이 적게 소요됨

2) 익스텐션 작업 및 유의사항

• 익스텐션을 시작하기 전에 샴푸를 하여 건조모 상태에서 작업한다. 밝은 멋내기용 붙임머리(extension)용 피스를 사용하고자 할 경우 먼저 본 발을 염색한 후 익스텐션 작업을 하나 커트스타일은 작업이 완성된 후 자연스럽게 연결한다.

• 스케일을 위한 파팅은 수평 또는 대각으로 나누며, 작업 시작점은 후두부의 네이프에서 두정부로 진행한다.

구분	특징
테이핑 익스텐션	• 전두~두정부는 스퀘어 파트한다. 네이프 → 후두부 → 측두부 순으로 익스텐션(연장술)을 한다. 　– 네이프라인 2~3cm 정도 파팅^① → 붙임머리용 피스에 부착된 이형지를 제거^② → 본 발 5~7가닥을 편 부위에 피스를 양면싸기로 접어서 아이론 열을 가해 공간이 생기지 않도록 접착^③시킴 • 〈테이핑 익스텐션 제거 시〉 전용 리무버를 도포 후 아이론 열을 4~5초간 눌러 주면서 아랫방향으로 당긴다. 　– 잔여물은 꼬리빗으로 빗어 주면서 깨끗하게 마무리함
링 익스텐션	• 테이핑 익스텐션 기법과 동일하나 익스텐션에 링피스와 코바늘로 대체하여 연장술을 한다. 　– 링피스를 붙임머리용 바늘에 끼워서 본 발을 빼내줌^① → 본 발이 링피스 내에 들어간 것을 확인^② → 붙임머리 전용 집게로 링을 눌러 고정^③ • 〈링익스텐션 제거 시〉 집게 입구의 둥글게 파진 부분에 링을 넣어 눌러서 둥글게 만든 다음 아래 방향으로 뺀다.

> **tip** 〈준비물〉
> 붙임머리용 헤어피스, 글루(실리콘단백질), 글루건, 이음 고무줄, 링, 링집게, 가위, 핀셋, 리무버 등

(2) 특수머리

두개피부에 밀착되어 작업되는 특수머리 스타일은 두상에서의 파팅선 흐름이 완성도에 따른 작품성을 대변한다.

구분	특징
트위스트 (twist)	• 본 발 또는 헤어피스를 연결하여 싱글(하나의 모다발 전체를 한쪽 방향으로 비틈) 또는 더블(하나의 모다발을 두 개의 다발로 나누어 오른손, 왼손으로 돌려 가면서 비틈)로 틀어서 핀닝(pinning)한다. 　– 트위스트 작업은 동일한 텐션으로 처리하며 볼륨감과 핀의 고정을 쉽게 해줌 　– 두 가닥 꼬기는 동일한 텐션으로 비틀기를 해야 일정한 모양을 유지할 수 있음
콘로우 (cornrow)	• 세 가닥 땋기 기법으로 두개피부에 적당하고 고른 텐션을 유지하면서 바짝 붙여 땋는 것이 포인트로 파팅선의 다양한 변화가 특수기법이라 할 수 있다. 　– 콘로우는 라인 드로잉된 파팅의 형태에 따라 직선 · 사선 · 곡선 · 기하학적인 문양으로 구분됨 　– 콘로우 작업은 곡선이나 기하학적으로 스케일된 파팅에 따라 작업자의 동선 또한 문양의 흐름에 맞추어서 움직임을 가짐 • 샴푸 후 젖은 모발 상태에서 작업하며 건조과정을 통해 완성도가 높아진다. • 전처리 작업으로서 아프로 펌된 두발상태가 본 발의 질감을 유지하기에 용이하며 짧은 모발 또는 직모 상태의 본 발은 일시적으로 다이렉트 아이론을 사용하여 파상모 질감을 갖게 한다. • 땋는(엮는) 방법은 겉땋기(invisible braiding)와 속땋기(visible braiding)로서 반드시 엄지손가락으로 크로스 부분을 눌러주면서 땋아야 적당한 텐션과 함께 고른 모양을 유지할 수 있다. 　– 3개의 모다발을 응용으로서 가닥을 조금씩 보태어 돌출되게 안으로 또는 밖으로 땋는 기법임

드레드
(dread)
	• 파상모 상태에서 가모를 이용하여 거친 느낌이 드는 엉킨 모발의 형상을 연출하는 작업이다.
	  – 파상모 질감을 유지하기 위해 아프로 펌 또는 다이렉트 아이론을 통해 전처치함
	• 일반적으로 드레드락(dread locks)이라 하며, 올백으로 빗질된 긴 두발을 여러갈래로 땋거나 뭉쳐 늘어뜨린 머리형태로서 헝클어지고 빗질하지 않은 형태를 오가닉(organix) 또는 니글렉(neglect)이라고 한다.
	  – 헤어제품을 사용하여 인위적으로 심하게 헝클어트린 드레드는 윤곽선, 질감, 길이나 굵기 등에 따라서 변형이 가능함
	  – 디자인 연출에 따라 그 종류가 다양하며, 작업에 오랜 시간이 요구되므로 고객과의 충분한 상담 후에 작업을 해야 함

브레이드 (레게 스타일)		• 롱헤어 또는 쇼트헤어에 가모, 색실(yarm) 등을 덧대는 것으로서 비틀어서 꼬거나 엮어서 땋는다.
	마이크로 브레이드	두상 전체에 300개 이상의 땋은모발 가닥은 가로×세로 1cm 미만으로 스케일 됨으로써 자연스러운 땋기로 연출한다.
	2가닥 트위스트 브레이드	스케일된 모다발을 두 가닥으로 나누어 각 가닥마다 따로 비틀어 꼬아 엮는 방법이다.
	3가닥 브레이드	스케일된 모다발을 세 가닥으로 나누어 중간 가닥을 중심으로 좌 · 우 가닥을 밖으로 또는 안으로 넣어 엮어 땋는다.
	얀 브레이드	스케일된 모다발에 색실(얀)과 함께 땋는 형태로서 색실의 종류와 색상에 따라 길이의 변화를 자유롭게 브레이드 한다.

tip 〈준비물〉

글루((실리콘단백질), 글루건, 이음 고무줄, 스킬, 코바늘, 색실(얀), 가위, 핀셋, 라이터, 가모(인조모로 제작된 레게 또는 드레드 원사는 콘로우, 브레이드, 드레드 등 특수머리 연출 시 사용) 등

가발 헤어스타일 연출 예상문제

★
01 부분 가발(hair piece)의 종류에 해당되지 않는 것은?

① 폴(fall)　　　　　② 스위치(swithc)
③ 위글렛(full wig)　④ 풀위그(wiglet)

해설 | ④ 전체 가발에 해당 된다.

★
02 위그 치수 측정 시 이마의 헤어라인에서 정중선을 따라 네이프의 움푹 들어간 지점까지는?

① 머리길이　　　② 머리둘레
③ 이마 폭　　　④ 머리높이

해설 | ①
• 머리둘레 : 페이스라인을 거쳐 귀 뒤 1cm 부분을 지나 네이프 미디엄 위치의 둘레를 말한다.
• 이마 폭 : 페이스 헤어라인의 양쪽 끝에서 끝까지의 길이를 말한다.
• 머리높이 : 좌측 이어탑 부분의 헤어라인에서 우측 이어 탑 헤어라인까지의 길이를 말한다.

03 가발 손질법 중 틀린 것은?

① 두발이 빠지지 않도록 차분하게 모근 쪽에서 두발 끝쪽으로 서서히 빗질해 나간다.
② 스프레이가 없으면 얼레빗을 사용하여 컨디셔너를 골고루 바른다.
③ 열을 가하면 두발의 결이 변형되거나 윤기가 없어지기 쉽다.
④ 두발에만 컨디셔너를 바르고 파운데이션에는 바르지 않는다.

해설 | ① 가발을 손질할 때는 머릿결대로 모발 끝에서 위를 향해 손으로 빗질하듯 해야 한다.

★
04 헤어스타일에 다양한 변화를 줄 수 있는 뱅(bang)은 주로 두부의 어느 부위에 하게 되는가?

① 네이프　　　② 앞이마
③ 양 사이드　④ 크라운

해설 | ② 뱅은 이마의 장식머리, 늘어뜨린 프론트의 전발 부분으로서 주로 앞이마에 하는 스타일이다.

★
05 고대 미용의 발상지로 가발을 이용하고 진흙으로 두발에 컬을 만들었던 국가는?

① 그리스　　② 이집트
③ 프랑스　　④ 로마

해설 | ② 이집트인들은 더운 기후로 두피를 보호하기 위해 가발을 착용하고 진흙을 두발에 바르고 나무막대에 감아 태양에 건조 시켜 컬을 만들었다.

★
06 두상의 특정한 부분에 볼륨을 주기 원할 때 사용되는 헤어 피스(hair piece)는?

① 위그(wig)　　　② 위글렛(wiglet)
③ 폴(fall)　　　　④ 스위치(switch)

해설 | • 스위치 : 땋거나 꼬거나 웨이브 등의 방법을 이용해 원하는 부위에 부착
• 폴 : 짧은 모발을 일시적으로 길어 보이게 하려고 사용
• 위그 : 보통 전체 가발로 두상 전체를 덮는 가발

★
07 땋거나 스타일링 하기에 쉽도록 3가닥 혹은 1가닥으로 만들어진 헤어피스는?

① 폴　　　　② 웨프트
③ 스위치　　④ 위글렛

해설 | ③ 스위치는 모발의 양은 적지만 모발 길이 20cm 이상의 1~3가닥으로 땋거나 꼬거나 웨이브 등의 방법으로 원하는 부위에 부착하는 헤어피스를 말한다.

08 가발 샴푸 방법으로 옳은 것은?

① 샴푸제를 도포하여 빗질하고 헹군다.

② 미지근한 물에 6시간 정도 담가 두었다가 헹군다.

③ 벤젠, 알코올 등의 용제에 12시간 정도 담가두었다가 응달에서 말린다.

④ 알칼리성이 강한 세제에 담가 두었다가 햇빛에서 말린다.

해설 | ③ 가발 클렌저를 사용하여 대개 2~4주에 한 번씩 샴푸한다.

09 가발 컨디셔닝 방법으로 설명이 잘못된 것은?

① 반드시 위그걸이에 고정시켜 시술한다.

② 컨디셔너는 파운데이션과 모발에 도포한 후 헹군다.

③ 빗질이 끝난 후 수분이 남아있으면 타월로 감싸 수분을 제거한다.

④ 모발의 결(모류) 방향으로 원하는 머리형태로 건조시킨다.

해설 | ② 컨디셔너는 모발에만 도포하여 헹군다.

★
10 위그 사용목적이 아닌 것은?

① 가발을 선택하고 모양을 낸다.

② 개인적 선택에 의해서 모량의 유무와 관련된다.

③ 패션에 의한 모발길이, 종류, 볼륨 등에 따라 장식변화에 대한 연출과 관련된다.

④ 헤어 펌과 염색된 모발을 일시적으로 변화시킬 수 있는 실용적 편리와 관련된다.

해설 | ① 가발사의 역할로서 가발사는 고객의 외모를 돋보이도록 가발 제조·조립을 하고, 미용효과 등에 따른 가발을 선택하고 모양을 낸다.

11 색실의 종류와 색상에 따라 길이의 변화를 자유롭게 브레이드 하는 스타일은?

① 얀 브레이드

② 콘로우

③ 드레드

④ 마이크로 브레이드

해설 | ① 스케일 된 모다발에 색실(얀)과 함께 땋는 형태로서 색실의 종류와 색상에 따라 길이의 변화를 자유롭게 브레이드 한다.

12 가발 세척 방법으로 틀린 것은?

① 굵은 빗이나 금속브러시로 가볍게 머릿결을 따라 빗어준다.

② 인조가발일 때는 차가운 물, 인모가발일 때는 미지근한 물에 샴푸를 적당량 풀어 가발을 담그고 손으로 가볍게 눌러 충분히 세척한다.

③ 깨끗한 물에 2~3번 헹궈낸 후 린스를 가발에 골고루 스며들도록 도포 후 5분 정도 방치하였다가 가볍게 흔들어 흐르는 물에 헹군다.

④ 모발이 손가락 사이로 가볍게 빠져나가는 느낌으로 문지르거나 모발간 비벼서 깨끗하게 세척한다.

해설 | ④ 모발 간 비벼서 작업할 경우 모발 엉킴이 생긴다.

13 가발 손질과 사용법에 대한 설명으로 틀린 것은?

① 인모는 위생과 청결을 위해 자주 샴푸하여 사용한다.

② 평상 시에는 가발의 테두리에서 중앙으로 먼지를 털어낸다.

③ 가발 거치대에 씌워 보관하기 위해 T-핀으로 고정한다.

④ 가발의 앞쪽 부분을 잡고 정전기 방지와 윤기를 위해 투페이스 또는 가발 전용오일을 뿌려준다.

해설 | ① 인모를 자주 샴푸 시 푸석거리므로(윤기 빠짐) 트리트먼트나 에센스를 사용하여 모발에 영양을 공급한다.

14 고대 미용의 역사에 있어 약 4000년 이전부터 가발을 즐겨 사용했던 고대 국가는?

① 이집트　　　　② 로마

③ 그리스　　　　④ 잉카제국

해설 | ① 이집트인들은 더운 기후로 두개피부를 보호하기 위해 가발을 착용하였다.

15 가발 제작 과정으로 옳은 것은?

① 고객카드작성 → 작업지시서 작성 → 치수 측정 → 가발제작 → 가발커트 → 마무리

② 고객카드작성 → 치수 측정 → 작업지시서 작성 → 가발제작 → 가발커트 → 마무리

③ 고객카드작성 → 치수 측정 → 작업지시서 작성 → 가발제작 → 가발커트 → 마무리

④ 고객카드작성 → 가발제작 → 가발커트 → 작업지시서 작성 → 치수 측정 → 마무리

해설 | ① 고객카드작성 → 작업지시서 작성 → 패션·맞춤가발 치수 측정 및 패턴제작 → 제작된 패턴(고객 본래 모발 채취하여 패턴에 부착) → 가발제작(대략 3~4주 소요) 및 완성 → 패션·맞춤가발 커트 및 부착 → 패션·맞춤가발 디자인 마무리

PART 11 ▶ 가발 헤어스타일 연출　　　선다형 정답

01	02	03	04	05	06	07	08	09	10
④	①	①	②	②	②	③	③	②	①
11	12	13	14	15					
①	④	①	①	①					

Part
12

공중위생
관리

CHAPTER
01

공중보건

- 위생학은 공중위생학(Public Hygiene) 또는 공중보건(미국이나 영국에서 주로 사용)이라는 넓은 의미를 가진다.
- 위생학은 실험위생학의 이념에 입각하여 개인과 환경과의 관계를 규명하며, 이를 기초로 환경을 개선함으로써 질병으로부터 예방학적으로 건강을 유지, 증진시키는 과학이다.
- 공중보건과 비슷한 용어로서는 위생학, 공중위생학, 예방의학, 사회의학, 지역사회의학, 지역사회보건학 등이 있으나 개념상의 영역은 국가마다 달리 표현된다.

1 공중보건의 개념

① 건강과 관련된 사회적 요인을 규명하고 이를 개선하려는 데 주안점을 둔다.
② 인구집단을 대상으로 건강 증진 저해요소에 대한 집단적 활동을 실천 위주로 연구한다.
③ 사회적 변천 과정에서 파생되고 요구된 질병 예방과 건강 증진을 위한 지역사회의 노력을 이룩하고 체계화시킨 학문이다.

(1) 공중보건 정의

① C.E.A Winslow(미국 예일대 교수, 1920년) 정의
공중보건이란 조직적인 지역사회의 노력을 통해서 질병을 예방하고 수명을 연장시키며 신체적, 정신적 효율을 증진시키는 기술과학이다.
② 공중보건의 정의는 시대와 학자에 따라 매우 다양하다. 이는 개인의 건강이 아닌 지역사회 주민을 통해서 조직화된 지역사회의 노력을 제시하고 있기 때문이다.

> ▶ 지역사회의 보건관리
> 환경 위생사업, 감염병 관리, 질병 예방 및 진료, 보건의료 보장제도, 개인 보건교육 등이 속한다.

(2) 공중보건의 목적

인류 누구나 태어나면서부터 건강과 장수의 생득권을 실현할 수 있도록 함이 목적이다.

(3) 공중보건의 범위

공중보건의 정의는 지역사회를 단위로 한다. 즉 질병을 예방하고 건강을 유지 · 증진시키는 3가지 분야로서 연구되고 있다.

① 환경보건 분야 : 환경위생, 식품위생, 환경오염, 산업보건 등

② 질병관리 분야 : 역학, 감염병 관리, 기생충 질병 관리, 비감염성 질병 관리 등

③ 보건관리 분야 : 보건교육, 보건행정, 보건통계, 보건영양, 모자보건, 성인보건, 학교보건, 정신보건, 가족계획 등

> **tip** 〈 보건교육에는 감염병 예방학, 환경위생학, 식품위생학, 모자보건학, 정신보건학, 산업보건학, 학교보건학, 보건통계학 등이 있다.

(4) 공중보건의 3대 사업

① 보건교육   ② 보건행정(보건의료 서비스)   ③ 보건관계법(보건의료 법규) 등

> **tip** 〈 3대 사업 중 가장 중요한 사업은 보건교육이다.

(5) 공중보건의 수준 평가지표

① 영아사망률   ② 평균수명   ③ 비례사망지수   ④ 조사망률   ⑤ 사인별 사망률   ⑥ 질병이환율 등

> **tip** 〈 공중보건의 대표적 수준 평가지표는 영아사망률이다.

2 건강과 질병

(1) 건강의 정의

① 일반적으로 질병이 없는 상태로서 시대와 학자에 따라 다양하게 정의되는데, 이는 개인의 생물학적 건강이 내적, 외적 요인에 의해 영향을 받기 때문이다.

② 세계보건기구(W.H.O, 1948년) 헌장 전문 : 건강이란 단순히 질병이 없거나 허약하지 않을 뿐만 아니라 신체적, 정신적, 사회적으로 완전히 안녕한 상태라고 정의하였다.

▶ 건강의 개념적 정의
- 생존 능력의 건강
- 삶의 질이 갖는 건강
- 사회생활 적응 능력의 건강
- 신체적, 정신적 개념의 건강
- 신체적, 정신적, 사회적 안녕 상태의 건강

(2) 질병의 정의

F. S. Clark(질병 발생 삼원론) 정의 : 신체의 구조적, 기능적 장애로서 질병 발생의 삼원론에 의해 항상성이 파괴된 상태

(3) 질병 발생 결정요인

① 병인(Agent) : 질병을 일으키는 데 직접적인 원인이 되는 병인적 인자이다.

분 류	병인 요인
영양소적	• 영양소(단백질, 지방, 탄수화물)의 결핍 또는 과잉에 의해 영양 결핍증이나 비만증, 당뇨병, 심장병 등을 일으킨다.
생물학적	• 질병(감염병)의 병원체로서 박테리아, 바이러스, 리케차, 기생충, 곰팡이, 원충 등이다.
물리적	• 외상, 화상, 동상, 고산병, 잠함병, 암, 백혈병, 소음, 진동, 전기광선 등에 의한 질환이다.
화학적	• 신체적 질병의 원인과 관련된다. • 직접 피부나 점막을 상하게 하는 강산, 강알칼리, 일산화탄소가 있으며, 유독가스는 뇌, 혈액, 폐에 자극을 주어 장애를 유발한다.
정신적	• 신경성 두통, 기능성, 소화불량, 정신질환, 고혈압 등과 관련된다.
사회환경적	• 강박신경증, 노이로제, 히스테리 등의 증상이 있다. • 환경오염에 의한 공해와 산업재해에 의한 직업병, 식품에 의한 중독증과 관련된다.

② 숙주(Host)

같은 조건의 병인과 환경이라 하더라도 숙주 상태에 따라 발생 양상은 다르다. 질병에 대한 감수성은 개인차가 크며 질병 발생에 영향을 미치는 인간 숙주의 요소는 다음과 같다.
- 인적 특성 : 성, 연령, 인종, 결혼 여부, 직업, 경제적 상태 등
- 신체적 특성 : 해부학적 구조 또는 숙주의 생리적 변화, 영양 상태 등
- 정신적 특성 : 숙주가 가지고 있는 스트레스로 인해 질병이 발생

③ 환경(Environment) : 주위의 환경을 말하며 질병 발생에 간접적으로 영향을 많이 미친다.

환경 종류	내 용
물리적	지형, 지질, 기후, 주거 등 인간생활에 관여하는 모든 물리적 환경이다.
생물학적	질병의 전파 또는 발생과 관련된 동·식물이 인간에게 영향을 준다.
사회경제적	인구 밀도 및 인구분포, 직업, 사회, 문화, 과학의 발달은 인간의 건강에 직·간접적으로 영향을 준다.

유엔환경계획(UNEP)은 환경 구성 요소를 크게 자연환경과 인간환경으로 구분하고 있으며, 환경은 다시 자연적 환경과 사회적 환경으로 나눠진다.
- 자연적 환경 : 물리·화학적 환경, 생물학적 환경
- 사회적 환경 : 인위적 환경, 문화적 환경

(4) 질병의 예방

① 1차 예방 : 질병 자체를 억제한다.

② 2차 예방 : 1차 예방 실패 시 증상기에 대책을 강구하고 질병을 조기에 발견, 즉각적으로 치료한다.

③ 3차 예방 : 질병의 회복기 이후에 적용한다.

구 분	내 용
1차 예방	• 질병 자체를 억제한다.
2차 예방	• 1차 예방 실패 시, 증상기에 대책을 마련한다. • 질병 초기에 발견, 즉각적인 치료를 요구한다.
3차 예방	• 질병의 회복기 이후에 적용한다.

▶ 지역사회의 보건관리

병원체 → 병원소(병원체의 생존, 증식, 저장되는 장소) → 병원소로부터 병원체의 탈출 → 전파 → 새로운 숙주에의 침입 → 숙주 감염

Section 02 질병 관리

인류의 역사와 함께 시작된 감염병으로서의 질병은 유행 양식이 있다. 질병의 감염 경로 역시 매우 다양하다. 감염병에 의한 질환은 병원성 균으로서 감염성과 비감염성으로 대별된다.

1 질병의 발생요인

모든 질병이 생성되는 과정은 일반적으로 연쇄적 현상에 의해 이루어진다.

(1) 역학의 정의

집단 현상으로 발생하는 질병인 감염병이 미치는 영향을 연구하는 학문이 역학이다. 이는 예방 차원에 기여함을 목적으로 한다.

(2) 역학의 목적

① 건강 문제의 원인을 규명한다.

② 인구집단의 건강상태를 기술한다.

③ 질병 문제가 발생하지 않도록 통제한다.

④ 인구집단에서의 질병 문제 발생을 예견한다.

⑤ 계절에 따른 질병 발생 시, 환경위생과 예방접종 등을 통제한다.

2 질병 관리

질병의 치료보다 예방에 중점을 두고 현재의 건강상태를 더 건강하게 한다는 것으로서 최고 수준의 건강을 목표로 하여 심신을 육성하는 것이다. 본 교재에서 다루는 질병인 감염병은 전염병과 동의어이다.

(1) 질병 발생 요인

① 병인(감염원) : 병원체, 병원소를 포함하는 모든 감염원으로서 질병을 일으키는 데 직접적인 원인이 된다.

> **tip** 〈 감염원은 병원체나 병독을 직접 인간에게 가져오는 수단이 될 수 있다.

② 환경(감염 경로)

- 감염 경로, 즉 병원체의 전파 조건이 되는 모든 환경요인이다. 이는 인간이 살아가는 시 · 공간으로서 병인과 숙주 사이에서 지렛대 역할을 한다.
- 건강과 질병에 많은 영향을 준다.

감염경로		증상
직접감염	피부접촉	성병, 공수병, 서교증 등
	공기감염(비말)	눈, 호흡기 등
간접감염	비말, 포말	디프테리아, 성홍열, 인플루엔자, 결핵, 백일해 등
	개달물 (비활성 전파매개체)	물, 우유, 공기, 토양, 의복, 침구, 서적, 완구 등의 개달물
	수인성	이질, 콜레라, 장티푸스, 파라티푸스 등
	절족동물(매개)	벼룩, 이, 진드기, 파리, 모기 등
	토양	파상풍, 보툴리누스, 구충 등
	진애	디프테리아, 결핵, 두창, 발진티푸스 등

③ 숙주(감수성) : 질병을 받아들이는 인간을 말하며, 유병률은 사람에 따라 다르다.

감염병 요인	생성요인	경로
병인 (감염원)	병원체	세균, 바이러스, 리케차, 기생충, 곰팡이 등
	병원소	환자, 감염자, 보균자(건강 · 병후), 토양, 가축(소, 돼지, 개, 쥐) 등

환경 (감염경로)	병원소로부터 병원체 이탈	호흡, 소화, 비뇨기계, 기계적 이탈 등
	전파 · 숙주 잠입	직 · 간접적 전파, 공기, 물, 식품, 절지동물에 의한 전파수단이 되는 모든 환경요인
숙주 (감수성)	감수성	숙주가 병원체에 대한 저항력 또는 면역이 있거나 없는 상태

(2) 병원체 관련 질병

▶ 감염병의 신고 규정
• 발생 감염병 환자의 신고는 소재지 관할 보건소장에게 신고한다.
• 감염병 예방법상 제1군부터 제4군 감염병은 발생 '즉시' 신고한다.
• 감염병 예방법상 제5군 및 지정 감염병의 경우 발생 7일 이내에 신고해야 한다.

① 병인
  ㉠ 병인(병원체)

병 인		관련 질병	비 고
세균	간균	콜레라, 이질(세균, 아메바성), 장티푸스, 파라티푸스, 파상풍, 웰슨병, 페스트, 결핵, 나병, 디프테리아 등	질병을 일으키는 병원체
	구균	성홍열, 수막구균성 수막염, 백일해, 폐렴, 매독, 임질, 연성하감 등	
	나선균	매독균, 렙토스피라증, 희귀열 등	
바이러스		폴리오, 감염성 감염, 트라코마, 일본뇌염, 두창, 홍역, 유행성 이하선염 등	
리케차		발진열, 발진티푸스, 양충병, 쯔쯔가무시증 등	
스피로헤타		매독, 재귀열, 와일씨병, 서교증 등	
원충성		아메바성 이질, 말라리아, 질 트리코모나스 등	
후생동물		회충, 요충, 십이지장충 등	
진균(사상균)		곰팡이, 무좀, 칸디다 곰팡이증 등	

ⓒ 병인(병원소)

병 인	병원소	관련 질병	비 고
사람	환자 병원소	은닉환자, 간과환자, 전기구환자, 현성환자 등	병원체가 생활하고 증식하며 계속해서 다른 숙주에게 전파될 수 있는 상태로 저장되는 장소
	건강 (불현성 보균자)	디프테리아, 폴리오, 일본뇌염 등 (증상이 없으면서 균을 보유하고 있는 자로서 보건관리가 가장 어려움)	
	잠복기 (발병 전 보균자)	디프테리아, 홍역, 백일해 등 (증상이 나타나기 전에 균을 보유하고 있는 자)	
	병후 (만성회복기보균자)	이질, 장티푸스, 디프테리아 등 (균을 지속적으로 보유하고 있는 자)	
동물	소	파상열, 결핵, 탄저병 등	–
	개	광견병(공수병)	
	돼지	살모넬라증, 파상열, 탄저병 등	
	말	탄저병, 살모넬라, 일본 뇌염 등	
	쥐	페스트, 살모넬라, 와일씨병, 서교증, 발진열 등	
	고양이	살모넬라증, 서교증, 톡소플라마스증 등	
	토끼	야토증	
곤충	파리	콜레라, 이질, 장티푸스, 결핵, 파라티푸스, 트라코마 등	흡열, 피부, 외상을 통해서 감염
	모기	일본뇌염, 말라리아, 뎅기열, 황열 등	
	이	발진티푸스, 재귀열 등	
	벼룩	페스트, 발진열 등	
	바퀴벌레	콜레라, 이질, 장티푸스 등	
	빈대	재귀열	
	진드기	야토병	
토양	흙, 먼지, 토양	파상풍	–

② 환경(병원소로부터 병원체 이탈, 전파, 숙주잠입)

요인	구분		침입 경로	관련 질병	비고
환경 (감염경로)	병원소로부터 병원체 이탈		호흡기계	결핵, 나병, 두창, 디프테리아, 성홍열, 수막구균성 수막염, 백일해, 홍역, 유행성 이하선염, 폐렴 등	• 비말 또는 비말핵 흡입이다. • 기침, 재채기, 담화 등을 통해 탈출한다.
			소화기계	콜레라, 세균성 이질, 장티푸스, 파라티푸스, 폴리오, 감염성 간염, 파상열 등	• 경구 침입, 소화기계 질병으로서 주로 분변을 통해 탈출한다.
			피부 직접 접촉 (성기점막피부)	매독, 임질, 연성하감 등	• 성전파 질환이며 주로 소변이나 분비물을 통해 탈출한다.
			피부기계 (점막피부)	트라코마, 파상풍, 웰슨병, 페스트, 발진티푸스, 일본뇌염 등	• 흡혈 시 탈출 발열, 발진, 근육통을 일으킨다.
			기계적 탈출	말라리아	• 이, 벼룩, 모기 등 흡혈성 곤충에서 탈출한다.
			개방병소	나병(한센병)	• 농양, 피부병 등의 병변 부위에서 직접 탈출한다.
	전파	직접 접촉	비말(포말)감염	결핵, 디프테리아, 백일해, 성홍열, 인플루엔자 등	• 비말(타액) : 대화, 기침, 재채기 등을 통해 접촉된다. • 포말 : 눈, 호흡기 등을 통해 접촉된다.
		간접 접촉	진애감염	결핵, 두창, 디프테리아, 발진티푸스 등	• 공기를 통해 전파된다.
			수질감염	이질, 콜레라, 장티푸스, 파라티푸스 등	• 물, 식품을 통해 전파된다.
			토양감염	파상풍균, 비탈저균 등	• 토양을 통해 전파된다.
			경구감염	세균성 이질, 아메바성이질 등	• 환자, 보균자의 분뇨를 통해 배출된 병원체가 식품에 오염 경구적으로 침입한다.
			경피감염	파상풍, 양충병, 광견병 등	• 토양이나 퇴비접촉과 교상에서 전파된다.
			개달감염	결핵, 트라코마, 두창, 비탈저, 디프테리아 등	• 수건, 의류, 서적, 인쇄물 등의 개달물에 의해 감염된다.

※ 전파는 병원체가 병원소로부터 탈출하여 새로운 숙주에 침입하는 것이다.

③ **숙주(면역성과 감수성)** : 병원체가 숙주인 인체 내에 침입하여 발생되는 것으로 감염균에 대하여 자기방어 능력과 저지할 수 있는 환경에 의해 다르게 나타난다.

   ⊙ **감수성** : 숙주 체내에 병원체가 침입하였을 때 감수성이 있으면 감염 또는 발병이 일어난다.

내용	질병(단위%)
감수성지수 (접촉감염지수)	두창(95%), 홍역(95%), 백일해(60~80%), 성홍열(40%), 디프테리아(10%), 폴리오(0.1% 이하)

   ⊙ **면역성** : 숙주 체내에 침입하는 병원체에 대해 절대적인 방어(저항력)로서 선천면역과 후천면역으로 분류된다. 선천은 종속, 인종, 개인 특이성의 면역형태를 갖추며, 후천은 능동과 수동으로 구분된다. 이들 각각은 자연능동(수동), 인공능동(수동)으로 구분된다.

종류	면역형태	항체형성	항목(방법)	질병
선천면역	종속저항력, 인종저항력, 저항력의 개인차(자기방어능력)			
후천면역	능동면역	자연능동면역	질병이환 후 영구면역	두창, 홍역, 수두, 콜레라, 백일해, 성홍열, 페스트, 장티푸스, 발진티푸스, 유행성 이하선염
			불현성 감염 후 영구면역	일본뇌염, 소아마비
			질병이환 후 약한 면역 형성	폐렴, 디프테리아, 인플루엔자, 세균성 이질, 수막구균성 수막염
			감염 면역만 형성	매독, 임질, 말라리아
		인공능동면역	생균백신	두창, 탄저, 결핵, 홍역, 광견병, 폴리오
			사균백신	백일해, 콜레라, 폴리오, 일본뇌염, 장티푸스, 파라티푸스
			순화독소	파상풍, 디프테리아
	수동면역	자연수동면역	모체로부터 태반이나 수유를 통해서 항체를 받는 면역	
		인공수동면역	회복기 혈청, 면역 혈청, 감마글로불린(γ-globulin) 등을 주사하여 항체를 받는 면역	

(3) 질병 관리방법

① **전파 예방** : 병원소를 제거함으로써 질병의 전파를 예방한다.

  • 사람과 동물이 병원소가 되는 인수 공통 감염병의 감염원이 되는 환축을 제거한다.

  • 사람 병원소에 관여하는 수술 약물요법을 통해 환자 또는 보균자를 없애도록 한다.

② **감염력 감소(면역 증강)** : 적절한 치료를 통해 완전한 치유로부터 감염력을 감소시킨다.

③ 병원소의 격리(환자 관리)
- 병원체를 운반하는 환자 격리 또는 환축 격리를 말하며, 격리에 요구되는 필요한 기간을 결정한다.
- 외래 감염병의 국내 침입 방지 수단으로서 질병 유행 지역의 감염 의심 사람 또는 환축이 있는 경우 강제 격리를 취한다.

▶ 검역
- 해외에서 전염병이나 해충이 들어오는 것을 막기 위해 공항과 항구에서 하는 일들을 통틀어 이르는 말이다.
- 자동차, 배, 비행기, 화물 등을 점검하고 소독하며, 여객들에게 예방주사를 접종하거나 병이 있는 사람을 격리시킨다.

3 법정 감염과 검역 질병

(1) 법정 감염병

군(종)	관련 질병	신고 주기	비고
제1급 감염병 (17종)	에볼라바이러스병, 마버그열, 라싸열, 크리미안콩고출혈열, 남아메리카출혈열, 리프트밸리열, 두창, 페스트, 탄저, 보툴리눔독소증, 야토병, 신종감염병증후군, 중증급성호흡기증후군(SARS), 중동호흡기증후군(MERS), 동물인플루엔자 인체감염증, 신종인플루엔자, 디프테리아	발생 또는 유행 즉시	생물테러감염병 또는 치명률이 높거나 집단 발생의 우려가 크고, 음압격리와 같은 높은 수준의 격리가 필요한 감염병
제2급 감염병 (21종)	결핵, 수두, 홍역, 콜레라, 장티푸스, 파라티푸스, 세균성이질, 장출혈성대장균감염증, A형간염, 백일해, 유행성이하선염, 풍진, 폴리오, 수막구균 감염증, B형헤모필루스인플루엔자, 폐렴구균 감염증, 한센병, 성홍열, 반코마이신내성황색포도알균(VRSA) 감염증, 카바페넴내성장내세균속균종(CRE) 감염증, E형간염	발생 또는 유행 시 24시간 이내에 신고	전파가능성을 고려하고, 격리가 필요한 감염병
제3급 감염병 (27종)	파상풍, B형간염, 일본뇌염, C형간염, 말라리아, 레지오넬라증, 비브리오패혈증, 발진티푸스, 발진열, 쯔쯔가무시증, 렙토스피라증, 브루셀라증, 공수병, 신증후군출혈열, 후천성면역결핍증(AIDS), 크로이츠펠트-야콥병(CJD) 및 변종크로이츠펠트-야콥병(vCJD), 황열, 뎅기열, 큐열, 웨스트나일열, 라임병, 진드기매개뇌염, 유비저, 치쿤구니야열, 중증열성혈소판감소증후군(SFTS), 지카바이러스 감염증, 매독	발생 또는 유행 시 24시간 이내에 신고	발생을 계속 감시할 필요가 있는 감염병
제4급 감염병 (22종)	인플루엔자, 회충증, 편충증, 요충증, 간흡충증, 폐흡충증, 장흡충증, 수족구병, 임질, 클라미디아감염증, 연성하감, 성기단순포진, 첨규콘딜롬, 반코마이신내성장알균(VRE) 감염증, 메티실린내성황색포도알균(MRSA) 감염증, 다제내성녹농균(MRPA) 감염증, 다제내성아시네토박터바우마니균(MRAB) 감염증, 장관감염증, 급성호흡기감염증, 해외유입기생충감염증, 엔테로바이러스감염증, 사람유두종바이러스 감염증	7일 이내	제1~3급감염병 외에 유행 여부를 조사하기 위하여 표본감시 활동이 필요한 감염병

4 침입 경로에 따른 질병

경로	관련 질병	병원체(소)/전파	침 입	증 상
소화기계 (7종)	장티푸스	환자나 보균자(분뇨)	경구	고열
	콜레라	환자	배변, 토사물	위장 장애
	세균성 이질	환자	경구 (파리, 위생 불량의 분변)	발열, 구토, 경련 등
	폴리오	환자	인두 분비물, 비말 산포로 감염	중추신경계 손상
	파라티푸스	환자(보균자)	대소변	고열, 위장염, 식중독과 혼동
	장출혈성 대장균 감염증	소, 가금류, 대변	오염된 식품(물)	오심, 구토, 복통, 미열 등
	유행성 간염	환자	오염된 식품(물), 경구 감염	급성 감염 (바이러스성)
호흡기계 (7종)	디프테리아	환자, 보균자 배설물	인후 · 코 – 국소적 염증	신경조직 장애
	백일해	환자	체외 독소 분비 직접접촉 비말, 환자 배설물	발작성 기침, 구토 등
	홍역	환자	공기감염 – 환자와의 접촉	열, 전신발진 등
	인플루엔자	환자	비말, 포말 감염	발열, 오환, 근육통, 사지통 (급성 호흡기 감염병) 등
	풍진	환자	비말, 환자와의 접촉	얼굴, 목, 홍진 등
	수두	환자	비말, 공기 전파, 사람 피부 분비물	발진, 미열 등
	성홍열	환자나 보호자 손	간접 전파	발열, 인후염, 편도선염, 경부임파선 등
절족동물 매개 감염병 (7종)	페스트	벼룩(매개)	경피(흡혈, 상처)	패혈증, 임파선, 폐렴 등
	발진티푸스	집쥐 / 쥐벼룩(매개)	경피(흡혈, 상처)	발열, 근육통, 정신신경 증상, 발진 등
	말라리아	환자나 보균자 / 모기(매개)	경피(흡혈, 상처)	발열 수반, 오한 등
	유행성 일본뇌염	들쥐 / 모기(매개)	경피	뇌에 염증
	유행성 출혈열	들쥐 / 좀 진드기(매개)	들쥐 배설물과 좀 진드기 오염물	심한 각혈, 위장출혈, 혈뇨, 단백뇨에 발현 등
	발진열	쥐 / 쥐벼룩	쥐벼룩 대소변 및 분진이 상처로 접촉되거나 흡입	발열, 발진 등
	쯔쯔가무시병	좀 진드기	노출된 피부, 물린 상처	고 출혈성 질환 등

동물 매개 감염병 (4종)	공수병	포유동물 – 개, 고양이 / 사람(교상)	교상 / 사람	물소리 등에 발작증세
	탄저	소, 말, 양	경피 감염	급성패혈증
	브루셀라	소, 돼지, 말, 양, 개	환자 배설물 (직접접촉)	발열, 오한, 발한, 권태 쇠약 등
	렙토스피라증	들쥐 / 경피 감염	들쥐 배설물 – 물 · 토양 경구 감염	급성 발열성 증상
만성 감염병 (5종)	결핵	사람, 소	호흡기(환자 기침) 객담	피로감, 발열, 각혈, 기침 등
	한센병	사람	비강분비물	피부 병변
	성병	세균, 바이러스, 원충	분비물	〈임질〉 • 남성–배뇨 곤란, 요도에서 고름 • 여성–요도염, 자궁경관염 〈매독〉 • 성기의 구진, 무통하감, 피부발진 등
	B형간염	사람	환자 혈액, 타액, 정액	오심, 구토, 피곤감, 황달 등
	후천성면역결핍증	사람	성교, 수혈, 혈액(감염)	식욕부진, 체중감량, 발열, 만성 설사 등

※ 백일해는 소아감염병 중 가장 사망률이 높은 질병 중 하나이다.

Section 03 가족 및 노인보건

• 가족보건은 모자보건과 성인보건으로 구성된다. 모자보건은 모성보건과 영 · 유아보건으로 분류되며, 성인보건은 성인병과 여러 질환에 대하여 다루고 있다.

• 노인보건에서는 고령화 사회에서 예측되는 노인 질병 구조단계인 생리적, 신체적, 기질적 변화에 대해 모색하고자 하였다.

1 가족보건

(1) 모자보건

모자보건사업은 모체와 영 · 유아에게 보건의료 서비스를 제공하여 모성 및 영 · 유아의 사망률을 저하시키고 나아가 대상자의 건강 증진에 기여하는 데 있다.

① **모자보건의 중요성** : 모자보건은 한 국가나 지역사회의 보건수준을 제시하는 지표로 사용되고 있다.

② 모자보건의 지표

우리나라 모자보건의 지표는 모성사망률, 영아사망률, 성비, 시설분만률 등으로 나눌 수 있다.

구분	지표 내용
모성사망률	임산부의 산전, 산후관리 수준을 반영하는 지표이다.
영아사망률	지역사회의 보건수준을 표시하는 대표적 지표이다.
성비	남녀 간의 비율을 뜻한다.
시설분만률	보건의료기간 등의 시설에서 분만하는 비율을 뜻한다.

(2) 영·유아보건

태아 및 신생아, 영 · 유아기의 보건관리를 영 · 유아 보건관리라 한다.

> ▶ 영·유아의 분류
> • 초생아 : 출생 1주 이내
> • 영아 : 출생 1년 이내
> • 신생아 : 출생 4주(1개월) 이내
> • 유아 : 만 4세 이하

① 영 · 유아의 보건관리

종류	관리 내용
미숙아 관리	미숙아는 임신기간 37주 미만에 체중 2.5kg 이하로 태어난 아이로 반드시 입원시켜 체온 보호, 호흡관리, 영양 보급에 힘쓰고 질병 감염 등을 방지시켜야 한다.
신생아 관리	미숙아, 호흡장애, 출생 시 손상 및 선천성 기형 등 발생 원인을 규명하지 못하는 것으로 신생아 사망의 대부분은 여기에 속한다.
영 · 유아 관리	생리적 발육을 위해 영양 공급, 예방접종 및 사고 예방, 정서 지도 등의 관심이 요구된다.

② 영 · 유아의 주요 질병

영 · 유아기에는 호흡기나 소화기계의 감염 및 사고가 대부분이나 선천성 기형이 일부 작용한다.

(3) 성인보건

경제성장과 소득증대에 따른 생활 수준의 향상은 감염성 질환의 발생을 감소시켰으나 성인병(비감염성 질환)은 꾸준히 발생하고 있다. 이에 노화현상과 다른 성인의 질환(성인병)이나 건강문제에 관한 관리는 보건학의 중요한 당면과제이다.

① 성인병의 개념
  • 질병 자체가 영구적인 기간을 가진다.
  • 재활을 위한 훈련이 특수하게 요구된다.

- 병적으로 불가역적인 변화를 하는 질병이다.
- 병적 후유증으로 무능력 또는 불구상태를 가진다.
- 장기간에 걸쳐 지도 및 관찰이 요구되는 질환이다.
- 기능장애에 따른 전문적인 관리가 요구되는 질환이다.

② 성인병의 정의

성년기 이후에 발병되는 성인병은 노화와 더불어 발생될 수 있는 만성·퇴행성 질환, 불구, 무능력 상태, 기능장애 등으로서 비감염성 질환이다.

③ 성인병이 종류

우리나라 90년대 중반 이후 성인병이라 할 수 있는 암, 고혈압, 당뇨병, 심혈관 질환 등을 위주로 살펴보고자 한다.

㉠ 암
- 최근 우리나라 제1의 사망 원인으로 암 사망률의 순서(2002)는 위암 → 폐암 → 간암 → 대장암 순이다.
- 증상(미국 암학회 참조)
  - 변통, 배뇨가 이상하다.
  - 계속되는 기침과 쉰 목소리를 낸다.
  - 사마귀 또는 검은 반점의 변화가 보인다.
  - 궤양이 잘 낫지 않는다.
  - 이상 출혈 및 분비물이 자주 보인다.
  - 기타 피로, 무기력, 체중 감소 등의 일반증상이 나타난다.
  - 유방 내 또는 그 밖의 부위에서 덩어리 촉지 또는 비후가 만져진다.

㉡ 고혈압 : 순환기 계통이 원인인 성인병으로서 만성 퇴행성 질환이다.

> **tip** 우리나라의 순환기 학회에서 규정한 혈압의 정상 범위는 최고 혈압 140mm/Hg, 최저 혈압 90mm/Hg 이하이다.

- 세계보건기구 혈압상태 규정(단위 : mm/Hg)

구분	저혈압	고혈압	경계혈압	정상혈압
최고혈압(수축기)	100 이하	160 이하	140~160	140 이하
최저혈압(이완기)	60 이하	95 이하	90~95	90 이하

- 원인 : 고혈압의 원인은 복잡하고 분명하지 않다.
  - 본태성 고혈압(1차성) : 다른 병과는 관계없이 발병하며 고혈압의 85~90%를 차지한다.
  - 속발성 고혈압(2차성) : 다른 병의 합병증으로 발병하며 고혈압의 10~15%를 차지한다.
- 증상 : 두통, 자고 난 후 뒷머리가 아프다. 어지럽고 숨이 차며 피로하고 코피가 난다. 귀에서 소리가 나고, 팔다리가 저리고, 눈이 침침해지는 등 여러 가지 증상이 나타난다.

ⓒ 당뇨병 : 당뇨는 요중에서 포도당이 나온다는 것, 즉 단소변이 많이 나오는 병이란 뜻으로 명명되었다.
- 원인 : 발생 원인에 따른 분류
  - 인슐린 의존형(제1형) 당뇨병
    ⓐ 유아기 또는 청소년기에 주로 발생된다.
    ⓑ 췌장에서 인슐린을 만들지 못하기 때문에 발생한다.
  - 인슐린 비의존형(제2형) 당뇨병
    ⓐ 췌장의 인슐린 분비는 정상 수준이나 비만 등의 이유로 체내 인슐린 요구량이 증가되지만 충분히 공급하지 못하여 발생된다.
    ⓑ 당뇨병 환자의 80% 이상으로서 주로 40대 이후에 발생된다.
- 진단방법 : 요당 및 혈당검사 방법이 보편적인 진단방법이다.
  - 요당검사 시 : 시험지가 붙어있는 스틱을 소변에 담갔다가 바로 꺼낸 후 지정시간이 경과되어 결과를 판독하면 혈당치 180mg/dl이상인 경우에만 발견된다.
  - 혈당검사 시 : 혈당측정기계로 자가측정이 일반화되었다.
    ⓐ 아침 공복 시에 정맥 혈당치가 140mg/dl이상일 때 당뇨병이라 할 수 있다.
    ⓑ 포도당 75g을 300cc의 물에 타서 마신 후 2시간 뒤에 200mg/dl를 넘었을 때도 당뇨병이라 할 수 있다.
- 증상과 합병증
  - 다뇨, 다음, 다식 등의 증상이 나타난다.
  - 체중 감소, 피로감, 권태감 등이 나타난다.
  - 시력장애, 망막증, 신경통, 지각장애, 부스럼, 피부소양증, 폐렴, 질염, 종기, 동맥경화, 협심증, 고혈압 등의 합병증 증상이다.

④ 성인병 예방대책
- 식생활을 개선한다.
- 음주와 흡연을 삼간다.
- 긍정적인 생산활동에 참여한다.
- 규칙적인 운동을 한다.
- 충분한 수면과 휴식을 취한다.
- 시간활용에 따른 여가활동을 적절히 보강한다.

2 노인보건

인간발달 단계에서 생리적, 기질적, 신체적으로 위기를 갖는 노년기에는 뇌의 위축과 성인병의 만성화로 인해 정신적 변화가 심각하다.

① 노인보건의 목표

만성 퇴행성 병변을 일으키는 여러 가지 요건을 연구하여 가능한 한 그 영향을 적게 받도록 함으로써 인간을 형태적, 기능적으로 젊게 유지하는 데 있다.

② 노화현상
- 노화 현상은 개인차가 크고 유전적 요인보다 환경적 요인이 크게 작용한다. 즉 과로, 음식물, 영양, 음주, 생활양식, 질병 감염, 운동량, 활동량 등에 따라 영향을 받게 된다.
- 노화현상 중 가장 뚜렷이 나타나는 것은 전신 위축, 색소 침착, 혈관의 탄력성 감퇴 등이다.

③ 노화의 배경
노화는 내·외적 환경에 의해 발생되는 기능의 쇠약함과 사회, 경제, 환경 등의 변화에 따른다.
㉠ 내적 기능의 변화
- 생리적 : 운동기능, 대사기능, 신경기능, 내분비기능 등의 변화가 있다.
- 정신적 : 기억력, 심리적 불안, 우인(교우)관계, 가족관계 등의 변화가 있다.
㉡ 외적 기능의 변화 : 지식, 영양, 노동환경의 변화 등이 있다.

④ 노화 예방
체력의 약화로 면역력과 정신기능이 떨어짐에 따라 체력 유지를 위한 방법과 몸을 보양할 수 있는 영양관리는 40세 전후의 건강관리로부터 시작된다.
- 정기적으로 건강진단을 받는다.
- 식습관을 개선하고, 알맞은 운동을 꾸준히 한다.
- 육체적 노동을 한 만큼 휴식시간을 가진다.
- 감정적 자극을 감소시키고, 취미생활을 한다.

Section **04** **환경보건**

현대 환경위생은 개인위생뿐 아니라 지역사회 전체 주민을 대상으로 생활환경을 개선하고 도모한다.

■ 환경위생의 개념

(1) 환경위생의 정의

① 세계보건기구(환경위생전문위원회)의 정의 : 인간의 신체 발육과 건강 및 생존에 유해한 영향을 미치거나 미칠 가능성이 있는 모든 환경 요소를 관리하는 것이다.

② 우리나라(환경보전법)의 정의 : 자연환경과 인간의 일상생활과 밀접한 관계가 있는 재산의 보호 및 동·식물의 생육에 필요한 생활환경을 말한다.

> ▶ 환경위생
>
> • 공기 : 기온, 기습, 기류, 기압, 매연, 가스 등
> • 물 : 강수, 수량, 수질, 지표수, 지하수 등
> • 토지 : 지온, 지균 등
> • 기타 : 빛, 소리 등

(2) 환경위생의 범위

환경 구분	위생의 범위
자연적	우리 생활에 필요한 물리적 환경이다. 예 공해(대기, 수질, 소음, 진동, 악취, 일조권 방해 등), 토양오염, 상·하수 등
사회적	우리 생활에 직·간접으로 영향을 주는 환경이다. 예 정치, 경제, 종교, 인구, 교통, 교육, 예술 등
인위적	외부의 자극으로부터 인간을 보호하는 환경이다. 예 의복, 식생활, 주택, 위생시설 등
생물학적	동·식물, 미생물, 설치류, 위생 해충(파리, 모기) 등이 갖는 환경이다.

2 환경위생의 분류

(1) 물리·화학적 환경

인간의 건강은 환경의 영향과 밀접한 관계를 맺고 있다. 따라서 인간을 둘러싸고 있는 환경을 물리·화학적, 인위적 환경 등으로 분류하여 살펴보고자 한다.

① 대기(공기)오염

㉠ 공기

공기의 99%가 질소와 산소로 구성되어 있으며, 나머지 1%는 화학 성분으로 구성되어 있다. 공기성분은 질소(78%), 산소(21%), 아르곤(0.93%), 이산화탄소(0.03%), 기타(0.04%) 등이다. 희석작용, 산화작용, 교환작용, 세정작용을 통해 자정을 한다.

> **tip** 공기는 대기의 하부층으로 구성된 기체로서 주로 해발 10km 내의 공간에서 측정한다.

• 질소(N_2)
  – 공기 중의 약 78%를 차지한다.
  – 공기 중의 산소를 부드럽게 하는 작용을 한다.
  – 고기압 환경이나 감압 시에는 감압병(잠함병)을 나타낸다.
    ※부족 시 중추신경 증상으로서 전신의 동통과 신경마비, 보행 곤란 등을 나타낸다.

- 산소(O_2)
  - 산소는 공기 구성성분 중 가장 중요한 성분이다.
    ※ 산소량 10% 이하 시 호흡곤란을 일으킨다.
    ※ 산소량 7% 이하 시 질식사한다.

> **tip** 〈 성인 1일 산소 소비량은 0.52kℓ/day이다.

- 이산화탄소(CO_2)
  - 성인은 호기 중에서 약 4%의 CO_2를 배출한다.
  - 무색, 무취, 비독성 가스이며, CO_2 중독은 거의 없다.
  - 최대 허용량(서한량)은 8시간 기준으로 700~1,000ppm(0.07~0.1%)이다.

CO_2 농도	공기 중에서 증상
3% 이상	불쾌감
6% 이상	호흡횟수 증가
8% 이상	호흡곤란
10% 이상	의식상실 또는 사망

> **tip** 〈 CO_2는 실내공기의 오염이나 환기 유무를 결정하는 척도이며, 한 사람이 1시간에 약 20ℓ의 CO_2를 배출한다.

- 일산화탄소(CO)
  - 무색, 무취, 무자극성 기체이며 독성이 크고, 비중 0.976으로 공기보다 가볍다.
  - 불완전 연소 시 많이 발생한다. (불에 타기 시작할 때 또는 꺼질 무렵 다량 발생)
  - 일산화탄소가 호흡을 통해 흡입되면 혈액 내 헤모글로빈과 결합(Hb-CO)한다. 이때 헤모글로빈과의 친화성은 산소에 비해 250~300배 강하다.
  - 최대 허용량(서한량)은 8시간 기준으로 100ppm(0.01%)이다.

헤모글로빈 결합	공기포화도에서의 증상
10%	공기 중에 10% 미만이어야 함
30~40%	심한 두통, 구토현상
50~60%	혼수, 경련, 가사 상태
80% 이상	즉사

> **tip** 〈 일산화탄소 중독(산소결핍증) : 헤모글로빈(Hb)의 산소결합 능력을 빼앗아 혈중 산소(O_2) 농도를 저하시킨다.

- 아황산가스(SO_2)
  - 피부, 점막, 기관지 등을 자극한다.
  - 최대 허용량(서한량)은 연간 기준으로 0.05ppm이다.
  - 무색으로서 공기보다 무거우며, 자극성의 취기가 강하다.
  - 도시공해 요인으로 자동차 배기가스, 공장 매연에서 다량 배출된다.

> **tip** 〈 대기오염의 지표가 되며 산성비의 원인이 된다.

- 오존(O_3)
  - 살균작용($O_3 = O_2 + O\uparrow$)을 한다.
  - 10ppm에서는 권태감을 주며 폐렴 증세를 일으킨다.
  - 지상 25~30km(성층권)에 있는 오존층은 자외선 대부분을 흡수한다.

> **tip** 〈 일상생활에서 사용되는 프레온 가스(냉장고, 에어컨, 스프레이 등의 사용)가 오존층을 파괴하는 주범이 된다.

ⓒ 기후와 온열요소
- 기후 : 어떤 장소에서 매년 반복되는 대기현상의 종합된 현상을 기후라 하며 기온, 기습, 기류가 대표적인 기후요소이다.

> **tip** 〈 기후의 3대 요소는 기온, 기류, 기습이다.

▶ 기후요소
- 기후를 구성하는 요소이다.
  - 기온, 기습, 기류, 기압, 풍향, 풍속, 강우, 강설, 복사량, 일조량 등

▶ 기후인자
- 기후요소에 영향을 미치어 기후변화를 일으키는 인자이다.
  - 위도, 해발, 고도, 수륙분포, 해류 등

기후(3대요소)	적정조건
기온	• 보통 수은 온도계를 사용하여 지상 1.5m 높이에서 측정한다. • 쾌적온도 : 18 ± 2℃
기습	• 기온에 따라 달라지는 습도는 인체에 적당하게 작용되면 쾌적함이 느껴진다. • 쾌적습도 : 40~70% 　- 실내습도가 너무 건조하면 호흡기계 질병에, 너무 습하면 피부계 질환에 노출되기 쉽다.
기류	• 기압과 기온의 차이에서 형성되는 기류는 바람이라고도 하며, 바람의 세기를 풍속 또는 풍력이라고 한다. • 쾌적 기류 : 실내 0.2~0.3m/sec, 실외 1m/sec

- 신체 방열 작용을 한다.
- 자연환기가 이루어진다.
- 항상 존재하나 느끼지 못하는 불감기류이다.

- 온열요소
  - 태양의 복사선은 대기층을 통과하면서 일부는 대기에 의해서 흡수된다.
  - 실제 지구 표면에 도달하는 태양광선은 가시광선(약 45%), 자외선(약 10%), 적외선(약 45%), 복사선(2,900~5,000Å) 등이다.

  ▷ 의복에 의해 조절되는 기온
  - 10℃ 이하에서는 난방이 요구된다.
  - 26℃ 이상에서는 냉방이 필요하다.
  - 10~26℃로서 머리와 다리의 온도 차는 2~3℃ 이상이어야 한다.

ⓒ 대기오염의 유형
- 온난화 현상 : 지구의 온실효과가 지나쳐서 지구 전체의 온도가 과도하게 상승하는 현상이다.
- 오존층 파괴
  - 지상의 자외선 증가는 대류권의 오존량을 증가시켜 스모그를 발생시킨다.
  - 성층권(지상 25~30km)의 오존층을 파괴시키는 프레온 가스(미국 듀폰사 상품명)는 산업계에 폭넓게 사용되고 있는 대표적 가스이다. 이는 냉매, 발포제, 분사제, 세정제 등으로서 염소와 불소를 포함한 염화불화탄소(CFC)를 주성분으로 한다.
- 산성비
  - 대기오염이 심한 지역에서 강한 산성을 띤 산성비가 내린다.
  - 산업폐기물을 공장에서 배출하는 매연, 분진 등의 황산화물이나 질소산화물 등의 원인물질 배출을 최소화해야 한다.
- 기온역전(역전층) : 상부 기온이 하부 기온보다 높아지면서 공기의 수직 확산이 일어나지 않으므로 대기가 안정되지만 오염도는 심해진다.

  ▷ 대기오염 증가요인
  - 풍력이 낮을수록
  - 연료소모가 많을수록
  - 인구의 증가와 집중현상이 클수록
  - 기온이 낮을수록
  - 주민의 관심이 낮을수록
  - 산업장의 집결과 시설 확충이 클수록

② 수질오염

　　㉠ 수질(물)

- 개요 : 모든 생물의 생명현상에 반드시 물이 필요하다. 왜냐하면 인체 내 음식물의 소화, 흡수, 운동, 배설, 호흡, 순환, 체온 조절 등과 같은 생리작용에 이용되기 때문이다. 인체의 60~70%가 수분으로서 이 가운데 세포 내(40%), 조직 내(20%), 혈액 내(5%)에 존재하는데, 20% 이상 수분 상실 시에는 생명이 위험하다.

> **tip** 성인 1일 기준 수분섭취량 : 약 2~2.5ℓ / day

- 음용 기준(색도) : 5도(무색 투명, 무미, 무취)

> **▶ 경도(물의 단위)**
> - 물속에 녹아있는 Ca^{2+}, Mg^{2+}의 총량을 탄산칼슘($CaCO_3$)의 양으로 환산하여 표시한다.
> - 경도 1도에는 물 1mℓ에 탄산칼슘이 1g 함유되어 있음을 나타낸다.
> - 경수(센물) : 경도 10 이상의 물로서 Ca, Mg이 많이 포함되어 있다.
>   - 우물물, 지하수가 대표적인 물이며 세탁, 세발 등에는 부적합하다.
> - 연수(단물) : 경도 10 이하의 물로서 수돗물이 대표적이며 세발, 세탁, 음용 등이 가능하다.
> - 수돗물이 경도가 높으면 소독제와 불활성 효과, 즉 침전 상태가 될 수 있으므로 주의해야 한다.

- 불소 : 2.0mg/ℓ를 넘지 아니한다.　　　　　- 탁도 : 2도 이하이어야 한다.
- 수온 이온 농도 : pH 5.5~8.5이다.　　　　　- 염소 이온 : 250mg/ℓ 이하이다.
- 수은(Hg) : 0.001mg/ℓ를 넘지 아니한다.　　- 대장균 : 100mℓ에서 검출되지 않아야 한다.
- 일반 세균 : 1cc 중 100CFU(Colony Forming Unit) 이하가 검출되어야 한다.
- 물의 소독 : 열처리법, 자외선 소독법, 오존 소독법, 염소 소독법 등이 있다.

소독제 종류	장 점	단 점
염소 소독	• 잔류 효과가 크고 조작이 간편하다. • 비용이 적게 들어 경제적인 소독법이다. • 살균 효과가 우수하며 가장 많이 이용된다. • 상수 소독제는 액화염소 또는 이산화염소를 주로 사용한다.	• 독성이 있다. • 강한 취기가 있다. • 바이러스는 사멸시키지 못한다.
오존 소독	• 세균, 바이러스를 사멸시킨다. • 강한 표백작용을 한다. • 무미, 무취, 무색의 기체로서 산화력이 강하다. 　- 유해 잔류물을 남기지 않는다.	• 비용이 많이 든다. 　- 복잡한 오존발생 장치를 요구하기 때문이다.
자비 소독 (습윤멸균법)	• 가정에서 소독 시 많이 사용한다. • 100℃ 끓는 물에서 10~30분 이상 가열한다.	• 열 저항성 아포, B형 간염 바이러스, 원충의 포낭형 등은 사멸시키지 못한다.

자외선 소독	• 살균력이 매우 강하다. – 자외선(2,650~3,000Å)은 수심 120mm까지 살균효과가 있다.	• 자외선 침투력이 약해 외부 이물질과 먼지 등의 요인에 의해 감소된다.

- 물의 정수법 : 물의 정수법에는 자정정수작용, 인공정수, 침전(보통·약물)법, 여과(완속·습사)법 등이 있다.
  - 물의 자정작용 : 희석작용, 침전작용, 일광 내 자외선에 의한 살균작용, 산화작용, 생물의 식균작용 등이 있다.
  - 인공정수 방법

순서	침전 → 여과 → 소독
완속사 여과	보통침전법을 사용한다.
급속사 여과	약물침전법을 사용한다.

ⓒ 수질오염 및 오탁

- 유해 금속질병의 감염원 : 산업폐수에서 유출되는 유해물질로서 각종 중독성 질환을 야기한다.

※ 괄호는 해당 병의 원인 물질

병명	증상
미나마타병(Hg)	• 수은이 인체에 축적되어 발생되며, 태아에게도 전이된다. • 인근 공장폐수로부터 오염된 어패류 섭취 시, 신경장애, 언어 및 청력장애 등이 발병된다.
이타이이타이병(Cd)	• 카드뮴 중독, 골연화증 등을 유발시킨다. • 논의 용수 속에 카드뮴 오염수가 유입되어 생산된 쌀 섭취 시 발병된다.
비소중독(As)	• 밀가루와 같은 금속성분으로서 농약이나 첨가물을 통해 섭취 시 구토, 경련, 마비 증상이 있다.
납중독(Pb)	• 빈혈, 구토, 설사와 같은 증상이 30분 이상 지속되는 납중독 증상이 있다.
그 외	• 시안(CN), 크롬($Cr6^+$), 음이온 계면활성제(ABS) 등에 의해 발병한다.

- 수인성 질병의 감염원
  - 감염성이 있는 병원체들이 물을 통하여 인체에 감염을 일으킨다.
  - 장티푸스, 파라티푸스, 세균성 이질, 콜레라, 감염성 설사, 유행성 감염 등이다.
- 기생충 질환의 감염원 : 물과 관련된 기생충은 간디스토마, 폐디스토마, 주혈흡충, 광두열두조충, 회충, 구충 등이다.
- 수중불소와 우식치 : 특히 8~9세까지의 어린이에게 주로 발생된다.
  - 반상치 : 과다 불소 첨가물을 장기 음용 시 발생된다.
  - 우식치 : 불소량이 적은 물을 장기 음용 시 발생된다.

(2) 인위적 환경

① 주택

주택이 갖추어야 할 4대 조건은 건강성, 안전성, 기능성, 쾌적성 등과 같다.

구분	주택 조건
건강성	한적하여 교통이 편리하고, 공해를 발생시키는 공장이 없는 환경이어야 한다.
안전성	남향 또는 동남향, 서남향의 지형이 채광에 적절하다.
기능성	지질은 건조하고 침투성이 있는 오물의 매립지가 아니어야 한다.
쾌적성	지하 수위가 1.5~3m 정도로 배수가 잘되는 곳이어야 한다.

② 채광(조명)

㉠ 자연채광 : 태양광선에 의하여 실내 밝기를 유지하는 것으로 직사광선과 천공광으로 나눈다.

▶ 천공광(Sky Light)

창을 통하여 실내에 이용되는 자연조명을 말한다.

- 자연채광의 조건 : 창의 방향, 면적, 높이, 거실 안쪽의 길이와 함께 실내의 천장이나 벽색 등을 고려해야 한다.

구 분	채광 조건
창의 면적	벽 높이의 1/3
창의 방향	조명의 균등을 요하는 네일 숍은 동북향 또는 북창 방향
환기 면적	방바닥 면적의 1/20 이상
개각	4~5°
입사각	28° 이상

> **tip** 조도의 균등함은 눈의 피로를 없애주며, 주광률(Daylight Factor)은 1% 이상이어야 한다.

㉡ 인공채광(조명) : 조명의 색은 균등한 조도를 가진 주광색에 가까운 것이 좋다.

▶ 룩스(Lux)
- 조도의 측정 단위, 빛의 밝기 정도
- 1 Lux는 1촉광의 빛으로부터 1m 떨어진 거리에서 평면으로 비춰지는 빛

• 조명의 종류

종류	장점	단점
직접조명	• 조명의 효율이 크다. • 설비가 간단하여 경제적이다.	• 조도가 균일하지 않다. • 강한 음영과 현휘를 일으킨다.
간접조명	• 균일한 조도에 의해 시력을 보호한다.	• 눈의 보호에 가장 좋은 조명이다. • 조명효율이 낮고 유지비가 많이 든다.
반간접조명	• 절충식으로(직접광 1/2, 간접광 1/2) 이용한다.	• 빛이 부드럽고 광선을 분산한다.
전체조명	• 실내 전체가 밝은 광원에 의해 조명된다.	• 일반 가정에서는 전체 조명으로 밝게 사용한다.
부분조명	• 정밀 작업장에 용이하다. • 특정 부분에 집중적으로 조명된다.	• 시력이 나빠질 수 있다.

• 조명의 조건 : 조도가 균일하고 적당하며, 그림자가 생기지 않고, 수명이 길고, 효율이 높아야 한다.
  – 부적절한 조명 : 근시, 안정피로, 안구진탕증, 백내장 등의 신체장애를 발생시키고 작업능률이 저하된다.
  – 적절한 조명 : 작업 능률의 향상, 정상 시력 유지, 사고 예방

▶ 상황별 적절한 조명
• 독서 시 : 150Lux
• 일반 작업 시 : 100~200Lux
• 정밀 작업 시 : 300~500Lux

• 인공조명의 조건
  – 비싸지 않아야 한다.   – 유해가스가 발생되지 않아야 한다.
  – 작업 시 사용되는 조도는 균등해야 한다.   – 광원은 주황색에 가까운 간접조명이 좋다.
  – 폭발, 발화의 위험이 없고 취급이 간편해야 한다.
  – 왼쪽 머리 위에서(좌상방) 조명이 비치는 것이 좋다.

③ 상하수도

㉠ 상수도

• 수원의 종류 : 천수, 지표수, 지하수, 복류수, 해수 등

종류	내용
천수 (비 또는 눈)	가장 순수한 물로 연수지만 대기가 오염된 지역은 매진, 분진, 세균량이 많다.
지표수 (하수 또는 호숫물)	오염된 물이 많다.

지하수	수심이 깊은 물일수록 탁도가 낮고 경도가 높다.
복류수	하천의 아래 또는 주변에서 얻는 방법으로 소도시의 수원으로 이용된다.
해수	3%의 식염을 포함하여 음용수로 사용 시 화학처리 후 정화시켜 사용한다.

- 도수(물길) : 수원이 멀어서 온수로를 이용하여 정수장까지 운송하여 사용한다.

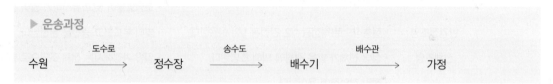

- 정수 : 인공적으로 정수장에서 물을 정화시키는 과정이다.

  ※ 침사 → 침전 → 여과 → 소독 → 급수
- 배수 : 배수지에서 각 가정, 학교, 산업장까지의 송수를 배수라 한다.
- 송수(정수장에서 배수지까지) : 송수로를 통하여 물을 끌어가는 과정을 일컫는다.

ⓒ 하수도

- 개요

  − 생활에 의해 생기는 오수를 하수라 한다.　　− 하수량은 문화가 발전됨에 따라 증가한다.

  − 하수 처리는 합류식, 분류식, 혼합식 등으로 분류된다.

  − 가정하수, 산업폐수, 지하수, 천수(빗물) 등으로 천수를 제외한 나머지 물을 '오수'라 한다.
- 하수도의 분류

  − 합류식 : 모든 오수와 하수를 운반한다.　　− 분류식 : 하수 중 천수를 별도로 운반한다.

  − 혼합식 : 천수와 오수 일부를 운반한다.
- 하수처리법 : 희석법, 침전법, 관개법, 부패조법, 임호프탱크법, 접촉여상법, 안정지법, 살수여상법, 활성오니법 등이 있으나, 가장 진보된 방법은 활성오니법이다.
- 하수처리 과정 : 예비처리, 본처리, 오니처리의 단계를 거친다.

  − 예비처리(1차 처리)

    ⓐ 제진망(스크린) 설치 : 하수 유입구에서 부유물질이나 고형물을 자주 제거한다.

    ⓑ 침사조 : 토사같이 비중이 큰 물질을 감속으로 유속시켜 침전시킨다.

    ⓒ 침전지 : 제진망, 침사조에서 제거되지 않은 부유물을 제거하기 위해 부유물을 침전시킨다.

  − 본처리(2차 처리)

    ⓐ 혐기성처리 : 무산소 상태(혐기성균을 이용)에서 유기물을 분해하는 방법이다. 부패조 처리법, 임호프탱크 등을 이용한다. 혐기성균에 의해 부패가 촉진되고 오니는 액화되며 가스를 발생시킨다.

    ⓑ 호기성처리 : 산소를 공급시켜 호기성 세균을 증식시키는 방법이다. 살수여상법, 활성오니법, 접촉여상법, 산하지법 등을 이용한다.

ⓒ 오니처리 : 최종 하수처리 후 남은 찌꺼기를 처리하는 방법이다. 투기법(육상 · 해상) 소각법, 소화법, 퇴비화, 사상건조법 등을 이용한다.

- 하수오염의 측정

수질검사	오염도
용존산소량 (DO)	• 5ppm 이상이다. • 용존산소가 부족하면 오염도가 크다. • 용존산소는 수중에 용해된 산소량으로서 mg/ℓ로 표시한다. • 4mg/ℓ이하일 때 어류는 생존 불가능하다.
생물화학적 산소요구량 (BOD)	• 5ppm 이하이다. • BOD가 높으면 오염도가 크다. • 유기물질 또는 질소화합물을 산화(분해)시키는 데 소비되는 산소량이다.
화학적 산소요구량 (COD)	• 물속의 유기물을 무기물로 산화시킬 때 필요로 하는 산소요구량이다.
수소 이온 농도 (pH)	• 산성, 중성, 알칼리성을 나타내는 척도이다. • pH 7 이하는 산성, pH 7 이상은 알칼리성을 띤다.
부유물질 (SS)	• 쓰레기 등이 떠 있지 않아야 한다.
대장균군	• 100mℓ당 대장균 수를 나타낸다.

> **tip** 하수의 오염도를 측정하는 데는 BOD 측정이나 COD 시험법이 주로 사용되나 하수 중의 DO로도 알 수 있다.

Section 05 식품위생과 영양

음식물에 의해 생성되는 건강장애의 원인물질로서 생물학적 인자, 식품생산인자, 환경오염인자 등으로 나눌 수 있으며 생성요인에 따라 내인성, 외인성, 유기성 등으로 나눈다. 영양은 인체의 대사과정을 원활히 유지하기 위해서 충분한 영양섭취를 해야 한다. 생명현상을 유지하기 위한 영양소는 탄수화물, 단백질, 지방, 비타민, 무기질 등으로 분류된다.

1 식품위생

(1) 식품위생의 정의

① 우리나라 식품위생법

식품, 첨가물, 기구 또는 용기, 포장을 대상으로 하는 음식물에 관한 위생으로 정의하고 있다.

② 세계보건기구의 정의

　　식품의 생육, 생산 또는 제조에서부터 최종적으로 사람이 섭취할 때까지에 이르는 모든 단계에서 식품의 안전성, 건강성 및 건전성을 확보하기 위한 모든 수단이라고 정하고 있다.

(2) 식성 병해

음식물을 통해 야기되는 건강장애로서 그 증상이나 특성의 발현시기에 따라 급성 또는 만성 장애로 구분되며 원인물질과 생성요인을 살펴볼 수 있다.

① 원인물질

구분	원인물질
생물적 인자	세균, 곰팡이, 기생충 등
식품생산 인자	농약, 항생물질, 식품첨가물 등
환경오염 유기인자	유기수은, 카드뮴 등

② 생성요인

구분	생성요인
내인성(식품 고유성분)	식물성 자연독에 포함됨
외인성(식품에 부착 또는 기생)	식중독균, 기생충, 경구감염병 등에 의해 감염
유기성(물리 · 화학적 생성물)	변질, 조리 과정 등에 의해 생성

(3) 식품의 보존과 변질

① 식품의 보존법

구분		식품보존 방법
물리적 보존법	건조법	• 세균 증식을 억제시켜 보관하기 위해 15% 수분을 남김으로써 미생물 번식을 막음
	냉동 · 냉장법	• 미생물의 활동을 정지시킴 • 냉장은 0~10℃에서 저장 • 냉동은 −40℃에서 급속 냉동시켜 −20℃에서 보관
	가열법	• 저온 살균법 약 65℃ 온도에서 30분간 가열 • 고온 100~120℃에서 약 60분간 가열 살균 • 영양소의 파괴가 비교적 적고 맛과 풍미를 유지 • 초고온 살균법은 약 135℃ 온도에서 1~2초간 멸균 후 냉각
	통조림법	• 산저장법(초산을 이용한 피클 저장), 염장법(소금을 이용한 저장), 당장법(설탕을 이용한 저장) 등
	자외선 살균법	• 자외선을 이용한 살균 방법
	기타	• 조림이나 진공 포장을 통한 밀봉법, 훈연법 등
화학적 보존법		• 지입법, 훈연법, 가스저장법, 훈증법, 방부법 등

② **식품의 변질** : 식품 변질의 개념으로서 산패, 변패, 부패, 발효 등으로 나눌 수 있다.

변질	상태
산패	지질의 변패로서 미생물 이외에 산소, 햇볕, 금속 물질 등에 의해 산화 분해되어 냄새나 색이 변질된다.
변패	탄수화물과 지질의 성분이 변질된 상태이다.
부패	미생물에 의해 단백질이 분해되어 유해물질이 생김으로써 냄새가 난다.
발효	좋은 미생물에 의해 더 좋은 상태로 발현된다.

▶ 식중독 예방
- 식품 보존 시 주의를 요한다.
- 음식물은 가열 또는 살균한다.
- 손이나 조리 기구를 청결하게 한다.

㉠ **식중독의 정의** : 내·외적 환경의 영향 등으로 변질된 식품을 섭취하였을 때 일어나는 식중독은 세균성·화학성·자연독 식중독 등으로 분류할 수 있다.

㉡ **식중독 분류**
- 세균성 식중독

중독유형	중독	유독성분 및 감염원	원인식품 및 기구	증상
감염형	살모넬라증	• 보균자, 소, 말, 닭, 돼지, 쥐 등	• 두부, 유제품, 어패류, 어육제품 등	• 고열, 설사, 구토 등
	장염비브리오	• 여름철에 많이 발생(7~8월 집중적) • 세균성 식중독의 60~70% 차지	• 어패류, 생선류 등	• 복통, 설사, 구토, 권태감, 두통, 고열 수양성 혈변 등
	병원성대장균	• 보균자 색출 • 어린아이에게 많이 발병	• 분변에 의한 식품 오염물	• 급성 위장염, 두통, 발열, 구토, 설사, 복통 등
독소형	포도상구균	• 면도 시 상처, 식품취급자의 화농성(엔트로톡신) 질환	• 우유 및 유제품	• 전형적 독소형 식중독
	보툴리누스균	• 식품의 혐기성 상태에서 발생하며 신경 독소 분비(뉴로톡신)	• 통조림, 소시지 등	• 신경계 증상으로서 치명률이 가장 높다. - 호흡곤란, 복통, 구토, 언어장애 등
	부패산물형	• 히스타민 중독형 - 단백질 부패산물	• 꽁치, 정어리, 고등어 등 붉은살 생선	• 히스타민 중독증을 동반한다.
생체독소형	웰치균	• 감염형과 독소형의 중간	• 육류, 어류 또는 가공품 등 단백질 식품 섭취	• 설사, 복통, 탈수현상 등

• 화학성 식중독

중독유형	중독	유독성분 및 감염원	원인식품 및 기구	증상
유독 금속류	납	용기, 조리 기구	조악한 식기, 농약의 오용 등	빈혈, 구토, 복통, 설사 증상이 30분 이상 지속
	구리	식기, 냄비, 주전자	첨가물, 식기, 용기 등	몸의 기능이 마비되거나 신경장애 등
	수은	어류	미나마타병의 원인물질	구토, 복통, 설사, 경련, 신경장애 등
	비소	농약, 첨가물	농약 첨가물이 인체 유입	마비증상 등에 의해 심하면 사망
	카드뮴	식기, 용기 등의 도금	이타이이타이병의 원인물질	구토, 경련, 설사 등
유기 화합물	메틸알코올	–	–	식중독, 만성장애(발암), 심한 복통, 두통, 설사, 실명 등
	식품첨가물	합성조미료, 표백제		
	용기, 포장 용출물	합성수지제 식기		
	유기살충제 (농약)	유기염소체, 유기제재	채소, 과일, 육류	

• 자연독 식중독

중독유형	중독	유독성분 및 감염원	원인식품	증상
식물성 자연독	감자	솔라닌	감자의 싹과 녹색 부분	구토, 복통, 설사, 발열, 언어장애 등
	독버섯	무스카린	독성이 있는 버섯	위장형 중독, 콜레라형 중독, 신경장애형 중독 등
	맥류	맥각균	보리, 밀의 맥각균에 기생하는 곰팡이	위궤양 증상과 신경계 증상
	독미나리	시큐톡신	미나리 뿌리 부분	구토, 현기증, 경련을 일으키고 심하면 의식불명, 신경중추마비, 심장박동 증가, 호흡곤란 등
	청매	아미그달린	덜 익은 매실	마비증상
	독맥	테물린	밀, 보리 이삭	교감신경 차단작용
	면실유	고시폴	면화씨(목화씨)	–
동물성 자연독	조개류	삭시톡신	섭조개, 대합	신체마비, 호흡곤란 등
		베네루핀	모시조개, 굴, 바지락	출혈반점, 혈변, 혼수상태
	복어	테트로도톡신	복어내장 또는 피	구토, 근육마비, 호흡곤란, 의식불명 등

2 식품위생과 기생충

기생충학은 기생충과 숙주와의 관계로서 사람에게 유해한 기생충은 원생동물과 후생동물, 곤충류 등으로 분류된다.

> **tip** 기생충(Parasite) : 스스로 자생력이 없고 다른 생물체에 의존하여 생명을 유지한다.

(1) 원생동물

① 원충류(Protozoan) : 원충류는 원생동물에 속하며 이질 아메바, 말라리아 원충으로 구분된다.

ㄱ 이질 아메바

종 류	구 분	증 상	관 리
이질 아메바	• 영양형(급성기 또는 아급성기의 아메바증)과 포낭형(만성이나 아급성기 아메바증)으로 구분된다.	• 감염에서 증상까지 수일~수개월 또는 수년이 걸린다. • 급성 이질 시 점혈변을 배설한다.	• 환자와 보충자(Cystcanier)는 격리 치료한다. • 음식물, 물은 끓여서 음용한다. • 토양, 하수도 오염을 관리한다.
말라리아 원충	• 우리나라에서는 학질이라고 알려져 있다. • 모기(종숙주)에서 유성 생식 후 인체(중간숙주) 내로 유입되어 무성 생식한다.	• 감염과 사망률이 높은 질병이나 근래는 감소 추세이다. • 열 발작(3일 열형 말라리아) 등 48시간 정도 열을 수반한 오한이 발생한다.	• 모기 유충 및 성충을 박멸한다. • 모기에게 물리지 않도록 한다.

(2) 후생동물

후생동물에 속하는 선충류는 회충, 요충, 편충, 구충, 동양모양선충, 선모충 등이 있으며 흡충류 및 조충류도 이에 포함된다.

구 분	충 류	구 분	증 상	관 리
선충류	회충증	• 인체 경구 감염 시, 소장에서 유충으로 부화하며 수명은 1년이다. • 감염 후 2개월~2개월 반이 지나면 성충이 된다.	• 감염 시 무증상이나, 감염 후 권태, 복통, 빈혈, 식욕감퇴 등 • 다양한 침입 경로에 의해 증상 또한 다르게 나타난다.	• 회충 관리방법은 다른 기생충 관리에도 적용된다.
	요충증	• 도시 소아의 항문 주위에 산란함으로써 침구, 침실 등에 충란으로 오염되며 집단 감염과 자가 감염(수지)을 일으킨다. • 배출된 충란이 경구로 인체에 침입하면 소장에서 부화하여 맹장, 결장 등에 이르러 성충으로 성장 기생한다.	• 항문 소양증이 있다. • 2차 세균 감염이 나타난다.	• 의류는 열처리 세탁, 침구는 일광 소독한다. • 집단적으로 구충제를 복용한다.

선충류	편충증	• 인체 감염 시, 소장에서 부화된 후 맹장, 충수돌기, 결장으로 내려와서 정착한다.	• 인체 감염 시 무증상 • 충체 감염(다량) 시 복통, 구토, 복부 팽창, 미열, 두통 등	• 회충 관리방법과 유사하다.
	구충증 (십이지장충)	• 경구와 경피를 통해 감염된다. • 인체감염 시 소장 상부에 기생한다. • 우리나라에서는 십이지장충(듀비니구충)과 아메리카 구충 둘 다를 일컫는다.	• 경피 감염 시 채독으로서 피부염증과 소양감을 나타낸다. • 소화장애, 출혈성 혹은 중독성 빈혈을 야기한다.	
	동양모양 선충증	• 경구감염에 의해 인체에 침입하면 소장에서 기생한다.	• 소화장애 혹은 빈혈을 야기한다.	
	선모충증	• 세계적으로 분포하나 우리나라에는 보고된 바 없다.		
흡충류	간흡충증	• 담수에서 충란은 제1중간숙주(왜우렁이), 제2중간숙주인 민물고기(참붕어, 잉어 등)를 거쳐 사람이 섭취함으로써 감염된다. • 인체 간의 담관에 기생한다.	• 간 및 비장 비대, 복수, 소화기장애, 황달, 빈혈 등을 야기한다.	• 민물고기, 왜우렁이의 생식을 금지한다. • 인분의 위생적 처리, 생수, 양어장 등이 오염되지 않도록 한다.
	폐흡충증	• 폐흡충류는 인체 폐에서 기생하며 산란된 충란은 객담과 함께 기관지와 기도를 통해 외부로 배출된다. • 담수에서 충란은 제1중간숙주(다슬기), 제2중간숙주(게, 가재)를 거쳐 사람이 섭취함으로써 감염된다.	• 일종의 풍토병으로서 주로 폐에 기생하여 기침 및 혈담의 징후를 보인다.	• 가재 등의 생식을 금지한다. • 물은 끓여서 마시고, 환자의 객담은 위생적으로 처리한다.
	요꼬가와 흡충증	• 인체 내 소장에서 기생한다. • 담수에서 충란은 제1중간숙주(다슬기)에 침입하여 제2중간숙주(은어)를 거쳐 사람이 섭취함으로써 감염된다.	• 감염 시 내장 조직이 때때로 파괴되어 장염, 복부 불안 등과 함께 출혈성 설사, 복통 등을 야기한다.	• 다슬기, 민물고기(은어)를 생식하지 않는다.
조충류	무구조충 (민촌충)	• 인체 소장 점막에 무구낭미충이 성충으로 발육한다.	• 소화기계 증상으로서 상복부 통증, 배꼽 부위의 선통 발작, 식욕부진, 구토, 소화불량 등을 야기한다.	• 분변 관리를 한다. • 쇠고기를 익혀서 먹는다.
	유구조충 (갈고리 촌충)	• 인체 내 소장에서 기생한다. • 유구낭미충이 성충으로 발육한다.	• 소화기계 증상으로서 소화불량, 식욕부진, 두통, 변비, 설사 등을 야기한다.	• 돼지고기를 익혀서 먹는다.
조충류	광절열 두조충 (긴촌충)	• 충란의 수중에서 제1중간숙주(물벼룩)을 거쳐 제2중간숙주(연어, 송어, 농어)를 통해 사람이 섭취함으로써 감염된다. • 인체 소장 상부에서 기생한다.	• 인체 감염 시 무증상 감염 • 식욕감퇴, 복통, 설사, 신경증세, 영양불량, 빈혈(악성 빈혈) 등을 야기한다.	• 민물고기(송어, 연어)를 생식하지 않는다.

3 영양과 영양소

인체 전반의 생활현상을 유지하는 데 필요한 물질을 '영양소'라 하며, 이러한 물질을 섭취하여 생명을 유지함으로써 건강 증진과 질병을 예방하기 위한 것을 '영양'이라 한다.

(1) 영양소의 작용

① 신체 열량 공급 : 섭취된 영양소는 세포 내에서 에너지(kcal)를 발생시킨다.
② 신체의 조직 구성 : 유기물로서 단백질, 탄수화물, 지방으로 구성된다.

> **tip** 〈 비타민은 체외로부터 섭취해야 하는 생물학적 활성이 있는 유기화합물이다.

③ 신체의 생리기능 조절 : 무기질, 비타민 등으로서 신체기능을 원활하게 한다.

> **tip** 〈 무기질은 화학적 에너지는 없으나 신체의 기능조절에 중요 역할을 하며 생존상 필수 불가결의 영양소이다.

(2) 3대 영양소

3대 영양소	구성 및 특징	분류	작용	과잉 및 결핍
탄수화물	• C, H, O로 구성 • 활동 에너지원 • 과다 섭취 시 – 비만 – 글리코겐으로 간장이나 근육에 저장 • 소장에서 포도당 형태로 흡수	• 단당류 – 포도당, 과당, 갈락토스 • 이당류 – 말토스, 락토스 • 다당류 – 글리코겐, 셀룰로스	• 혈당량 유지 • 1g당 4kcal 열량 • 당질 대사에 도움	〈과잉〉 • 혈액 산도를 높임 • 피부 저항력 감소 〈결핍〉 • 체중 감소 • 신진대사 기능 저하
지방	• 열량원 • C, H, O, S, P로 구성 • 비타민 A, D 등의 지용성 비타민 함유 • 소장에서 글리세린 형태로 흡수	• 포화 지방산 (불필수 지방산) • 불포화 지방산 (필수 지방산)	• 1g당 9kcal 열량 • 인체의 체온 유지, 내부 장기와 기관 보호	〈과잉〉 • 비만, 당뇨, 고혈압 등 • 지방간 〈결핍〉 • 신진대사의 기능, 세포의 활력 저하
단백질	• C, H, O, N로 구성 • 칼로리원, 효소와 호르몬의 성분 • 소장에서 아미노산 형태로 흡수	• 필수 아미노산	• 1g당 4kcal • 근육과 체단백질 구성	〈과잉〉 • 비만, 신경 예민, 혈압 상승, 불면증 등 〈결핍〉 • 빈혈, 발육 저하, 조기 노화, 피지 분비의 감소

(3) 무기질

무기질 종류	구성 및 특징	함유식품	역할	과잉 및 결핍
칼슘 (Ca)	• 뼈와 치아의 주성분 • 근육 수축과 정상적인 심박동에 관여 • 신경흥분에 필수적	• 우유 등의 유제품, 멸치, 정어리, 녹색식품 등	• 체액, 뼈, 치아의 성분 – 신체 기능 조절에 중요한 역할	〈결핍〉 • 골격과 치아의 쇠퇴 • 발육 불량, 형태 이상 초래
철분 (Fe)	• 혈액 성분의 구성요소 • 체내 저장이 안 됨	• 음식물을 통해 보충 – 소의 간, 달걀노른자	• 간, 고기, 계란 노른자	〈결핍〉 • 빈혈증상, 임산부, 영·유아에서는 많은 양의 철분이 필요
요오드 (I)	• 갑상선 호르몬 구성요소	• 해조류 및 해산물에 많이 함유	• 에너지 대사와 단백질 생성	〈결핍〉 • 갑상선 기능장애
나트륨 칼륨 (Na/K)	• 산, 알칼리, 체액의 평형을 유지 • 체내의 노폐물 배설 촉진 • pH Balance 생성 (pH 조절)	• 육류, 우유, 채소, 과일	• 조혈소의 기능 • 신경의 자극, 전도, 체액의 수지 균형	〈결핍〉 • 염증 발생
불소 (F)	• 골격, 치아 경화	• 골격과 치아조직에 함유	• 충치 예방 • 골다공증 예방	〈과잉〉 • 반상치 〈결핍〉 • 우식치
인 (P)	• 뼈, 치아의 주성분 • 지방·탄수화물 및 에너지 대사에 관여	• 우유, 치즈, 노른자, 수육, 어육, 곡류, 콩	• 저항력의 약화를 초래	〈결핍〉 • 뼈 및 영양장애
구리 (Cu)	• 헤모글로빈 합성 시 촉매	• 동물의 내장, 어패류, 굴, 계란, 전곡, 두류, 밤, 송이버섯 및 당밀	• 항산화 작용으로 노화 예방	〈결핍〉 • 장기간의 설사나 소화불량, 빈혈, 철 흡수능력의 부족, 백혈구 수의 감소 등
황 (S)	• 인슐린 구성성분	• 육류, 우유, 달걀, 두류, 양파, 마늘, 아스파라거스	• 해독 및 비타민 구성	〈결핍〉 • 면역성 감소 • 해독작용 저하
셀레늄 (Se)	• 강력한 항산화제	• 곡류, 해산물, 육류	• 수은이나 카드뮴의 중독 방어 역할	〈결핍〉 • 노화지연, 면역기능 향상, 해독작용 〈과잉〉 • 탈모, 피부발진, 위장장애, 부종

아연 (Zn)	• 염증 억제 작용 • 인슐린 합성에 필요한 성분	• 해산물, 붉은 고기, 견과류, 콩	• 남성 호르몬 생성촉진	〈결핍〉 • 성장장애, 성 기능의 부전, 식욕부진, 정서적 불안정, 미각의 감퇴, 피부염, 탈모증, 철결핍 빈혈 〈과량〉 • 구리의 섭취를 막고 빈혈 유도

(4) 비타민

비타민 종류		구성 및 특징	함유식품	역할	과잉 및 결핍
지용성 비타민	A	• 상피보호 비타민(레티노이드) • 신진대사, 신체 성장, 신체저항	• 유제품, 난황, 간유, 녹황색 채소	• 시각세포 형성에 관여	〈결핍〉 • 야맹증, 안구건조증 • 피부 점막의 각질화 • 피부가 건조해지고 거칠어진다.
	D	• 수용성 칼슘과 인의 대사 조절	• 버섯, 달걀, 낙농제품에 함유	• 체내 피부에 자외선 조사를 받아 생성	〈결핍〉 • 구루병, 골연화증
	E	• 호르몬의 생성에 도움 • 토코페롤 (항불임성 비타민)	• 육류, 계란, 간, 생선, 식물성 기름	• 혈액순환 촉진 • 항산화 작용으로 노화 방지	〈결핍〉 • 불임증, 생식불능
	F	• 필수지방산 • 피부와 모발의 기능 증진	• 호두, 땅콩, 치즈, 버터, 난황, 간	• 다른 영양소의 작용에 도움 • 인체의 생리기능 조절에 중요한 역할	〈결핍〉 • 지방대사 장애 • 손(발)톱이 약해지고 습진 등 피부 건조
	K	• 혈액 응고 (응혈성 비타민) • 프로트롬빈 생성에 기여	• 녹색채소, 치즈, 버터, 난황, 간	• 기름이나 유기용 매에 용해 • 과잉 섭취 시 체내에 저장	〈결핍〉 • 혈액 응고 시간 연장 • 출혈성 질병, 외상

수용성 비타민	B군	B₁	• 티아민 • 열에 약함 • 성장발달에 관여 • 탄수화물의 연소에 도움	• 배아, 효소, 두부	• 신경, 근육, 소화기 조직에 건강을 유지	〈결핍〉 • 각기병, 식욕부진, 사지마비 등
		B₂	• 리보플라빈 • 성장 촉진 비타민 • 피로 방지 효과	• 우유, 계란, 녹색 채소	• 피지 분비 조절	〈결핍〉 • 성장 지연 • 구각, 각막, 결막의 염증
		B₆	• 피리독신 • 신경조직의 에너지를 전달하는 역할	• 간, 효모, 곡류	• 항 피부병 인자 • 당질, 지질, 단백질 대사에 중요한 생리기능	〈결핍〉 • 습진, 피부염
		B₁₂	• 조혈작용	• 동물성 단백질 식품 – 살코기, 간(내장기관), 생선, 달걀, 조개류, 우유	• DNA 합성 • 적혈구의 생성 및 악성빈혈증 조절 • 신경조직의 유지 • 지방과 지질대사 • 단백질 대사	〈결핍〉 • 악성빈혈
	C		• 열에 약함 • 콜라겐의 합성 촉진 • 교원질 형성 촉진	• 채소, 과일	• 미백 작용 – 피부 색소 퇴색 • 노화방지에 도움 • 멜라닌 형성 저지	〈결핍〉 • 괴혈병, 발육장애
	H (비오틴)		• 피부 건강에 영향 • 조직의 산작용을 돕는 촉매작용	• 닭고기 • 달걀, 간	• 뼈 · 치아 발육의 불량 원인	〈결핍〉 • 피부염, 얼굴 창백

<table>
<tr><td>Section</td><td>06</td><td>보건행정</td></tr>
</table>

1 보건행정

보건행정은 공중보건(Public Health)이라는 내용과 행정이라는 방법이 상호결합한 것으로 보건 분야에서의 행정 일반 원리를 적용한다.

(1) 보건행정의 목적

공중보건의 목적을 달성하기 위해 질병의 예방, 건강 증진, 건강수명의 연장 등에 따른 공중보건의 원리 및 공적, 사적 조직을 포함한 일련의 과정이다.

(2) 보건행정의 정의

국가나 지방 자치 단체가 주도적으로 국민의 건강을 유지, 증진시키고자 하는 제반 활동이다.

① **보건학적 정의** : 국민보건 향상을 위해 국가가 운영하는 보건 의료 체계를 효과적이고 효율적으로 관리하고 집행하는 기능이다.

② **행정학적 정의** : 국가나 지방자치단체가 보건 분야의 행정 일반 원리 정책인 형성, 집행, 통제, 기능 등을 적용한다.

(3) 보건행정의 특성

① 국민의 건강 향상과 증진을 위하여 적극적으로 서비스하는 봉사성을 가진다.

② 사회경제적 특성상 공공재적 성격의 서비스로서 공공성과 사회성을 가진다.

③ 지역사회 주민을 교육 또는 참여를 조장하는 조장성과 교육성을 달성한다.

④ 안전한 지식과 기술을 바탕으로 한 과학성과 기술성을 가진다.

⑤ 소비자 보건에 따른 규제와 보건의료산업을 위한 행정 대상의 양면성을 유지한다.

⑥ 건강에 관한 개인적 가치와 사회적 가치의 상충에 따른 사회적 형평성을 유지한다.

(4) 보건행정의 범위

① 세계보건기구(WHO)가 규정한 범위

- 보건자료(보건 관련 제 기록의 보존)
- 환경위생
- 모자보건
- 보건간호
- 대중에 대한 보건교육
- 감염병 관리
- 의료

▶ 사회보장제도의 범위

사회 보장	사회보험	소득보장 : 연금보험, 실업고용보험, 산재보험, 상병수당
		의료보장 : 건강보험, 산재보험
	공공부조	국민기초생활보장(생활보호)
		의료급여(의료보호)
	공공서비스	사회복지서비스 : 노인 복지, 아동 복지, 여성 복지, 장애인 복지
		보건의료서비스

2 보건통계

(1) 보건통계의 개념

보건통계는 질병 및 사망과 같은 보건 관련 자료를 수집, 정리, 분석 및 추출하는 방법을 말한다. 지역주민은 국민의 건강수준을 설명해주는 보건지표(Health Index)로서 WHO에서는 종합건강지표와 특수건강지표를 분류하며 제시하였다.

① 종합건강지표 : 비례사망지수, 평균수명, 조사망률로 나타낸다.

② 특수건강지표 : 영아사망률, 감염병 사망률, 의료봉사자 수 및 병실 수 등을 지표로 한다.

③ 모자보건지표 : 영아사망률은 한 국가나 지역사회의 보건수준을 제시하는 대표적 지표로 사용된다.

구분	세부 내용	사망통계
조사망률 (보통사망률)	인구 1,000명당 1년간 발생한 총 사망지수의 비율이다.	$\dfrac{\text{연간 총 사망자 수}}{\text{연간 인구}} \times 1,000$
영아사망률	영아란 생후 1년 미만의 아이로서 환경악화나 비위생적 생활환경에 가장 예민하게 영향받는 시기이므로 영아사망률은 가장 많이 사용되는 지표이다.	$\dfrac{\text{연간 영아 사망자 수}}{\text{연간 출생아 수}} \times 1,000$
출생사망비 (Birth Death Ratio)	인구증가율이라고도 하며, 보통출생률에서 보통사망률을 뺀 값이다.	조출생률 − 조사망률

(2) 질병통계

① 발생률(Incidence Rate)

질병에 걸릴 확률 또는 위험도로서 단위 인구당 일정 기간에 새로 발생한 환자 수를 표시한다.

② 유병률(Prevalence Rate)

일정 시점 또는 일정 기간 인구 중에 존재하는 환자 수의 비율이다.

③ 치명률(Care Fatality Rate)

어떤 질병에 걸린 환자 중에서 그 질병으로 인해 사망한 수를 나타낸다.

(3) 인구

① 성별 구성(Sex Composition) : 남녀의 비(Sex Ratio)라 한다.

② 연령별 구성(Age Composition) : 연령별 인구 구성은 수개의 집단으로 구성 분류할 수 있다.

연 령	구 분
1세 미만	영아
1~4세	유아
5~14세	소년 (학령기 전, 학령기)
15~64세	생산연령 (청소년, 중년, 장년)

65세 이후	노년

※ 법에서는 영유아를 6세 미만의 취학 전 아동으로 규정하고 있다.

③ 인구 모형 : 인구 구성의 성별 및 연령별 구성을 결합한 모형

모 형	명 칭	종 류	특 징	구 성
 피라미드형	피라미드형	인구증가형	출생률이 높고 사망률이 낮음	14세 이하 인구가 65세 이상 인구의 2배 초과
 종형	종형	인구정지형	출생률, 사망률 다 낮음	14세 이하 인구가 65세 이상 인구의 2배 정도
 항아리형	항아리형 (방추형)	인구감퇴형	출생률이 사망률보다 낮음	14세 이하 인구가 65세 이상 인구의 2배 이하
 별형	별형 (도시형)	인구유입형	도시 지역의 인구 구성으로 생산층 인구증가형	생산층 인구가 전체 인구의 1/2 이상
 기타형	표주박형 (농촌형)	인구감소형	농촌 지역의 인구 구성으로 생산층 인구가 유출되는 형	생산층 인구가 전체 인구의 1/2 미만

tip ⟨ 인구의 구성 형태에서 65세 이상 인구는 50세 이상 또는 60세 이상의 인구를 뜻하기도 한다.

CHAPTER 02 소독

Section 01 소독의 정의 및 분류

미생물들 간에는 소독제에 대한 반응이 다르게 나타난다. 즉 모든 미생물이 화학소독제에 영향을 주지는 않으므로 소독제재의 올바른 선택은 매우 중요하다.

1 소독의 정의

소독은 살균과 방부, 멸균을 포함한다.

종류	특징
소독	병원 또는 비병원성 미생물을 죽이거나 그의 감염력이나 증식력을 없애는 것이다.
살균	생활력을 가지고 있는 미생물을 이학적, 화학적 소독법에 의해 급속하게 죽이는 것이다.
방부 (Antiseptic)	미생물의 발육과 생활작용을 억제 또는 정지시킴으로써 부패나 발효를 방지하는 것이다. ※ 방부는 소독제가 될 수 없다.
멸균 (Serialization)	병원 또는 비병원성 미생물 모두를 사멸 또는 그 포자까지도 멸균시킨다. ※ 멸균은 소독을 내포하지만 소독은 멸균을 의미하지는 않는다.

(1) 소독의 원리

소독제를 이용하여 병원성 미생물을 사멸하거나 발육과 증식을 저지시킨다.

1) 미생물과 소독제

결핵균은 왁스성 세포벽을 구성하여 습기에 저항한다. 따라서 지질용 매제(비누와 세제)에 쉽게 파괴된다.

① 인플루엔자와 헤르페스 바이러스 : 지질을 포함하며 지질 용매제에 쉽게 파괴된다.

② 폴리오 바이러스 : 지질이 없으며 포르말린과 알코올에 의해 파괴된다.

③ 사람 면역 결핍 바이러스(HIV) : 0.05% 차아염소산 용액에 감수성이 있다.

2) 소독제의 효과에 영향을 미치는 요인

① 미생물 농도 : 미생물의 농도가 낮으면 짧은 시간 내에 효과적으로 소독할 수 있다.

② 소독제 농도 : 소독작용을 위해 필요한 시간은 소독제 농도가 증가할수록 짧아지며 수용액에서 소독제의 활성은 물의 양에 따라 다르다.

예 물의 양에 따른 소독제의 활성
- 10~80% 에탄올의 농도 범위에서는 농도가 높을수록 살균작용이 강해진다.
  - 가장 효과적인 활성은 60~80% 에탄올이다.
- 80~100% 에탄올은 40% 에탄올보다 소독 효율이 떨어진다.
  - 강력한 살균용액은 금속, 직물, 플라스틱, 피부 등에 부식성이 있다.

③ 소독제의 불활성화
  ㉠ 소금, 금속, 산 또는 알칼리 같은 무기 성분들은 소독제와 결합하면 소독 활성을 방해할 수 있다.
  ㉡ 대부분의 살균제는 실온에서 효과가 있기 때문에 온도 자체만으로는 중요한 요소는 아니다.

④ 소독에 영향을 미치는 다른 요인들
  단백질 오염 물질들은 소독제를 불활성화시키며, 미생물을 보호하기도 하기 때문에 소독하려는 물체를 깨끗하게 세척해야 한다. 상처로부터 감염된 외과도구들은 세제성 살균제로 끓이거나 세척한 후 멸균한다.

3) 피부 소독
① 병원에서 피부의 화학적 살균을 보통 '방부(Antisepsis)'라고 한다.
② 소독제를 피부에 적용할 때 피부 표면의 미생물의 수는 빠르게 감소한다.

2 소독의 분류

(1) 할로겐 및 그 화합물

종류	소독력	단점
염소 (Cl)	• 상수 및 하수소독 – 액체염소 • 상수도에서는 염소 주입 10분 후에 잔류 염소 농도가 0.2~1.0ppm이 되어야 한다.	• 취기가 있다.
표백제 (차아염소산나트륨)	• 살균작용 – 0.5% 농도에서 세균, 진균, 아포균, B형 간염바이러스, 원충 등에 효과가 있다. • 손·피부소독 – 0.2~0.5% 수용액 • 수술실, 병실, 가구, 도구, 오염물, 배설물 등의 소독에 이용된다.	• 자극성이 강하여 금속을 부식시킨다.
표백제 (염소산칼슘)	• 물속에서 발생기 산소에 의해 살균작용을 한다. • 값이 싸며 우물물, 저장탱크, 수영장 등 소독에 사용된다. • 음료수 소독 – 0.2~0.4ppm 잔류 염소 농도	• 자극성이 강하여 의료용으로는 사용하지 않는다.

옥도정기	• 요오드(6%) + 요오드 칼륨(4%) + 에탄올(100mℓ)를 혼합 용해하여 사용한다.
	  – 강한 살균력이 있다.
	  – 외과수술 시 피부 소독, 혈관 부위 소독 등에 사용한다.
		• 강한 자극성이 있어 피부염을 일으킨다.

(2) 아세틸화제

종류	소독력	단점
포르말린	• 포름알데하이드를 함유하는 소독제이다. • 35~38% 포름알데하이드의 수용액을 사용한다. • 세균, 아포, 바이러스에 강한 살균력이 있다. • 병실들은 밀봉하여 증기 소독한다. • 실내, 의류, 기구 소독 – 1~1.5% 포르말린 수	• 냄새가 강하다. • 발암의 위험성이 있다. • 눈이나 코에 대한 자극이 강하다.
글루타르알데하이드	• 알칼리성(pH7.5~8.5)의 2% 수용액을 사용한다. • 일반 세균, 아포, 바이러스 등에 효과가 있다. • 에이즈 바이러스, B형 간염 바이러스, 오염물 등의 소독에 사용된다.	–

(3) 산화제

산화제는 세포 구성 성분을 산화시킴으로써 살균작용을 한다.

종류	소독력	단점
과산화수소 (H_2O_2)	• 2.5~3.5% 과산화수소를 사용하며 피부침상, 궤양부위, 구강, 이비인후 등의 살균소독에 사용되고 있다.	• 작용은 완만하나 지속성이 없다.
과망간산칼륨 ($KMnO_4$)	• 유기물과 접촉 시 살균작용을 한다. • 요도 및 질, 진균 등의 소독에 사용 – 0.1~0.5% 수용액 • 구내염에는 0.02~0.05% 과망간산칼륨 수용액으로 양치한다.	–
아크리놀 (Acrinol)	• 피부, 점막 등에 자극이 없다. • 국소의 외용 살균제로 사용되고 있다.	–
붕산 (H_3BO_3)	• 구강 및 안결막의 세척 및 소독에 1~5% 붕산수를 사용한다.	• 살균력이 약하다.

(4) 계면활성제

종류	소독력	단점
음성 비누	• 일반 세숫비누 – 세정에 의한 균 제거에 사용된다.	• 살균작용이 낮다.
양성 비누 (역성 비누)	• 저자극성, 저독성이며 강한 살균력이 있다. • 10% 원액으로서 100~150배로 희석하여 사용한다. • 식기, 금속기구, 손, 피부점막 등에 소독한다. • 일반 세균, 진균, 바이러스 등에 유효하다. • 0.01~0.1% 수용액으로 무독, 무취, 무해로서 물에 잘 용해되며 침투력과 살균력이 강하다.	• 아포, 결핵균에는 효과가 없다. • 무기물, 음성 비누와 함께 사용하면 작용이 감소된다.

Section 02 미생물 총론

미생물학(Microbiology)은 너무 작아서 육안으로 관찰하기 어려운 생명체, 즉 미생물(Microorganism)을 연구하는 학문이다. 미생물학자는 대부분의 경우 먼저 생물집단에서 특정한 미생물을 분리하여 배양한다.

1 미생물

(1) 미생물의 정의

> **tip** 육안 관찰이 가능한 가장 작은 크기는 약 100㎛ 정도이다. 따라서 미생물이나 생물의 세포학적 특성은 현미경을 이용하여 관찰한다.

① 0.1mm 이하의 생명체로서 광학현미경, 전자현미경으로 확대함으로써 관찰되는 미세하고 단순한 생물군이다.

② 세균, 바이러스, 리케차, 진균, 조류, 원생동물 등이 있다.

③ 사람과 질병과 관련된 감염증의 진단, 예방, 치료를 다루는 병원미생물학은 의학 영역이다.

> **tip** 네일리스트가 미생물을 알아야 하는 목적 : 자기 자신과 고객을 보호하고, 지역사회의 병원 감염을 예방하는 데에 있다.

(2) 미생물의 구조

미생물은 단 한 개의 세포로 구성되어 있다. 모든 생물의 세포 형태는 크게 원핵세포와 진핵세포로 구분되며 근본적으로 생명현상의 차이를 가진다.

세포 형태	조 직
원핵세포	• 핵에 핵막이 없다. • 세균, 남조류 및 고세균 등이 있다. • 단순한 구조로, 막으로 둘러싸인 소기관이 없다. • 모든 세균은 원핵생물이다. • 유사분열이나 감수분열을 하지 않는다. • 세균염색체(DNA)가 1개인 세포군이다.
진핵세포	• 유사분열을 한다. • 유전적 정보를 가진 핵이 있으며 핵막이 둘러싸여 있다. • 복잡한 내막수송체계(핵, 엽록체, 미토콘드리아 등의 세포 소기관)를 갖고 있다. • 원핵세포보다 크며, 세포 내에는 세포 소기관이 존재한다. • 동물, 식물, 원생동물, 조류 및 진균류 등이 있다.

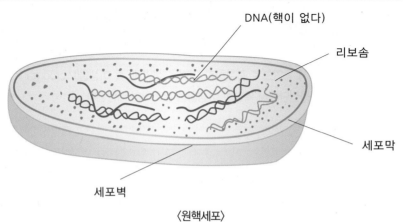

〈원핵세포〉

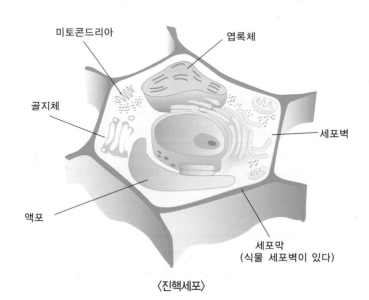

〈진핵세포〉

(3) 미생물의 분포

미생물의 분포 및 생존 범위는 상상할 수 없을 정도로 넓다. 90℃ 온천물에서도 강산이나 강알칼리, 30% 식염수 중에서도 특수한 세균들이 존재한다.

① 자연계의 미생물

종류	특징
토양	• 가장 풍부한 미생물 종으로서 일반적으로 세균이 가장 많다. • 동·식물의 시체나 배설물, 공기 중의 질소화 등은 토양을 비옥하게도 하지만 사람의 질병과 관련된 병원 미생물이 존재하게 한다.
물	• 수중에서도 미생물이 유기물을 분해하여 토양과 마찬가지로 물질 순환에 기여한다. • 병원 미생물이 물을 오염시켜 질병을 일으키는 수인성 감염병이 있다.
공기	• 공기 중의 병원성 미생물은 비말 감염을 일으킨다.

② 환경오염에서의 미생물 : 과학의 진보와 생활환경의 변화로 인공합성물질이나 산업 폐기물로 인하여 정화 능력이 떨어져 환경이 오염되고 있다.

③ 인간에게 이용되는 미생물

구분	특징
의학과 미생물	• 인간 질병에 응용하는 미생물학은 면역학의 치료나 예방의학에 사용된다.
식품과 미생물	• 식품의 제조(된장, 간장, 요구르트, 치즈, 김치, 술, 식초, 빵 등)에 미생물을 이용하고 몸에 이로운 균주를 보관하거나 종자로 이용하고 있다.
환경 정화와 미생물	• 오수정화, 하수처리 방법 등을 통해 미생물의 분해 능력을 환경에 이용하고 있다.
미생물의 피해	• 부패, 변질된 식품이 인체 유입 시 질병을 일으킨다. • 생체 내에 침입한 미생물의 증식에 의해 일어나는 질병을 감염증이라 한다.

2 미생물의 병원성

(1) 병원성의 정의

병원체가 질병원 유발 또는 감염증을 나타낼 수 있는 능력으로 독력(발병력), 감염성, 침습성, 증식성 및 독소 생산성 등을 나타낸다.

(2) 병원성의 결정인자

병원체가 감염증을 일으킬 수 있는 능력의 정도이다.

① 정착성

병원체를 거부하는 생체에 부착하고 숙주에 정착하기 위한 인자는 섬모, 균체표층의 다당류와 단백질, 세포의 운동성 등이다.

② **침습성** : 생체 내에 침입한 병원체가 숙주의 방어기능과 싸우고 증식하는 능력이다.

③ **증식성** : 숙주의 저항력 또는 살균력에 대항하여 증식할 수 있는 병원체의 능력이다.
- 결핵균 : 폐 조직에서 증식한다.
- 바이러스 : 세포 안에서 증식한다.
- 세균 : 세포 밖에서 증식한다.
- 장티푸스균 : 비장, 간장, 담낭 등에서 증식한다.

④ **독소 생산성**

독성물질을 생산할 수 있는 능력이다. 독소는 병원체에 의하여 생산되고 숙주 안에서 항체를 생산할 수 있는 능력으로서 세균의 독소는 균체 외로 분비하는 외독소와 균체 내에 포함되어 세포 자체의 분해로 방출되는 내독소가 있다.

㉠ 내독소는 그람음성 세균의 세포벽이 주요 성분이다.

㉡ 외독소를 생산하는 세균 : 디프테리아균, 파상풍균, 보툴리늄균, 콜레라, 대장균 등

Section **03** **병원성 미생물**

인간에 기생하여 질병을 일으키는 미생물 중 세균이 가장 중요시되었기 때문에 세균학이라 부른다. 일반적으로 세균은 그 균 종에 따라 특유한 형태를 나타내지만 배양조건, 환경조건, 항생제의 영향을 받아 이상형태를 나타내는 경우도 있다.

1 병원성 미생물의 종류

(1) 세균

세균의 직경은 약 $1\mu m$로서 간균은 긴 것과 짧은 것이 있고, 크기와 형태에 따라 차이가 있다.

① **균의 형태** : 구균(구상 세균), 간균(간상 세균), 나선형(나선상 세균) 등

② **증상** : 콜레라, 장티푸스, 디프테리아, 결핵, 나병, 백일해, 탄저, 보툴리즘, 페스트 등

(2) 바이러스

① **바이러스의 종류** : 헤르페스 단순 바이러스, 담배 모자이크병 바이러스, 박테리오파지 등

② **증상** : 소아마비, 홍역, 유행성 이하선염, 광견병, AIDS, 간염, 천연두, 황열 등

> **tip** DNA 바이러스 및 RNA 바이러스가 있다.

(3) 진균

진핵 세포로서 핵막이 있다.

① **진균 형태** : 효모형과 균사형 진균으로 나눌 수 있다.
② **증상** : 무좀, 피부질환

(4) 원충

진핵 세포로서 핵막이 있다.

① **원충 형태** : 근족충류, 편모충류, 섬모충류, 포자충류 등
② **증상** : 말라리아, 아메바성 이질, 아프리카 수면병 등

(5) 리케차

발진티푸스, 발진열 등의 증상을 일으킨다.

2 세균

(1) 세균의 형태와 배열

① **외부 모양** : 세균 형태에 따라 구상, 간상, 콤마상(비브리오), 나선상의 형태로 구별된다.
② **외부 배열**
   세균은 2분열 방식으로 증식한다. 분열 양식에 따라 각기의 균종은 특징적인 배열을 지니고 있다.

구분		세부 내용
구균	쌍구균	2개씩 짝을 이루고 있다.
	사련구균	4개씩 짝을 이루고 있다.
	연쇄구균	염주알 모양으로 연쇄구조를 하고 있다.
	단구균	직경 약 $1.0\mu m$ 내외의 크기로서 1개씩 떨어져 있다.
	팔련구균	4개가 상하로 겹쳐 정입방체로 8개씩 짝을 이루고 있다.
	포도상구균	포도송이 모양의 배열을 하고 있다.
간균		• 간균의 형태는 종에 따라 다양하다. 　– 대나무 마디 모양, 각이진 것, 바늘같이 뾰족한, 곤봉 모양, 콤마 모양 등이 있다. • 간균의 크기에 따라 차이가 있다. 　– 작은 간균($0.5\mu m$), 긴 간균($1.5\times8\mu m$) 등으로 나뉜다.
나선균		• 나선의 크기와 나선 수에 따라 나누어진다. 　– 나선 모양 나선균이 있다.

③ 세균의 편모
- 세균의 균체 표면의 편모는 운동성을 가진다.
- 편모의 길이는 2~3㎛로서 항원성을 갖고 있다.

④ 세균의 섬모
- 편모보다 작은 미세한 털(섬모)이다.
- 광학현미경으로 관찰이 어렵고 전자현미경으로 관찰한다.
- 섬모는 단백질로 구성되어 있고 항원성을 가지고 있다.

⑤ 세균의 축사 : 나선균은 나선형으로 세포를 감싸고 있고 축사에 의해 운동을 한다.

⑥ 세포의 아포 : 균은 외부환경 조건에 대해서 강한 저항성을 가지게 되어 균체 세포질에 아포를 형성한다.
- 발육 환경이 나쁠 때 아포를 만든다.
- 건조, 열, 소독제, 화학약품 등에 저항성을 나타낸다.
- 아포를 형성하면 모든 대사가 정지되며, 아포 형태로 수년간 생존하기도 한다.
- 아포는 100℃ 끓는 물에 10분 정도 가열해도 사멸되지 않는다.
- 아포는 간헐멸균, 고압증기멸균법으로 121℃에서 15분 간 적용 시 대부분 사멸된다.
- 아포에 적합한 영양, 습도, 온도 등이 유지되면 아포에서 영양형으로 되돌아가 균체를 형성하면서 증식을 한다.

(2) 세균의 구조와 기능

세포의 구조	기능
세포벽	• 세균의 표면을 덮고 있는 세포벽은 단단한 구조로서 구형, 간상형, 나선형 등의 고유형태를 유지한다.
세포질막	• 인지질과 단백질로 구성되어 있으며, 세포질을 감싸고 있다. – 균체 내외의 물질 투과를 조절하는 삼투압 장벽의 역할을 한다. – 물질의 투과는 삼투 외에 효소반응에 의해서도 이루어진다.
세포질	• 여러 가지 효소, 조효소, 대사산물, 광물질 등이 포함되며 단백합성에 관여하는 리보솜이 있다.
핵	• 세포질 내에는 DNA 섬유의 집합으로서 핵막이 없는 핵이 존재한다.

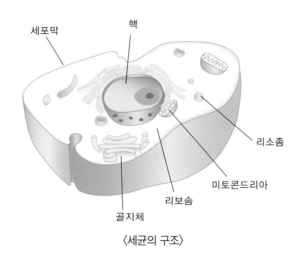

세포막　　핵

리소좀

미토콘드리아

리보솜

골지체

〈세균의 구조〉

(3) 세균의 영양

세균은 발육, 증식하기 위하여 외부로부터 영양소를 취하고 이를 분해하여 에너지를 만든다.

① **영양소** : 세균의 영양소는 무기염류, 탄소원, 질소원, 발육인자, 물 등을 필요로 한다.

② **증식환경** : 온도, pH, 산소, 이산화탄소, 삼투압 등 물리적 환경조건이 필요하다.

- 발육 지적 온도 : 발육 증식에 가장 적합한 온도

세균류	생물온도
저온 세균	15~20℃
중온 세균	30~37℃
고온 세균	50~80℃

- 수소 이온 농도(pH)

성질	pH	균류
중성	pH 7.0~7.6	병원성 세균
약알칼리성	pH 7.6~8.2	콜레라균, 장염 비브리오균
약산성	pH 5.0~6.0	유산간균, 진균, 결핵균

- 산소 : 유리산소(Free Oxygen)의 유무에 따라 세균의 증식이 영향을 받는다.

균 종류	조건
편성 호기성균	• 바실루스균, 결핵균 등이 해당된다. • 산소를 좋아하는 호기성균으로서 호흡으로 에너지를 얻는다.

통성 혐기성균	• 산소와 관계없이 발육되는 균으로서 산소가 있는 경우 호흡(호기성 산화)에 의해, 산소가 없는 경우 발효(혐기적 산화)에 의하여 에너지를 얻고 있다.
편성 혐기성균	• 산소가 있으면 발육이 안 되는 혐기성균이다.
미 호기성균	• 5% 전후 미량 산소가 있는 상태에서 발육하는 균군이다.

- 이산화탄소
  - 5~10%의 이산화탄소 존재하에 발육된다.
  - 임균, 수막염균, 디프테리아균, 인플루엔자균 등 혐기성균의 대부분이 이에 해당된다.
- 습도 : 세균의 발육에는 적당한 습도가 필요하다.
- 삼투압 : 세균의 세포질은 일정한 삼투압을 갖고 있다.

Section **04** **소독방법**

소독은 물리적 소독방법과 화학적 소독방법으로 나눌 수 있다. 일반적으로 소독이란 화학적 소독을 말한다.

1 소독방법

(1) 물리적 소독법

① 가열 처리법

종류		소독 방법	사용되는 기구	소독 대상
건열멸균법	화염멸균법	• 화염불꽃 속에 20초 이상 접촉시켜 표면의 미생물을 멸균시키는 방법이다.	• 알코올 램프 또는 가스버너	• 금속류, 유리기구, 이·미용 도구, 도자기류, 바늘 등
	건열멸균법	• 고온에 견딜 수 있는 물품을 160~170℃에서 1~2시간 처리한다.	• 건열멸균기 (Dry Oven)	• 유리기구, 주사침, 유지 등
	소각법	• 불에 태워 멸균시키는 가장 쉽고 안전한 방법이다.	• 소각도 화염멸균의 범주 내에 속함	• 오염된 가운, 수건, 휴지, 쓰레기 등

습열멸균법	자비소독법	• 100℃ 끓는 물에 15~20분간 처리한다. • 소독효과를 높이기 위하여 석탄산(5%) 또는 크레졸(3%)을 첨가한다. • 내열성이 강한 미생물은 완전 멸균할 수 없다.	–	• 식기류, 도자기류, 주사기, 의류 소독 등
	고압증기멸균법	• 고온, 고압하의 포화증기로 멸균하는 방법으로서 포자형성균의 멸균에 가장 효과가 있다.	• 고압증기멸균기 (Autoclave) 사용 시 121℃, 15Lb, 20분간 실시	• 초자기구, 고무제품, 자기류, 거즈 및 약액 등 멸균에 이용
	유통증기멸균법 (간헐멸균법)	• 고압증기멸균법으로 처리할 수 없는 경우에 사용된다.	• 100℃ 증기로 30분간씩 3회 실시(1일 1회씩)한다.	• 포자 완전 멸균
	저온살균법	• 포자를 형성하지 않은 결핵균, 살모넬라균, 소유산균 등의 멸균에 효과가 있다. • 63℃에서 30분간 처리한다. • 75℃에서 15~30분간 가열 처리한다.	• 아이스크림 원료 – 80℃에서 30분간 • 건조과실 – 72℃에서 30분간 • 포도주 – 55℃에서 10분간	• 우유, 아이스크림, 건조과실, 포도주 등의 저온살균법
	초고온 순간멸균법	• 135℃에서 2초간 접촉시킨다.	–	• 우유의 멸균처리

② 무가열 멸균법

	종류	처리방법	사용되는 기구	소독류
무가열 멸균법	자외선 멸균법	• 파장을 이용하여 균을 사멸 또는 균의 활동을 억제시킨다. • 2,400~2,800Å에서 살균력이 가장 강하다.	• 자외선 살균기	• 공기, 물, 식품, 기구, 식기류 등의 소독
	일광소독	• 태양광선 내 자외선으로서 최단 파장인 2,600~2,800Å에서 약간의 살균작용이 있다.	• 한낮의 태양열에 건조	• 의류, 침구류, 거실 등의 소독
	초음파	• 8,800c/s의 음파를 이용 – 교반작용으로 미생물을 파괴함으로써 살균력을 가진다. • 20,000c/s 이상의 초음파 – 강력한 살균력이 있다.	–	–
	세균여과법	• 화학약품이나 열을 이용할 수 없을 때 미생물을 제거하는 방법이다. • 미생물을 통과시킬 수 없는 세공을 가진 필터를 이용하여 미생물을 제거하는 방법이다.	• Chamberland – 여과공 0.2~0.4u • Berkefeld – 여과공 2.8~4.1u 등이 사용	–

(2) 화학적 소독법

네일 관리 숍에서 사용되고 있는 기구 및 도구, 제품 등을 소독할 때 사용되는 화학적 소독제는 9가지로 구분하여 설명할 수 있다.

① 석탄산(페놀)

    ㉠ 농도 : 석탄산은 3% 수용액으로 사용하며 석탄산 계수를 가진다.

      → 무아포균은 1분 이내 사멸된다.

    ㉡ 장점 : 살균력은 안정되나 고온일수록 살균효과는 크다. 유기물 소독에도 양호하다.

    ㉢ 단점

      • 세균에는 효력이 있지만 바이러스에는 소독효과가 없다.

      • 취기와 독성이 강하고 피부 점막에 자극성과 마비성이 있다.

      • 금속을 부식시킨다.

    ㉣ 석탄산의 살균작용 기전

      • 세포 용해작용을 한다.

      • 균체 단백의 응고작용을 한다.

      • 균체의 효소계 침투작용을 한다.

> ▶ 석탄산 계수
>
> • 석탄산 계수 $= \dfrac{\text{소독약의 희석 배수}}{\text{석탄산의 희석 배수}}$
>
> • 소독약의 살균력을 비교하기 위하여 사용한다.

    ㉤ 소독대상 : 의류, 실험대, 용기, 오물, 토사물, 배설물 등에 사용되며 가구류의 소독에는 1~3% 수용액을 사용한다.

② 크레졸

    ㉠ 농도

      • 3% 수용액으로 사용하며, 석탄산에 비해 3배의 소독력을 지닌다.

        – 사용 시 잘 흔들어 사용한다.

        – 물에 잘 녹지 않으므로 같은 양의 비누와 혼합한 유제로 사용한다.

      • 크레졸 비누액을 만들어 사용한다.

    ㉡ 장점 : 세균 소독에 효과가 있고, 피부 자극성이 없으며, 유기물에도 소독력이 있다.

    ㉢ 단점 : 취기가 강하고, 바이러스에 소독 효과가 없다.

    ㉣ 소독대상 : 손, 오물, 객담 등

      ※ 단 크레졸은 취기가 강하여 손 소독에 잘 사용하지 않는다. 다른 손 소독제로도 소독이 불가능한 오물 등의 소독에 사용된다.

③ 승홍 : 살균력이 강하며, 맹독성이다. (특히 온도가 높을수록 살균효과는 더욱 강해진다)

　　㉠ 농도 : 피부소독에는 0.1~0.5% 수용액을 사용한다.

　　▶ **승홍의 조제방법**
　　• 승홍(0.1%) + 식염(0.1%) + 물(99.8%) = 혼합액
　　• 무색이므로 푸크신액으로 염색하여 사용한다.

　　㉡ 단점 : 금속을 부식시키며 식기류, 장난감 등의 소독에 사용할 수 없다.

④ 생석회

　생석회에 물을 가(소석회)했을 때 발생기 산소에 의해 소독작용을 한다.

　　㉠ 농도 : 생석회 분말(2) + 물(8) = 혼합액

　　㉡ 장점 : 값이 싸고 탈취력이 있어 분변, 하수, 오수, 토사물 등의 소독에 좋고, 무아포균에 효과가 있다.

　　㉢ 단점 : 공기 중에 장기간 방치 시, 공기 중의 CO_2와 결합하여 탄산칼슘이 되므로 살균력이 떨어진다.

⑤ 과산화수소

　　㉠ 농도 : 과산화수소 3% 수용액을 사용한다.

　　㉡ 장점 : 무아포균을 살균할 수 있으며 자극성이 적다.

　　㉢ 소독대상 : 구내염, 인두염, 상처, 입 안 소독 등에 이용된다.

⑥ 알코올

　　㉠ 농도 : 70% 수용액(에틸알코올이 사용됨)을 사용한다.

　　㉡ 장점 : 무아포균의 소독에 효과가 있고, 피부 및 기구소독에 살균력이 강하다.

　　㉢ 단점 : 아포균에는 소독효과가 없고, 소독대상에 유기물이 있으면 소독효과가 떨어져 눈, 비강, 구강, 음부 등의 점막에는 사용하면 안 된다.

⑦ 머큐로크롬

　　㉠ 농도 : 2% 수용액을 사용한다.

　　㉡ 장점 : 지속성이 있어 점막 및 피부 상처에 이용한다.

⑧ 역성 비누(양성 비누)

　　㉠ 농도 : 0.01~0.1% 수용액을 사용한다.

　　㉡ 장점 : 독성 또는 사용 시 불쾌감이 없고, 소화기계 감염병의 병원체에 효력이 크다.

　　㉢ 소독대상 : 조리기구, 식기류 등의 소독에 사용된다.

⑨ 약용 비누

　　㉠ 손, 피부소독 등에 사용된다.

　　㉡ 비누 원료에 각종 살균제가 첨가되어 세정작용과 살균작용이 동시에 이루어진다.

⑩ 포르말린

    ㉠ 훈증 소독에 사용한다.

    ㉡ 농도 : 0.02~0.1 수용액을 사용한다.

$$\text{소독약의 농도(\%)} = \frac{\text{용질(소독약)}}{\text{용액(희석량)}} \times 100$$

⑩ 순도 100% 소독약 원액 5ml에 증류수 95ml를 혼합하여 100ml의 소독약을 만들었다. 이 소독약의 농도는?

$$\frac{5}{100} \times 100 = 5\%$$

Section 05   분야별 위생 소독

1 소독 대상별 소독 방법

① 의류, 침구류 소독 : 일광소독, 증기 또는 자비소독, 석탄산수, 크레졸수, 포르말린수 등이 사용된다.

② 토사물, 배설물 소독 : 소각법, 자비소독, 석탄산수, 크레졸수, 생석회 등이 사용된다.

③ 초자기구, 도자기, 목제품 소독 : 석탄산수, 크레졸수, 승홍수, 증기 또는 자비소독 등이 사용된다.

④ 가죽, 고무, 종이류, 철기 소독 : 석탄산수, 크레졸수, 포르말린수 등이 사용된다.

⑤ 손 소독(네일리스트) : 석탄산수, 승홍수, 역성 비누, 약용 비누 등이 사용된다.

⑥ 숍(실)내 소독 : 석탄산수, 크레졸수 등이 사용된다.

2 소독제의 살균기전

소독제는 아래 두 가지 이상 살균기전의 복합작용에 의해 소독이 이루어진다.

① 산화작용 : 염소(Cl_2)와 그 유도체, 과산화수소(H_2O_2), 오존(O_3), 과망간산칼륨($KMnO_4$) 등이 있다.

② 균단백응고 작용 : 승홍, 석탄산, 크레졸, 알코올, 포르말린 등이 있다.

③ 균체의 효소 불활화 작용 : 알코올, 석탄산, 중금속염, 역성 비누 등이 있다.

④ 가수분해작용 : 강산, 강알칼리, 열탕수 등이 있다.

⑤ 탈수작용 : 식염, 설탕, 알코올, 포르말린 등이 있다.

⑥ 중금속염의 형성작용 : 승홍, 질산은, 머큐로크롬 등이 있다.

3 소독제의 구비조건

① 살균력이 강해야 한다.

② 사용법이 간편해야 한다.

③ 저렴하고, 구입이 용이해야 한다.

④ 용해성이 높고 침투력이 좋아야 한다.

⑤ 물품의 부식성과 표백성이 없어야 한다.

⑥ 인체에 무해, 무독하여 안전성이 있어야 한다.

⑦ 소독 범위가 넓고, 냄새가 없고, 탈취력이 있어야 한다.

소독약의 역사

화학적 소독에 사용되는 약품을 소독약이라 하며 부패, 발효를 억제할 목적으로 사용되는 것을 방부제라 한다.

(1) 신벌설(고대)

신의 저주를 받아 질병이 발생한다고 하였다.

(2) 독기설

기원전(B.C 459~377) 히포크라테스는 환자의 체내로부터 병적 부정물이 공기 중에 전파되어 병이 옮겨진다고 하였다.

(3) 장기설

유독물질 때문에 전염병이 발생된다는 설로서 공기를 정화시키는 연기소독법이 시행되었다.

(4) 접촉감염설

15~16세기 흑사병, 천연두, 발진티푸스 등에 의해 유럽 인구의 절반이 사망함으로써 눈에 보이지 않는 감염원이 질병을 발생시킨다고 하였다.

(5) 소독과 방부

19세기 중반 부패작용은 생물에 의하여 발생되지만 가열에 의하여 사멸될 수 있다고 하였다.

(6) 간헐멸균법

영국의 과학자 존 틴달(John Tyndall, 1820~1893년)에 의해 고안되었다.

(7) 무균적 수술

1865년 석탄산 용액을 수술실에 살포하여 수술기구 소독, 손을 세정하면 수술 후의 염증 발생률을 줄여준다는 사실을 발견하였다.

(8) 저온살균법

루이스 파스퇴르(Louis Pasteur)에 의해 개발되었다.

(9) 건열멸균법

루이스 파스퇴르는 170°에서 60분간 건열을 이용한 멸균법을 고안하였다.

(10) 방부법

조셉 리스터(Joshep Lister)는 석탄산 용액을 사용하여 수술기구를 소독하였다.

(11) 고압증기멸균법(Autoclaving)

찰스 캄베르랜드(Charles Chamberland)는 아포생성균을 121℃에서 15~20분간 적용시키는 멸균법을 고안하였다.

CHAPTER 03 공중위생관리법규(법, 시행령, 시행규칙)

Section 01 목적 및 정의

1 공중위생관리법의 목적(제1조)

공중이 이용하는 영업과 시설의 위생관리 등에 관한 사항을 규정한다. 위생 수준을 향상시켜 국민의 건강 증진에 기여함이 이 법의 목적이다.

2 용어의 정의(제2조)

(1) 공중위생영업

① 다수인을 대상으로 위생관리 서비스를 제공하는 6가지 영업 가운데 이·미용업이 포함된다.
② 미용업, 이용업, 숙박업, 세탁업, 목욕장업, 건물위생관리업 등이 포함된다.

미용업	손님의 얼굴, 머리, 피부 등을 손질하여 손님의 외모를 아름답게 꾸미는 영업이다.
이용업	손님의 머리카락 또는 수염을 깎거나 다듬는 등의 방법으로 손님의 용모를 단정하게 하는 영업이다.
건물위생관리업	공중이 이용하는 건축물, 시설물 등의 청결 유지와 실내 공기 정화를 위한 청소 등을 대행하는 영업이다.

> [별표 1 – 공중위생영업(미용업) 시설 및 설비기준]
>
> 1. 미용업(일반), 미용업(손톱·발톱) 및 미용업(화장·분장)
>   ① 미용기구는 소독을 한 기구와 소독을 하지 아니한 기구를 구분하여 보관할 수 있는 용기를 비치하여야 한다.
>   ② 소독기, 자외선 살균기 등 미용기구를 소독하는 장비를 갖추어야 한다.

1 영업의 신고(제3조)

(1) 공중위생영업을 하기 위해 신고를 하려는 자(이하 영업자라 함)는 시설 및 설비(보건복지부령)를 갖춘 후 시장·군수·구청장에게 신고한다.

▶ 보건복지부령	▶ 신고관청 및 신고내용

• 공중위생영업 관련 시설 및 설비
• 공중위생영업 관련 중요사항의 변경
• 신고방법 및 절차 등에 관한 필요한 사항
	• 시장 · 군수 · 구청장
	  − 공중위생영업의 신고 시
	  − 공중위생영업장 폐쇄 시
	  − 공중위생영업 관련 중요 사항의 변경 시

  ① 영업신고 시 첨부서류

    ㉠ 공중위생영업시설 및 설비개요서   ㉡ 교육 필증(미리 교육을 받은 경우)

(2) 공중위생영업자는 보건복지부령이 정하는 중요사항을 변경하고자 하는 때에도 시장, 군수, 구청장에게 신고한다. (제3조)

  ① 변경신고를 해야 할 경우(시행규칙 제3조의2)

    ㉠ 영업소의 명칭 또는 상호 변경   ㉡ 영업소의 소재지 변경

    ㉢ 신고한 영업장 면적의 3분의 1 이상 증감 시   ㉣ 대표자의 성명 또는 생년월일 변경

    ㉤ 업종 간 변경

  ② 영업신고 사항 변경 신고 시 제출서류(시행규칙 제3조의2)

    ㉠ 영업신고증   ㉡ 변경사항을 증명하는 서류

(3) 폐업신고

  ① 영업자는 영업을 폐업한 날로부터 20일 이내에 시장 · 군수 · 구청장에게 신고하여야 한다.

  ② 폐업신고 시 신고서를 첨부한다.

2 영업의 승계

(1) 영업을 양도하거나 사망한 때 또는 법인이 합병한 때에는 그 영업자의 지위를 승계한다. (제3조의2)

  양수인, 상속인 또는 합병 후 존속하는 법인이나 합병으로 설립되는 법인이 해당

▶ 영업자의 지위승계 신고]
- 양도의 경우
  - 양도, 양수를 증명할 수 있는 서류 사본
- 상속의 경우
  - 「가족관계의 등록 등에 관한 법률」 제15조 제1항에 따른 가족관계증명서 및 상속인임을 증명할 수 있는 서류
- 그 밖의 경우
  - 해당 사유별로 영업자의 지위를 승계하였음을 증명할 수 있는 서류

(2) 민사집행법에 의한 경매, 「채무자 희생 및 파산에 관한 법률」에 의한 환가나 국세징수법, 관세법 또는 지방세징수법에 의한 압류재산의 매각 그 밖에 이에 준하는 절차에 따라 영업 관련 시설 및 설비 전부를 인수한 자는 이 법에 의한 그 영업자의 지위를 승계한다.

(3) 미용업의 경우에는 규정에 의한 면허를 소지한 자에 한하여 영업자의 지위를 승계할 수 있다.

(4) 영업자의 지위를 승계하는 자는 1월 이내에 보건복지부령이 정하는 바에 따라 시장·군수·구청장에게 신고하여야 한다.

▶ 보건복지부령
- 영업자의 지위 승계

▶ 신고관청 및 기간
- 시장 · 군수 · 구청장 – 영업자의 지위 승계(1월 이내)

Section **03** **영업자 준수사항**

▣ 위생관리 의무 등(제4조)

영업자는 그 이용자(손님)에게 건강상 위해 요인이 발생되지 않도록 영업 관련 시설 및 설비를 위생적이고 안전하게 관리하여야 한다.

(1) 미용업을 하는 자는 다음 각 호의 사항을 지켜야 한다. (제4조 제4항)
① 의료기구나 의약품을 사용하지 않는 순수한 화장 또는 피부미용을 할 것
② 미용기구는 소독을 한 기구와 소독을 하지 않는 기구로 분리하여 보관하고, 면도기는 1회용 면도날만을 손님 1인에 한하여 사용할 것

③ 미용사 면허증을 영업소 안에 게시할 것

[별표 3] 시행규칙

① 미용기구의 소독기준 및 방법

• 일반기준

구분		소독방법
물리적 소독	자외선 소독	1㎠당 85㎼ 이상의 자외선을 20분 이상 쬐어준다.
	열탕 소독	섭씨 100℃ 이상의 물속에 10분 이상 끓여준다.
	증기 소독	섭씨 100℃ 이상의 습한 열에 20분 이상 쐬어준다.
	건열멸균 소독	섭씨 100℃ 이상의 건조한 열에 20분 이상 쐬어준다.
화학적 소독	석탄산수 소독	3% 석탄산수 : 석탄산(3%), 물(97%)의 수용액에 10분 이상 담가둔다.
	크레졸 소독	3% 크레졸수 : 크레졸(3%), 물(97%)의 수용액에 10분 이상 담가둔다.
	에탄올 소독	70% 에탄올 수용액에 10분 이상 담가두거나 에탄올 수용액을 머금은 면 또는 거즈로 기구의 표면을 닦아준다.

• 개별기준

　미용기구의 종류, 재질 및 용도에 따른 구체적인 소독기준 및 방법은 보건복지부장관이 정하여 고시한다.

[별표 4] 시행규칙

② 미용업자 위생관리 기준

• 점빼기, 귓볼뚫기, 쌍꺼풀 수술, 문신, 박피술 그 밖에 이와 유사한 의료행위를 하여서는 안된다.
• 피부미용을 위하여 「약사법」에 따른 의약품 또는 「의료기기법」에 따른 의료기기를 사용하여서는 안된다.
• 미용기구 중 소독을 한 기구와 소독을 하지 아니한 기구는 각각 다른 용기에 보관하여야 한다.
• 1회용 면도날은 손님 1인에 한하여 사용하여야 한다.
• 영업장 안의 조명도는 75룩스 이상이 되도록 유지하여야 한다.

- 영업소 내에 미용업 신고증, 개설자의 면허증 원본을 게시하여야 한다.
- 영업소 내부에 최종지불요금표를 게시 또는 부착하여야 한다.
- 위의 내용에도 불구하고 신고한 영업장 면적이 66제곱미터 이상인 영업소의 경우 영업소 외부에도 손님이 보기 쉬운 곳에 「옥외광고물 등 관리법」에 적합하게 최종지불요금표를 게시 또는 부착하여야 한다. 이 경우 최종지불요금표에는 일부 항목(5개 이상)만을 표시할 수 있다.
- 3가지 이상의 미용서비스를 제공하는 경우에는 개별 미용서비스의 최종 지불가격 및 전체 미용서비스의 총액에 관한 내역서를 이용자에게 미리 제공하여야 한다. 이 경우 미용업자는 해당 내역서 사본을 1개월간 보관하여야 한다.

Section **04** **면허**

▨ 미용사의 면허(제6조 제1항)

미용사가 되고자 하는 자는 보건복지부령이 정하는 바에 의하여 시장 · 군수 · 구청장이 발부하는 면허를 받아야 한다.

① 전문대학 또는 이와 동등 이상의 학력이 있다고 교육부장관이 인정하는 학교에서 이용 또는 미용에 관한 학과를 졸업한 자

② 「학점 인정 등에 관한 법률」에 따라 대학 또는 전문대학을 졸업한 자와 동등 이상의 학력이 있는 것으로 인정되어 미용에 관한 학위를 취득한 자

③ 초 · 중등교육법령에 따른 특성화고등학교, 고등기술학교나 고등학교 또는 고등기술학교에 준하는 각종 학교에서 1년 이상 이용 또는 미용에 관한 소정의 과정을 이수한 자

④ 교육부장관이 인정하는 고등기술학교에서 1년 이상 미용에 관한 소정의 과정을 이수한 자

⑤ 국가기술자격법에 의한 미용사 자격을 취득한 자

> ▶ 면허 발급에 따른 첨부서류
- 졸업증명서 또는 학위증명서 1부
- 국가기술자격증 원본 확인 사본 제출 1부(이수증명서)
- 최근 6개월 이내 진단된 건강진단서 1부
  – 정신질환자, 마약 · 대마 · 향정신성 의약품 중독자, 결핵환자가 아님을 증명
- 최근 6개월 이내 찍은 탈모 정면 상반신 사진 2매(3.5×4.5cm)

2 면허 결격 사유(제6조 제2항)

① 미용사의 면허를 받을 수 없는 자
- 피성년후견인(금치산자)
- 「정신보건법(제3조 제1호)」에 따른 정신질환자(다만, 전문의가 미용사로서 적합하다고 인정하는 사람은 그러하지 아니하다)
- 공중의 위생에 영향을 미칠 수 있는 감염병 환자로서 보건복지부령이 정한 자(감염성 결핵 환자)
- 마약 기타 대통령령으로 정하는 약물 중독자(대마 또는 향정신성 의약품의 중독자)
- 면허가 취소된 후 1년이 경과되지 아니한 자

> ▶ 대통령령
> - 미용사 면허를 받을 수 없는 자(마약, 기타 약물 중독자)
>
> ▶ 보건복지부령
> - 공중위생에 영향을 미칠 수 있는 감염병 환자
>
> ▶ 면허취소 사유
> - 면허취소 후 1년 미경과
>   - 이 법의 규정에 의한 명령에 위반한 때
>   - 면허증을 다른 사람에게 대여한 때

② 면허수수료
- 미용사 면허를 받고자 하는 자는 대통령령이 정하는 바에 따라 수수료를 납부하여야 한다.
- 수수료는 지방자치단체의 수입증지로 또는 정보통신망을 이용한 전자화폐 전자결제 등의 방법으로 시장·군수·구청장에게 납부하여야 하며 그 금액은 다음과 같다.
  - 미용사 면허를 신규로 신청하는 경우(5,500원)
  - 미용사 면허증을 재교부 받고자 하는 경우(3,000원)

3 면허의 취소(제7조 제1항)

(1) 미용사 면허를 취소하거나 6월 이내의 기간을 정하여 면허를 정지할 수 있다.

> ▶ 면허취소 및 정지 권한자
> - 시장·군수·구청장

① 피성년후견인, 마약 기타 대통령령으로 정하는 약물 중독자에 해당할 때
② 면허증을 다른 사람에게 대여한 때

③ 「국가기술자격법」에 따라 자격이 취소된 때

④ 「국가기술자격법」에 따라 자격정지처분을 받은 때(「국가기술자격법」에 따른 자격정지처분 기간에 한 정한다)

⑤ 이중으로 면허를 취득한 때(나중에 발급받은 면허를 말한다)

⑥ 면허정지처분을 받고도 그 정지 기간 중에 업무를 한 때

⑦ 「성매매알선 등 행위의 처벌에 관한 법률」이나 「풍속영업의 규제에 관한 법률」을 위반하여 관계 행정기관 의 장으로부터 그 사실을 통보받은 때

⑧ 규정에 의한 면허취소·정지 처분의 세부적인 기준은 그 처분의 사유와 위반의 정도 등을 감안하여 보건 복지부령으로 정한다.

(2) 면허의 반납

① 면허가 취소 또는 정지 받은 자는 지체 없이 시장·군수·구청장에게 면허증을 반납한다.

② 면허정지에 의해 반납된 면허증은 그 면허정지기간 동안 관할 시장·군수·구청장이 보관한다.

> ▶ 면허 교부권자
> • 시장·군수·구청장
>   – 면허증 반납 및 보관
>   – 면허 재교부 신청

(3) 면허증의 재교부

① 면허증의 기재사항에 변경이 있을 때

② 면허증을 잃어버린 때

> ▶ 분실한 면허증을 찾은 경우
> 면허증을 잃어버린 후 재교부 받은 자가 그 잃어버린 면허증을 찾은 때에는 지체 없이 면허교부권자인 시장·군수·구청장에게 이를 반납한다.

③ 면허증이 헐어 못쓰게 된 때

(4) 면허증 재교부에 따른 신청첨부 서류

① 면허증 원본(기재 사항이 변경되거나 헐어 못쓰게 된 때)

② 최근 6개월 이내에 찍은 탈모 정면 상반신 사진 1매(3.5×4.5cm)

1 미용사의 업무 범위 등(제8조 제1항)

미용사의 면허를 받은 자가 아니면 미용업을 개설하거나 그 업무에 종사할 수 없다. 다만, 미용사의 감독을 받아 미용 업무의 보조를 행하는 경우에는 종사할 수 있다.

(1) 미용업의 세분

① 미용업의 세분

미용업(일반)	파마, 머리카락 자르기, 머리카락 모양내기, 머리피부손질, 머리카락 염색, 머리감기, 의료기기나 의약품을 사용하지 아니하는 눈썹손질을 하는 영업
미용업(피부)	의료기기나 의약품을 사용하지 아니하는 피부상태 분석, 피부관리, 제모, 눈썹손질을 하는 영업
미용업(네일)	손톱과 발톱의 손질 및 화장하는 영업
미용업(화장 · 분장)	얼굴 등 신체의 화장, 분장 및 의료기기나 의약품을 사용하지 아니하는 눈썹손질을 하는 영업
미용업(종합)	미용업(일반), 미용업(피부), 미용업(네일)까지의 업무를 모두 하는 영업

2 미용의 업무는 영업소 외의 장소에서는 행할 수 없다(제8조 제2항 및 제3항)(다만, 보건 복지부령이 정하는 특별한 사유가 있는 경우에는 행할 수 있다).

① 보건복지부령에 의한 특별한 사유

ㄱ 질병이나 그 밖의 사유로 영업소에 나올 수 없는 자에 대하여 이용 또는 미용을 하는 경우

ㄴ 혼례나 그 밖의 의식에 참여하는 자에 대하여 그 의식 직전에 이용 또는 미용을 하는 경우

ㄷ 사회복지시설에서 봉사활동으로 이용 또는 미용을 하는 경우

ㄹ 방송 등의 촬영에 참여하는 사람에 대하여 그 촬영 직전에 이용 또는 미용을 하는 경우

ㅁ 위의 경우 외에 특별한 사정이 있다고 시장 · 군수 · 구청장이 인정하는 경우

1 보고 및 출입 · 검사(제9조 제1항)

(1) 특별시장, 광역시장, 도지사(이하 시 · 도지사라 함) 또는 시장 · 군수 · 구청장은 공중위생관리상 필요하다고 인정하는 때에는 공중위생영업자에 대하여 다음과 같이 할 수 있다.

① 필요한 보고를 하게 한다.

② 소속 공무원으로 하여금 영업소, 사무소 등에 출입하여 영업자의 위생관리 의무 이행 등에 대하여 검사하게 한다. 또한 필요에 따라 공중위생영업장부나 서류를 열람하게 할 수 있다.

③ 제1항의 경우에 관계 공무원은 그 권한을 표시하는 증표를 지녀야 하며, 관계인에게 이를 내보여야 한다.

(2) 영업의 제한(제9조 제2항)

시 · 도지사는 공익상 또는 선량한 풍속을 유지하기 위하여 필요하다고 인정하는 때에는 영업자 및 종사원에 대하여 영업시간 및 영업행위에 관한 필요한 제한을 할 수 있다.

2 위생지도 및 개선명령(제10조)

(1) 시 · 도지사 또는 시장 · 군수 · 구청장은 영업자 또는 소유자에게 즉시 또는 일정기간을 정하여 개선을 명할 수 있다.

① 영업자는 시설 및 설비를 갖추거나 또는 중요사항 변경 시(보건복지부령), 신고(시장, 군수, 구청장)에 따른 시설 및 설비기준을 위반한 공중위생영업자

② 위생관리 의무 등을 위반한 공중위생영업자

③ 위생관리 의무를 위반한 공중위생시설의 소유자 등

3 영업소의 폐쇄(제11조 제1항)

(1) 시장 · 군수 · 구청장은 공중위생영업자가 다음 중 어느 하나에 해당하면 6월 이내의 기간을 정하여 영업의 정지 또는 일부 시설의 사용중지를 명하거나 영업소 폐쇄 등을 명할 수 있다.

① 영업신고를 하지 아니하거나 시설과 설비기준을 위반한 경우

② 변경신고를 하지 아니한 경우

③ 지위승계신고를 하지 아니한 경우

④ 공중위생영업자의 위생관리 의무 등을 지키지 아니한 경우

⑤ 영업소 외의 장소에서 이용 또는 미용 업무를 한 경우

⑥ 보고를 하지 아니하거나 거짓으로 보고한 경우 또는 관계 공무원의 출입, 검사 또는 공중위생영업 장부 또는 서류의 열람을 거부 · 방해하거나 기피한 경우

⑦ 개선명령을 이행하지 아니한 경우

⑧ 「성매매알선 등 행위의 처벌에 관한 법률」, 「풍속영업의 규제에 관한 법률」, 「청소년 보호법」, 「아동 · 청소년의 성보호에 관한 법률」 또는 「의료법」을 위반하여 관계 행정기관의 장으로부터 그 사실을 통보받은 경우

(2) 시장·군수·구청장은 위에 따른 영업정지처분을 받고도 그 영업정지 기간에 영업을 한 경우에는 영업소 폐쇄를 명할 수 있다.

(3) 시장·군수·구청장은 다음 중 어느 하나에 해당하는 경우에는 영업소 폐쇄를 명할 수 있다.

① 공중위생영업자가 정당한 사유 없이 6개월 이상 계속 휴업하는 경우
② 공중위생영업자가 「부가가치세법」 제8조에 따라 관할 세무서장에게 폐업신고를 하거나 관할 세무서장이 사업자 등록을 말소한 경우

(4) 행정처분의 세부기준은 그 위반행위의 유형과 위반 정도 등을 고려하여 보건복지부령으로 정한다.

(5) 영업자가 영업소 폐쇄명령을 받고도 계속하여 영업을 할 때 관계 공무원이 영업소를 폐쇄하기 위하여 다음의 조치를 할 수 있다.

① 당해 영업소의 간판 기타 영업표지물의 제거
② 당해 영업소가 위법한 영업소임을 알리는 게시물 등의 부착
③ 영업을 위하여 필수 불가결한 기구 또는 시설물을 사용할 수 없게 하는 봉인

(6) 봉인을 해제할 수 있는 조건

① 시장·군수·구청장이 영업을 위하여 필수 불가결한 기구 또는 시설물에 대하여 봉인한 후 봉인을 계속 할 필요가 없다고 인정되는 때
② 영업자 또는 그 대리인이 당해 영업소를 폐쇄할 것을 약속한 때
③ 정당한 사유를 들어 봉인의 해제를 요청할 때
④ 당해 영업소가 위법한 영업소임을 알리는 게시물 등의 제거를 요청하는 경우

> ▶ 봉인해제 관청
> • 시장·군수·구청장

4 과징금 처분(제11조 제2항)

(1) 공중위생 영업소의 폐쇄 등의 규정에 갈음하여 1억 원 이하의 과징금을 부과할 수 있다.

① 영업정지가 이용자에게 심한 불편을 줄 때
② 그 밖에 공익을 해할 우려가 있는 경우
③ 다만, 「성매매 알선 등 행위의 처벌에 관한 법률」, 「아동·청소년의 성보호에 관한 법률」, 「풍속영업의 규제에 관한 법률」 또는 이에 상응하는 위반행위로 인하여 처분을 받게 되는 경우를 제외한다.

(2) 과징금을 부과하는 위반행위의 종별, 정도 등에 따른 과징금의 금액 등에 관하여 필요한 사항은 대통령령으로 정한다.

(3) 시장 · 군수 · 구청장은 규정에 의한 과징금을 납부하여야 할 자가 납부기한까지 이를 납부하지 아니한 경우에는 대통령령으로 정하는 바에 따라 과징금 부과 처분을 취소하고, 영업정지 처분을 하거나 「지방세외수입금의 징수 등에 관한 법률」에 따라 이를 징수한다.

(4) 시장 · 군수 · 구청장이 부과·징수한 과징금은 당해 시·군·구에 귀속된다.

(5) 시장 · 군수 · 구청장은 과징금의 징수를 위하여 필요한 경우에는 다음의 사항을 기재한 문서로 관할 세무관서의 장에게 과세 정보의 제공을 요청할 수 있다.
　① 납세자의 인적사항　　　② 사용목적　　　③ 과징금 부과기준이 되는 매출금액

5 행정제재처분 효과의 승계(제11조 제3항)

(1) 영업자가 그 영업을 양도하거나 사망한 때 또는 법인의 합병이 있는 때
　① 종전의 영업자에 대하여 행정제재처분(제11조 제1항의 위반)의 효과는 그 처분기간이 만료된 날부터 1년간 양수인, 상속인 또는 합병 후 존속하는 법인에 승계한다.
　② 종전의 영업자에 대하여 진행 중인 행정제재처분(제11조 제1항의 위반) 절차를 양수인, 상속인 또는 합병 후 존속하는 법인에 대하여 속행할 수 있다.

6 같은 종류의 영업금지(제11조 제4항)

(1) 「성매매 알선 등 행위의 처벌에 관한 법률」, 「아동·청소년의 성보호에 관한 법률」, 「풍속영업의 규제에 관한 법률」 또는 「청소년보호법」(이하 이 조에서 "「성매매 알선 등 행위의 처벌에 관한 법률」 등"이라 한다)을 위반하여 제11조 제1항의 폐쇄명령을 받은 자(법인인 경우에는 그 대표자를 포함한다. 이하 제2항에서 같다)는 그 폐쇄명령을 받은 후 2년이 경과하지 아니한 때에는 같은 종류의 영업을 할 수 없다.
　① 「성매매 알선 등 행위의 처벌에 관한 법률」 등 이외의 법률을 위반할 때
　　• 폐쇄명령을 받은 자(사람)
　　　그 폐쇄명령을 받은 후 1년이 경과하지 아니한 때에는 같은 종류의 영업을 할 수 없다.
　　• 폐쇄명령이 있는 후(영업장소)
　　　6개월이 경과하지 아니한 때에는 누구든지 그 폐쇄명령이 이루어진 영업장소에서 같은 종류의 영업을 할 수 없다.

② 「성매매 알선 등 행위의 처벌에 관한 법률」 등을 위반할 때
- 폐쇄명령이 있는 후(영업장소)
  - 1년이 경과하지 아니한 때에는 누구든지 같은 종류의 영업을 할 수 없다.

7 위반사실 공표(제11조 제6항)

(1) 시장 · 군수 · 구청장은 행정처분이 확정된 공중위생영업자에 대한 처분 내용, 해당 영업소의 명칭 등 처분과 관련한 영업 정보를 대통령령으로 정하는 바에 따라 공표하여야 한다.

8 청문(제12조)

(1) 보건복지부장관 또는 시장 · 군수 · 구청장은 다음 중 어느 하나에 해당하는 처분을 하려면 청문을 하여야 한다.
① 신고사항의 직권 말소
② 이용사와 미용사의 면허취소 또는 면허정지
③ 영업정지명령, 일부 시설의 사용중지명령 또는 영업소 폐쇄명령

9 위생서비스 수준의 평가(제13조)

(1) 영업소의 위생관리 수준을 향상시키기 위하여 위생서비스 평가계획(이하 평가계획이라 함)을 수립하여 시장 · 군수 · 구청장에게 통보한다.

> ▶ 위생서비스 평가 계획권자
> - 시 · 도지사
>
> ▶ 위생서비스 평가계획 통보를 받는 관청
> - 시장 · 군수 · 구청장

(2) 평가계획에 따라 관할 지역별 세부평가계획을 수립한 후 영업소의 위생서비스 수준을 평가(이하 위생서비스평가라 함)하여야 하며, 평가는 2년마다 실시함을 원칙으로 한다.

> | tip ⟨ 평가계획에 따른 세부평가계획 관청 : 시장 · 군수 · 구청장

(3) 위생서비스 평가의 전문성을 높이기 위하여 필요하다고 인정하는 경우에는 관련 전문기관 및 단체로 하여금 위생서비스 평가를 실시하게 할 수 있다.

> tip ⟨ 위생서비스 평가와 관련하여 전문기관 및 단체에 위임할 수 있는 관청 : 시장 · 군수 · 구청장

(4) 위생서비스 평가의 주기, 방법, 위생관리 등급의 기준 기타 평가에 관하여 필요한 사항은 보건복지부령으로 정한다.

Section 07 업소위생등급

1 위생관리 등급 공표 등(제14조)

(1) 위생서비스 평가의 결과에 따른 위생관리 등급을 해당 영업자에게 통보하고 이를 공표하여야 한다.

> ▷ 위생관리 등급 통보 및 공표권(관청)
- 시장 · 군수 · 구청장

> ▷ 보건복지부령
- 위생관리 등급

① 영업자는 통보받은 위생관리 등급의 표지를 영업소의 명칭과 함께 영업소의 출입구에 부착할 수 있다.
② 위생서비스평가의 결과 위생서비스의 수준이 우수하다고 인정되는 영업소에 대하여 포상을 실시할 수 있다.
③ 위생서비스 평가는 2년마다 실시한다.

> ▷ 위생서비스평가 결과 우수 영업소 포상 관청
> 시 · 도지사(또는 시장 · 군수 · 구청장)

④ 위생서비스 평가의 결과에 따른 위생관리 등급별로 영업소에 대한 위생감시를 실시한다.
- 영업소에 대한 출입, 검사와 위생감시의 실시 주기 및 횟수 등 위생관리 등급별 위생감시기준은 보건복지부령으로 정한다.

> ▷ 위생서비스 등급별 영업소의 위생감시(관청)
- 시 · 도지사(또는 시장 · 군수 · 구청장)

> ▷ 보건복지부령
- 영업소 출입, 검사, 위생감시 실시 주기 및 횟수, 위생관리 등급별 위생감시 기준

• 위생관리 등급의 구분

업소	색 등급
최우수업소	녹색 등급
우수업소	황색 등급
일반관리대상업소	백색 등급

2 공중위생감시원(제15조 제1항)

(1) 공중위생감시원

① 영업의 신고 및 폐업신고(제3조), 영업의 승계(제3조 2), 영업자의 위생관리의무(제4조) 또는 미용사 업무 범위(제8조), 영업소의 폐쇄 등(제11조) 규정에 의한 관계 공무원의 업무를 행하기 위하여 특별시, 광역시, 도 및 시, 군, 구(자치구에 한한다)에 공중위생감시원을 둔다.

② 공중위생감시원의 자격, 임명, 업무 범위 기타 필요한 사항은 대통령령으로 정한다.

　㉠ 공중위생감시원의 자격 및 임명

　　특별시장, 광역시장, 도지사, 시장·군수·구청장은 각 호의 어느 하나에 해당하는 소속 공무원 중에서 공중위생감시원을 임명한다. (공중위생감시원 규정에 따름)

　　• 위생사 또는 환경기사 2급 이상의 자격증이 있는 사람

　　•「고등교육법」에 따른 대학에서 화학, 화공학, 환경공학 또는 위생학 분야를 전공하고 졸업한 사람 또는 법령에 따라 이와 같은 수준 이상의 학력이 있다고 인정되는 사람

　　• 외국에서 위생사 또는 환경기사의 면허를 받은 사람

　　• 1년 이상 공중위생 행정에 종사한 경력이 있는 사람

　　• 공중위생감시원의 인력확보가 곤란하다고 인정되는 때에는 공중위생 행정에 종사하는 사람 중에서 공중위생감시에 관한 교육훈련을 2주 이상 받은 사람을 공중위생 행정에 종사하는 기간 동안 공중위생감시원으로 임명할 수 있다.

　㉡ 공중위생감시원의 업무 범위

　　• 규정에 의한 시설 및 설비의 확인

　　• 공중위생영업 관련 시설 및 설비의 위생상태 확인·검사, 공중위생영업자의 위생관리 의무 및 영업자 준수사항 이행 여부의 확인

　　• 위생지도 및 개선명령 이행 여부의 확인

　　• 공중위생영업소의 영업의 정지, 일부 시설의 사용 중지 또는 영업소 폐쇄명령 이행 여부의 확인

　　• 위생교육 이행 여부의 확인

(2) 명예 공중위생감시원(제15조 제2항)

① 시·도지사는 공중위생의 관리를 위한 지도, 계몽 등을 행하게 하기 위하여 명예 공중위생감시원(이하 명예감시원이라 함)을 둘 수 있다.

② 명예감시원의 자격은 공중위생에 대한 지식과 관심이 있는 자, 소비자 단체, 공중위생 관련 협회 또는 단체의 소속 직원 중에서 당해 단체 등의 장이 추천하는 자로 한다.

③ 명예감시원의 활동지원 및 운영에 관한 필요사항과 함께 예산의 범위 안에서 수당을 지급할 수 있으며 명예감시원의 업무는 다음과 같다.

- 법령 위반 행위에 대한 신고 및 자료제공
- 공중위생감시원이 행하는 검사 대상물의 수거지원
- 그 밖에 공중위생에 관한 홍보계몽 등 공중위생관리 업무와 관련하여 시·도지사가 따로 정하여 부여하는 업무

❸ 공중위생 영업자 단체의 설립(제16조)

영업자는 공중위생과 국민보건의 향상을 기하고 그 영업의 건전한 발전을 도모하기 위하여 영업의 종류별로 전국적인 조직을 가지는 영업자 단체를 설립할 수 있다.

| Section | 08 | 위생교육 |

❶ 영업자 위생교육(제17조)

(1) 매년 위생교육(3시간)을 받아야 한다.

위생교육은 3시간으로 한다.

(2) 영업하고자 시설 및 설비를 갖추고 신고하고자 하는 자는 미리 위생교육을 받아야 한다.

다만, 부득이한 사유로 미리 교육을 받을 수 없는 경우에는 영업개시 후 6개월 이내에 위생교육을 받을 수 있다.

(3) 위생교육을 받아야 하는 자 중 영업에 직접 종사하지 아니하거나 2개 이상의 장소에서 영업을 하는 자

종업원 중 영업장별로 공중위생에 관한 책임자를 지정하고 그 책임자로 하여금 위생교육을 받게 하여야 한다.

(4) 위생교육은 보건복지부장관이 허가한 단체 또는 공중위생영업자 단체의 설립(제16조)에 따른 단체가 실시할 수 있다.

> **tip** 보건복지부장관(허가권자) : 위생교육 관련 공중위생 영업자 단체의 설립 및 고시

(5) 위생교육의 방법, 절차 등에 관한 필요사항은 보건복지부령으로 정한다.

① 위생교육 내용
- 「공중위생관리법」 및 관련 법규
- 기술교육
- 소양교육(친절 및 청결에 관한 사항을 포함)
- 그 밖에 공중위생에 관하여 필요한 내용으로 한다.

(6) 위생교육 대상자 중 보건복지부장관이 고시하는 도서, 벽지에서 영업하고 있거나 하려는 자

교육교재를 배부하여 이를 익히고 활용하도록 함으로써 교육에 갈음할 수 있다.

(7) 영업신고 전에 위생교육을 받아야 하는 자 중 다음의 어느 하나에 해당하는 자는 영업신고를 한 후 6개월 이내에 위생교육을 받을 수 있다.

① 천재지변, 본인의 질병, 사고, 업무상 국외 출장 등의 사유로 교육을 받을 수 없는 경우
② 교육을 실시하는 단체의 사정 등으로 미리 교육을 받기 불가능한 경우

(8) 위생교육을 받은 자가 위생교육을 받은 날부터 2년 이내에 위생교육을 받은 업종과 같은 업종의 영업을 하려는 경우 해당 영업에 대한 위생교육을 받은 것으로 본다.

(9) 위생교육을 실시하는 단체는 보건복지부장관이 고시한다.

(10) 위생교육기관

① 위생교육 실시 단체는 교육교재를 편찬하여 교육대상자에게 제공하여야 한다.
② 위생교육 실시 단체의 장은 다음 사항을 실시하여야 한다.
- 위생교육을 수료한 자에게 수료증을 교부하여야 한다.
- 교육실시 결과를 교육 후 1개월 이내에 시장·군수·구청장에게 통보하여야 한다.
- 수료증 교부대장 등 교육에 관한 기록을 2년 이상 보관·관리하여야 한다.
③ 위생교육에 관하여 필요한 세부사항은 보건복지부장관이 정한다.

> **tip** 행정지원 : 위생교육 실시 단체장의 요청이 있으면 영업의 신고 및 폐업신고, 영업자의 지위승계 신고 수리에 따른 위생교육 대상자의 명단을 시장·군수·구청장에게 통보하여야 한다.

2 위임 및 위탁(제18조)

(1) 보건복지부장관은 이 법에 의한 권한 일부를 대통령령이 정하는 바에 의하여 시·도지사(또는 시장·군수·구청장)에게 위임할 수 있다.

(2) 보건복지부장관은 대통령령이 정하는 바에 의하여 관계 전문기관 등에 그 업무의 일부를 위탁할 수 있다.

> ▶ 보건복지부장관(위임 및 위탁권자)
> • 대통령령이 정한 공중위생관리 업무의 일부를 시, 도지사(또는 시장·군수·구청장)에게 위임
> • 대통령령이 정하는 관계 전문기관 등에 업무의 일부 위탁

3 국고보조(제19조)

국가 또는 지방자치단체는 위생서비스 평가의 전문성을 높이기 위하여 관련 전문기관 및 단체로 하여금 위생서비스 평가를 실시(제13조 제3항)하는 자에 대하여 예산의 범위 안에서 위생서비스 평가에 소요되는 경비의 전부 또는 일부를 보조할 수 있다.

4 수수료(제19조 제2항)

미용사의 면허(제6조)를 받고자 하는 자는 대통령령이 정하는 바에 따라 수수료를 납부하여야 한다.

Section 09 벌칙

1 벌칙(제20조)

(1) 1년 이하의 징역 또는 1천만 원 이하의 벌금

① 영업의 신고(제3조 제1항) 규정에 의한 신고를 하지 않는 자

② 영업정지 명령 또는 일부 시설 사용 중지 명령을 받고도 그 기간 중에 영업을 하거나 그 시설을 사용한 자 또는 영업소 폐쇄(제11조 제1항) 명령을 받고도 계속하여 영업을 한 자

(2) 6월 이하의 징역 또는 500만 원 이하의 벌금

① 중요 사항 변경신고(제3조 제1항 후단)를 하지 않은 자

② 영업자의 지위를 승계한 자로서 1월 이내에 신고하지 않은 자

③ 건전한 영업질서를 위하여 영업자가 준수하여야 할 사항을 준수하지 아니한 자

(3) 300만 원 이하의 벌금

① 다른 사람에게 이용사 또는 미용사의 면허증을 빌려주거나 빌린 사람

② 이용사 또는 미용사의 면허증을 빌려주거나 빌리는 것을 알선한 사람

③ 면허의 취소 또는 정지 중에 이용업 또는 미용업을 한 사람

④ 면허를 받지 아니하고 이용업 또는 미용업을 개설하거나 그 업무에 종사한 사람

(4) 과징금

① 과징금 산정 기준

- 영업정지 1월은 30일로 계산한다.
- 과징금 부과 기준이 되는 매출금액은 당해 영업소에 대한 처분일에 속한 연도의 전년도로서 1년간 총 매출금액을 기준으로 한다.
  ※ 다만 신규사업, 휴업 등으로 인하여 1년 간의 총 매출금액을 산출할 수 없거나 1년 간의 총 매출 금액을 기준으로 하는 것이 불합리하다고 인정되는 경우에는 분기별, 월별 또는 일별 매출금액을 기준으로 산출 또는 조정한다.
- 위반행위의 종별에 따른 과징금의 금액은 영업정지 기간에 다목에 따라 산정한 영업정지 1일당 과징금의 금액을 곱하여 얻은 금액으로 한다.
  ※ 다만, 과징금 산정금액이 1억 원을 넘는 경우에는 1억 원으로 한다.

② 과징금의 부과 및 납부

- 과징금을 부과하고자 할 때
  시장·군수·구청장은 그 위반 행위의 종별과 해당 과징금의 금액 등을 명시하여 이를 납부할 것을 서면으로 통지하여야 한다.
- 통지를 받은 날로부터 20일 이내에 시장·군수·구청장이 정하는 수납기관에 납부하여야 한다.
  다만, 천재지변 그 밖에 부득이한 사유로 그 기간에 납부할 수 없을 때에는 그 사유가 없어진 날부터 7일 이내에 납부하여야 한다.
- 과징금의 납부를 받은 수납기관은 영수증을 납부자에게 교부하여야 한다.
- 과징금의 수납기관은 규정에 따라 과징금을 수납한 때에는 지체 없이 그 사실을 시장·군수·구청장에게 통보하여야 한다.
- 과징금은 분할 납부할 수 없다.
- 과징금의 징수절차는 보건복지부령으로 정한다.

③ 과징금 부과 처분 취소 대상자

과징금 부과 처분을 취소하고 영업정지 처분을 하거나 「지방세외수입금의 징수 등에 관한 법률」에 따라 과징금을 징수하여야 하는 대상자는 과징금을 기한 내에 납부하지 아니한 자로서 1회의 독촉을 받고 그 독촉을 받은 날부터 15일 이내에 과징금을 납부하지 아니한 자로 한다.

2 양벌규정(제21조)

(1) 법인의 대표자나 법인 또는 개인의 대리인, 사용인 그 밖의 종업원이 그 법인 또는 개인의 업무에 관하여 벌칙(제20조)에 위반행위를 하면 그 행위자를 벌하는 외에 그 법인 또는 개인에게도 해당 조문의 벌금형을 과한다.

다만, 법인 또는 개인이 그 위반 행위를 방지하기 위하여 해당 업무에 관하여 상당한 주의와 감독을 게을리 하지 아니한 경우에는 그러하지 않다.

3 과태료(제22조)

(1) 300만 원 이하의 과태료

① 규정에 의한 보고를 하지 아니하거나 관계공무원의 출입 · 검사 기타 조치를 거부 · 방해 또는 기피한 자
② 규정에 의한 개선명령에 위반한 자

(2) 200만 원 이하의 과태료

① 미용업소의 위생관리 의무를 지키지 아니한 자
② 영업소 외의 장소에서 이용 또는 미용업무를 행한 자
③ 위생교육을 받지 아니한 자

(3) 과태료는 대통령령으로 정하는 바에 따라 보건복지부장관 또는 시장 · 군수 · 구청장이 부과 · 징수 한다.

Section **10** 시행령 및 시행규칙 관련사항

1 일반 기준

① 위반행위가 2 이상인 경우로서 그에 해당하는 각각의 처분기준이 다른 경우에는 그중 중한 처분기준에 의하되, 2 이상의 처분기준이 영업정지에 해당하는 경우에는 가장 중한 정지처분기간에 나머지 각각의 정지처분기간의 2분의 1을 더하여 처분한다.
② 행정처분을 하기 위한 절차가 진행되는 기간 중에 반복하여 같은 사항을 위반한 때에는 그 위반 횟수마다 행정처분 기준의 2분의 1씩 더하여 처분한다.
③ 위반행위의 차수에 따른 행정처분기준은 최근 1년간 같은 위반행위로 행정처분을 받은 경우에 이를 적용한다. 이때 그 기준적용일은 동일 위반사항에 대한 행정처분일과 그 처분 후의 재적발일(수거검사에 의한 경우에는 검사결과를 처분청이 접수한 날)을 기준으로 한다.

④ 행정처분권자는 위반사항의 내용으로 보아 그 위반 정도가 경미하거나 해당 위반사항에 관하여 검사로부터 기소유예의 처분을 받거나 법원으로부터 선고유예의 판결을 받은 때에는 개별기준에 불구하고 그 처분기준을 다음의 구분에 따라 경감할 수 있다.
   • 영업정지 및 면허정지의 경우에는 그 처분기준 일수의 2분의 1의 범위 안에서 경감할 수 있다.
   • 영업장 폐쇄의 경우에는 3월 이상의 영업정지처분으로 경감할 수 있다.
⑤ 영업정지 1월은 30일을 기준으로 하고, 행정처분기준을 가중하거나 경감하는 경우 1일 미만은 처분기준 산정에서 제외한다.

2 개별기준

(1) 미용업

위반행위	행정처분기준				관련 법규
	1차 위반	2차 위반	3차 위반	4차 위반	
가. 영업신고를 하지 않거나 시설과 설비기준을 위반한 경우					
(1) 영업신고를 하지 않은 경우	영업장 폐쇄명령				법 제11조 제1항 제1호
(2) 시설 및 설비기준을 위반한 경우	개선명령	영업정지 15일	영업정지 1월	영업장 폐쇄명령	
나. 변경신고를 하지 않은 경우					
(1) 신고를 하지 않고 영업소의 명칭 및 상호 또는 영업장 면적의 3분의 1 이상을 변경한 경우	경고 또는 개선명령	영업정지 15일	영업정지 1월	영업장 폐쇄명령	법 제11조 제1항 제2호
(2) 신고를 하지 아니하고 영업소의 소재지를 변경한 경우	영업정지 1월	영업정지 2월	영업장 폐쇄명령		
다. 지위승계신고를 하지 않은 경우	경고	영업정지 10일	영업정지 1월	영업장 폐쇄명령	법 제11조 제1항 제3호
라. 공중위생영업자의 위생관리의무 등을 지키지 않은 경우					
(1) 소독을 한 기구와 소독을 하지 않은 기구를 각각 다른 용기에 넣어 보관하지 않거나 1회용 면도날을 2인 이상의 손님에게 사용한 경우	경고	영업정지 5일	영업정지 10일	영업장 폐쇄명령	법 제11조 제1항 제4호
(2) 피부미용을 위하여 「약사법」에 따른 의약품 또는 「의료기기법」에 따른 의료기기를 사용한 경우	영업정지 2월	영업정지 3월	영업장 폐쇄명령		
(3) 점 빼기 · 귓볼 뚫기 · 쌍꺼풀 수술 · 문신 · 박피술 그 밖에 이와 유사한 의료행위를 한 경우	영업정지 2월	영업정지 3월	영업장 폐쇄명령		
(4) 미용업 신고증 및 면허증 원본을 게시하지 않거나 업소 내 조명도를 준수하지 않은 경우	경고 또는 개선명령	영업정지 5일	영업정지 10일	영업장 폐쇄명령	
(5) 개별 미용서비스의 최종 지불가격 및 전체 미용서비스의 총액에 관한 내역서를 이용자에게 미리 제공하지 않은 경우	경고	영업정지 5일	영업정지 10일	영업정지 1월	

마. 카메라나 기계장치를 설치한 경우	영업정지 1월	영업정지 2월	영업장 폐쇄명령		법 제11조 제1항 제4호의2
바. 면허 정지 및 면허 취소 사유에 해당하는 경우					
(1) 피성년후견인, 정신질환자, 감염병환자, 약물중독자	면허취소				
(2) 면허증을 다른 사람에게 대여한 경우	면허정지 3월	면허정지 6월	면허취소		법 제7조 제1항
(3) 「국가기술자격법」에 따라 자격이 취소된 경우	면허취소				
(4) 「국가기술자격법」에 따라 자격정지처분을 받은 경우(「국가기술자격법」에 따른 자격정지처분 기간에 한정한다)	면허정지				
(5) 이중으로 면허를 취득한 경우(나중에 발급받은 면허를 말한다)	면허취소				법 제7조 제1항
(6) 면허정지처분을 받고도 그 정지 기간 중 업무를 한 경우	면허취소				
사. 업소 외의 장소에서 미용 업무를 한 경우	영업정지 1월	영업정지 2월	영업장 폐쇄명령		법 제11조 제1항 제5호
아. 보고를 하지 않거나 거짓으로 보고한 경우 또는 관계 공무원의 출입, 검사 또는 공중위생영업 장부 또는 서류의 열람을 거부·방해하거나 기피한 경우	영업정지 10일	영업정지 20일	영업정지 1월	영업장 폐쇄명령	법 제11조 제1항 제6호
자. 개선명령을 이행하지 않은 경우	경고	영업정지 10일	영업정지 1월	영업장 폐쇄명령	법 제11조 제1항 제7호
차. 「성매매알선 등 행위의 처벌에 관한 법률」, 「풍속영업의 규제에 관한 법률」, 「청소년 보호법」, 「아동·청소년의 성보호에 관한 법률」 또는 「의료법」을 위반하여 관계 행정기관의 장으로부터 그 사실을 통보받은 경우					
(1) 손님에게 성매매 알선 등 행위 또는 음란행위를 하게 하거나 이를 알선 또는 제공한 경우					
① 영업소	영업정지 3월	영업장 폐쇄명령			법 제11조 제1항 제8호
② 미용사	면허정지 3월	면허취소			
(2) 손님에게 도박 그 밖에 사행행위를 하게 한 경우	영업정지 1월	영업정지 2월	영업장 폐쇄명령		
(3) 음란한 물건을 관람·열람하게 하거나 진열 또는 보관한 경우	경고	영업정지 15일	영업정지 1월	영업장 폐쇄명령	
(4) 무자격 안마사로 하여금 안마사의 업무에 관한 행위를 하게 한 경우	영업정지 1월	영업정지 2월	영업장 폐쇄명령		
카. 영업정지처분을 받고도 그 영업정지 기간에 영업을 한 경우	영업장 폐쇄명령				법 제11조 제2항
타. 공중위생영업자가 정당한 사유 없이 6개월 이상 계속 휴업하는 경우	영업장 폐쇄명령				법 제11조 제3항 제1호
파. 공중위생영업자가 「부가가치세법」 제8조에 따라 관할 세무서장에게 폐업신고를 하거나 관할 세무서장이 사업자 등록을 말소한 경우	영업장 폐쇄명령				법 제11조 제3항 제2호

01 세계보건기구에서 규정한 보건행정의 범위에 속하지 않는 것은?

① 보건관계 기록의 보존

② 환경위생과 감염병 관리

③ 보건통계와 만성병 관리

④ 모자보건과 보건간호

해설 | ③ 보건행정의 범위에 속하지 않는다.

02 윈슬로우가 정의한 공중보건의 정의로 틀린 것은?

① 질병 치료

② 질병 예방

③ 수명 연장

④ 신체적 · 정신적 효율 증진

03 지역사회의 보건관리에 속하지 않는 것은?

① 환경 위생사업

② 산업보건

③ 보건의료 보장제도

④ 개인 보건교육

해설 | ② 환경보건 분야이다. 지역사회에서 개별접촉은 노인층 인구에게 가장 적절한 보건교육방법이다.

04 공중보건의 목적을 가장 올바르게 설명한 것은?

① 질병이 없는 상태로 시대와 학자에 따라 다양하게 정의된다.

② 건강이란 단순히 질병이 없는 상태를 말한다.

③ 인간은 누구나 태어나면서부터 건강과 장수의 권리를 실현할 수 있다.

④ 건강이란 신체적, 정신적, 사회적으로 완전히 안녕한 상태라고 정의하였다.

해설 | ①, ②, ④ 건강의 정의이다.

05 공중보건의 3대 사업에 속하지 않는 것은?

① 보건영양

② 보건교육

③ 보건행정

④ 보건관계법

해설 | ① 보건관리 분야이다.

06 공중보건의 평가 지표에 속하지 않는 것은?

① 영아사망률

② 평균수명

③ 비례사망지수

④ 모자보건

해설 | ④ 공중보건의 범위 중 보건관리 분야다.

07 공중보건의 대표적 수준 평가지표는?

① 평균수명

② 비례사망지수

③ 영아사망률

④ 질병이환율

해설 | ③ 영아사망률은 지역 간, 국가 간의 보건수준을 나타내는 대표지수이다.

08 다음은 질병 발생의 생성 과정이다. 순서가 올바른 것은?

① 병원체 → 병원소 → 전파 → 병원체의 탈출 → 새로운 숙주에 침입 → 숙주감염

② 병원소 → 병원체 → 병원체의 탈출 → 전파 → 새로운 숙주에 침입 → 숙주감염

③ 병원소 → 병원체 → 병원체의 탈출 → 새로운 숙주에 침입 → 전파 → 숙주감염

④ 병원체 → 병원소 → 병원체의 탈출 → 전파 → 새로운 숙주에 침입 → 숙주감염

09 공기의 자정작용이 아닌 것은?

① 산소, 오존, 과산화수소 등에 의한 산화작용
② 태양광선 중 자외선에 의한 살균작용
③ 식물의 탄소동화작용에 의한 CO_2의 생산작용
④ 공기 자체의 희석작용

해설 | ③ 교환작용이다.

10 역학의 목적이 아닌 것은?

① 인구 집단에서의 질병문제 발생을 예견한다.
② 병원체 전파조건이 되는 환경요인을 찾아낸다.
③ 계절에 따른 감염병 발생 시 환경위생을 통제한다.
④ 계절에 따른 감염병 발생 시 예방 접종 등을 실시한다.

해설 | ② 감염병 관리에서 감염경로(환경)에 관한 설명이다.

11 질병 관리의 내용이 아닌 것은?

① 예방보다 질병 치료에 중점을 두고 있다.
② 현재의 건강상태를 보다 더 건강하게 하는 데에 있다.
③ 심신(몸과 마음)의 육성에 기반한다.
④ 최고 수준의 건강을 목표로 한다.

해설 | ① 질병의 치료보다 예방에 중점을 두고 있다.

12 질병을 일으키는 데 직접적인 원인이 되는 것은?

① 병원체(병원소)
② 감염경로(환경요인)
③ 사람(면역성)
④ 사람(감수성)

해설 | ② 환경, ③ ④ 숙주에 관한 설명이다.
병인 : 병원체 · 병원소를 포함하는 모든 감염원으로서 질병을 일으키는 데 직접적인 원인이 된다.

13 수인성 감염병의 경로에 해당하는 것은?

① 벼룩
② 이질
③ 이
④ 진드기

해설 | ①, ③, ④ 절족동물로서 매개감염을 한다.

14 토양을 통해 간접 감염되는 질병이 아닌 것은?

① 파상풍
② 보툴리누스
③ 결핵
④ 구충

15 숙주에 대한 설명으로 적절하지 않은 것은?

① 감염병을 받아들이는 인간을 말한다.
② 감수성은 사람에 따라 다르다.
③ 병원체의 전파 조건을 말한다.
④ 병원체에 대한 저항력을 말한다.

해설 | ③ 감염 경로(환경)에 대한 설명이다.

16 자연능동면역으로서 연결이 잘못된 것은?

① 영구면역(질병이환 후) – 두창, 홍역, 수두, 백일해
② 영구면역(불현성 감염 후) – 일본뇌염, 소아마비
③ 약한면역(질병이환 후) – 폐렴, 디프테리아, 인플루엔자
④ 감염면역 – 콜레, 성홍열, 페스트

해설 | ④ 감염면역만 형성시키는 질병 – 매독, 임질, 말라리아

17 감염원(병인)에서 병원체의 경로가 아닌 것은?

① 세균
② 바이러스
③ 리케차
④ 감염자

해설 | ④ 감염원(병인)에서 병원소의 경로이다.

18 세균성 식중독의 특징이 아닌 것은?

① 잠복기가 짧다.

② 면역 획득이 된다.

③ 다량의 세균이나 독소량에 의해 발병한다.

④ 주로 식품섭취로 발생하고 2차 감염은 드물다.

해설 | ② 면역 획득은 되지 않는다.

19 제3급 감염병은 발생 또는 유행 시 언제까지 신고해야 하는가?

① 즉시   ② 12시간 이내

③ 24시간 이내   ④ 48시간 이내

해설 | ③ 제1급 감염병은 즉시, 제2급과 제3급은 24시간 이내에 신고해야 한다.

20 다음 중 세균과 거리가 먼 것은?

① 결핵   ② 콜레라

③ 폴리오   ④ 파상풍

해설 | ③ 폴리오는 소아마비로서 바이러스에 의해 감염된다.

21 발생 감염병 환자는 어디에 신고해야 하나?

① 소재지 관할 보건소장

② 소재지 관할 동사무소

③ 소재지 관할 보건소

④ 소재지 관할 경찰서

22 병원체를 매개하는 비활성 매개체 또는 개달물이 아닌 것은?

① 음료, 식품   ② 공기, 토양

③ 파리, 모기   ④ 의복, 침구

해설 | ③ 질병 전파의 개달물은 손수건, 완구, 침구, 의복, 책 등으로서 매개체 자체가 숙주의 내부로 들어가지 않고 병원체를 전달하는 수단이 되며 식품, 음료, 공기, 토양 등은 비활성 매개체이다.

23 다음 중 이·미용실에서 사용하는 타월을 철저하게 소독하지 않았을때 주로 발생할 수 있는 감염병은?

① 장티푸스   ② 트라코마

③ 페스트   ④ 일본뇌염

24 병원체가 간균(원충)인 것은?

① 곰팡이

② 무좀

③ 칸디다진균증

④ 아메바성 이질

해설 | ①, ②, ③ 진균(사상균)을 병원체로 한다.

25 바이러스를 병원체로 한 것은?

① 매독균   ② 렙토스피라증

③ 트라코마   ④ 희귀열

해설 | ①, ②, ④ 세균 중에서 나선균 형태를 가진 병원체이다.

26 병원소가 사람인 것은?

① 광견병   ② 홍역

③ 탄저병   ④ 페스트

해설 | ① 개, ③ 말, 돼지, 소, ④ 쥐로부터 질병이 야기된다.

27 건강 병원소(불현성 보균자)와 관련된 병원소는?

① 백일해

② 폴리오(소아마비)

③ 홍역

④ 장티푸스

해설 | ① 잠복기(발병 전 보균자), ④ 병후(만성회복기 보균자) 병원소이다. 접촉 감수성(감염) 지수는 미감염자가 병원체에 접촉되어 발병하는 비율을 말한다. 접촉 감염지수가 가장 높은 질병은 두창과 홍역이며, 가장 낮은 질병은 폴리오(소아마비)가 있다.

28 고양이가 병원소인 질병이 아닌 것은?

① 살모넬라증

② 야토병

③ 서교증

④ 톡소플라스마증

해설 | ② 토끼가 병원소인 질병이다.

29 탄저병을 야기하는 병원소가 아닌 것은?

① 소　　　　　　② 개

③ 돼지　　　　　④ 말

해설 | ② 개는 탄저병의 병원소가 아니다.

30 다음 중 건강 보균자에 대한 설명인 것은?

① 균을 지속적으로 보유하고 있는 자

② 증상이 나타나기 전에 균을 보유하고 있는 자

③ 증상이 없으면서 균을 보유하고 있는 자

④ 은닉환자, 간과환자

해설 | ① 병후 보균자, ② 잠복기 보균자, ④ 환자병원소에 대한 설명이다.

31 보건관리가 가장 어려운 보균자는?

① 병후 보균자

② 잠복기 보균자

③ 건강 보균자

④ 발병 전 보균자

해설 | ③ 건강 보균자가 감염병 관리가 어려운 대상인 이유는 활동영역이 광범위하여 색출과 격리가 어렵기 때문이다.

32 벼룩이 병원소인 것은?

① 콜레라　　　　② 페스트

③ 파라티푸스　　④ 트라코마

해설 | ② 페스트, 발진열은 벼룩에 의해 전파된다.
①, ③, ④ 파리를 병원소로 한다.

33 이가 병원소인 것은?

① 발진열　　　　② 발진티푸스

③ 일본뇌염　　　④ 뎅기열

해설 | ① 벼룩, ③ ④ 모기를 병원소로 한다.
재귀열, 발진티푸스는 이에 의해 전파된다.

34 병원소가 토양인 것은?

① 파상풍　　　　② 콜레라

③ 이질　　　　　④ 장티푸스

해설 | ②, ③, ④ 파리, 바퀴벌레가 병원소이다.
파상풍은 토양이 병원소의 역할을 하는 대표적인 질병이다.

35 침입 경로가 호흡기계인 것은?

① 콜레라

② 세균성 이질

③ 장티푸스

④ 유행성 이하선염

해설 | ①, ②, ③ 침입 경로가 소화기계이다.

36 개방병소와 관련된 질병은?

① 말라리아　　　② 나병

③ 매독　　　　　④ 임질

해설 | ① 기계적 탈출, ③ ④ 피부 직접 접촉(성기점막피부)을 침입경로로 한다.
말라리아는 제3급 감염병으로 발생을 계속 감시할 필요가 있어 발생 또는 유행 시 24시간 이내에 신고해야 한다.

37 주로 분변을 통해 탈출하는 질병인 것은?

① 디프테리아

② 수막구균성 수막염

③ 폐렴

④ 세균성 이질

해설 | ①, ②, ③ 비말 또는 비말핵을 통한 호흡기계를 침입 경로로 한다.

38 말라리아의 침입 경로는?

① 기계적 탈출

② 호흡기계

③ 피부기계

④ 피부 직접 접촉

해설 | ① 기계적 탈출은 이, 벼룩, 모기 등 흡혈성 곤충의 침입 경로이다.

39 토양이나 퇴비 접촉과 교상에서 전파되는 감염은?

① 경피 감염　　② 경구 감염

③ 토양 감염　　④ 진애 감염

40 경피 감염에 의한 질환인 것은?

① 결핵　　　　② 파상풍

③ 세균성 이질　　④ 두창

41 개달 감염에 의한 질환인 것은?

① 두창　　　　② 파상풍

③ 양충병　　　④ 광견병(공수병)

해설 | ②, ③, ④ 경피 감염에 의한 질병이다.

42 경구 감염에 의한 질환인 것은?

① 세균성 이질　　② 결핵

③ 백일해　　　④ 디프테리아

해설 | ②, ③, ④ 진애 감염으로서 공기를 통해 전파된다.

43 사람과 동물이 병원소가 되는 것은?

① 인수 공통 감염병

② 환자 병원소

③ 병인 병원소

④ 병원소

해설 | ① 사람과 동물이 병원소(인수 공통 감염병)는 동물에 감염되는 병원체가 동시에 사람에게도 전염되어 감염을 일으키는 질병을 말한다. 탄저, 공수병(광견병), 살모넬라 등이다. 인수 공통 감염병(동물병원소)는 척추동물이 병원소의 역할을 한다.

• 소 : 결핵, 탄저, 파상열, 살모넬라 보툴리즘
• 돼지 : 일본뇌염, 탄저, 살모넬라, 렙토스피라증
• 양 : 탄저, 보툴리즘, 큐열
• 개 : 광견병, 톡소플라즈마증
• 말 : 탄저, 살모넬라, 유행성 뇌염
• 고양이 : 살모넬라, 톡소플라즈마증
• 쥐 : 발진열, 페스트, 살로넬라, 렙토스피라증, 유행성 출혈열, 쯔쯔가무시병

44 법정 지정 감염병은 누가 지정하는가?

① 시·도지사

② 시장·군수·구청장

③ 보건복지부장관

④ 대통령

45 예방접종 중 생균백신을 사용하는 질병은?

① 폴리오

② 백일해

③ 장티푸스

④ 디프테리아

해설 | ① 예방접종 시 세균의 독소를 사용한다.

• 순화(약독화) 독소 – 파상풍, 디프테리아
• 생균백신 – 홍역, 결핵, 폴리오
• 사균백신 – 백일해, 콜레라, 일본뇌염, 장티푸스, 파라티푸스

46 제1급 감염병인 것은?

① 콜레라   ② 디프테리아

③ 백일해   ④ 홍역

해설 | ①, ③, ④ 제2급 감염병이다.
제1급 감염병(17종) : 에볼라바이러스병, 마버그열, 라싸열, 크리미안콩고출혈열, 남아메리카출혈열, 리프트밸리열, 두창, 페스트, 탄저, 보툴리눔독소증, 야토병, 신종감염병증후군, 중증급성호흡기증후군(SARS), 중동호흡기증후군(MERS), 동물인플루엔자인체감염증, 신종인플루엔자, 디프테리아

47 제2급 감염병이 아닌 것은?

① 파라티푸스   ② 세균성이질

③ B형간염   ④ 풍진

해설 | ③ 제3급 감염병이다.
제2급 감염병(20종) : 결핵, 수두, 홍역, 콜레라, 장티푸스, 파라티푸스, 세균성이질, 장출혈성대장균감염증, A형간염, 백일해, 유행성이하선염, 풍진, 폴리오, 수막구균감염증, b형헤모필루스인플루엔자, 폐렴구균감염증, 한센병, 성홍열, 반코마이신내성황색포도알균(VRSA)감염증, 카바페넴내성장내세균속균종(CRE)감염증

48 제3급 감염병이 아닌 것은?

① C형간염   ② 쯔쯔가무시증

③ 말라리아   ④ 인플루엔자

해설 | ④ 제4급 감염병이다.

49 전파가능성을 고려하여 발생 또는 유행 시 24시간 이내에 신고하여야 하고 격리가 필요한 감염병은?

① 제1급 감염병

② 제2급 감염병

③ 제3급 감염병

④ 제4급 감염병

50 제1급 감염병에 대한 설명으로 옳지 않은 것은?

① 발생 또는 유행 시 24시간 이내에 신고해야 한다.

② 높은 수준의 격리가 필요하다.

③ 치명률이 높은 감염병이다.

④ 페스트, 탄저가 여기에 속한다.

해설 | ① 제2급 또는 제3급 감염병에 대한 설명이다.

51 제4급 감염병에 속하는 것은?

① 세균성이질   ② 백일해

③ 수족구병   ④ 디프테리아

해설 | ① ② 제2급 감염병, ④ 제1급 감염병

52 BCG 예방접종과 연관된 질병은?

① 백일해   ② 파상풍

③ 결핵   ④ 디프테리아

해설 | ①, ②, ④ DPT 예방접종을 받는다.
결핵과 한센병은 환자격리가 중요한 관리방법이다.

53 뇌에 염증을 일으키는 감염병은?

① 유행성 일본뇌염

② 발진열

③ 말라리아

④ 발진티푸스

해설 | ② 발열, 발진, ③ 발열, 오한, ④ 발열, 발진, 근통, 정신 신경 증상을 일으킨다.

54 고출혈성 질환을 일으키는 감염병은?

① 브루셀라

② 성병

③ 렙토스피라증

④ 쯔쯔가무시병

해설 | ① 급성 발열성 증상, ② 요도염, 요도에서 고름 생성, 배뇨 곤란, ③ 급성 발열성 증상을 일으킨다.

55 중추신경계 손상을 일으키는 감염병은?

① 세균성 이질

② 폴리오

③ 파라티푸스

④ 장 출혈성 대장균 감염증

해설 | ① 발열, 구토, 경련, ③ 고열, 위장염, 식중독과 혼동, ④ 오심, 구토, 복통, 미열 등

56 식욕 부진, 체중 감량, 발열, 만성 설사 등을 일으키는 감염병은?

① 후천성 면역결핍증

② B형 간염

③ 렙토스피라증

④ 탄저병

해설 | ② 오심, 구토, 피곤감, 황달, ③ 급성 발열성 증상, ④ 급성 패혈증 등

57 소아 감염병 중 가장 사망률이 높은 질병은?

① 디프테리아 ② 백일해

③ 파상풍 ④ 홍역

58 모자보건의 지표가 아닌 것은?

① 모성사망률 ② 노인사망률

③ 영아사망률 ④ 시설분만율

해설 | ② 모자보건의 지표 : 모성사망률, 영아사망률, 성비, 시설분만율 등

59 모자보건에 대한 설명과 거리가 먼 것은?

① 한 국가나 지역사회의 보건수준을 제시하는 지표로 사용되고 있다.

② 모체와 영·유아에게 대한 보건의료서비스 제공에 기여한다.

③ 모자보건 사업체를 발전시키는 데 기여한다.

④ 모성 및 영·유아의 사망률을 저하시키는 데 기여한다.

60 지역사회의 보건수준을 대표하는 지표는?

① 모성사망률

② 영아사망률

③ 성비

④ 시설분만율

해설 | ② 영아사망률 : 지역사회의 보건수준을 나타내는 대표적 지표이다.

61 모성사망률에 대한 설명으로 맞는 것은?

① 남녀 간의 비율을 뜻한다.

② 보건의료기관 등의 시설에서 분만하는 비율을 뜻한다.

③ 임산부의 산전, 산후관리 수준을 반영한다.

④ 지역사회의 보건수준을 표시한다.

해설 | ① 성비, ② 시설분만율, ④ 영아사망률이다.

62 영·유아에 대한 설명이 잘못된 것은?

① 초생아 – 출생 1주 이내

② 신생아 – 출생 4주 이내

③ 영아 – 출생 1년 이내

④ 유아 – 만 5세 이하

해설 | ④ 유아 : 만 4세 이하이다.

63 성인병의 개념이 아닌 것은?

① 질병 자체가 영구적인 기간을 가진다.

② 단기간에 걸쳐 지도 및 관찰이 요구되는 질환이다.

③ 재활을 위한 훈련이 특수하게 요구된다.

④ 기능장애에 따른 전문적인 관리가 요구되는 질환이다.

해설 | ② 장기간에 걸쳐 지도 및 관찰이 요구되는 질환이다.

64 혈압의 정상범위(우리나라의 순환기 학회규정)는?

① 최저혈압 70mm/Hg 이상 ~ 최고혈압 140mm/Hg 이하

② 최저혈압 100mm/Hg 이상 ~ 최고혈압 120mm/Hg 이하

③ 최저혈압 90mm/Hg 이상 ~ 최고혈압 140mm/Hg 이하

④ 최저혈압 80mm/Hg 이상 ~ 최고혈압 100mm/Hg 이하

65 당뇨병의 증상이 아닌 것은?

① 다뇨, 다음, 다식 등의 증상이 나타난다.

② 체중 감소, 피로감, 권태감 등이 나타난다.

③ 시력장애, 망막증, 신경통, 지각장애의 합병증을 유발한다.

④ 어지럽고 숨이 차고, 코피가 나고 귀에서 소리가 나는 증상이 나타난다.

해설 | ④ 고혈압 증상이다.

66 환경위생에 대한 설명으로 올바르지 않은 것은?

① 재산의 보호 및 동·식물의 생육에 필요한 생활환경을 말한다.

② 인간의 발육과 생존에 유해한 영향을 미칠 가능성이 있는 모든 환경요소를 관리하는 것을 말한다.

③ 환경위생 대상은 공기(기온, 습기), 물(지표수, 지하수), 토지 등이다.

④ 신체의 구조적, 기능적 장애로 항상성이 파괴된 상태이다.

해설 | ④ 질병의 정의이다.

67 환경위생의 범위를 설명한 것으로 틀린 것은?

① 자연적 환경 – 대기, 수질, 소음, 진동, 악취 등이 속한다.

② 사회적 환경 – 정치, 경제, 종교, 인구 등이 속한다.

③ 인위적 환경 – 우리 생활에 간접적으로 영향을 주는 환경이다.

④ 생물학적 환경 – 동·식물, 미생물, 파리, 모기 등이 속한다.

해설 | ③ 사회적 환경에 대한 설명이다.

68 공기의 성분 중 가장 많이 차지하는 성분은?

① 질소　　　　　　② 산소

③ 아르곤　　　　　④ 이산화탄소

해설 | 공기의 성분은 질소 78%, 산소 21%, 아르곤 0.93%, 이산화탄소 0.03%이다.

69 다음 중 온열인자가 아닌 것은?

① 기온　　　　　　② 기습

③ 기압　　　　　　④ 기류

해설 | • 기후의 3요소 – 기온, 기습, 기류
• 온열인자 – 기온, 기습, 기류, 복사열

70 다음은 질소에 대한 설명이다. 틀린 것은?

① 공기 중의 약 78%를 차지한다.

② 고기압 환경 또는 감압 시에 잠함병이 나타난다.

③ 불완전 연소 시 많이 발생한다.

④ 질소 부족 시 전신의 동통과 신경마비, 보행 곤란 등이 있다.

해설 | ③ 일산화탄소에 대한 설명이다.

71 실내공기 오염의 지표로 삼는 것은?

① 질소(N_2)

② 일산화탄소(CO)

③ 이산화탄소(CO_2)

④ 산소(O_2)

해설 | ③ CO_2는 실내공기의 오염이나 환기 유무를 결정하는 척도이다. 사람이 많은 밀집장소에서는 CO_2의 양이 증가하기 때문에 실내공기 오염의 지표로 사용된다.

72 일산화탄소에 대한 설명으로 틀린 것은?

① 혈액 내 헤모글로빈과 결합한다.

② 헤모글로빈과의 친화성이 산소에 비해 250~300배 강하다.

③ 최대 서한량은 8시간 기준 100ppm이다.

④ 무색으로서 공기보다 무거우며 자극성이 강하다.

해설 | CO는 무색, 무취, 무자극성 기체이며 독성이 크고, 비중이 0.976으로 공기보다 가볍다.

73 대기오염의 지표로 삼는 것은?

① SO_2 ② O_3

③ CO ④ CO_2

해설 | ① 아황산가스(SO_2)는 pH 5.6 이하로서 대기오염의 지표가 되며 산성비의 원인이 된다.

74 오존에 대한 설명으로 틀린 것은?

① 냉매, 발포제, 분사제, 세정제 등의 사용은 오존층을 파괴시킨다.

② 지상 25~30km에 있는 오존층은 자외선을 흡수한다.

③ 최대 서한량은 연간 0.05ppm이다.

④ 염화불화탄소(CFC)는 성층권의 오존층을 파괴하는 대표적인 가스이다.

해설 | ③ 아황산가스에 대한 설명이다.

75 다음 설명으로 올바르지 않은 것은?

① 쾌적한 온도는 18±2℃로 지상 1.5m 높이에서 측정한다.

② 쾌적한 습도는 40~70%이다.

③ 쾌적한 기류는 실내가 0.2~0.3m/sec이며 실외는 2m/sec이다.

④ 실내의 기류는 0.5m/sec일 때 항상 존재하나 느끼지 못한다.

해설 | ③ 실내 0.2~0.3m/sec, 실외 1m/sec이다. 실·내외 공기의 기온차이 및 기류는 자연적 환기에 가장 큰 비중을 차지하는 요소가 된다.

76 다음 대기 오염에 대한 설명으로 틀린 것은?

① 기온역전 – 하부 기온이 상부 기온보다 높아지면서 대기가 안정화된다.

② 온난화 현상 – 지구 전체의 온도가 과도하게 상승하는 현상

③ 오존층 파괴 – 지상에서의 자외선 증가는 오존량을 증가시켜 스모그를 발생한다.

④ 산업폐기물을 배출하는 매연, 분진 등 황산화물 또는 질소산화물의 배출량을 줄여야 한다.

해설 | ① 기온역전 : 상부 기온이 하부 기온보다 높아지면서 공기의 수직 확산이 일어나지 않아 대기가 안정화되는 현상으로, 기상조건에서 대기오염에 가장 영향을 미치는 것이 기온역전이다.

77 다음 설명으로 올바르지 않은 것은?

① 지구 표면에 도달하는 태양광선은 가시광선, 적외선, 자외선, 복사선 등이다.

② 복사선은 대기를 통과하면서 얼마간은 대기에 의해서 흡수된다.

③ 10℃ 이하에서는 난방이 요구되며 26℃ 이상에서는 냉방이 필요하다.

④ 머리와 다리의 온도 차이는 4~5℃ 이상이어야 한다.

해설 | ④ 머리와 다리의 온도 차이는 2~3℃ 이상이어야 한다.

78 대기오염이 증가하는 원인으로 틀린 것은?

① 연료 소모가 적고 인구의 증가가 크다.

② 기온이 낮고 연료 소모가 많다.

③ 주민의 관심이 낮고 풍력이 낮다.

④ 시설 확충과 인구의 증가가 크다.

해설 | ① 연료 소모가 많고 인구의 증가가 클수록 대기오염이 증가한다.

대기오염을 일으키는 원인
- 교통량의 증가
- 기계문명의 발달
- 중화학 공업의 난립
- 도시 인구 증가

79 수돗물로 사용할 수 있는 상수 설명으로 옳지 않은 것은?

① 색도는 5도, 탁도는 2도 이하이어야 한다.

② 대장균수는 물 100㎖ 중 미검출되어야 한다.

③ 일반 세균수는 1cc 중 100CFU 이하로 검출되어야 한다.

④ 불소는 다량이어야 한다.

해설 | ④ 불소는 미량이어야 한다. 대장균은 그 자체가 직접 유해하지는 않으나 다른 미생물이나 분변의 오염을 추측할 수 있다. 검출방법이 간단하고 정확하기 때문에 음용수의 일반적인 오염지표로 사용된다.

80 물을 소독하는 방법 중 옳지 않은 것은?

① 자외선 소독

② 오존 소독

③ 염소 소독

④ 승홍수 소독

해설 | 승홍수(염화 제2수은)는 살균력이 강하고 음료수, 점막, 금속기구 소독에는 부적당하다. 피부소독(0.1% 용액), 매독성 질환(0.2% 용액)에 사용된다.

81 다음 설명으로 옳지 않은 것은?

① 염소 소독 – 살균 효과가 우수하며 가장 많이 이용된다.

② 오존 소독 – 강한 표백작용을 하며 비용이 많이 든다.

③ 자비 소독 – 100℃ 끓는 물에서 10~30분 이상 가열한다.

④ 자외선 소독 – 살균력이 약하다.

해설 | ④ 매우 강한 살균효과가 있다.

82 다음은 자비 소독에 대한 설명이다. 틀린 것은?

① 100℃ 끓는 물에서 10~30분 이상 가열한다.

② 잔류효과가 크고 조작이 간편하다.

③ 가정에서 소독할 때 많이 사용한다.

④ 아포 및 바이러스 등은 사멸시키지 못한다.

해설 | ② 염소 소독의 장점이다.

83 물의 인공정수 방법의 순서로 가장 적합한 것은?

① 여과 → 침전 → 소독

② 침전 → 여과 → 소독

③ 소독 → 여과 → 침전

④ 소독 → 침전 → 여과

84 질병 발생의 증상을 나타낸 것이다. 옳지 않은 것은?

① 수은 – 미나마타병

② 카드뮴 – 신경장애

③ 납 – 빈혈, 구토증상

④ 비소 – 경련, 마비증상

해설 | ② 카드뮴 중독은 이타이이타이병을 발생시킨다. 납중독은 빈혈, 신경마비, 뇌중독 증상을 일으킨다.

85 수인성 질병의 감염원으로 틀린 것은?

① 장티푸스   ② 세균성 이질

③ 간디스토마   ④ 유행성 감염

해설 | ③ 기생충 질환의 감염원이다.

86 다음 설명으로 옳지 않은 것은?

① 간디스토마, 회충, 구충, 광두열두조충은 수인성 질병의 감염원이다.

② 반상치는 불소 첨가물을 장기 복용했을 때 발생된다.

③ 우식치는 불소량이 적은 물을 장기 복용했을 때 발생된다.

④ 불소와 우식치는 8~9세의 어린이에게 주로 발생된다.

해설 | ① 기생충 질환의 감염원이다.

87 주택에서 채광의 조건이다. 올바르지 못한 것은?

① 창의 면적은 벽 높이의 ⅓이 되어야 한다.

② 환기 면적은 방바닥 면적의 ¹⁄₂₀ 이상 되어야 한다.

③ 거실 안쪽의 길이는 실내 천장이나 벽색을 고려하지 않아도 된다.

④ 입사각은 28° 이상이어야 하며, 개각은 4~5°가 되어야 한다.

해설 | ③ 거실 안쪽의 길이는 실내 천장이나 벽색을 고려해야 한다.

88 조명의 조건으로 속하지 않는 것은?

① 조도는 균일해야 한다.

② 광원은 주황색에 가까운 조명이 좋다.

③ 그림자가 약간 생겨도 괜찮다.

④ 수명이 길고 효율이 높아야 한다.

해설 | ③ 그림자가 생기지 않아야 한다. 조도는 룩스(Lux)로서 미용실 내 조도는 70Lux 이상(공중위생관리법상) 되도록 유지해야 한다.

89 다음은 수원의 종류이다. 연결이 바르지 않은 것은?

① 지하수 – 깊은 물일수록 탁도가 높고 경도가 낮다.

② 해수 – 음용수로 사용 시 화학처리를 하여 정화시킨 후 사용한다.

③ 복류수 – 하천 아래 주변에서 얻는 방법으로 소도시의 수원으로 이용한다.

④ 천수 – 가장 순수한 물로서 대기가 오염된 지역에서는 세균량이 많다.

해설 | ① 지하수 : 깊은 물일수록 탁도가 낮고 경도가 높다.

90 다음은 하수처리의 과정이다. 순서가 올바른 것은?

① 예비처리 → 오니처리 → 본처리

② 예비처리 → 본처리 → 오니처리

③ 오니처리 → 예비처리 → 본처리

④ 오니처리 → 본처리 → 예비처리

91 하수처리 중 호기성 처리 방법에 속하지 않는 것은?

① 활성오니법

② 살수여상법

③ 접촉여상법

④ 사상건조법

해설 | ④ 오니 처리에 대한 방법이다. 소각법·소화법·사상건조법은 오니 처리 방법이다.

92 다음은 하수 오염도를 측정하는 방법에 대한 설명이다. 틀린 것은?

① BOD가 높으면 오염도가 높다.

② COD는 유기물을 무기물로 산화시킬 때 필요로 하는 산소요구량이다.

③ 용존산소의 부족은 오염도가 낮다.

④ BOD는 유기물질을 산화시키는 데 소비되는 산소량이다.

해설 | ③ 용존산소의 부족은 오염도가 높다.

93 식품의 보존법 중 물리적 보존법에 대한 설명이다. 올바르지 않은 것은?

① 건조법 – 세균 억제를 위해 15%의 수분을 남긴다.
② 냉동법 – 냉동은 −50℃에서 급속 냉동시켜 −20℃에서 보관한다.
③ 가열법 – 초고온 살균법은 135℃에서 1~2초간 멸균 후 냉각시킨다.
④ 통조림법에는 염장법, 당장법이 있다.

해설 | ② 냉동법 : 냉동은 −40℃에서 급속 냉동시켜 −20℃에서 보관한다.

94 화학적 식품 보존법에 속하지 않는 것은?

① 훈증법
② 훈연법
③ 가스 저장법
④ 가열법

해설 | ④ 물리적 보존법이다. 화학적 소독방법인 훈증소독법은 가스나 증기를 이용하는 소독방법으로 위생해충 구제에 많이 이용된다.

95 식품의 변질에 대한 개념으로 연결이 올바르지 않은 것은?

① 산패 – 지질의 변패로서 냄새나 색이 변질된 상태이다.
② 변패 – 단백질의 성분이 변질된 상태이다.
③ 부패 – 단백질 분해로 유해물질이 발생하여 냄새를 일으킨다.
④ 발효 – 좋은 미생물에 의해 더 좋은 상태로 발현된다.

해설 | ② 변패 : 탄수화물과 지질의 성분이 변질된 상태이다.

96 세균성 식중독에 대한 설명이다. 연결이 올바른 것은?

① 독소형 식중독 – 포도상구균, 병원성 대장균
② 감염형 식중독 – 살모넬라증, 장염 비브리오균
③ 생체 독소형 – 웰치균, 보툴리누스균
④ 독소형 식중독 – 보툴리누스균, 장염 비브리오균

해설 | ①, ④ 독소형 식중독 : 포도상구균, 보툴리누스균, 부패산물형
② 살모넬라 식중독은 복통, 설사, 급성위장염 등의 증상이 있으나 발열증상이 가장 심한 식중독이다.
③ 생체독소형 : 웰치균

97 식중독에 대한 설명으로 연결이 올바르지 않은 것은?

① 살모넬라증 – 통조림, 고등어
② 보툴리누스균 – 통조림, 소시지
③ 포도상구균 – 우유 및 유제품
④ 장염 비브리오균 – 어패류, 생선류

해설 | ① 살모넬라증 : 두부, 유제품, 어패류, 어육제품이 원인이다.
② 보툴리누스균 : 통조림, 소시지 등 혐기성 상태에서 신경독소를 분비함으로써 중독되는 식중독 중 가장 치명적이다.
③ 포도상구균 : 유제품과 육류제품이 식중독의 원인이다.
④ 장염 비브리오균 : 어패류가 식중독 원인이 되며 주로 7~8월에 많이 발생한다.

98 다음 식물성 자연독에 대한 설명으로 연결이 틀린 것은?

① 감자 – 솔라닌
② 독버섯 – 무스카린
③ 독미나리 – 시큐톡신
④ 청매 – 태물린

해설 | ④ 청매는 아미그달린이다.

99 다음 중 연결이 틀린 것은?

① 베네루핀 – 모시조개, 굴, 바지락
② 테트로도톡신 – 복어
③ 삭시톡신 – 섭조개, 대합
④ 무스카린 – 청매

100 3대 영양소에 속하지 않는 것은?

① 비타민　　　　② 단백질
③ 지방　　　　　④ 탄수화물

101 다음은 무기질에 대한 설명이다. 연결이 바르지 않은 것은?

① 나트륨 – 체액의 평형을 유지하며, 체내의 노폐물을 촉진한다.
② 요오드 – 갑상선 호르몬의 구성요소로 육류에 함유되어 있다.
③ 셀레늄 – 강력한 항산화제로 과잉되면 탈모, 위장 장애, 부종이 동반된다.
④ 아연 – 인슐린 합성에 필요한 성분으로 결핍 시 성장 장애, 성 기능 부전이 있을 수 있다.

해설 | ② 요오드 : 갑상선 호르몬의 구성요소로 해조류 및 해산물에 함유되어 있다.

102 지용성 비타민으로 옳은 것은?

㉠ 비타민 A	㉡ 비타민 B
㉢ 비타민 C	㉣ 비타민 D
㉤ 비타민 E	㉥ 비타민 K

① ㉠, ㉣, ㉤, ㉥
② ㉠, ㉡, ㉢
③ ㉣, ㉤, ㉥
④ ㉠, ㉡, ㉢, ㉣, ㉤, ㉥

해설 | 비타민 E의 결핍은 불임증 및 생식 불능과 피부의 노화를 주도한다.

103 영양형과 포낭형으로 구분되는 원충류는?

① 동양 모양 선충증
② 간흡충증
③ 이질 아메바
④ 말라리아 원충

해설 | ①, ② 후생동물이다.
④ 학질이라고 하며 모기에 의해 발생된다.

104 다음 중 선충류인 것은?

① 무구조충　　　② 유구조충
③ 광절열두조충　④ 회충증

해설 | ①, ②, ③ 후생동물 가운데 조충류에 속한다.

105 회충증에 관한 내용인 것은?

① 항문 소양증이 있다.
② 감염 후 권태, 복통, 빈혈이 있다.
③ 침구, 침실 등의 충란으로 오염된다.
④ 집단 감염과 자가 감염(수지)을 일으킨다.

해설 | ①, ③, ④ 요충증에 관한 내용이다.

106 집단적으로 구충제를 복용해야 하는 감염증은?

① 회충증　　　　② 요충증
③ 편충증　　　　④ 흡증

해설 | ② 도시 소아의 항문 주위에 산란됨으로써 침구, 침실 등에 충란으로 오염되며, 집단 감염과 자가 감염(수지)을 일으킨다.

107 경피 감염 시 채독으로서 피부 염증과 소양감을 일으키는 충류는?

① 구충증
② 회충증
③ 동양 모양 선충증
④ 선모충증

해설 | ① 구충증 : 인체의 경구와 경피를 통해 감염된다. 감염 시 채독으로서 피부 염증과 소양감이 나타난다.

108 간흡충증에 관한 내용이 아닌 것은?

① 경구 감염에 의해 인체에 침입하면 소장에 기생한다.

② 제1중간숙주(왜우렁이)에 기생한다.

③ 제2중간숙주(참붕어, 잉어)에 기생한다.

④ 인체의 간의 담관에 기생한다.

해설 | ① 동양 모양 선충증의 감염경로이다.

109 환자의 객담을 위생적으로 처리해야 하는 충류는?

① 폐흡충증   ② 구충증

③ 간흡충증   ④ 요충증

110 장염, 출혈성 설사, 복통 등의 증상이 있는 충류는?

① 요꼬가와흡충증

② 폐흡충증

③ 간흡충증

④ 광절열두조충증(긴촌충증)

해설 | ① 요꼬가와흡충증 : 감염 시 내장 조직이 때때로 파괴되어 장염, 복부불안 등과 함께 출혈성 설사, 복통 등의 증상이 나타난다.

111 황달, 빈혈, 간 및 비장 비대 증상을 일으키는 기생충은?

① 구충증   ② 편충증

③ 간흡충증   ④ 유구조충증

112 무구조충(민촌충)에 대한 관리방법은?

① 쇠고기를 익혀서 먹는다.

② 돼지고기를 익혀서 먹는다.

③ 송어를 생식하지 않는다.

④ 민물고기를 생식하지 않는다.

해설 | ② 유구조충, ③, ④ 광절열두조충(긴촌충)에 대한 설명이다.

113 유구조충(갈고리 촌충)에 대한 설명인 것은?

① 돼지고기를 익혀서 먹는다.

② 제1중간숙주(물벼룩)를 가진다.

③ 제2중간숙주(연어, 송어, 농어)를 가진다.

④ 무구낭미충이 성충으로 발육한다.

해설 | ②, ③ 광절열두조충, ④ 무구조충에 대한 설명이다.

PART 12 공중위생관리									선다형 정답
01	02	03	04	05	06	07	08	09	10
③	①	②	③	①	④	③	④	③	②
11	12	13	14	15	16	17	18	19	20
②	①	②	③	③	④	④	②	③	③
21	22	23	24	25	26	27	28	29	30
③	③	②	④	③	②	②	②	②	③
31	32	33	34	35	36	37	38	39	40
③	②	②	①	④	②	④	①	①	②
41	42	43	44	45	46	47	48	49	50
①	①	①	③	①	②	③	④	②	①
51	52	53	54	55	56	57	58	59	60
③	③	③	②	①	②	②	②	③	②
61	62	63	64	65	66	67	68	69	70
③	④	②	③	④	④	③	①	③	③
71	72	73	74	75	76	77	78	79	80
③	④	④	③	③	①	④	①	④	④
81	82	83	84	85	86	87	88	89	90
④	②	④	③	①	③	③	①	①	②
91	92	93	94	95	96	97	98	99	100
④	④	②	④	②	②	①	④	④	①
101	102	103	104	105	106	107	108	109	110
②	①	③	④	②	②	①	①	①	①
111	112	113							
③	①	①							

참고 문헌

● **미용업 안전위생관리**

- 라이나 생명 시리즈 지켜라 건강, 2016 12 22
- 코리아 헬스보고, 보그, 부산일보,헤럴드 경제, 라이나생명 소셜미디어 제작 · 편집팀
- 고등학교 헤어미용, 서울교육청, 류은주외 4人, 2010.
- 류은주, Hair Permanent Wave(pin curl & wave), 청구문화사, 2019
- 한국미용교과교육과정연구회, 미용사 일반 실기시험에 미치다, 성안당, 2017
- 한국미용교과교육과정연구회, 미용사 일반 필기시험에 미치다, 성안당, 2017
- 미용 NCS 학습모듈, 교육부, 2019
- 한국모발학회편, 두개피육모관리학, 이화, 2006
- 류은주외 2人 Trichologist education, Ⅲ

● **고객응대 서비스**

- [네이버 지식백과] 고객과 만나는 세 가지 접점
- 모든 것을 고객 중심으로 바꿔라, 2004.8.30. 안상현.
- blog 일일일선 영업정보, B2B 영업마케팅 그룹 2020.11.30.
- 업스타일에 광문각 참조

한권으로 끝내주는 NCS
미용사 일반 필기시험문제

발 행 일 2025년 1월 5일 개정3판 1쇄 인쇄
2025년 1월 10일 개정3판 1쇄 발행

저 자 류은주·윤미선·차소연·송경석·강수진·배현영 공저

발 행 처  크라운출판사
http://www.crownbook.com

발 행 인 李尙原
신고번호 제 300-2007-143호
주 소 서울시 종로구 율곡로13길 21
공 급 처 (02) 765-4787, 1566-5937
전 화 (02) 745-0311~3
팩 스 (02) 743-2688, 02) 741-3231
홈페이지 www.crownbook.co.kr
I S B N 978-89-406-4841-4 / 13590

특별판매정가 24,000원